2010

Word Excel

二合一商务办公
从入门到精通

■ 杰诚文化 编著

U0316175

人民邮电出版社

北京

图书在版编目（CIP）数据

Word Excel 2010二合一商务办公从入门到精通 / 杰诚文化编著. -- 北京：人民邮电出版社，2016.8
ISBN 978-7-115-42332-0

Ⅰ．①W… Ⅱ．①杰… Ⅲ．①文字处理系统②表处理软件 Ⅳ．①TP391.1

中国版本图书馆CIP数据核字(2016)第088184号

内 容 提 要

本书针对办公人员所需要的公文制作、文档编排、版面设计、文档组织和管理、数据统计、表格制作、报表设计、图表展示及报告演示，汇编出最实用、最贴近实际工作的知识和技巧，全面系统地介绍Office 软件中最常用的两大组件——Word 和 Excel 的技术特点及应用方法，深入揭示隐藏于高效办公背后的原理概念，并配合大量典型的应用实例，帮助读者全面掌握 Word 和 Excel 在日常办公中的应用技术。

本书以解决实际工作中的常见问题为目标，不仅分专题详解 Word、Excel 的应用，还设计经验分享、常见问题、专家点拨和办公应用等单元，帮助读者更快更好地理解内容、抓住精髓，从而胜任工作。全书共分为 5 篇 19 章。第 1～2 篇为 Word 基础及实战篇，先用 4 章介绍如何制作简单的办公文档及图文并茂的生动文档、用 Word 表格整理数据、长文档的处理与页面设置等基础知识，之后用 4 章介绍如何制作公司简介宣传册、制作投标报价书、制作部门工作计划表、制作产品销售合同等实战案例。第 3～4 篇为Excel 基础及实战篇，包括快速制作专业的办公表格，数据的简单分析与运算，数据的高级分析及安全管理，用图表、数据透视表、数据透视图直观地表现数据 4 章的基础知识，以及制作公司日常费用清单、制作仓库进/出货核算表、制作员工信息与晋升统计分析表、制作员工薪资福利管理表、制作产品促销计划表 5 章的实战内容。最后两章综合办公应用篇介绍如何实现两大组件的协同使用，并通过合理运用Word/Excel 制作调查报告这一大实例，使读者融会贯通前面章节内容所学，真正做到所学即所用。

本书配套的 CD 光盘内容极其丰富，除了包含所有实例的原始文件和可直接套用的最终文件外，还有播放时间长达 406 分钟的 331 个重点操作实例的视频教学录像，具有极高的学习价值和使用价值。

本书可供大中专院校的广大师生，作为编写及美化简历、论文和报告等文档时的教材和参考书籍；可供培训班作 Office 培训教材使用；还可供使用 Office 办公的从业人员，如文秘、行政、财务、人事、公关、营销、技术人员等作为提高技能的参考用书；也可帮助职场新人快速具备 Office 办公的应用能力。

◆ 编　　著　　杰诚文化
　　责任编辑　　马小霞
　　责任印制　　焦志炜

◆ 人民邮电出版社出版发行　　北京市丰台区成寿寺路 11 号
　　邮编　100164　　电子邮件　315@ptpress.com.cn
　　网址　http://www.ptpress.com.cn
　　北京中新伟业印刷有限公司印刷

◆ 开本：787×1092　1/16
　　印张：27.5　　　　　　　　2016 年 8 月第 1 版
　　字数：875 千字　　　　　　2016 年 8 月北京第 1 次印刷

定价：59.80 元（附光盘）

读者服务热线：**(010)81055256**　印装质量热线：**(010)81055316**
反盗版热线：**(010)81055315**
广告经营许可证：京东工商广字第 **8052** 号

对于从事财会、文秘、行政、人事、公关、市场、营销和决策工作的人来讲，几乎天天都要和公文、报表、演示报告或计划书打交道。

如何轻松、高效地制作专业且规范的办公文档？

如何使文档显示效果更精美，更具视觉冲击力？

如何制作数据准确、分析周密的报表？

如何分析、管理数据，以便做出更明智的决策？

如何制作有声有色、内容丰富的精彩演示PPT？

如何使PPT更具感染力，更易被客户、领导所理解和认可？

如何与他人的协同工作更加顺畅，并可在任何地点访问文件？

如何节省时间，简化工作并提高工作效率？

……

这些令很多办公人员苦恼的问题，其实使用微软公司推出的Microsoft Office系列套装软件就能顺利解决，Word和Excel是其中最常用的两大组件。Word的特长是制作专业的文档，用它可以方便地进行文本输入、编辑和排版，实现段落的格式化处理、版面设计和模板套用，生成规范的办公文档、可供印刷的出版物等；Excel是一款高效的数据分析、处理与图表制作软件，可以方便地输入数据、公式、函数以及插入图形对象，实现数据的高效管理、计算和分析，生成直观的图形、专业的图表等；而这两大组件与其他Office办公软件的兼容性很好，可以轻松地实现格式转换和内容套用，制作出更具专业外观的文档来，显著提高了办公效率，成为纵横职场必不可少的工具。因此被广泛应用于文秘办公、行政管理、财务管理、市场营销、学校教学和协同办公等事务中。

为了便于读者掌握Word和Excel等软件的操作方法，并能根据自身实际的行业应用需求，精通相应的软件功能，我们推出了这套"商务办公从入门到精通"系列图书，希望能为您日常处理工作事务、提高办公效率带来帮助。

◎ "商务办公从入门到精通"系列图书

> **Word Excel 2010二合一商务办公从入门到精通**
> **Word Excel PPT 2010三合一商务办公从入门到精通**

◎ 系列图书特色

1. 根据行业应用，详细探讨Word、Excel等办公软件的功能

在日常办公中，财务与会计、文秘与行政、人力资源管理、营销决策与分析、学校教学与管理等几个领域都会涉及大量文书的创建、规范、美化和管理，烦琐的数据录入、编辑、整合、查询、分析和统计工作，以及宣传片、投标书、培训课件、演讲稿等的制作；为了提高办公效率，常常要将处理得出的结果制作成各式各样的公文、报告、图表、报表或幻灯片，在Word、Excel等几大组件之间共享调用并最终发布。上述操作涉及Word、Excel等软件的多种功能，但根据行业应用的特殊需求，偏重的项目有所不同。本套图书以由浅入深、循序渐进的方式，详细为读者进行讲解，确保零基础的人学习无障碍、有一

定经验的人提高更快。

2. 重视动手操作，并结合实际工作需求介绍相关行业知识

在实际工作中，并不是会使用Word、Excel等软件就一定能满足需求，因为各个行业有其自身的特色，很多经验技巧需要在工作实践中总结出来。本套图书为了满足读者即学即用的需求，不仅选择了有代表性的实例以便读者套用，还通过"办公应用""常见问题""经验分享"和"专家点拨"四大环节，将读者应当注意的、实用性超强的工作技巧做了全面的介绍，力求拓展读者的知识面、提高综合应用能力。

3. 编排精美，结合多媒体教学光盘，使用效果更能立竿见影

本套图书采用多栏混排的编排形式，不仅有详细的文字说明、全程图解的步骤演示，还穿插了大量提示和行业应用技巧，内容丰富、设计感强。此外，各图书均配有1CD多媒体视频教学光盘，不仅完整收录了书中全部实例的原始文件和最终文件，还有播放时间长达406分钟的331个重点操作实例的视频教学录像。光盘内容丰富，具有极高的学习价值和使用价值。

◎ 本书特色

1. 全面

几乎囊括了日常办公接触的全部内容，如制作公司简介宣传册、制作投标报价书、制作部门工作计划表、制作产品销售合同、制作公司日常费用清单、制作仓库进/出货核算表、制作员工信息与晋升统计分析表、制作员工薪资福利管理表、制作产品促销计划表、Word与Excel在办公中的协同应用、合理运用Word/Excel制作调查报告等。

2. 专业

基础知识与典型实例相结合，涉及行业内资料收集、整理、计算和分析的各个方面，是办公人员的办公必备宝典。

3. 实用

基础知识以熟练软件操作、提高办公人员的办公效率为目标安排内容；实例则根据办公人员日常办公中最常接触的类型进行选择。

◎ 提醒读者注意

1. 关于实例中使用的称谓和数据

为了最大程度模拟真实操作效果，便于日后读者代入工作实践，本书中部分实例采用了真实厂商或产品的名称，但仅仅是为了教学使用，读者请勿对号入座，实例中的数据也不代表实际的商业信息。

2. 关于光盘路径

由于笔者编写时使用的计算机中的文件路径与读者放置实例文件的路径可能会不一致，部分实例的最终文件在打开并直接使用时看不到操作后的效果，如发生此情况，建议读者按照步骤的介绍，实际操作后重新链接文件，即可正常使用。

◎ 作者团队和读者服务

如果读者在使用本书时遇到问题，可以通过电子邮件与我们取得联系，邮箱地址为1149360507@qq.com，我们将通过邮件为读者解疑释惑。此外，读者也可加本书服务专用QQ：1149360507与我们取得联系。由于编者水平有限，疏漏之处在所难免，恳请广大读者批评指正。

编著者

2016年4月

目录 CONTENTS

PART 1 Word办公基础篇

PART 2 Word办公实战应用篇

PART 3　Excel办公基础篇

目录 CONTENTS

PART 4　Excel办公实战应用篇

目录 CONTENTS

PART 5　综合办公应用篇

PART

1

Word办公基础篇

Chapter

熟练掌握Word第一步——
制作简单的办公文档

 学习要点

- 设置文本字体格式
- 制作带圈字符
- 设置段落格式
- 创建与应用样式
- 使用查找与替换功能
- 文档保密设置

 **本章结构**

① 设置文本效果

② 首字下沉效果

③ 纵横混排效果

④ 文档加密效果

熟练掌握Word第一步——制作简单的办公文档

在企业的日常办公中，办公文档的编辑、制作是无法避免的。制作文档时，可以使用Word软件进行编辑。其中提供了文本格式、段落格式的设置，项目符号、编号添加等功能，可以协助用户制作出专业的办公文档；另外，还提供了查找、替换和保护文档等功能，可以帮助用户在大篇幅的文档中轻松查找到需要的内容，并能够对重要文档进行保护，从而实现得心应手地编辑办公文档。

1.1 快速设置文本格式

在Word 2010中，设置文本格式包括设置文本的字体、字形、字号、颜色等内容，这些格式的设置按钮被放置于"开始"选项卡下的"字体"组中。

在设置文本格式时，对于文档中不同的内容，要应用不同的格式。例如，标题与正文的格式就要有明显的区别，标题的格式要设置得引人注目，正文的格式则可根据不同的用途而异。

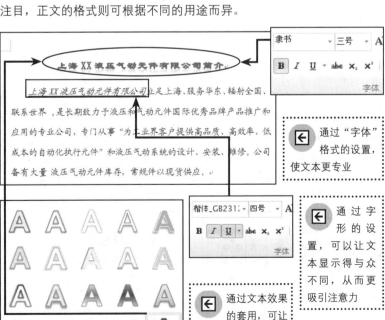

通过"字体"格式的设置，使文本更专业

通过字形的设置，可以让文本显示得与众不同，从而更吸引注意力

通过文本效果的套用，可让文字更美观

在Word 2010中设置文本格式，也可以通过"字体"对话框进行设置，该对话框包括了字体、字号、字形、颜色、下画线、删除线、上标、下标等所有格式的设置功能。进入文档后，只要单击"开始"选项卡下"字体"组的对话框启动器按钮，打开"字体"对话框，如下图所示，根据需要对文本格式进行设置即可。

1.1.1 输入文本内容

　　一个文档中通常会包括汉字、数字、符号等多种内容，为文档输入这些内容时，不同的内容可使用不同的输入方法。下面来介绍一下常用文本内容的输入。

最终文件 实例文件\第1章\最终文件\输入文本内容.docx

提示② 使用快捷键快速切换输入法

　　切换系统的输入法时，除了使用鼠标单击的方式对输入法进行切换外，还可以通过快捷键进行切换。切换时，按下Ctrl+Shift组合键，系统就会根据输入法列表中的顺序切换到下一个输入法中，如果不是用户需要的输入法，可以再次按下Ctrl+Shift组合键，直到切换到需要的输入法为止。

Step 1 选择要使用的输入法。打开一个Word 2010文档，单击任务栏中输入法图标，在展开的输入法列表中单击要使用的输入法，如下图所示。

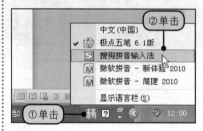

Step 2 输入文字。切换到需要的输入法后，按照输入法的输入规则输入需要的汉字编码，如下图所示，然后按下空格键，将输入栏中的汉字输入文档中。

Step 3 单击"其他符号"按钮。为文档输入了汉字后，单击"插入"选项卡下"符号"组中"其他符号"按钮，在展开的下拉列表中单击"其他符号"选项，如下图所示。

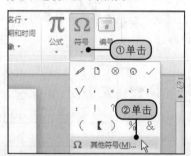

Step 4 选择符号的字体类型。弹出"符号"对话框，在"符号"选项卡下单击"字体"框右侧的下三角按钮，在展开的下拉列表中单击Wingdings2选项，如下图所示。

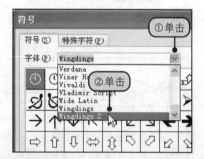

提示③ 使用符号下拉列表

　　为文档输入符号时，单击"符号"按钮后，在展开的下拉列表中可以看到一些符号。这些符号为最近插入文档中的符号，当用户需要插入最近使用过的符号时，在打开的"符号"下拉列表后，在列表中直接单击要使用的符号，即可完成输入。

Step 5 选择要插入的符号。选择了符号的类型后，在"符号"列表框中单击要插入的符号图标，然后单击"插入"按钮，如下图所示，关闭该对话框。

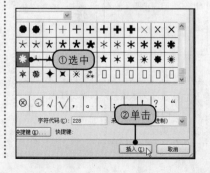

Step 6 输入其他文本内容。返回文档中，继续输入文本内容，需要另起一段时，按下Enter键，然后参照本节操作，为文档输入全部内容，如下图所示。

1.1.2 设置文本字体和字号

字体是指文字的风格样式，字号是指文字的大小。如何在文档中改变文字的这些属性呢？本节就来介绍一下它们的设置方法。

原始文件 实例文件\第1章\原始文件\设置文本字体和字号.docx
最终文件 实例文件\第1章\最终文件\设置文本字体和字号.docx

Step 1 选中目标文本。打开附书光盘\ 实例文件\第1章\原始文件\设置文本字体和字号.docx，拖动鼠标，选中要设置格式的文本，如下图所示。

Step 2 设置文本字体。选择目标文本后，单击"开始"选项卡下"字体"组中"字体"框右侧的下三角按钮，在展开的下拉列表中单击"楷体-GB2312"选项，如下图所示。

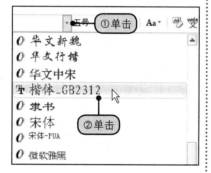

④ 提示 **使用逐级增大/缩小按钮调整文本字号**

在调整文本字号时，如果用户对要设置的字号大小没有特定的概念，而是要根据最终效果来确定字号大小，可通过"增大字体"或"缩小字体"按钮来完成设置，如下图所示。

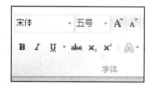

使用"增大字体"按钮时，每单击一次按钮，字号增大0.5号；使用"缩小字体"按钮时，每单击一次该按钮，字号缩小0.5号，用户可在调整的过程中确定使用的字号。

Step 3 设置文本字号。设置了文本的字体后，单击"字号"框右侧的下三角按钮，在展开的下拉列表中单击"四号"选项，如下图所示。

Step 4 显示字体与字号的设置效果。经过以上操作后，就完成了更改文本字体与字号的操作，设置后的效果如下图所示。

1.1.3 设置文本字形和颜色

用户可以通过设置文本加粗、倾斜与添加下画线，轻松地改变文本的字形。而为了突出文档中的重要内容，用户还可以给这样的文本添加更醒目的颜色。

⑤ 提示 **使用快速键调整字形**

在Word 2010中设置文本字形时，也可以使用快捷键来完成设置。其中"加粗"的快捷键为Ctrl+B，"倾斜"的快捷键为Ctrl+I，"下画线"的快捷键为Ctrl+U。

原始文件 实例文件\第1章\原始文件\设置文本字形和颜色.docx
最终文件 实例文件\第1章\最终文件\设置文本字形和颜色.docx

提示⑥ 设置字体颜色为渐变色

在Word 2010中设置文本的字体颜色时，除了使用纯色外，还可以设置为渐变填充效果。

1 打开目标文档后，选中要设置渐变色的文本，如下图所示。

2 单击"开始"选项卡下"字体"组中"字体颜色"右侧的下三角按钮，在展开的下拉列表中单击"渐变"选项，在展开的子列表中单击"其他渐变"选项，如下图所示。

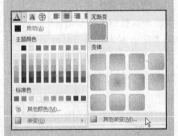

3 弹出"设置文本效果格式"对话框，在"文本填充"选项卡下选中"渐变填充"单选按钮，然后单击"渐变光圈"中第一个颜色标尺，单击"颜色"按钮，在展开的颜色列表中单击"蓝色"图标，如下图所示。

Step 1 选择目标文档。打开附书光盘\ 实例文件\第1章\原始文件\设置文本字形和颜色.docx，拖动鼠标，选中要设置格式的文本，如下图所示。

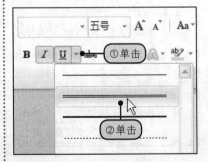

Step 3 选择其他要设置的文本。按照同样的操作，将文档中所有二级内容都设置为"加粗"效果，然后选中另一处要设置格式的文本，如下图所示。

Step 5 为文本添加下画线。设置了文本的倾斜效果后，单击"下画线"右侧的下三角按钮，在展开的下拉列表中单击"双横线"选项，如下图所示。

Step 7 显示文本设置效果。经过以上操作后，就完成了文本字形与颜色的设置，如右图所示。根据需要再为其他内容的字形与颜色进行适当的设置。

Step 2 单击"加粗"按钮。选择了要设置的文本后，单击"开始"选项卡下"字体"组中的"加粗"按钮，如下图所示。

Step 4 单击"倾斜"按钮。选择了要设置的文本后，在"开始"选项卡下单击"字体"组中的"倾斜"按钮，如下图所示。

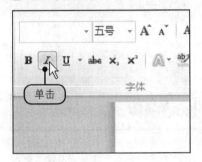

Step 6 设置文本颜色。单击"字体"组中"字体颜色"右侧的下三角按钮，在展开的颜色列表中选择"红色"，如下图所示。

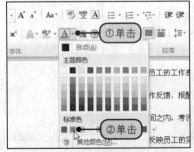

1.1.4　设置文本字体效果

在Word 2010中新增加了文本效果功能，通过该功能可以将普通的文本设置出艺术字效果。下面就来看看如何设置这样的文本效果吧！

原始文件　实例文件\第1章\原始文件\设置文本字体效果.docx
最终文件　实例文件\第1章\最终文件\设置文本字体效果.docx

Step 1 选择目标文本。打开附书光盘\实例文件\第1章\原始文件\设置文本字体效果.docx，选中要设置文本效果的内容，如下图所示。

Step 2 选择要应用的字体效果。在"开始"选项卡下单击"字体"组中"文本效果"右侧的下三角按钮，在展开的样式库中，选择"渐变填充-紫色，强调文字颜色4，映像"样式，如下图所示。

Step 3 显示设置的文本效果。经过以上操作后，就完成了文本效果的设置，返回文档中即可看到设置后的效果，如右图所示。

1.1.5　制作带圈字符

所谓设置带圈字符效果就是为所选择的文本添加圈号的效果。在Word 2010中制作带圈字符时，圈的类型可以是三角、圆圈、矩形和菱形4种效果。本节以带圈字符设置为例，介绍一下制作步骤。

原始文件　实例文件\第1章\原始文件\制作带圈字符.docx
最终文件　实例文件\第1章\最终文件\制作带圈字符.docx

（续上页）

提示 ⑥ **设置字体颜色为渐变色**

4 根据需要对"渐变光圈"中第二、第三个颜色标尺的颜色进行设置，然后单击"方向"按钮，在展开的下拉列表中单击"线性向上"图标，如下图所示，最后单击"关闭"按钮。

5 经过以上操作后，返回文档中，即可看到将文本字体设置为渐变颜色的效果，如下图所示。

办公应用

突出显示文档中的重要信息

在Word 2010中设置文本格式时，如果要对一些重要内容进行突出显示，可通过以不同颜色填充底纹的方式实现。下面介绍一下突出显示文本的操作步骤。

原始文件　吸尘器使用说明.docx
最终文件　吸尘器使用说明.docx

（续上页）

办公应用

突出显示文档中的重要信息

1 打开原始文件\吸尘器使用说明.docx，在“开始”选项卡下单击“字体”组中“以不同颜色突出显示文本”右侧的下三角按钮，在展开的下拉列表中单击“鲜绿”图标，如下图所示。

字体
无颜色(N)
停止突出显示(S)

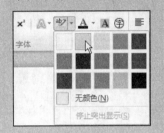

2 选择了突出显示的底纹颜色后，将鼠标指向文档中，指针显示为 效果，拖动鼠标经过要突出显示的文本，如下图所示，文本就会被填充为鲜绿色的底纹效果。

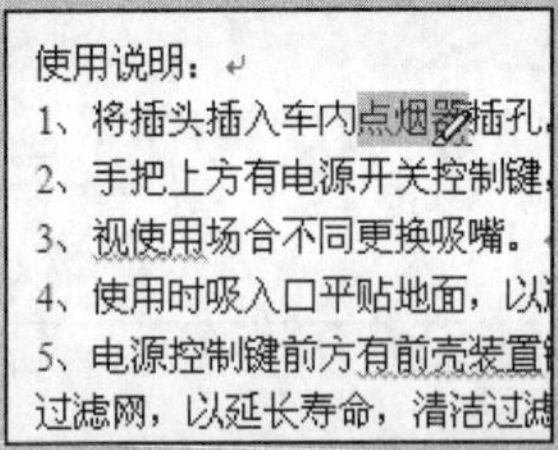

使用说明：
1、将插头插入车内点烟器插孔。
2、手把上方有电源开关控制键，
3、视使用场合不同更换吸嘴。
4、使用时吸入口平贴地面，以
5、电源控制键前方有前壳装置
过滤网，以延长寿命，清洁过滤

3 按照上一步的操作，将其他需要突出显示的文本也进行填充，就完成了突出显示文本的操作，最终效果如下图所示。

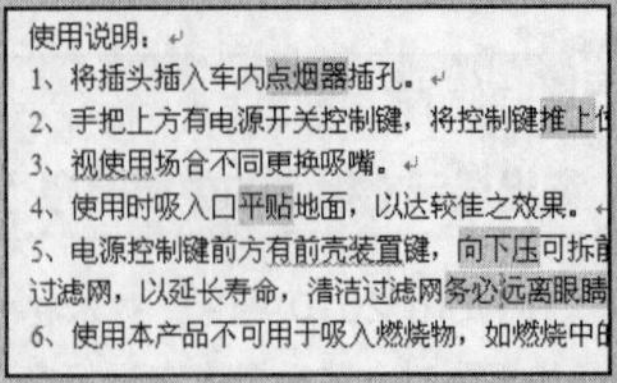

使用说明：
1、将插头插入车内点烟器插孔。
2、手把上方有电源开关控制键，将控制键推上
3、视使用场合不同更换吸嘴。
4、使用时吸入口平贴地面，以达较佳之效果。
5、电源控制键前方有前壳装置键，向下压可拆
过滤网，以延长寿命，清洁过滤网务必远离眼睛
6、使用本产品不可用于吸入燃烧物，如燃烧中

Step 1 选择目标文本。打开附书光盘\ 实例文件\第1章\原始文件\制作带圈字符.docx，选中要制作为带圈字符的字符，如下图所示。

纪律处分通知书审
选中
姓名：
工作证号：
职位：
所属部门：
所犯错误：
口屡次迟到
口屡次逃避工作
口擅自旷工
口工作时间在公司赌博
口工作时睡觉

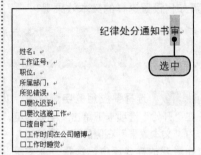

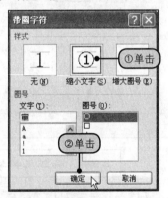

Step 2 单击“带圈字符”按钮。选择目标文本后，单击“开始”选项卡下“字体”组中的“带圈字符”按钮，如下图所示。

三号
字体
单击

Step 3 选择带圈字符样式。弹出“带圈字符”对话框，在“样式”区域内选中“缩小文字”图标，然后单击“确定”按钮，如下图所示。

带圈字符
样式
无(N)
缩小文字(S)
增大圈号(E)
①单击
圈号
文字(T):
审
圈号(O):
②单击
确定
取消

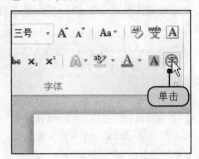

Step 4 显示制作的带圈字符效果。经过以上操作，就可以将普通的汉字制作为带圈字符，如下图所示。

纪律处分通知书
设置效果

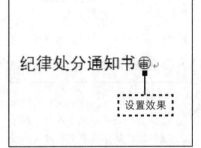

1.2 文本的段落编排

作为Office办公系统重要的文字编辑组件，Word在排版方面是自有一定的优势的。在Word 2010中，对段落的编排工具均集中在“开始”选项卡的“段落”组中。通过单击“段落”对话框启动器按钮，还能分享更多细节的版式处理功能。

段落

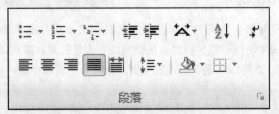

段落格式的设置项包括对齐方式、缩进及行距等格式。另外，在设置一些特殊文体时，还会用到首字下沉、中文版式等功能。

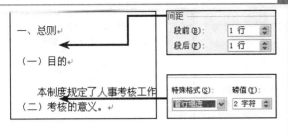

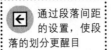

通过段落间距的设置，使段落的划分更醒目

文档中常用的"首行缩进"功能，可通过"特殊格式"来设置

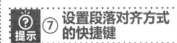

⑦ 设置段落对齐方式的快捷键

为文档设置段落对齐方式时，也可以通过快捷键快速完成段落对齐方式的设置。其中居中对齐的快捷键为Ctrl+E，左对齐的快捷键为Ctrl+L，右对齐的快捷键为Ctrl+R。设置时，将光标定位在要设置对齐方式的段落内，然后按下相应的快捷键，即可完成段落的对齐设置。

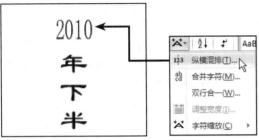

通过纵横混排的设置，实现一段话中既有横向排列，又有纵向排列的效果

首字下沉功能使文档更引人注意

1.2.1 设置段落对齐方式

段落对齐方式的设置是为了让文档更加整齐。在Word 2010中，段落的对齐方式包括左对齐、居中、右对齐、分散对齐和两端对齐5种。通常情况下，标题为居中对齐，正文内容则需要根据实际情况选择适当的对齐方式。

> 原始文件　实例文件\第1章\原始文件\设置段落对齐方式.docx
> 最终文件　实例文件\第1章\最终文件\设置段落对齐方式.docx

Step 1 定位光标位置。打开附书光盘\ 实例文件\第1章\原始文件\设置段落对齐方式.docx，单击要设置对齐方式的段落，如将光标定位在标题行，如下图所示。

Step 2 选择段落对齐方式。确定了光标的位置后，单击"段落"组中的"居中"按钮，如下图所示。

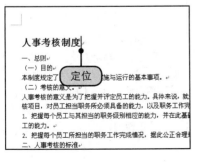

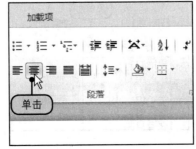

在Word 2010中，段落的缩进方式包括首行缩进与悬挂缩进两种。下面介绍一下悬挂缩进的设置方法及所实现的效果。

1 打开目标文档后，将光标定位在要设置缩进方式的段落内，如下图所示。

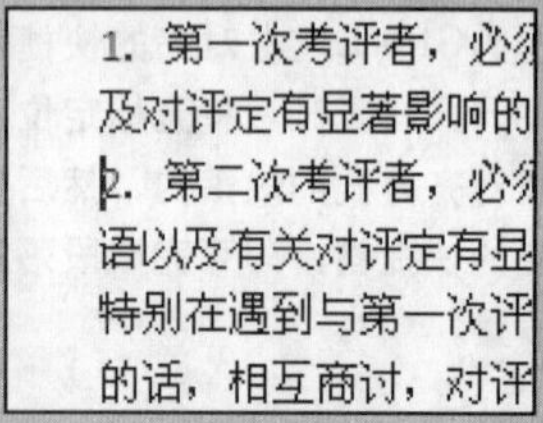

> 1. 第一次考评者，必须
> 及对评定有显著影响的
> 2. 第二次考评者，必须
> 语以及有关对评定有显
> 特别在遇到与第一次评
> 的话，相互商讨，对评

2 打开"段落"对话框，在"缩进和间距"选项卡下单击"特殊格式"框右侧的下三角按钮，在展开的下拉列表中单击"悬挂缩进"选项，如下图所示，最后单击"确定"按钮。

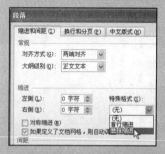

3 经过以上操作后，即可将段落的缩进方式设置为"悬挂缩进"效果，如下图所示。

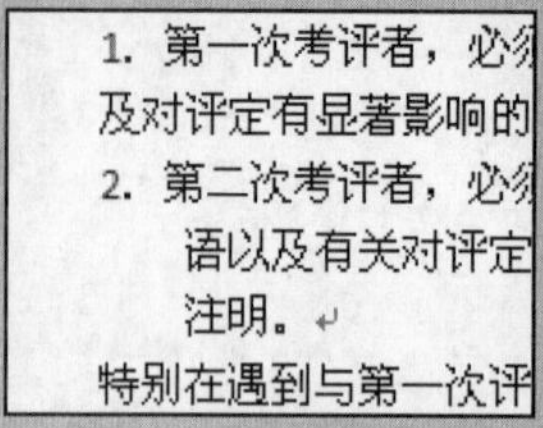

> 1. 第一次考评者，必须
> 及对评定有显著影响的
> 2. 第二次考评者，必须
> 语以及有关对评定
> 注明。
> 特别在遇到与第一次评

Step 3 显示设置段落对齐方式效果。经过以上操作后，就可以将标题设置为居中对齐，如右图所示。

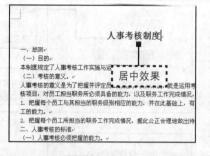

🔍 1.2.2 设置缩进和行距

缩进包括两种，分别是首行缩进与悬挂缩进。通常情况下，每个段落会采用首行缩进两字符的设置，这是中文标准的排版规范。而行距是指段落中行与行之间的距离。在Word 2010中也是可以自由设置的。

> ⊙ 原始文件　实例文件\第1章\原始文件\设置缩进和行距.docx
> 　 最终文件　实例文件\第1章\最终文件\设置缩进和行距.docx

Step 1 定位光标位置。打开附书光盘\ 实例文件\第1章\原始文件\设置缩进和行距.docx，单击要设置对齐方式的段落，将光标定位在内，如下图所示。

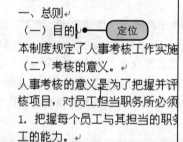

Step2 单击"段落"组的对话框启动器。定位光标位置后，在"开始"选项卡下单击"段落"组右下角的对话框启动器按钮，如下图所示。

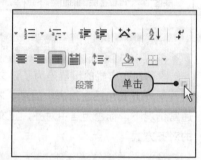

Step 3 选择行距。弹出"段落"对话框后，单击"行距"下拉列表框右侧的下三角按钮，在展开的下拉列表中单击"2倍行距"选项，如下图所示，最后单击"确定"按钮。

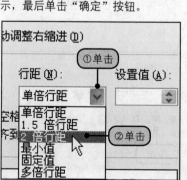

Step 4 将光标定位在要设置缩进的段落内。返回文档中即可看到设置了行距后的效果，单击要设置缩进方式的段落，将光标定位在内，如下图所示。

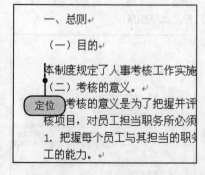

Step 5 选择缩进方式。定位了光标的位置后，打开"段落"对话框，单击"特殊格式"下拉列表框右侧的下三角按钮，在展开的下拉列表中单击"首行缩进"选项，如下图所示，然后单击"确定"按钮。

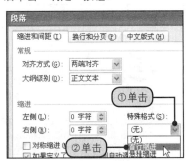

Step 6 显示设置的缩进效果。在"段落"对话框中选择了"首行缩进"的格式后，程序默认将缩进字符设置为"2字符"。返回文档中，将其余段落的行距与缩进效果也进行同样的设置，如下图所示。

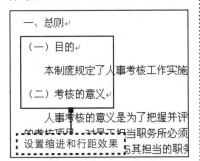

1.2.3 制作首字下沉效果

"首字下沉"是指将文档中某个段落内的第一行第一个字的字号变大，并且向下延伸一定的距离，通过对文字变形的操作达到引人注目的效果。

原始文件 实例文件\第1章\原始文件\制作首字下沉效果.docx
最终文件 实例文件\第1章\最终文件\制作首字下沉效果.docx

Step 1 定位光标位置。打开附书光盘\ 实例文件\第1章\原始文件\制作首字下沉效果.docx，单击要设置首字下沉的段落，将光标定位在该段落内，如下图所示。

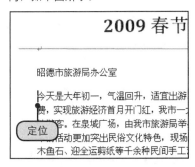

Step 2 单击"首字下沉选项"。定位好光标的位置后，在"插入"选项卡下单击"文本"组中"首字下沉"下方的下三角按钮，在展开的下拉列表中单击"首字下沉选项"，如下图所示。

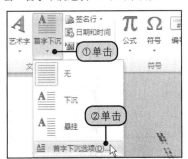

Step 3 选择首字下沉的字体。弹出"首字下沉"对话框，在"位置"区域内单击"下沉"图标，然后单击"字体"框右侧的下三角按钮，在展开的下拉列表中单击"华文隶书"选项，如右图所示。

提示 ⑨ 制作首字悬挂效果

首字下沉与首字悬挂的区别在于，"首字下沉"是在边距内将第一个字符放大并下沉，而"首字悬挂"则是将文档中第一个字符放大下沉后，将置于文档的边距以外。下面来介绍一下设置首字悬挂的操作步骤。

1 打开目标文档后，将光标定位在要设置首字悬挂的段落内，在"插入"选项卡下单击"文本"组中的"首字下沉"按钮，在展开的下拉列表中单击"悬挂"选项，如下图所示。

2 经过以上操作后，就可以将光标所在段落的第一个字符设置为"首字悬挂"效果，如下图所示。

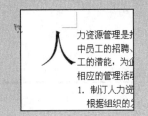

⑩ **删除首字下沉效果**

提示 ⑩ **删除首字下沉效果**

需要将设置为"首字下沉"的效果删除时，只要在打开目标文档后，切换到"插入"选项卡，单击"文本"组中的"首字下沉"按钮，在展开的下拉列表中单击"无"选项即可，如下图所示。

Step 4 设置下沉行数。设置了下沉文字的字体后，单击"下沉行数"数值框右侧的上调按钮，将数值设置为"4"，然后单击"确定"按钮，如下图所示。

Step 5 显示首字下沉效果。经过以上操作后，就可以将光标所在段落设置为首字下沉的效果，如下图所示。

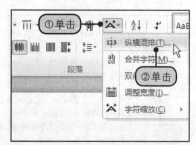

1.2.4 编排中文版式

"中文版式"包括"纵横混排""合并字符""双行合一""调整宽度"和"字符缩放"5种版式，在排版中被广泛应用。本节就以其中的"纵横混排"为例，介绍一下具体的设置方法。

原始文件	实例文件\第1章\原始文件\编排中文版式.docx
最终文件	实例文件\第1章\最终文件\编排中文版式.docx

Step 1 定位光标位置。打开附书光盘\ 实例文件\第1章\原始文件\编排中文版式.docx，选中要应用中文版式的文本，如下图所示。

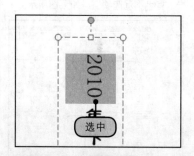

Step 2 单击"纵横混排"选项。选择目标文本后，在"开始"选项卡下"段落"组中单击"中文版式"按钮，在展开的下拉列表中单击"纵横混排"选项，如下图所示。

提示 ⑪ **取消纵横混排**

为文本设置了纵横混排后，需要取消该效果时，可通过在选中设置为纵横混排的文本后，单击"段落"组中的"中文版式"按钮，在展开的下拉列表中单击"纵横混排"选项，弹出"纵横混排"对话框后，单击"删除"按钮来实现，如下图所示。

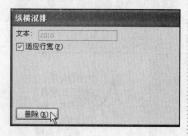

Step 3 确定纵横混排的设置。弹出"纵横混排"对话框，勾选"适应行宽"复选框，然后单击"确定"按钮，如下图所示。

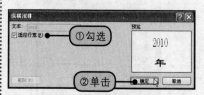

Step 4 显示纵横混排效果。经过以上操作后，就可以将文档中纵向排列的部分内容更改为横向排列效果，如下图所示。

1.2.5 使用格式刷复制格式

当用户为某文本应用了多种格式后，还需要为文档中其他内容应用同样的设置时，为了快速完成格式设置，可以使用“格式刷”对已有格式进行复制。

原始文件　实例文件\第1章\原始文件\用格式刷复制格式.docx
最终文件　实例文件\第1章\最终文件\用格式刷复制格式.docx

Step 1 选择目标文本。打开附书光盘\ 实例文件\第1章\原始文件\用格式刷复制格式.docx，选中应用了格式后的文本，如下图所示。

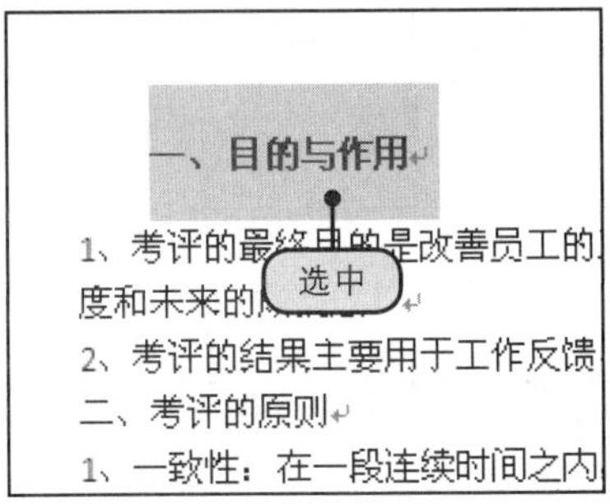

Step 2 单击“格式刷”按钮。选择了目标文本后，在“开始”选项卡下单击“剪贴板”组中的“格式刷”按钮，如下图所示。

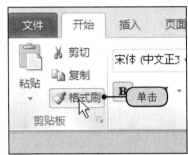

Step 3 复制文本格式。将鼠标指向文档的页面中，指针变成小刷子形状，拖动鼠标经过要复制格式的文本，如下图所示。

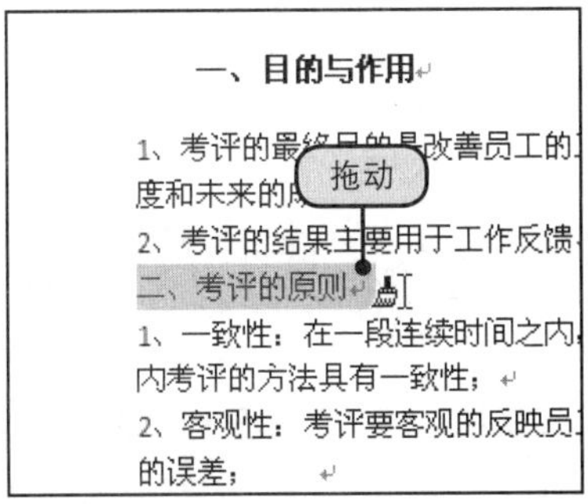

Step 4 显示复制文本格式效果。经过以上操作后，鼠标所经过的文本就会被应用与复制格式相同的格式，应用后的效果如下图所示。

提示 ⑫ 重复使用“格式刷”复制格式

使用“格式刷”复制格式时，如果需要为多处文本复制同一格式，可以按以下步骤完成操作。选择格式源后，双击“格式刷”按钮，然后在文档中拖动鼠标经过要使用格式的文本，将要应用该格式的所有文本全部复制完毕，再次单击“格式刷”按钮，取消格式刷的使用即可。

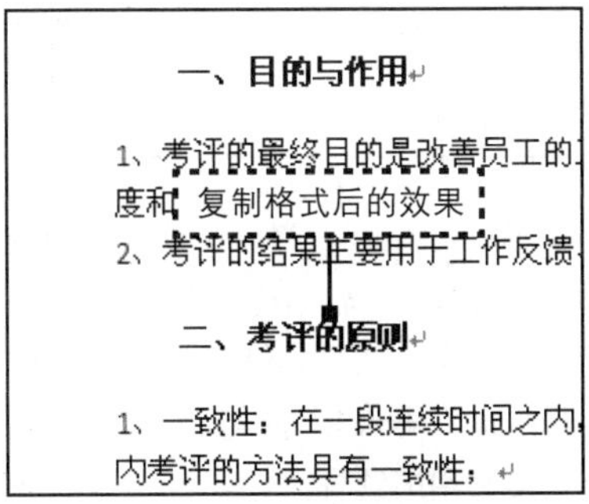

1.3 样式的应用

样式是多种格式的集合。在Word 2010中，当用户频繁地使用某些格式时，可以将格式创建为样式。这样，为文本再设置同样的格式时，直接选择创建的样式即可。“样式”功能是高效办公不可缺少的功能。

在使用样式时，可以通过“样式”下拉列表或“样式”任务窗格来进行设置，而且既可以套用Word 中预设的样式，也可以自己动手创建新的样式。

提示 ⑬ 清除样式

为文本应用了样式后，文本就会根据样式产生相应的变化，如果用户对应用样式后的效果不满意，可以将样式直接清除，恢复为文档默认的设置。

需要清除格式时，将光标定位在目标段落内，只要单击"开始"选项卡下"样式"组中列表框右下角的快翻按钮，在展开的库中单击"清除格式"选项即可，如下图所示。

通过样式的应用，使应用的文本突出显示，拥有专业效果

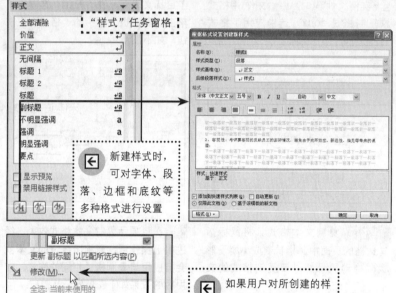

"样式"任务窗格

新建样式时，可对字体、段落、边框和底纹等多种格式进行设置

如果用户对所创建的样式或程序中预设样式不满意，可通过"修改"命令，设置出满意的样式效果

1.3.1 套用内置样式

内置样式是指Office 2010中自带的样式，包括"标题""要点""明显强调"等十多种样式效果。如果用户要使用的样式在程序中已存在，可直接套用内置样式。

原始文件 实例文件\第1章\原始文件\套用内置样式.docx
最终文件 实例文件\第1章\最终文件\套用内置样式.docx

Step 1 定位光标的位置。打开附书光盘\实例文件\第1章\原始文件\套用内置样式.docx，将光标定位在要套用样式的段落内，如右图所示。

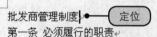

批发商管理制度 ●——— 定位

第一条 必须履行的职责
1. 依据负责区域的销售计划向所辖
2. 寻找当地最佳批发商，共同扩展
3. 做好批发商货款回收工作。
4. 对当地批发商价格进行管理和监
5. 做好批发商的库存管理工作。
6. 做好公司与批发商之间的信息沟

Step 2 选择要套用的样式。定位好光标的位置后，在"开始"选项卡下"样式"组的列表框中选择"标题"样式，如下图所示。

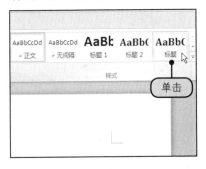

Step 3 显示套用样式效果。经过以上操作后，就完成了为文档套用样式的操作。在文档中看到套用后的效果，如下图所示。

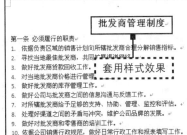

1.3.2　创建新样式

Word 2010中内置的样式有限，当用户要使用的样式在Word 中并没有内置时，可自己动手创建。创建后的样式将保存在当前文档中的样式列表框内，需要重复使用创建的样式时，在该样式列表框中单击相应样式图标即可。

> 原始文件　实例文件\第1章\原始文件\创建新样式.docx
> 最终文件　实例文件\第1章\最终文件\创建新样式.docx

Step 1 定位光标的位置。打开附书光盘\实例文件\第1章\原始文件\创建新样式.docx，将光标定位在要应用样式的段落内，如下图所示。

Step 2 单击"样式"组的对话框启动器按钮。定位好光标的位置后，在"开始"选项卡下单击"样式"组的对话框启动器按钮，如下图所示。

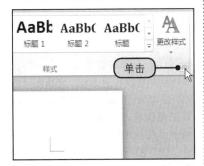

Step 3 单击"新建样式"按钮。弹出"样式"任务窗格后，单击窗格下方的"新建样式"按钮，如右图所示。

使用样式时，如果用户要在当前文档中频繁使用文档中已设置好的格式，可直接将这些格式保存为样式到样式库中。其具体操作步骤如下。

1 打开目标文档后，选中要保存样式的文本，如下图所示。

2 打开样式库，然后单击"将所选内容保存为新快速样式"选项，如下图所示。

3 弹出"根据格式设置创建新样式"对话框，在"名称"文本框内输入样式的名称，然后单击"确定"按钮，如下图所示。

4 经过以上操作，返回文档中，在"样式"列表框中即可看到新创建的样式，如下图所示。

提示 ⑮ 在"样式"任务窗格预览样式效果

在默认的情况下，"样式"任务窗格中只显示样式的名称，如果用户需要在任务窗格中就可以看到样式的效果，可以启用"显示预览"功能。

1 在文档中打开"样式"任务窗格后，勾选"显示预览"复选框，如下图所示。

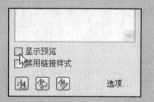

2 经过以上设置后，"样式"任务窗格中的样式就会以设置后的效果显示出来，如下图所示，用户就可以在窗格中直接看到样式应用后的效果。

Step 4 输入样式名称并设置样式字体。弹出"根据格式设置创建新样式"对话框，在"名称"文本框内输入样式的名称，然后单击"字体"框右侧的下三角按钮，在展开的下拉列表中单击"黑体"选项，如下图所示。

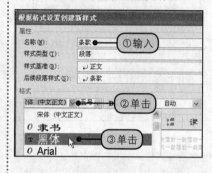

Step 6 设置段落行距。弹出"段落"对话框，单击"行距"框右侧的下三角按钮，在展开的下拉列表中单击"2倍行距"选项，如下图所示，最后单击"确定"按钮。

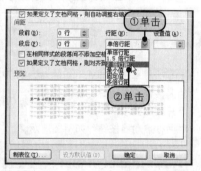

Step 8 选择底纹填充颜色。弹出"边框和底纹"对话框，切换到"底纹"选项卡，单击"填充"框右侧的下三角按钮，在展开的颜色列表中单击"白色，背景1，深色25%"图标，如下图所示，最后依次单击各对话框的"确定"按钮。

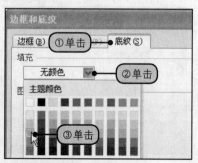

Step 5 单击"段落"选项。设置了样式的字体后，单击对话框左下角的"格式"按钮，在展开的下拉列表中单击"段落"选项，如下图所示。

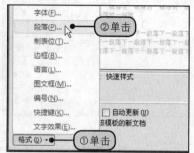

Step 7 单击"边框"选项。返回"根据格式设置创建新样式"对话框，单击左下角的"格式"按钮，在展开的下拉列表中单击"边框"选项，如下图所示。

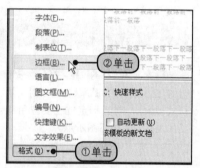

Step 9 显示新建的样式效果。经过以上操作后，就完成了新建样式的操作。返回文档中，光标所在段落就会应用新建的样式效果，如下图所示。

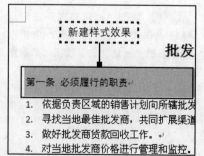

Step 10 显示新建的样式效果。在"样式"任务窗格中也可以看到新建的样式，如右图所示。需要为其中段落应用新建的样式时，先定位好光标的位置，然后在"样式"任务窗格中单击相应样式选项即可。

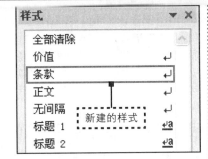

1.3.3 修改样式

创建新样式时，如果用户对创建后的样式中某一种格式不满意，可通过"修改"样式功能对创建的样式重新进行修改。

原始文件　实例文件\第1章\原始文件\修改样式.docx
最终文件　实例文件\第1章\最终文件\修改样式.docx

Step 1 单击"修改"选项。打开附书光盘\实例文件\第1章\原始文件\修改样式.docx，打开"样式"任务窗格，单击要修改的样式右侧的下三角按钮，在展开的下拉列表中单击"修改"选项，如下图所示。

Step 2 更改样式字号。弹出"修改样式"对话框后，单击"字号"框右侧的下三角按钮，在展开的下拉列表中单击要使用的字号"四号"选项，如下图所示。

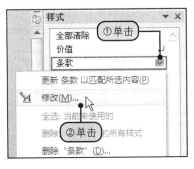

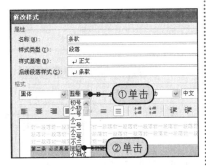

Step 3 更改字体颜色。更改了样式的字号后，单击"颜色"下拉列表框右侧的下三角按钮，在展开的颜色列表中单击"白色，背景1"图标，如下图所示。

Step 4 单击"边框"选项。单击"修改样式"对话框左下角的"格式"按钮，在展开的下拉列表中单击"边框"选项，如下图所示。

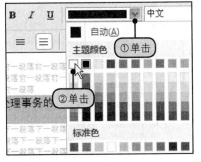

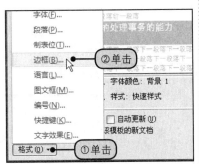

提示 ⑯ 删除样式

在创建了样式后，如果用户不再需要使用所创建的样式，为了便于"样式"任务窗格的管理，可将不需要的样式删除。

1 在目标文档中打开"样式"任务窗格后，单击要删除的样式右侧的下三角按钮，在展开的下拉列表中单击"删除'……'"选项，如下图所示。

2 弹出Microsoft Word提示框，询问用户"是否从文档中删除样式……？"，单击"是"按钮，如下图所示，即可将该样式删除。

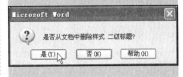

⑰ 让创建的样式在其他文档中也显示出来

在Word 2010中创建样式后，在默认的情况下只显示在当前文档中，如果用户要将所创建的样式在其他文档中也显示出来时，可将样式导出到文档的模板中。具体操作如下。

1 在创建了样式的文档中打开"样式"任务窗格，然后单击"管理样式"按钮，如下图所示。

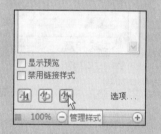

2 弹出"管理样式"对话框后，单击"导入/导出"按钮，如下图所示。

3 弹出"管理器"对话框，在"样式"选项卡下"在……中"列表框内选中要共享的样式，然后单击"复制"按钮，如下图所示，最后依次单击各对话框的"确定"按钮即可。

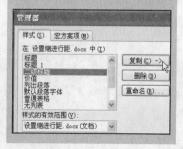

Step 5 更改底纹颜色。弹出"边框和底纹"对话框，切换到"底纹"选项卡，单击"填充"框右侧的下三角按钮，在展开的颜色列表中单击"黑色，文字1"图标，如下图所示，最后依次单击各对话框的"确定"按钮。

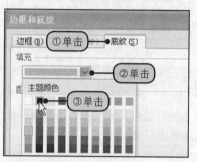

Step 6 显示更改样式后效果。经过以上操作后，就完成了对样式的更改操作。返回文档中，所有应用了原样式的内容，都应用了修改后的样式效果，如下图所示。

1.4 更改整体样式

在Word 2007以后的版本中，开始引入了一项新的整体样式的布局功能。Office设计者将办公人员常用的样式、配色方案、字体效果、段落间距内容都融入到整体样式的设计中，从而方便读者更轻松地应用专业的样式方案。

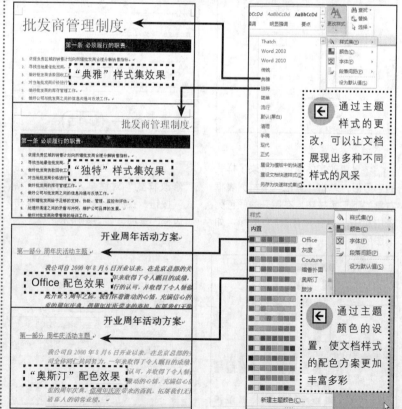

1.4.1 更改样式集

Office 2010的样式集中包括Thatch、Word 2003、Word 2010、"传统""典雅""独特""简单""流行""默认""清理"等13种类别。在Word 文档中使用样式时，不同的样式类别下所产生的样式效果是不同的，所以您应该根据文档的具体属性选择更适合的样式方案。

原始文件 实例文件\第1章\原始文件\更改样式集.docx
最终文件 实例文件\第1章\最终文件\更改样式集.docx

Step 1 打开目标文档。打开附书光盘\ 实例文件\第1章\原始文件\更改样式集.docx，如下图所示。

Step 2 更改样式集。单击"开始"选项卡下"样式"组中的"更改样式"按钮，在展开的下拉列表中单击"样式集"选项，在展开的子列表中单击"独特"选项，如下图所示。

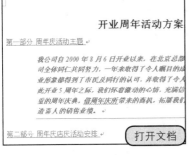

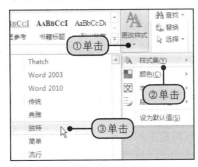

Step 3 显示更改样式效果。经过以上操作后，就完成了为文档更改样式集的操作，更改后的效果如右图所示。

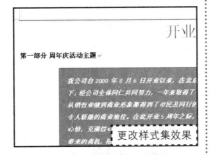

1.4.2 更改颜色

这里所讲的"颜色"是指文档的主题颜色。Word 2010中预设了Office、"灰度""暗香扑面"等40多种主题颜色，可根据需要更改。

原始文件 实例文件\第1章\原始文件\更改颜色.docx
最终文件 实例文件\第1章\最终文件\更改颜色.docx

Step 1 选择要更改主题颜色的文本。打开附书光盘\实例文件\第1章\原始文件\更改颜色.docx，如右图所示。

（续上页）

⑰ 让创建的样式在其他文档中也显示出来

4 经过以上操作后，即使新创建一个文档，在"样式"任务窗格中依然可以看到所共享的样式，如下图所示。

⑱ 新建主题颜色

为Word 2010文档更改主题颜色时，如果用户对预设的主题颜色不满意，可以自己动手新建其他主题颜色。

1 单击"开始"选项卡下"样式"组中的"更改样式"按钮，在展开的下拉列表中单击"颜色"选项，在展开的子列表中单击"新建主题颜色"选项，如下图所示。

2 弹出"新建主题颜色"对话框，在其中对文字/背景等内容的颜色进行设置，然后在"名称"文本框内输入主题颜色的名称，如下图所示，最后单击"保存"按钮，即可完成新建主题颜色的操作。

Step 2 更改颜色。打开目标文档后，单击"开始"选项卡下"样式"组中的"更改样式"按钮，在展开的下拉列表中单击"颜色>活力"选项，如下图所示。

Step 3 显示更改颜色效果。经过以上操作后，就完成了为文档更改主题颜色的操作，更改后的效果如下图所示。

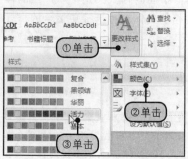

更改样式颜色效果

为段落应用了项目符号或编号后，需要取消时，可按以下步骤完成操作，下面以"编号"的取消为例介绍。

选中要取消应用编号的段落，然后单击"开始"选项卡下"段落"组中"编号"右侧的下三角按钮，在展开的下拉列表中单击"无"选项，如下图所示，即可取消编号的应用。

1.5 项目符号、编号与多级列表的应用

在Word 2010中，提供了"项目符号""编号"及"多级列表"3种编号类型。该编号用于放在文本（如列表中的项目）前，以增强内容的条理性。为文档应用编号时，为了使应用后的效果更加符合要求，可以对应用的符号、编号等内容进行适当设置。

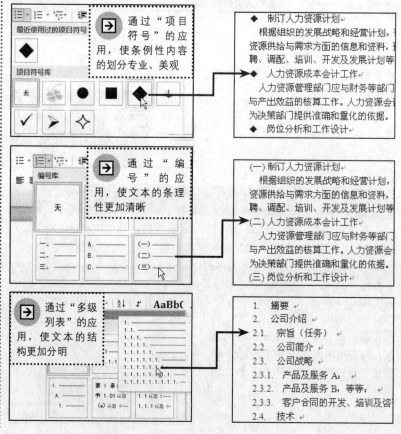

通过"项目符号"的应用，使条例性内容的划分专业、美观

通过"编号"的应用，使文本的条理性更加清晰

通过"多级列表"的应用，使文本的结构更加分明

1.5.1 自定义图片项目符号

为了使文档中的条例内容更加清晰，用户可以为这些内容添加项目符号。这些符号既可以是图形符号，也可以是图片符号。Word 2010中预设了一些符号位于项目符号库中可供您选择，也可以使用电脑中的图片作为项目符号。

> **原始文件** 实例文件\第1章\原始文件\自定义图片项目符号.docx、项目符号.jpg
>
> **最终文件** 实例文件\第1章\最终文件\自定义图片符号.docx

Step 1 选择目标文本。打开附书光盘\ 实例文件\第1章\原始文件\自定义图片项目符号.docx，按住Ctrl键不放，依次选中要应用项目符号的段落，如下图所示。

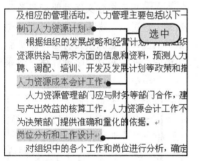

Step 2 单击"定义新项目符号"选项。选中目标文本后，在"开始"选项卡下单击"段落"组中"项目符号"右侧的下三角按钮，在展开的库中单击"定义新项目符号"选项，如下图所示。

Step 3 单击"图片"按钮。弹出"定义新项目符号"对话框，单击"图片"按钮，如下图所示。

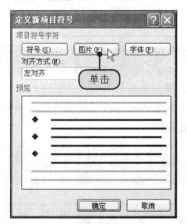

Step 4 单击"导入"按钮。弹出"图片项目符号"对话框，单击"导入"按钮，如下图所示。

Step 5 选择要作为项目符号的图片。弹出"将剪辑添加到管理器"对话框，选择要使用的图片所在路径，然后选中目标图片，如右图所示，最后单击"添加"按钮。

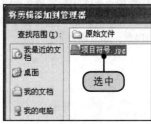

提示 ⑳ 将图形符号定义为项目符号

项目符号的类型包括图片符号与图形符号两种，使用图形符号作为项目符号时，不但可以选择符号样式，还可直接对符号的字体格式进行设置。

1 打开"定义新项目符号"对话框后，单击"符号"按钮，如下图所示。

2 弹出"符号"对话框，在符号列表框内选中要作为项目符号的图形，然后单击"确定"按钮，如下图所示。

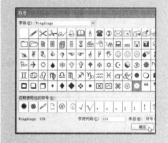

3 返回"定义新项目符号"对话框，单击"字体"按钮，如下图所示。

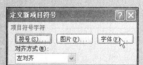

4 弹出"字体"对话框，在其中对符号的大小、颜色等内容进行设置后，依次单击各对话框的"确定"按钮，如下图所示，即可完成将图形符号定义为项目符号的操作。

㉑ 通过快捷菜单添加项目符号

提示

在Word 2010中为文档添加项目符号时，也可以通过快捷菜单来完成操作。

右击要添加项目符号的段落，弹出快捷菜单后，将鼠标指向“项目符号”命令，在弹出的子菜单中单击要使用的项目符号，如下图所示，即可完成项目符号的添加。

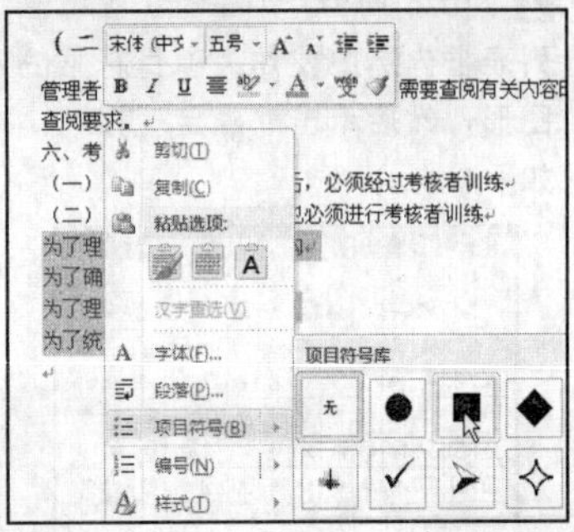

㉒ 自定义编号

提示

为文本添加编号时，除了使用Word 中预设的编号样式外，也可以进行自定义设置。设置时，选中目标文本后，单击“编号”右侧的下三角按钮，在展开的下拉列表中单击“定义新编号格式”选项，弹出“定义新编号格式”对话框，在其中对编号的格式进行设置即可。

Step 6 将图片设置为项目符号。返回“图片项目符号”对话框，在列表框内选中新添加的图片，然后依次单击各对话框的“确定”按钮，如下图所示。

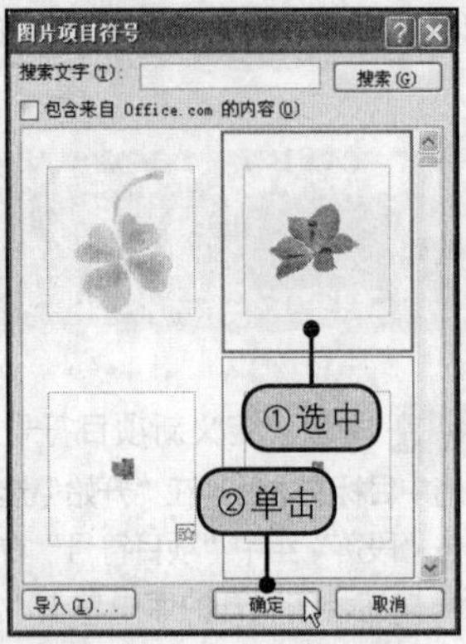

Step 7 选择项目符号。返回文档中，即可看到将选择的图片设置为项目符号的效果。单击任意一个项目符号，将选中所有项目符号，如下图所示。

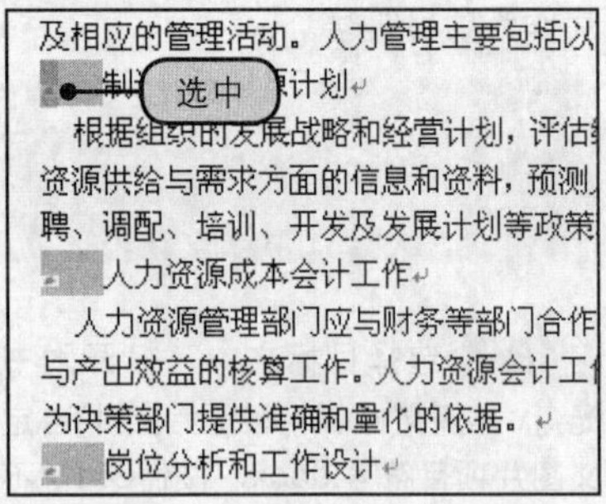

Step 8 设置符号大小。选择了项目符号后，单击“开始”选项卡下“字体”组中“字号”框右侧的下三角按钮，在展开的下拉列表中，单击“一号”选项，如下图所示。

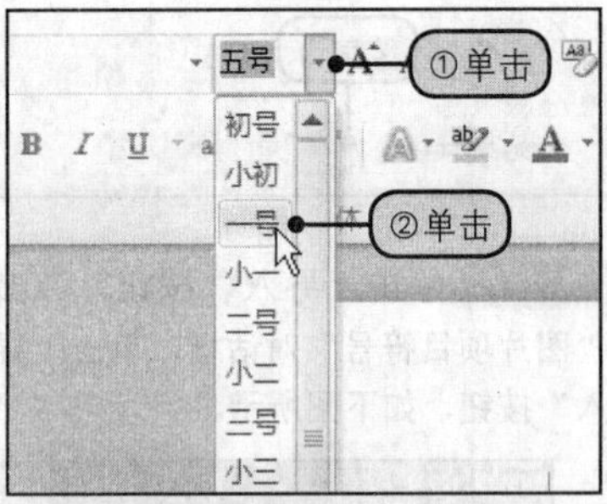

Step 9 显示自定义图片为项目符号效果。经过以上操作后，就可以将电脑中的图片设置为项目符号，添加到文档中，并调整其大小操作后，效果如下图所示。

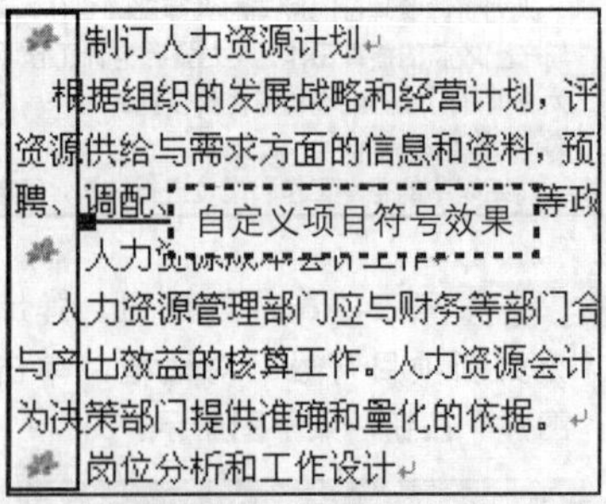

1.5.2 重新设置项目编号

通常来说编号，就是数字序号，主要用来排列具有一定顺序的条例内容。Word 2010的编号库中预设了几种编号的样式，若要快速为条例内容编制序号时，直接套用编号库的样式即可。

原始文件 实例文件\第1章\原始文件\重新设置项目编号.docx
最终文件 实例文件\第1章\最终文件\重新设置项目编号.docx

Step 1 选中目标文本。打开附书光盘\实例文件\第1章\原始文件\重新设置项目编号.docx，选中要更改编号的段落，如右图所示。

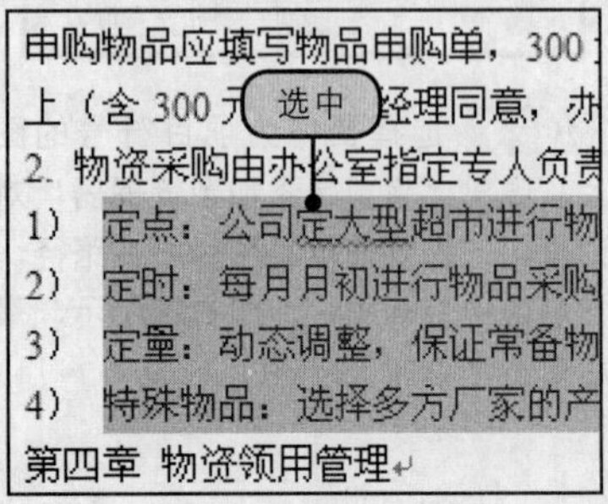

Step 2 更改编号。选中目标文本后，在"开始"选项卡下单击"段落"组中"编号"右侧的下三角按钮，在展开的库中单击要更改的编号样式，如下图所示。

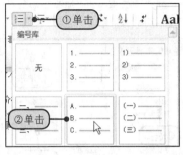

Step 3 显示更改编号效果。经过以上操作后，就可以将文档中的编号样式进行更改，如下图所示。

自行购买。
申购物品应填写物品申购单，300
上（含300元）部门经理同意，办
2. 物资采购由办公室指定专人负责
A.　定点：公司定大型超市进行物
B.　定时：每月月初进行物品采购
C.　定量：动态调整，保证常备物
D.　特殊物品：选　更改编号效果

1.5.3　自定义多级符号列表

多级符号列表是为列表（或文档）设置层次结构而创建的。设置多级列表时，可先为文本应用多级列表样式，然后根据文本的级别，设置各个符号列表的级别。本节介绍自定义多级列表的操作。

原始文件　实例文件\第1章\原始文件\自定义多级列表.docx
最终文件　实例文件\第1章\最终文件\自定义多级列表.docx

Step 1 选中目标文本。打开附书光盘\ 实例文件\第1章\原始文件\自定义多级列表.docx，选中要套用多级符号列表的段落，如下图所示。

计划书目录
摘要
公司介绍
宗旨（任务）　　　——　选中
公司简介
公司战略
产品及服务
客户合同的开发、培训及咨询等业务；
技术

Step 2 单击"定义新的多级列表"选项。选中目标文本后，在"开始"选项卡下单击"段落"组中"多级列表"下三角按钮，在展开的列表中单击"定义新的多级列表"选项，如下图所示。

Step 3 输入第一级列表显示的内容。弹出"定义新多级列表"对话框，在"单击要修改的级别"列表框内单击"1"选项，然后在"输入编号的格式"文本框内输入该级列表显示的内容，如右图所示。

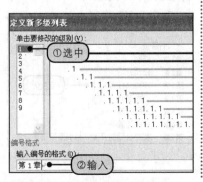

23 删除"多级列表"列表库内列表样式

在为文本设置多级符号列表时，如果需要对"多级列表"列表库中的列表样式进行删除，只要在打开列表库后，右击要删除的列表样式，在弹出的快捷菜单中选择"从列表库中删除"命令即可，如下图所示。

24 将"多级列表"按钮添加到快速访问工具栏

如果用户经常使用"多级列表"按钮，可将其添加到快速访问工具栏中。添加时，只要右击"开始"选项卡下"段落"组中的"多级列表"按钮，弹出快捷菜单后，选择"添加到快速访问工具栏"命令即可，如下图所示。

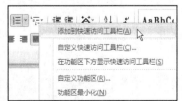

提示㉕ **重新设置多级列表的编号值**

为文本应用了多级列表后，如果用户需要对编号值进行重新设置，可通过快捷菜单来实现。

1 右击要设置编号值的段落，弹出快捷菜单后，选择"设置编号值"命令，如下图所示。

2 弹出"起始编号"对话框，在"值设置为"数值框内输入要设置的编号起始值，然后单击"确定"按钮，如下图所示。

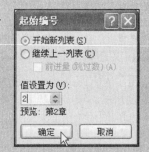

3 经过以上操作后，返回文档中，即可看到更改编号值后的效果，如下图所示。

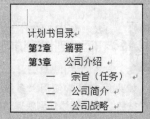

Step 4 选择此级别的编号样式。在"输入编号格式"文本框内选中"1"文本，然后单击"此级别的编号样式"框右侧的下三角按钮，在展开的下拉列表中单击"1，2，3，…"选项，如下图所示。

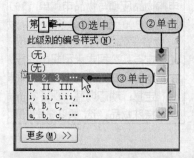

Step 6 设置二级列表样式。返回"定义新多级列表"对话框，在"单击要修改的级别"列表框内单击"2"选项，删除"输入编号的格式"文本框中的内容，然后在"此级别的编号样式"下拉列表内选择"一，二，三（简）…"选项，如下图所示。

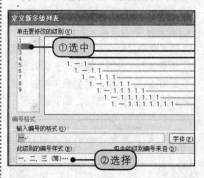

Step 8 定位光标位置。返回文档中，所有选中的文本就应用了所设置的多级符号列表，但是所有文本都处于同一级别中，将光标定位在要降级的段落内，如下图所示。

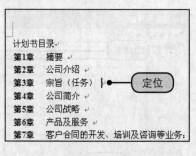

Step 5 设置级别样式的字体格式。单击"输入编号格式"文本框右侧的"字体"按钮，弹出"字体"对话框，在"字体"选项卡的"中文字体"下拉列表内选中"黑体"选项，然后单击"字形"列表框内的"加粗"选项，如下图所示，最后单击"确定"按钮。

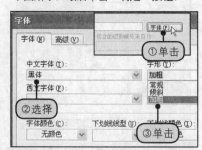

Step 7 设置三级列表样式。在"单击要修改的级别"列表框内单击"3"选项，删除"输入编号的格式"文本框中的内容，然后在"此级别的编号样式"下拉列表内选择"1，2，3，…"选项，如下图所示，最后单击"确定"按钮。

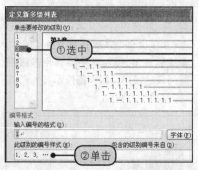

Step 9 缩进段落。定位好光标的位置后，在"开始"选项卡下单击"段落"组中的"增加缩进量"按钮，如下图所示。

Step 10 显示应用多级符号列表效果。单击"增加缩进量"按钮后，光标所在段落就会缩进一个制表位，同时符号列表的级别也会降一级；需要降两级时，则单击两次该按钮。按照同样操作，将文档中其他段落的级别进行相应的设置，即可完成多级列表的应用，如右图所示。

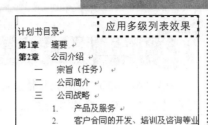

应用多级列表效果

1.6　文档的查找与替换

　　"查找和替换"功能是Word 中常用的编辑功能，用户既可以使用该功能查找或替换文本内容，也可以单独对文本的格式进行查找或替换。查找文本时，在"导航"窗格中就能轻松完成；而替换时，则需要在"查找和替换"对话框中实现。

"查找"功能通过设置查找条件将文档中所有符合条件的内容查找到并突出显示

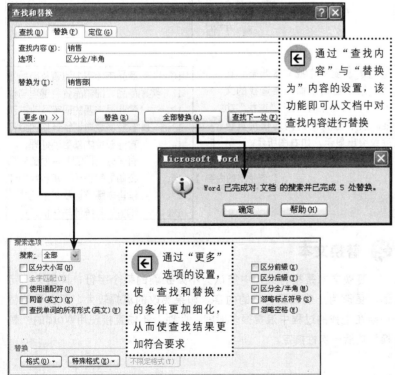

通过"查找内容"与"替换为"内容的设置，该功能即可从文档中对查找内容进行替换

通过"更多"选项的设置，使"查找和替换"的条件更加细化，从而使查找结果更加符合要求

办公应用
更改注意事项的列表级别

　　国庆节期间，很多单位或个人都会组织外出旅游，出行安全是相当重要的。外出旅游的注意事项较多，为了让读者看得清楚明白，需要为其应用多级列表。在Word 2010中为文本应用多级列表后，可根据需要对列表级别进行设置。

原始文件　国庆外出旅游注意事项.docx
最终文件　国庆外出旅游注意事项.docx

1 打开原始文件\国庆外出旅游注意事项.docx，选中要更改列表级别的段落，如下图所示。

2 单击"开始"选项卡下"段落"组中"多级列表"右侧的下三角按钮，在展开的下拉列表中单击"更改列表级别"选项，在展开的子列表中单击要设置的级别选项，如下图所示。

3 经过以上操作，就完成了为多级列表更改级别的操作，如下图所示。

在文档中查找内容时，对于查找内容的前缀、后缀、大小写等内容是否区分，空格、标点符号等内容是否忽略，都可以通过"'查找'选项"对话框的设置进行限制。下面就来介绍一下设置查找选项的操作步骤。

1 在文档中打开"导航"窗格后，单击搜索文本框右侧的下三角按钮，在展开的下拉列表中单击"选项"选项，如下图所示。

2 弹出"'查找'选项"对话框，勾选要设置的选项，如下图所示，最后单击"确定"按钮，就完成了查找选项的设置。返回文档中，执行"查找"操作即可。

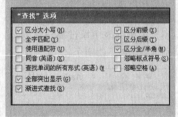

1.6.1 查找与替换文本

在Word 2010中，查找和替换可以分开进行操作。例如，查找文本时可通过"导航"窗格进行查找；而替换时，则可以通过"查找和替换"对话框来完成。

> 原始文件　实例文件\第1章\原始文件\查找与替换文本.docx
> 最终文件　实例文件\第1章\最终文件\查找与替换文本.docx

❶ 查找文本

查找文本时，直接通过"导航"窗格就能实现操作。"导航"窗格是Word 2010新增的功能，需要在"视图"选项卡下勾选才能调出。

Step 1　勾选"导航窗格"复选框。打开附书光盘\实例文件\第1章\原始文件\查找与替换文本.docx，切换到"视图"选项卡，勾选"显示"组中的"导航窗格"复选框，如下图所示。

Step 2　输入要查找的内容。弹出"导航"窗格后，在搜索文本框内输入要查找的内容，如下图所示。

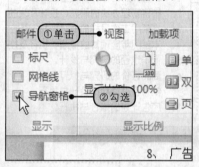

Step 3　显示查找文本效果。在"导航"窗格中输入要查找的文本后，Word 自动执行"查找"功能，并将查找到的内容使用黄色底纹突出显示，如右图所示。

查找到的内容

❷ 替换文本

替换文本是指将文档中您认为不太正确的某个字符、词组或一句话，更改为正确或更合适的内容。如果更改的篇幅较大，那么手动替换会在查找的过程中浪费很多时间。此时，不妨直接使用Word的"替换"功能一次性搞定。

Step 1 单击“替换”按钮。继续上例中的操作，切换到“开始”选项卡，单击“编辑”组中的“替换”按钮，如下图所示。

AaBbCcD
要点
更改样式
查找
替换
选择
单击

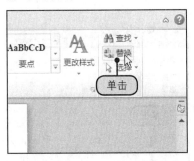

Step 2 设置替换信息。弹出“查找和替换”对话框，在“替换”选项卡下“查找内容”和“替换为”文本框内分别输入查找和替换的内容，然后单击“全部替换”按钮，如下图所示。

查找和替换
查找(D)
替换(P)
定位(G)
查找内容(N): 营业员
选项: 区分全/半角
替换为(I): 营业人员
①输入
②单击
更多(M) >>
替换(R)
全部替换(A)

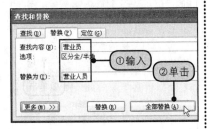

Step 3 确认替换的次数。将目标内容替换完毕后，弹出Microsoft Word提示框，其中显示出已完成的替换处数，单击“确定”按钮，如下图所示。

Microsoft Word
Word 已完成对 文档 的搜索并已完成 2 处替换。
确定
帮助(H)
单击

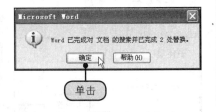

Step 4 显示替换效果。经过以上操作后，就可以将文档中所有查找到的“营业员”文本替换为“营业人员”内容，如下图所示。

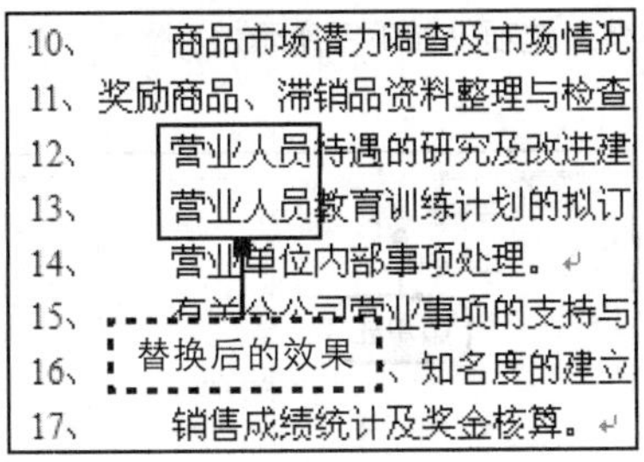

10、商品市场潜力调查及市场情况
11、奖励商品、滞销品资料整理与检查
12、营业人员待遇的研究及改进建
13、营业人员教育训练计划的拟订
14、营业单位内部事项处理。
15、有关公司营业事项的支持与
16、、知名度的建立
17、销售成绩统计及奖金核算。
替换后的效果

1.6.2 查找与替换格式

Word 2010中的“查找”与“替换”功能，不仅能方便用户查找与替换字符，还能方便查找与替换字符格式。当用户只需要对文档中文字的某种字体、字号或字形格式进行查找和替换时，通过查找和替换功能也能完成操作。

原始文件　实例文件\第1章\原始文件\查找与替换格式.docx
最终文件　实例文件\第1章\最终文件\查找与替换格式.docx

❶ 查找格式

在Word 2010中查找某格式的文本内容时，需要在“查找和替换”对话框中先对查找的格式进行设置，然后再进行查找。本节就来介绍一下具体的操作步骤。

提示 ㉗ 启动查找与替换功能的快捷键

使用查找与替换功能时，也可以通过快捷键启动该功能。例如，需要打开“导航”窗格进行查找时，可按下Ctrl+F快捷键；需要打开“查找和替换”对话框，进行替换时，可按下Ctrl+H快捷键。

提示 ㉘ 逐个执行替换操作

在“查找和替换”对话框中执行“替换”操作时，如果用户并不需要将文档中所有查找到的内容都进行替换，可手动进行查找，然后确定是否执行替换操作。

设置好“查找内容”与“替换为”的内容后，单击“查找和替换”对话框中的“查找下一处”按钮，文档中查找到的第一处内容就会处于选中状态，如果用户需要替换，则单击“替换”按钮；如果用户不需要替换，则再次单击“查找下一处”按钮，Word 将自动查找下一处内容。

Chapter

提示 ㉙ 取消查找时设置的格式

在查找格式时，当用户在"查找和替换"对话框中设置好格式后，却需要将设置的格式全部取消，可直接单击对话框下方的"不限定格式"按钮，程序将自动将所设置的格式内容删除。

Step 1 单击"查找"选项。打开附书光盘\实例文件\第1章\原始文件\查找与替换格式.docx，打开"导航"窗格，单击"搜索"文本框右侧的下三角按钮，在展开的下拉列表中单击"查找"选项，如下图所示。

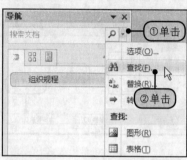

Step 2 单击"更多"按钮。弹出"查找和替换"对话框，在"查找"选项卡下单击"更多"按钮，如下图所示。

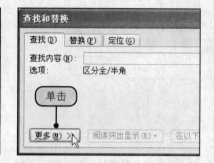

提示 ㉚ 查找图形、表格等内容

在Word 2010中查找图形、表格等内容时，可通过"导航"窗格直接完成操作。下面以图形的查找为例，介绍一下具体操作。

1 单击"导航"窗格右侧的下三角按钮，在展开的下拉列表中单击"图形"选项，如下图所示。

2 经过以上操作后，在窗格的搜索文本框下方就会显示出查找到的匹配项，如下图所示，文档中也会选中光标后的第一个图片。

Step 3 单击"字体"选项。对话框中显示出更多内容后，单击"格式"按钮，在展开的下拉列表中单击"字体"选项，如下图所示。

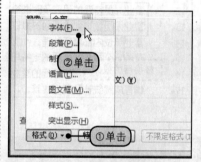

Step 4 选择中文字体。弹出"查找字体"对话框，在"字体"选项卡下单击"中文字体"框右侧的下三角按钮，在展开的下拉列表中单击"黑体"选项，如下图所示。

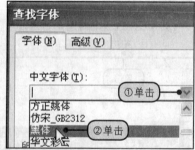

Step 5 设置字形。选择了中文字体后，在"字形"列表框中单击"加粗"选项，如下图所示，最后单击"确定"按钮。

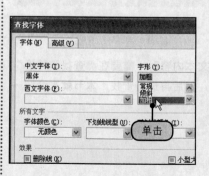

Step 6 突出显示查找到的内容。返回"查找和替换"对话框，在"查找内容"文本框下方显示出要查找的格式，单击"阅读突出显示"按钮右侧的下三角按钮，在展开的下拉列表中单击"全部突出显示"选项，如下图所示。

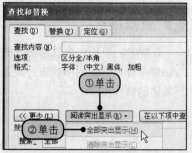

Step 7 显示查找到的格式内容。将查找内容设置为突出显示后，在文档中即可看到所有符合所设置格式的内容，全部以填充底纹的方式突出显示出来，如右图所示。

第一条 商务股份有限公司(以下简称Z促进公司的发展，特制订本规程。↵

第二条 本公司设董事及监事若干人，并可以连任。↵

第三条 本公司董事组成董事会，依法事长，董事长为董事会主席，根据董事由董事长指定常务董事一人代理。↵

第四条 本公司董事会拉定事项如下↵
1、 经营方针及计划　查找到的格式

② 替换格式

需要单独替换文档内容的格式时，也需要在"查找和替换"对话框中完成操作。下面就来介绍一下具体的操作步骤。

Step 1 定位光标位置。继续上例中的操作，将"查找和替换"对话框切换到"替换"选项卡，将光标定位在"替换为"文本框内，如下图所示。

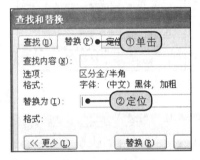

Step 2 单击"字体"选项。单击"格式"按钮，在展开的下拉列表中单击"字体"选项，如下图所示。

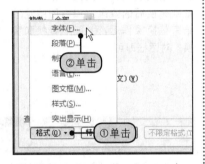

Step 3 设置替换的字体颜色。弹出"替换字体"对话框，单击"字体颜色"框右侧的下三角按钮，在展开的颜色列表中单击要设置的颜色图标，如下图所示，最后单击"确定"按钮。

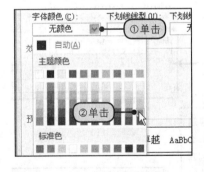

Step 4 单击"段落"选项。返回"查找和替换"对话框，单击"格式"按钮，在展开的下拉列表中单击"段落"选项，如下图所示。

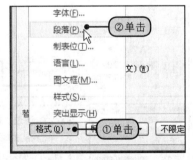

Step 5 设置首行缩进效果。弹出"替换段落"对话框，在"缩进和间距"选项卡下单击"特殊格式"框右侧的下三角按钮，在展开的下拉列表中单击"首行缩进"选项，如右图所示。

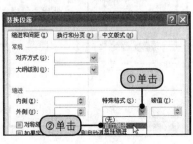

③ 设置搜索方向

在查找或替换文本时，搜索方向决定了搜索内容的范围，搜索方向包括"向下""向上""全部"3种内容。其中"向下"是指向光标所在位置的下方进行搜索；"向上"是指向光标所在位置的上方进行搜索；"全部"是指搜索整篇文档。

需要设置搜索方向时，在文档中定位了光标的位置后，打开"查找和替换"对话框，并单击"更多"按钮，显示出更多内容，然后单击"搜索选项"区域内"搜索"框右侧的下三角按钮，在展开的下拉列表中单击要设置的方向选项，如下图所示，然后根据需要查找或替换文本即可。

Step 6 单击"全部替换"按钮。在"替换段落"对话框中单击"确定"按钮，返回"查找和替换"对话框后，单击"全部替换"按钮，如下图所示。

Step 7 确认替换的处数。将目标内容替换完毕后，弹出Microsoft Word提示框，其中显示出已完成的替换处数，单击"确定"按钮，如下图所示。

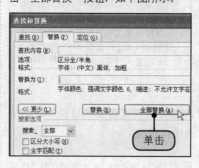

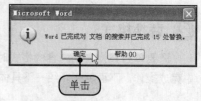

Step 8 显示替换效果。经过以上操作后，就完成了为文档中的内容替换格式的操作。返回文档中即可看到替换后的效果，如右图所示。结束替换操作后，关闭"查找和替换"对话框即可。

第一条商务股份有限公司(以下简称促进公司的发展，特制订本规程。

第二条本公司设董事及监事若干人，并可以连任。

第三条本公司董事组成董事会，依法事长，董事长为董事会主席，根据董事由董事长指定常务董事一人代理。

第四条本公司董事会权责重项如下。

1、经营方针及 替换格式后效果

提示 ③ 保护文档的5种方式

在Word 2010中，保护文档包括"标记为最终标记""用密码进行保护""限制编辑""按人员限制权限""添加数字签名"5种方式。下面依次来介绍一下每种保护方式的特点。

● **标记为最终标记**：用于将当前文档的内容设置为最终效果，并将文档设置为只读形式。在该状态下，其他用户只能阅览文档，不能对文档进行编辑。

● **用密码进行保护**：使用密码保护文档。通过密码保护后，其他用户即使要查看文档，也需要输入密码才能实现。

● **限制编辑**：用于控制其他用户对该文档所做的更改类型。

● **按人员限制权限**：用于对用户访问、编辑、复制及打印的权限进行限制。

● **添加数字签名**：通过添加签名的形式，及时了解其他用户是否打开过该文档，并限制文档的编辑。

1.7 文档的保密设置

在处理一些比较重要的文档时，为了保证文档的安全，可以对其进行保密设置。进行保密设置时，可以通过密码来限制文档的打开，也可以通过强制保护限制文档的编辑。

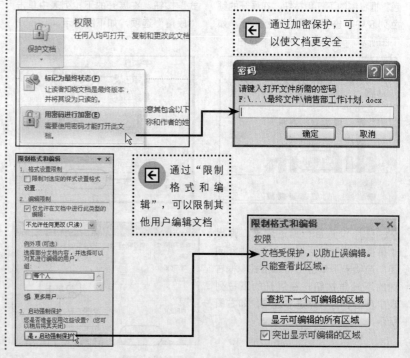

1.7.1　设置文件密码

　　设置文件密码，即对文档添加密码保护。为文档添加密码保护后，再次打开文档时，就需要输入正确的密码。经过密码保护的文档，可以对查看文档的人员进行限制。

　　原始文件　实例文件\第1章\原始文件\设置文件密码.docx
　　最终文件　实例文件\第1章\最终文件\设置文件密码.docx

Step 1 执行密码保护命令。打开附书光盘\实例文件\第1章\原始文件\设置文件密码.docx，执行"文件>信息"命令，单击"保护文档"按钮，在展开的下拉列表中单击"用密码进行加密"选项，如下图所示。

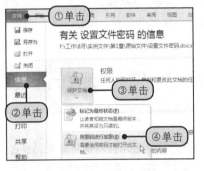

Step 2 输入密码。弹出"加密文档"对话框，在"密码"文本框内输入要设置的密码，然后单击"确定"按钮，如下图所示，本例所设置的密码为"123456"。

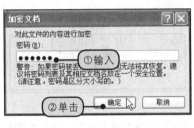

Step 3 确认密码。弹出"确认加密"对话框，在"重新输入密码"文本框内重新输入所设置的密码，然后单击"确定"按钮，如下图所示。

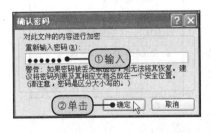

Step 4 显示加密效果。经过以上操作后，就完成了为文档加密的操作，将文档保存后关闭。重新打开该文档，就会弹出"密码"对话框，输入所设置的密码，如下图所示，才能打开该文档。

设置密保效果

　　将文档使用密码保护后，需要取消时，可按以下步骤完成操作。

1 打开已加密的文档后，执行"文件>信息"命令，单击"保护文档"按钮，在展开的下拉列表中单击"用密码进行加密"选项，如下图所示。

2 弹出"加密文档"对话框，在"密码"数值框内删除已设置的密码，然后单击"确定"按钮，如下图所示，最后保存文档即可取消文档的加密状态。

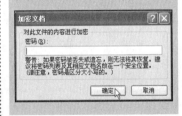

1.7.2　启动强制保护

　　启动强制保护，即为文档的编辑进行限制。启动强制保护后，如果要对文档的内容进行编辑，就必须要输入所设置的密码才能拥有编辑的权限。

原始文件　实例文件\第1章\原始文件\启动强制保护.docx
最终文件　实例文件\第1章\最终文件\启动强制保护.docx

③④ 停止强制保护
提示

将文档进行强制保护后，需要停止保护时，可通过"限制格式和编辑"任务窗格来进行设置。

1 打开目标文档后，单击"限制格式和编辑"任务窗格下方的"停止保护"按钮，如下图所示。

2 弹出"取消保护文档"对话框，在"密码"文本框内输入保护文档的密码，然后单击"确定"按钮，如下图所示，即可停止保护操作。

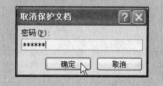

Step 1 执行密码保护命令。打开附书光盘\实例文件\第1章\原始文件\启动强制保护.docx，执行"文件>信息"命令，单击"保护文档"按钮，在展开的下拉列表中单击"限制编辑"选项，如下图所示。

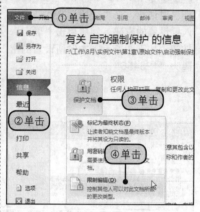

Step 3 设置保护密码。弹出"启动强制保护"对话框，在"新密码"与"确认新密码"文本框内输入限制编辑的密码，然后单击"确定"按钮，如下图所示。

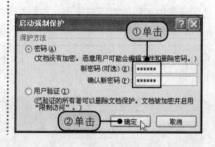

Step 2 单击"是，启动强制保护"按钮。文档右侧弹出"限制格式和编辑"任务窗格，勾选"仅允许在文档中进行此类型的编辑"复选框，然后单击"是，启动强制保护"按钮，如下图所示。

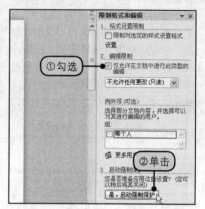

Step 4 显示强制保护效果。经过以上设置后，在文档中输入文字或更改文本时，Word都不会执行任何操作。在"限制格式和编辑"窗格中将会显示出"文档受保护……"字样，如下图所示。

Chapter

让你的文档更漂亮——制作图文并茂的生动文档

学习要点

- 使用自选图形
- 组合自选图形
- 通过图片美化文档
- 使用屏幕截图功能
- **SmartArt**的使用
- 艺术字的应用

本章结构

❶ **组合自选图形**

❷ **更改图片外观**

❸ **套用SmartArt图形样式**

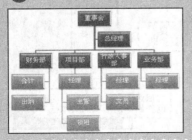

❹ **更改艺术字效果**

Chapter 2

让你的文档更漂亮——
制作图文并茂的生动文档

图文并茂是指在一篇文档中图片和文字互相陪衬，内容丰富多彩，从而增加文档的生动性，使文档体例更加丰富。制作办公文档时，为了使其更加生动、形象，可以使用图片、形状等对象对文档内容进行说明与修饰。本章就来介绍在Word 2010中对形状、图片、SmartArt图形及艺术字的应用。

"绘图画布"是一个用于绘制形状的区域。在Word 中创建了绘图画布后，如果将形状绘制在绘图画布内，形状就会被固定在画布内；当画布内有多个形状时，只要移动画布，画布中的所有形状就会一起跟随移动。

在Word 2010中，要使用绘图画布时，只要在"插入"选项卡下单击"插图"组中的"形状"按钮，在展开的下拉列表中单击"新建绘图画布"选项，如下图所示，即可为文档新建一个绘图画布，然后在其中插入需要的形状。

2.1 形状的使用

在Word 2010中，形状指的是自选图形，即矩形和圆这类的基本形状，以及各种线条和连接符等。在文档中使用"自选图形"，既可以达到清晰阐明结构、流程、相关性等问题的目的，又可以让文档的视觉元素更丰富。

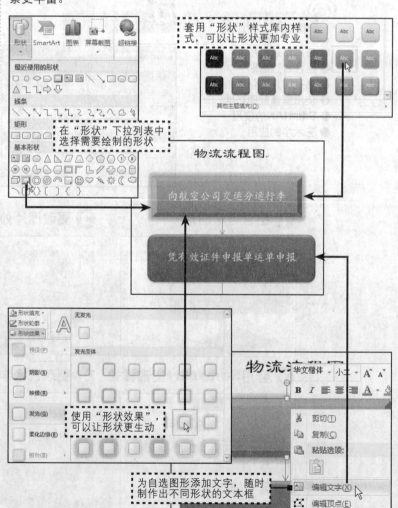

套用"形状"样式库内样式，可以让形状更加专业

在"形状"下拉列表中选择需要绘制的形状

物流流程图

向航空公司交运分运行李

凭有效证件申报单运单申报

使用"形状效果"，可以让形状更生动

为自选图形添加文字，随时制作出不同形状的文本框

2.1.1 插入形状

Word 2010提供了包括"线条""矩形""基本形状""箭头总汇""公式形状""流程图""星与旗帜""标注"在内的8种自选图形类型，用户可以根据需要将要使用的形状插入文档中。

最终文件 实例文件\第2章\最终文件\插入形状.docx

Step 1 选择要插入的图形。新建一个Word 2010文档，切换到"插入"选项卡，单击"插图"组中的"形状"按钮，在展开的下拉列表中单击"正五边形"图标，如下图所示。

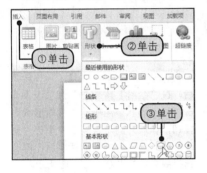

Step 2 绘制自选图形。选择了要插入的形状后，将鼠标指针指向文档中，指针会变成"十"字形状，在文档中要插入图形的位置处拖动鼠标，如下图所示。

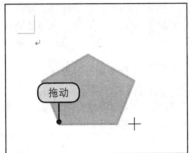

Step 3 显示绘制的图形效果。在拖动鼠标的过程中，可以预览到绘制的图形效果，显示出合适大小的形状后，释放鼠标，就完成了自选图形的插入，如右图所示。

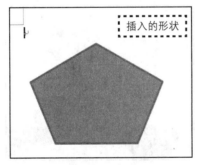

② 复制形状

为文档插入形状后，如果用户需要在文档中插入多个同一形状，直接将插入的形状进行复制即可快速完成插入。

将鼠标指向要复制的形状，按住Ctrl键不放，当指针变成形状时，拖动鼠标，如下图所示，拖至目标位置后释放鼠标，就完成了复制形状的操作。

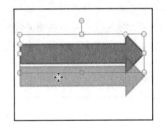

2.1.2 在形状中输入文字

在Word 2010文档中，为方便形状内容的表述，可直接在形状中添加文字进行说明。

原始文件 实例文件\第2章\原始文件\在形状中输入文字.docx
最终文件 实例文件\第2章\最终文件\在形状中输入文字.docx

Step 1 执行添加文字命令。打开附书光盘\实例文件\第2章\原始文件\在形状中输入文字.docx，右击要添加文字的形状，在弹出的快捷菜单中选择"添加文字"命令，如右图所示。

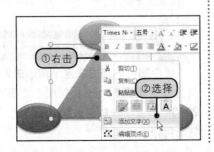

③ **手动改变形状外观**

在文档中更改形状时，如果用户只是要在当前形状的基础上改变形状的外观，而不是要更改为另一个形状，可通过"编辑顶点"功能手动更改形状外观。

1 右击要更改外观的形状，弹出快捷菜单后，选择"编辑顶点"命令，如下图所示。

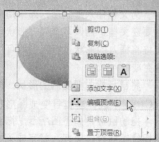

2 执行了"编辑顶点"命令后，在图形四周可以看到一些黑色的控点，将鼠标指向要编辑的控点上，指针变成◆形状后，拖动鼠标，即可对图形形状进行更改，如下图所示。

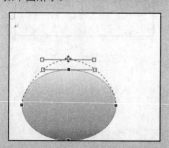

3 通过控点将自选图形的外观更改完毕后，单击文档中任意空白位置，即可完成图形外观的更改，如下图所示。

Step 2 输入需要的文字。执行了命令后，光标就会定位在形状内，直接输入需要的文字即可，如右图所示。

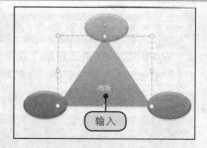

2.1.3 改变图形的形状

在Word 2010中，如果已对形状的格式进行了设置，却发现需要更改形状时，可直接对形状进行更换。因为即使更改了形状，形状所应用的格式也仍然存在。

原始文件　实例文件\第2章\原始文件\改变图形的形状.docx
最终文件　实例文件\第2章\最终文件\改变图形的形状.docx

Step 1 选择要更改的形状。打开附书光盘\实例文件\第2章\原始文件\改变图形的形状.docx，单击要更改的形状，如下图所示。

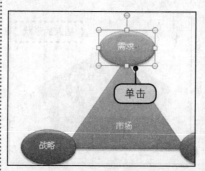

Step 2 更改形状。选择了目标形状后，在"绘图工具-格式"选项卡下单击"插入形状"组中的"编辑形状"按钮，在展开的下拉列表中单击"更改形状"选项，展开形状库后，单击选择要更换的形状，如下图所示。

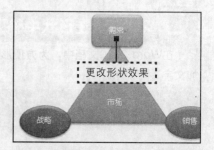

Step 3 显示更换图形形状效果。经过以上操作后，就完成了形状图形的更改。返回文档中即可看到更换后的效果，如右图所示。

2.1.4 设置自选图形格式

自选图形的格式决定了图形的外观。为自选图形设置格式时，可通过"形状填充""形状轮廓""形状效果"3个方面进行。另外Word 2010中预设了一些自选图形的格式，在设置自选图形的格式时，可以直接套用预设的样式。

原始文件　实例文件\第2章\原始文件\设置自选图形格式.docx
最终文件　实例文件\第2章\最终文件\设置自选图形格式.docx

提示 ④ 设置形状的渐变填充效果

填充形状时，包括纯色、渐变、图片、纹理4种填充方式。下面介绍套用Word 2010文档中预设渐变效果的操作。

Step 1 选择要更改的形状。打开附书光盘\实例文件\第2章\原始文件\设置自选图形格式.docx，单击要设置格式的形状图形，如下图所示。

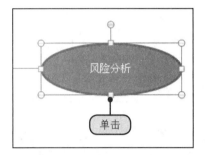

Step 2 设置形状的填充颜色。切换到"绘图工具-格式"选项卡，单击"形状样式"组中的"形状填充"按钮，在展开的列表中单击"橙色"图标，如下图所示。

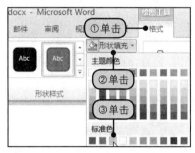

1 打开目标文档后，选中要填充的形状，如下图所示。

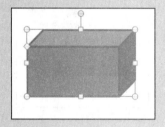

2 在"绘图工具-格式"选项卡下单击"形状样式"组中的"形状填充"按钮，展开列表后，单击"渐变"选项，在展开的子列表中单击"其他渐变"选项，如下图所示。

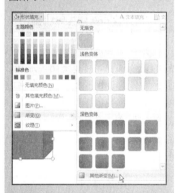

Step 3 取消形状的轮廓线。更改了形状的填充颜色后，单击"形状样式"组中的"形状轮廓"按钮，在展开的下拉列表中单击"无轮廓"选项，如下图所示。

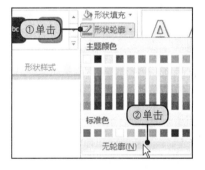

Step 4 为形状选择预设的形状效果。取消图形的轮廓后，单击"形状样式"组中"形状效果"按钮，在展开的下拉列表中单击"预设"选项，展开预设样式库后，单击"预设3"图标，如下图所示。

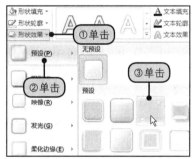

3 弹出"设置形状格式"对话框，选中"填充"区域内"渐变填充"单选按钮，然后单击"预设颜色"按钮，在展开的颜色库中单击"碧海青天"图标，如下图所示。

Step 5 显示设置效果并选择另一个形状。经过以上操作后，就完成了为"风险分析"形状设置格式的操作。返回文档中即可看到设置后的效果，然后选中"实施查验"形状，如下图所示。

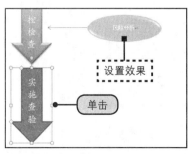

Step 6 单击"形状样式"列表框的快翻按钮。选择了目标形状后，单击"绘图工具-格式"选项卡下"形状样式"组中的列表框右下角的快翻按钮，如下图所示。

（续上页）

4 选择了要使用的渐变样式后，关闭"设置形状格式"对话框，就完成了为形状填充渐变效果的操作，如下图所示。

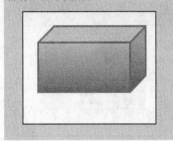

办公应用

排列公司费用报账流程

报账流程是公司专门制订的报账的整个过程，可以使用"形状"图形制作。使用形状时，如果要将多个形状整齐地排列在一起，手动进行排列将会很麻烦，此时用户可以使用Word 2010中的排列工具进行排列。

原始文件 公司费用报账流程.docx
最终文件 公司费用报账流程.jpg

1 打开原始文件\公司费用报账流程.docx，按住Ctrl键不放，依次单击要进行排列的形状，如下图所示。

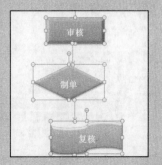

Step 7 选择要使用的形状样式。展开形状样式库后，选择"强烈效果-橙色，强调颜色6"图标，如下图所示。

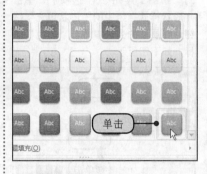

Step 8 显示设置形状格式效果。为"实施查验"形状套用了预设样式后，在"开始"选项卡下，将"风险分析"形状内文本的字号与颜色进行适当设置，就完成了本例的操作，如下图所示。

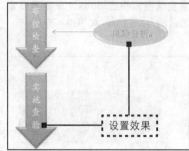

2.1.5 组合形状

使用形状制作图形时，各个形状都是独立存在的。一旦要移动整个图形，就会非常麻烦，需要一个一个地去移动。此时，可以将组成图形的几个形状组合在一起，以方便对图形的整体操作。

原始文件 实例文件\第2章\原始文件\组合形状.docx
最终文件 实例文件\第2章\最终文件\组合形状.docx

Step 1 选择目标形状。打开附书光盘\实例文件\第2章\原始文件\组合形状.docx，按住Ctrl键不放，将鼠标指向形状边缘处，当指针变成形状时，依次单击选中要组合的图形，如下图所示。

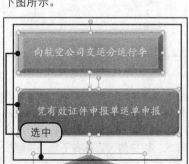

Step 2 执行组合命令。选中目标形状后，右击任意一个形状的边缘位置，在弹出的快捷菜单中选择"组合>组合"命令，如下图所示。

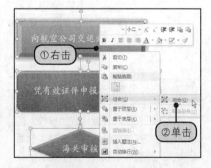

Step 3 显示组合形状效果。经过以上操作后，就可以将几个形状组合为一个图形，组合后效果如右图所示。

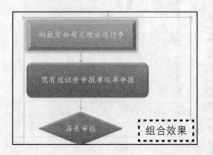

（续上页）

2.2 图片的使用

图片是图像的载体，将图片插入文档中，既可以对文档进行说明，又可以修饰文档。在Word 2010中插入图片时，可以插入电脑中的图片或该软件自带的剪贴画。为了使图片效果更美观，可以对插入的图片格式进行设置。

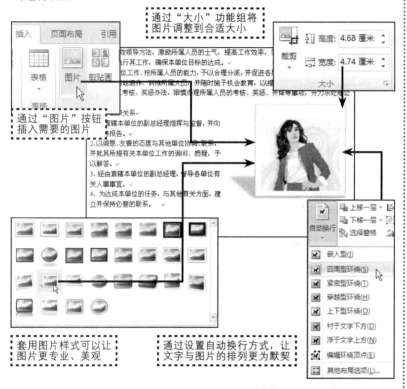

通过"大小"功能组将图片调整到合适大小

通过"图片"按钮插入需要的图片

套用图片样式可以让图片更专业、美观

通过设置自动换行方式，让文字与图片的排列更为默契

办公应用

排列公司费用报账流程

2 在"绘图工具-格式"选项卡下单击"排列"组中的"对齐"按钮，在展开的下拉列表中单击"左右居中"选项，如下图所示。

3 经过以上操作后，就可以将所选择的形状进行左右居中排列，排列后的效果如下图所示。

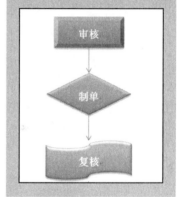

2.2.1 插入剪贴画

剪贴画是Word 文档中自带的矢量图片，为文档插入剪贴画，可以使文档更加生动、专业。插入剪贴画时，用户可以先将需要的剪贴画全部搜索出来，然后插入需要的剪贴画。

原始文件 实例文件\第2章\原始文件\插入剪贴画.docx
最终文件 实例文件\第2章\最终文件\插入剪贴画.docx

Step 1 单击"剪贴画"按钮。打开附书光盘\实例文件\第2章\原始文件\插入剪贴画.docx，切换到"插入"选项卡，单击"插图"组中的"剪贴画"按钮，如右图所示。

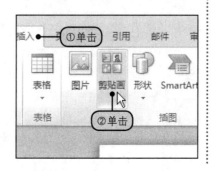

通过关键字搜索剪贴画

在Word 2010中，也可以通过关键字来搜索要插入的剪贴画。

打开"剪贴画"任务窗格后，在"搜索文字"文本框内输入要搜索的关键字，然后单击"搜索"按钮，Word 就会执行搜索操作。

在Word 2010中搜索剪贴画时，默认的情况下只会将Office 2010中的剪贴画搜索出来，如果用户需要获得更多的剪贴画，可从Office .com中进行搜索。

1 在"剪贴画"任务窗格中设置了"结果类型"后，勾选"包括Office.com内容"复选框，然后单击"搜索"按钮，如下图所示。

2 Word 将所有剪贴画搜索完毕后，向下翻看任务窗格的列表框中的图片内容，即可看到搜索出的更多形象、逼真的剪贴画，如下图所示。

Step 2 选择搜索的结果类型。弹出"剪贴画"任务窗格后，单击"结果类型"框右侧的下三角按钮，在展开的下拉列表中取消勾选"视频"及"音频"复选框，如下图所示。

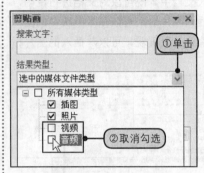

Step 3 单击"搜索"按钮。设置了搜索的结果类型范围后，单击"搜索文字"文本框右侧的"搜索"按钮，如下图所示，程序将根据设置的结果类型搜索出需要的剪贴画。

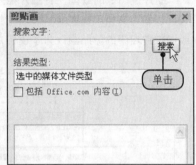

Step 4 确定插入剪贴画的位置。在文档中需要插入剪贴画的位置单击鼠标，将光标定位在内，如下图所示。

13、不得带小孩上班，上班时间不
14、下班离岗时，应关掉照明、电消防检查。
15、节约使用文具和器材，爱惜各兴业的传统。
16、不得将公司机密及公司文件泄
定位

Step 5 插入剪贴画。定位了光标的位置后，在"剪贴画"任务窗格的列表框中单击要插入的图片，如下图所示。

Step 6 显示插入剪贴画效果。经过以上操作后，就可以将剪贴画插入文档中，如右图所示。

15、节约使用文具和器材，爱惜各种设备和物品。兴业的传统。
16、不得将公司机密及公司文件泄露他人。
插入的剪贴画

2.2.2 插入指定图片

为Word 2010文档插入图片时，也可以直接将电脑中的图片插入文档中。下面就来介绍一下具体的操作步骤。

原始文件 实例文件\第2章\原始文件\插入指定图片.docx、办公人员.jpg

最终文件 实例文件\第2章\最终文件\插入指定图片.docx

Step 1 定位图片的插入位置。打开附书光盘\实例文件\第2章\原始文件\插入指定图片.docx，在要插入图片的位置单击鼠标，将光标定位在内，如下图所示。

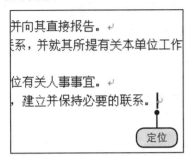

Step 2 单击"图片"按钮。切换到"插入"选项卡，单击"插图"组中的"图片"按钮，如下图所示。

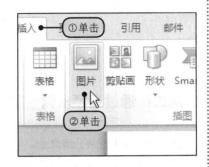

Step 3 选择要插入的图片。弹出"插入图片"对话框，进入要插入的图片所在路径，选中目标文件，如下图所示，然后单击"插入"按钮。

Step 4 显示插入图片效果。经过以上操作后，就可以将电脑中图片插入文档中。返回文档即可看到插入的图片，如下图所示。

2.2.3 调整图片的大小

将图片插入文档中后，文档会根据图片自身大小显示图片。如果用户对图片大小有一定的要求，可以根据需要对其进行设置。设置时，可以通过鼠标拖动，也可以通过选项卡来完成调整。

原始文件　实例文件\第2章\原始文件\调整图片的大小.docx
最终文件　实例文件\第2章\最终文件\调整图片的大小.docx

方法一：通过鼠标拖动调整图片大小

Step 1 调整图片大小。打开附书光盘\ 实例文件\第2章\原始文件\调整图片的大小.docx，选中要调整大小的图片，然后将鼠标指针指向图片右下角的控点上，当指针变成斜向双箭头形状时，向内拖动鼠标，如右图所示。

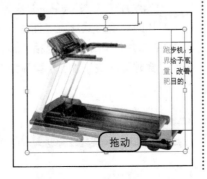

为文档插入图片时，如果用户需要一次性插入多张图片，可按以下步骤完成操作。

在文档中定位好插入图片的位置后，单击"插图"组中的"图片"按钮，弹出"插入图片"对话框后，按住Ctrl键不放，依次单击要插入的图片，如下图所示，然后单击"插入"按钮，即可完成同时插入多张图片的操作。

在调整图片大小时，也可以通过快捷菜单进行调整。

右击文档中要调整大小的图片，在弹出的快捷菜单上方可以看到一个"大小"功能组，在"宽度"或"高度"数值框内输入要调整的大小数值，如下图所示。然后按下Enter键，即可完成调整操作。

提示 ⑨ 通过设置缩放倍数调整图片大小

在调整图片大小时，还可以通过设置图片放大或缩小的倍数来调整图片大小。

1 选中目标图片后，在"图片工具-格式"选项卡下单击"大小"组中的对话框启动器按钮，如下图所示。

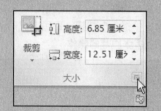

2 弹出"布局"对话框后，在"大小"选项卡下"缩放"组中的"高度"数值框内输入要缩放的倍数，如下图所示，然后单击"确定"按钮，即可完成调整图片大小的操作。

Step 2 显示调整图片大小效果。在拖动鼠标调整图片大小的过程中，可以预览到图片调整后的大小情况，拖至适当的大小后，释放鼠标，即可将图片调整到合适大小，如右图所示。

调整大小后效果

方法二：通过选项卡调整图片大小

Step 1 选择目标图片。继续上例操作，单击文档中要调整大小的第三个图片，如下图所示。

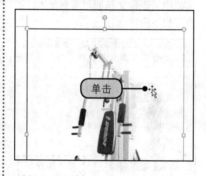

单击

Step 2 调整图片大小。选中目标图片后，在"图片工具-格式"选项卡下"大小"组中的"宽度"数值框内输入图片调整后的宽度为"5.95"，如下图所示。

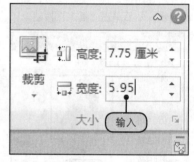

输入

Step 3 显示调整图片大小效果。设置了图片调整的宽度后，按下Enter键，就可以将图片调整到指定大小，如右图所示。

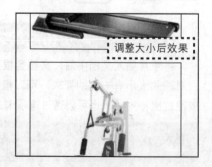

调整大小后效果

2.2.4 设置图片的环绕方式

图片的环绕方式决定了图片在文档中与文字的排列方式。在Word 2010中图片的环绕方式包括"嵌入型""四周型环绕""紧密型环绕""穿越型环绕""上下型环绕""衬于文字上方"和"衬于文字下方"7种。

原始文件　实例文件\第2章\原始文件\设置图片的环绕方式.docx
最终文件　实例文件\第2章\最终文件\设置图片的环绕方式.docx

Step 1 选择设置环绕方式的图片。打开附书光盘\实例文件\第2章\原始文件\设置图片的环绕方式.docx，单击要设置环绕方式的图片，如下图所示。

Step 2 选择环绕方式。选中目标图片后，切换到"图片工具-格式"选项卡，单击"排列"组中的"自动换行"按钮，在展开的下拉列表中单击"四周型环绕"选项，如下图所示。

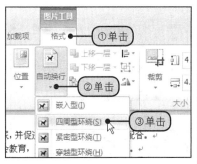

Step 3 移动图片位置。将图片设置为"四周型环绕"后，将鼠标指针指向文档中的图片，当指针变成形状时，拖动鼠标，将其移动到需要的位置，如下图所示。

Step 4 显示设置图片环绕后的效果。将图片移动到需要的位置后，释放鼠标，就可以为图片设置好环绕方式并移动到适当位置，如下图所示。

2.2.5　设置图片艺术效果

图片艺术效果是Word 2010新增加的图片处理功能，其中预设了"标记""铅笔灰度""铅笔素描""线条图""粉笔素描""画图笔画"等22种艺术效果。使用该效果，可以使图片立即拥有超凡的艺术视觉。

原始文件　实例文件\第2章\原始文件\设置图片艺术效果.docx
最终文件　实例文件\第2章\最终文件\设置图片艺术效果.docx

Step 1 选择设置环绕方式的图片。打开附书光盘\实例文件\第2章\原始文件\ 设置图片艺术效果.docx，单击要设置艺术效果的图片，如右图所示。

海报用于宣传产品，所以在制作海报时，要尽量将其制作得漂亮些。本节就来通过图片对海报中的主体内容进行衬托。

原始文件　产品海报.docx、绿叶.jpg
最终文件　产品海报.docx

1 打开"产品海报.docx"文档，如下图所示。

2 切换到"插入"选项卡，单击"插图"组中的"图片"按钮，如下图所示。

3 弹出"插入图片"对话框，在目标路径中选中目标图片，如下图所示，然后单击"插入"按钮。

4 插入图片后，在"图片工具-格式"选项卡下，"大小"组中将图片"宽度"设置为"20.72厘米"，如下图所示。

（续上页）

办公应用

为海报添加产品图片

5 单击"裁剪"按钮，在展开的下拉列表中单击"裁剪为形状"选项，展开子列表后，单击"云形"图标，如下图所示。

6 单击"排列"组中的"自动换行"按钮，在展开的列表中单击"衬于文字下方"选项，如下图所示。

7 单击"图片样式"组中的"图片效果"按钮，在展开的列表中单击"发光>水绿色，18pt发光，强调文字颜色5"图标，如下图所示。

8 经过以上操作后，即可完成为海报添加与设置图片的操作，如下图所示。

Step 2 选择要使用的艺术效果。在"图片工具-格式"选项卡下"调整"组中单击"艺术效果"按钮，展开列表后，单击要使用的效果"混凝土"，如下图所示。

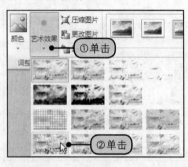

Step 3 显示应用的艺术效果。经过以上操作后，就可以为图片设置出"混凝土"的艺术效果，如下图所示。

2.2.6 更改图片形状

在默认的情况下，插入Word 中的图片会显示为矩形形状。用户也可以借助图片"裁剪"功能，让图片拥有更多的形状效果。在Word 2010中，可以说"自选图形"库中有多少种形状，图片就至少可以裁剪出多少种形状。

> 原始文件　实例文件\第2章\原始文件\更改图片形状.docx
> 最终文件　实例文件\第2章\最终文件\更改图片形状.docx

Step 1 选择目标图片。打开附书光盘\实例文件\第2章\原始文件\更改图片形状.docx，单击要更改形状的图片，如下图所示。

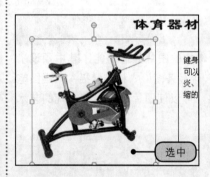

Step 2 选择更改形状。在"图片工具-格式"选项卡下单击"大小"组中的"裁剪"按钮，在展开的下拉列表中单击"裁剪为形状"选项，展开形状库后，选择"立方体"图标，如下图所示。

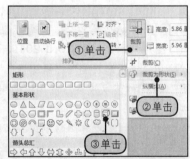

Step 3 显示裁剪形状效果。经过以上操作后，就可以将图片裁剪为立方体形状。返回文档中即可看到裁剪后的效果，如右图所示。

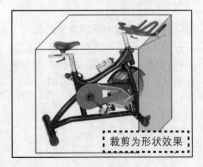

2.2.7 删除图片背景

删除图片背景是Word 2010的新增功能。通过该功能，可以将图片中不需要的背景删除，从而使图片的背景呈透明效果，使图片与文字的配合更为默契。

原始文件 实例文件\第2章\原始文件\删除图片背景.docx
最终文件 实例文件\第2章\最终文件\删除图片背景.docx

Step 1 选择目标图片。打开附书光盘\实例文件\第2章\原始文件\删除图片背景.docx，单击要删除背景的图片，如下图所示。

Step 2 单击"删除背景"图标。选择了图片后，在"图片工具-格式"选项卡下单击"调整"组中的"删除背景"按钮，如下图所示。

Step 3 设置删除的背景范围。执行了"删除背景"操作后，在图片中可看到一些粉色区域，即删除掉的区域。需要扩大保留范围时，将指针指向图片下方控点处，当指针变成双箭头形状时，向下拖动鼠标，如下图所示。

Step 4 单击"保留更改"按钮。将图片中删除的背景区域与保留区域设置完毕后，单击"背景消除"选项卡中的"保留更改"按钮，如下图所示。

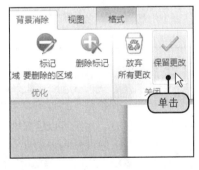

Step 5 显示删除背景效果。经过以上操作后，即可将图片的背景删除。在文档中即可看到删除后的效果，如右图所示。

删除背景后的效果

提示 ⑩ 手动设置保留的颜色

在删除图片背景时，如果避免图片中需要保留的部分也被删除，可通过"标记"功能将图片中需要保留的区域进行标记。这样，该区域就不会被删除。

1 选中目标图片，并单击"删除背景"按钮，如下图所示。

2 单击"背景消除"选项卡下的"标记要保留的区域"按钮，如下图所示。

3 指针变成"铅笔"形状，在图片中拖动鼠标，经过要保留的位置后，释放鼠标，如下图所示。

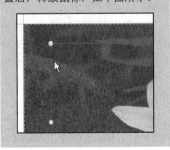

（续上页）

4 按照同样操作，将图片中所有需要保留的内容进行标记，如下图所示。

5 标记完毕后，单击"背景消除"选项卡下的"保留更改"按钮，如下图所示。

6 经过以上操作后，即可完成删除图片背景的操作，如下图所示。

2.3 使用"屏幕截图"插入图片

"屏幕截图"是Word 2010新增的获取图片的功能。通过该功能，可以将当前电脑中打开的程序窗口截取下来保存到电脑中，作为素材使用。使用该功能截图时，可以直接截取目标程序的整个窗口，也可以根据需要只截取画面中的某个部分。

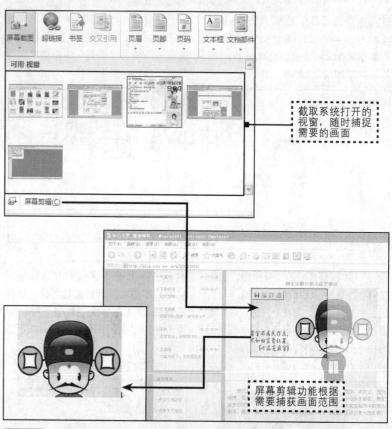

截取系统打开的视窗，随时捕捉需要的画面

屏幕剪辑功能根据需要捕获画面范围

2.3.1 使用"可用视窗"功能

使用"可用视窗"功能可将程序的整个窗口都截下来。该方法的优点是简单、快捷，用户可以轻松地完成操作。

原始文件　实例文件\第2章\原始文件\使用可用视窗.docx
最终文件　实例文件\第2章\最终文件\使用可用视窗.docx

使用Word 2010截取了电脑中所打开的程序画面后，图片只是保存到文档中，如果用户需要将截取的图片保存电脑中时，可按以下步骤完成操作。

Step 1 定位光标位置。打开要截取画面的程序后，打开附书光盘\实例文件\第2章\原始文件\使用可用视窗.docx，将光标定位在要插入图片的位置，如右图所示。

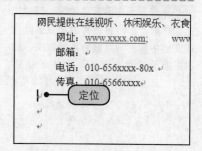

Step 2 选择要截取的程序窗口。在"插入"选项卡下单击"插图"组中的"屏幕截图"按钮，在展开的下拉列表中单击要截取画面的视窗，如下图所示。

Step 3 显示截取图片效果。经过以上操作后，就可以通过"可用视窗"为文档截取电脑中所打开程序窗口画面。返回文档中即可看到截取的窗口画面已插入文档中，如下图所示。

（续上页）

⑪ 将截取的图像保存到电脑中

1 右击截取到文档中的图片，在弹出的快捷菜单中单击"另存为图片"命令，如下图所示。

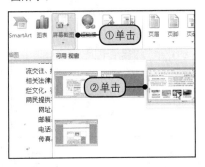

截取的窗口画面

2 弹出"保存文件"对话框后，进入图片保存的路径，在"文件名"文本框内输入文件保存的名称，如下图所示，然后单击"保存"按钮，即可完成图片的保存操作。

2.3.2 使用"屏幕剪辑"功能

使用"屏幕剪辑"功能可以对截取的画面范围进行自定义选择。这种方法的优点是灵活，用户可以根据需要截取画面中需要的部分。下面来介绍一下具体操作步骤。

原始文件 实例文件\第2章\原始文件\屏幕剪辑.docx、环境.jpg
最终文件 实例文件\第2章\最终文件\屏幕剪辑.docx

Step 1 打开要截图的图片。通过"我的电脑"窗口进入要打开的图片所在路径，右击目标图标，弹出快捷菜单后，选择"打开方式>Windows 图片和传真查看器"命令，如右图所示。

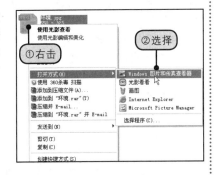

Step 2 定位光标的位置。打开附书光盘\实例文件\第2章\原始文件\屏幕剪辑.docx，将光标定位在要插入图片的位置，如下图所示。

Step 3 单击"屏幕剪辑"选项。在"插入"选项卡下单击"插图"组中的"屏幕截图"按钮，在展开的下拉列表中单击"屏幕剪辑"选项，如下图所示。

⑫ 取消图片剪辑

在使用"屏幕截图"功能截取屏幕的画面时，执行"屏幕剪辑"操作后，切换到需要剪辑的画面，需要取消截图时，可按下Esc键。

评比打分，列入科室岗位目标管理责任制洁人员责任区进行检查，分项计分，并将结质计酬"的原则。
（五）除加强卫生清扫和保洁工作外并自觉摆放整齐。一楼门厅一律不得停放

⑬ **让剪辑后的图片更美观**

使用"屏幕截图"功能，将图片截取到文档中后，为了使图片更加美观，可直接套用Word 2010中预设的28种图片样式，如下图所示。

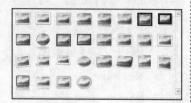

套用样式时，选中目标图片后，单击"图片工具-格式"选项卡下"图片样式"组中的列表框右下角的快翻按钮，在展开的样式库中单击要使用的样式即可。

Step 4 选择要截取画面的程序。执行了"屏幕剪辑"命令后，将鼠标迅速移动到桌面任务栏中，单击要截取画面的程序图标，如下图所示。

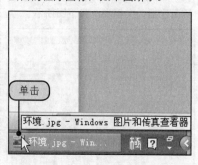

单击

环境.jpg - Windows 图片和传真查看器

环境.jpg - Win...

Step 6 显示剪辑画面效果。拖动鼠标经过要截取的区域后，释放鼠标，就可以通过"屏幕剪辑"功能截取需要的画面。返回文档中即可看到截取的画面部分，如右图所示。

Step 5 截取画面。打开要截取的画面窗口后，稍等片刻，画面中就会处于半透明状态，然后在要截取的位置处拖动鼠标，如下图所示。

拖动

截取的画面

2.4 使用SmartArt图形制作精美流程图

SmartArt 图形是信息和观点的视觉表示形式。通过SmartArt图形的选择、创建，可以快速、轻松、有效地传达有关信息。在Word 2010中预设了多种类型的SmartArt图形，创建时可选择适当的样式。创建图形后，为了确保图形的美观与专业，可分别对图形的样式、布局等格式进行设置。

⑭ **选择SmartArt图形**

为文档插入SmartArt图形时，如果用户对各图形的作用还不了解，为了避免选择不适当图形的情况出现，可以在选择SmartArt图形时对图形的相关信息进行查看。查看时，可在"选择SmartArt图形"对话框中完成。插入SmartArt图形时，打开"选择SmartArt图形"对话框后，在列表框中选中要插入的图形，如下图所示。

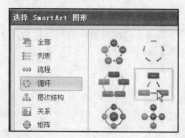

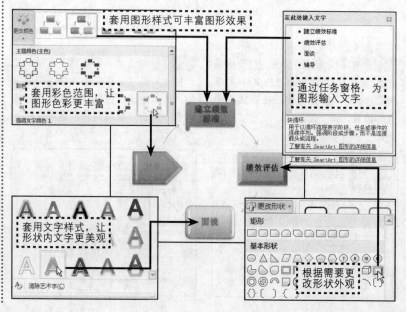

（续上页）

2.4.1 插入SmartArt图形

Word 2010中预设了"列表""流程""循环""层次结构""关系""矩阵""棱锥图""图片"8种SmartArt图形类型，每种类型下又包括若干种SmartArt图形样式。要使用SmartArt图形时，首先要选择适当的图形并将其插入文档中。

最终文件 实例文件\第2章\最终文件\插入SmartArt图形.docx

Step 1 单击"SmartArt图形"按钮。在打开目标文档后，切换到"插入"选项卡，单击"插图"组中"SmartArt图形"按钮，如下图所示。

Step 2 选择要插入的图形类别。弹出"选择SmartArt图形"对话框，在列表框中单击要插入图形的"图片重点列表"图标，如下图所示，然后单击"确定"按钮。

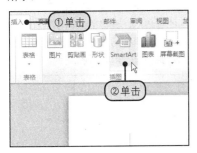

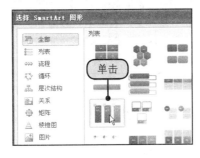

Step 3 显示插入SmartArt图形效果。经过以上操作后，就可以将需要的SmartArt图形插入文档中。返回文档即可看到插入的图片，如右图所示。

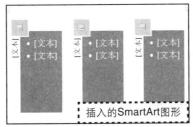

插入的SmartArt图形

2.4.2 输入文本

在文档中插入了SmartArt图形后，图形中的各个形状都是空白的。需要为形状输入文本时，可直接在形状中输入，也可以在"文本"窗格中输入。

原始文件 实例文件\第2章\原始文件\输入文本.docx
最终文件 实例文件\第2章\最终文件\输入文本.docx

Step 1 单击要输入文字的形状。打开附书光盘\实例文件\第2章\原始文件\输入文本.docx，单击要输入文本的形状，将光标定位在内，如右图所示。

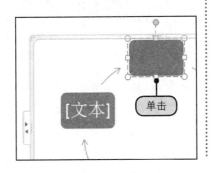

提示 ⑭ 选择SmartArt图形

选择目标图形后，在对话框右侧的区域内就会显示出图形的名称及作用，如下图所示，用户可根据这些提示为文档选择适当的图形。

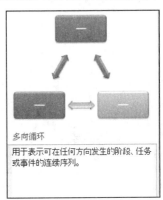

多向循环

用于表示可在任何方向发生的阶段、任务或事件的连续序列。

提示 ⑮ 更改图形中形状的位置

使用SmartArt图形时，如果要对图形中形状的位置进行更改，可通过"重新排序"功能来实现。

1 打开目标文档后，单击要移动的形状，将光标定位在内，如下图所示。

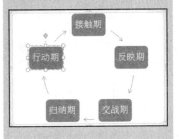

（续上页）

提示 ⑮ 更改图形中形状的位置

2 在"SmartArt工具-设计"选项卡下单击"创建图形"组中的"向上重新排序"按钮，如下图所示。

3 经过以上操作后，即可将所选择的形状向上移动一个位置，如下图所示，用户可根据需要对其他形状的位置进行调整。

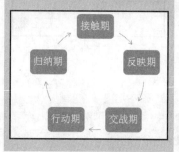

提示 ⑯ 重置形状

在设置SmartArt图形中的开头时，如果对设置后的形状效果不满意，可直接将图形重置（使其恢复默认的效果）。

1 打开目标文档后，右击要重置的形状，弹出快捷菜单后，选择"重设形状"命令，如下图所示。

Step 2 输入需要的内容。定位好光标的位置后，直接输入需要的文本，如下图所示，即可完成为形状输入文本的操作。

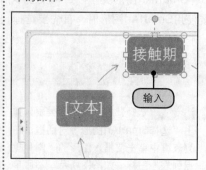

Step 4 定位光标的位置。打开"文本"窗格后，在其中可以看到"文本"字样，单击要添加文本的位置，将光标定位在内，如下图所示。

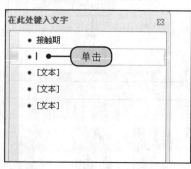

Step 6 显示输入文本效果。将文本输入完毕后，关闭"文本"窗格。在SmartArt图形中即可看到输入的文字内容，如右图所示。

Step 3 单击"文本"窗格的展开按钮。需要使用"文本"窗格输入文本时，单击图形左侧的展开按钮，如下图所示。

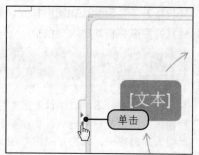

Step 5 输入文本内容。定位好光标的位置后，直接输入需要的文本内容。按照同样方法，为其他位置也输入需要的文本，如下图所示。

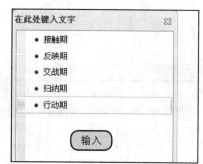

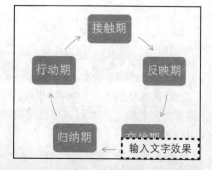

🔍⁺ 2.4.3 设置文本格式

SmartArt图形中的文字具有默认的效果，即宋体、白色效果。为了使图形更加美观，为图形输入文本后，还可自己更改文本的格式。

> **原始文件** 实例文件\第2章\原始文件\设置文本格式.docx
> **最终文件** 实例文件\第2章\最终文件\设置文本格式.docx

（续上页）

Step 1 选择目标形状。打开附书光盘\实例文件\第2章\原始文件\设置文本格式.docx，选中要设置文本格式的形状，如下图所示。

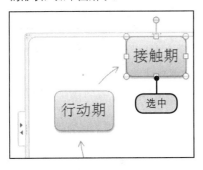

Step 2 单击"艺术字样式"框的快翻按钮。切换到"SmartArt工具-格式"选项卡，单击"艺术字样式"组中的列表框右下角的快翻按钮，如下图所示。

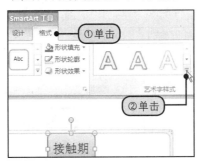

提示 ⑯ 重置形状

2 经过以上操作后，就可以将所选择的形状重置为程序默认效果，如下图所示。

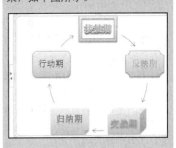

Step 3 选择要使用的艺术字样式。在展开的"艺术字样式"库中选择"填充-红色，强调文字颜色2，粗糙棱台"图标，如下图所示。

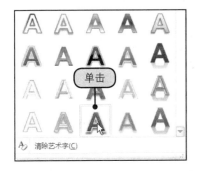

Step 4 选择第二个要设置文本格式的形状。经过以上操作后，就完成了通过"艺术字样式"设置形状内文本格式的操作。返回文档中单击第二个要设置文本格式的形状，如下图所示。

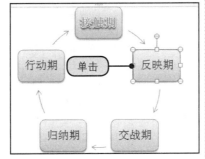

Step 5 设置文本填充颜色。在"艺术字样式"组中单击"文本填充"按钮，在展开颜色列表后，单击"浅蓝"图标，如下图所示。

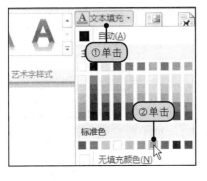

Step 6 选择渐变填充样式。选择了文本的填充颜色后，再次单击"文本填充"按钮，在展开的颜色列表中单击"渐变"选项，展开子列表后，选择"中心辐射"图标，如下图所示。

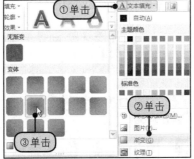

提示 ⑰ 设置形状内文字的轮廓

设置SmartArt图形的文字格式时，可分别对文本的填充颜色、轮廓、文本效果分别进行设置。下面来介绍一下文本轮廓的设置。

在"SmartArt工具-格式"选项卡下单击"艺术字样式"组中的"文本轮廓"按钮，在展开的下拉列表中可以看到主题颜色、粗细、虚线等选项，如下图所示。在其中，通过"主题颜色"，可设置文本轮廓的颜色；通过"无轮廓"选项，可取消文本的轮廓；通过"粗细"选项，可设置轮廓的粗细程度；通过"虚线"选项，可更改轮廓的外观。

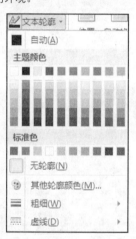

Step 7 设置文本的映像效果。设置了文本的填充效果后，单击"文本效果"按钮，在展开的下拉列表中单击"映像"选项，展开映像库后，选择"半映像，接触"图标，如下图所示。

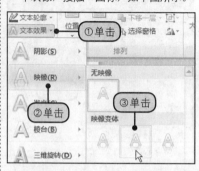

Step 8 显示图形中文本格式的设置效果。经过以上操作后，就可以看到自定义设置文本格式后的效果。参照上述操作，为图形中其他形状内的文本设置适当的格式，如下图所示。

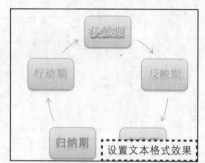

2.4.4 添加、删除形状

在文档中插入SmartArt图形后，图形中形状的数量是固定的。当用户要使用更多的形状或去除不需要的形状时，可对形状进行添加或删除。

> 原始文件 实例文件\第2章\原始文件\添加、删除形状.docx
> 最终文件 实例文件\第2章\最终文件\添加、删除形状.docx

Step 1 选择要删除的形状。打开附书光盘\实例文件\第2章\原始文件\添加、删除形状.docx，单击图形中要删除的形状，如右图所示。

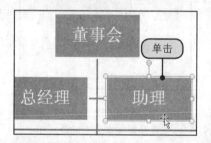

Step 2 删除形状。选中目标形状后，按下Delete键，即可将该形状删除，然后单击要在后面添加形状的"项目部"形状，如下图所示。

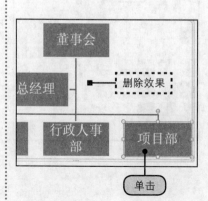

Step 3 在形状后面添加新形状。在"SmartArt工具-设计"选项卡下"创建图形"组中单击"添加形状"按钮，在展开的下拉列表中单击"在后面添加形状"选项，如下图所示。

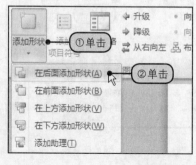

Step 4 显示添加的形状效果。经过以上操作后，就可以在"项目部"后面再添加一个形状，并且该形状处于选中状态，如下图所示。

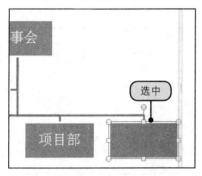

Step 5 在形状下面添加形状。单击"添加形状"按钮，在展开的下拉列表中单击"在下方添加形状"选项，如下图所示。

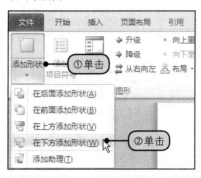

提示⑱ 更改新添加的形状大小

为SmartArt图形插入了新的形状后，如果用户对形状的大小不满意，可对其进行调整。下面以缩小形状为例，介绍一下操作步骤。

1 打开目标文档后，选中要缩小的形状，如下图所示。

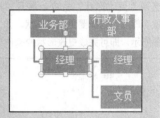

Step 6 选中要升级的形状。参照步骤4~步骤5的操作，在该形状下方添加其余需要的形状后，选中最后一个形状，如下图所示。

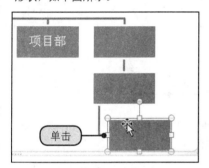

Step 7 单击"升级"按钮。选择目标形状后，在"创建图形"组中单击"升级"按钮，如下图所示。

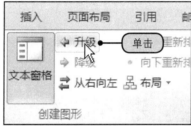

2 在"SmartArt工具-格式"选项卡下单击"形状"组中的"减小"按钮，如下图所示。

3 在页面中看到形状调整到合适大小后，停止单击"减小"按钮，如下图所示，就完成了缩小图形内形状的操作。

Step 8 显示添加形状效果。将形状的级别调整至适当位置后，参照上述操作，为其他部门添加需要的形状，并调整到合适级别，最后输入相关内容，如右图所示，就完成了本例制作。

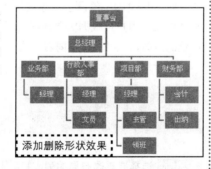

2.4.5 更改形状

每一个SmartArt图形中的形状都根据图形的类型设置了统一的样式。为了使SmartArt图形的外观更加丰富，可以根据需要对每个形状的外观进行更改。

原始文件 实例文件\第2章\原始文件\更改形状.docx
最终文件 实例文件\第2章\最终文件\更改形状.docx

? 提示 ⑲ 通过快捷菜单更改形状

在更改"SmartArt图形"中的形状时，除了使用选项卡中的功能更改形状外，还可以通过快捷菜单来完成操作。

打开目标文档后，右击图形中要更改的形状，在弹出的快捷菜单中选择"更改形状"命令，展开"形状"库后，选择要更改的形状，如下图所示，即可完成更改形状的操作。

Step 1 选择要更改的形状。打开附书光盘\实例文件\第2章\原始文件\更改形状.docx，单击要更改的形状，将其选中，如下图所示。

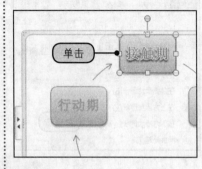

Step 2 选择要更改的形状。在"SmartArt工具-格式"选项卡，单击"形状"组中的"更改形状"按钮，在展开的下拉列表中单击"图文框"图标，如下图所示。

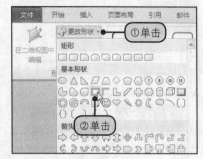

Step 3 显示更改形状效果。参照步骤1~步骤2的操作，将图形中其他形状也进行适当的更改，如右图所示。

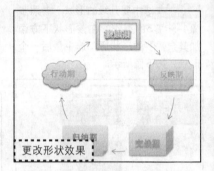

🔍 2.4.6 切换SmartArt图形的布局方向

在SmartArt图形中，所谓"布局"，是指图形中各形状的排列位置，Word 2010中预设了"标准""两者""左悬挂""右悬挂"4种布局样式，用户可根据需要选择合适的布局；"方向"是指图形中所有形状的方向，包括从"左向右"或"从右向左"两个选项。

⊙	原始文件	实例文件\第2章\原始文件\切换SmartArt图形的布局方向.docx
	最终文件	实例文件\第2章\最终文件\切换SmartArt图形的布局方向.docx

Step 1 选择要更改布局的列。打开附书光盘\实例文件\第2章\原始文件\切换SmartArt图形的布局方向.docx，单击图形中要更改布局的列中第一个形状"财务部"，如右图所示。

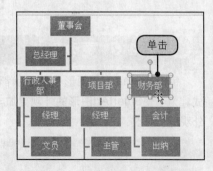

Step 2　选择布局。选择目标形状后，在"SmartArt工具-设计"选项卡下单击"创建图形"组中的"布局"按钮，在展开的下拉列表中单击"左悬挂"选项，如下图所示。

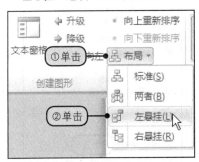

Step 3　显示更改布局效果。经过以上操作后，就可以将图形中"财务部"一列的形状更改为左悬挂效果，如下图所示。

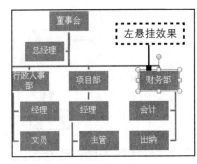

Step 4　更改图形的方向。将图形布局调整合适后，单击"创建图形"组中的"从右向左"按钮，如下图所示。

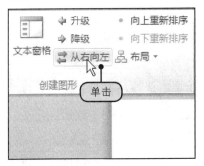

Step 5　显示更改图形布局和方向效果。经过以上操作后，就完成了本例中对图形的布局和方向的更改，设置后的效果如下图所示。

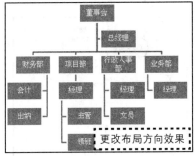

2.4.7　应用SmartArt图形样式

为了使SmartArt图形更加美观，可对图形的样式进行设置。Word 2010中，预设了一些图形样式效果及一些配色方案。具体设置时，可分别对图形颜色与样式进行应用。

原始文件　实例文件＼第2章＼原始文件＼应用图形样式.docx
最终文件　实例文件＼第2章＼最终文件＼应用图形样式.docx

Step 1　选择目标图形。打开附书光盘＼实例文件＼第2章＼原始文件＼应用图形样式.docx，选中要应用样式的SmartArt图形，如右图所示。

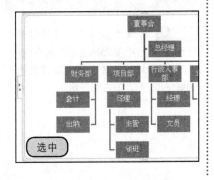

⑳ 更换形状

在更改图形布局时，如果用户要对所选择的图形布局进行彻底更换，可直接将其转换为另一个图形。

1　打开目标文档后，选中要更改布局的图形，切换到"SmartArt工具-设计"选项卡下单击"布局"组中的列表框右下角的快翻按钮，如下图所示。

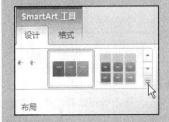

2　展开图形布局库后，选择要更改的图形图标，如下图所示，即可完成更改图形布局的操作。如果图形库中没有用户要更改的图形，可以单击"其他布局"选项，在弹出的"选择SmartArt图形"对话框中选择要更换的图形布局。

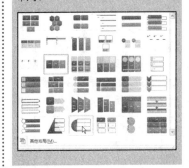

提示 21 手动设置SmartArt图形样式

为SmartArt图形设置样式时，也可以对图形中的形状颜色及效果等内容进行自定义设置。

1 打开目标文档后，选中要设置样式的形状，如下图所示。

2 在"SmartArt工具-格式"选项卡下，单击"形状样式"组中的"形状填充"按钮，在展开的颜色列表中单击"橙色"图标，如下图所示。

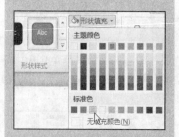

3 设置了形状的填充颜色后，单击"形状轮廓"按钮，在展开的下拉列表中单击"无轮廓"选项，如下图所示。

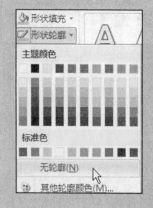

Step 2 单击"SmartArt样式"框的快翻按钮。切换到"SmartArt工具-设计"选项卡下，单击"SmartArt样式"组中的列表框右下角的快翻按钮，如下图所示。

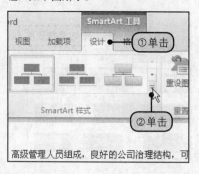

Step 4 更改图形颜色。为SmartArt图形套用了样式后，单击"SmartArt样式"组中的"更改颜色"按钮，在展开的下拉列表后，单击"彩色范围-强调文字颜色3至4"图标，如下图所示。

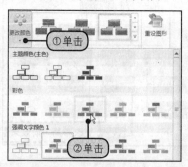

Step 3 选择要使用的样式。展开"SmartArt样式"库后，选择"三维"组中的"优雅"图标，如下图所示。

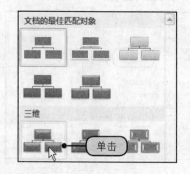

Step 5 显示SmartArt图形设置效果。经过以上操作后，SmartArt图形就会应用所设置的样式及配色效果，如下图所示。

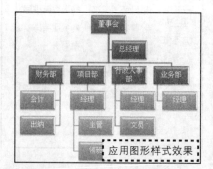

2.4.8 为SmartArt图形设置背景效果

在默认的情况下，SmartArt图形的背景都是白色的。在设置图形的过程中，用户可以根据需要对图形背景进行填充，填充背景的方式包括纯色填充、渐变填充、图片或纹理填充、图案填充4种本节以纹理填充为例，介绍一下具体操作。

原始文件 实例文件\第2章\原始文件\设置图形背景.docx
最终文件 实例文件\第2章\最终文件\设置图形背景.docx

Step 1 选择目标图形。打开附书光盘\实例文件\第2章\原始文件\设置图形背景.docx，选中要设置背景的SmartArt图形，如右图所示。

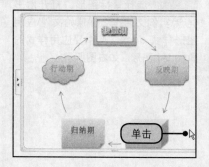

Step 2 单击"形状样式"组的对话框启动器按钮。切换到"SmartArt工具-格式"选项卡，单击"形状样式"组的对话框启动器按钮，如下图所示。

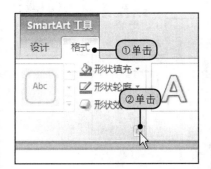

Step 3 选择要填充的纹理。弹出"设置形状格式"对话框，选中"图片或纹理填充"单选按钮，然后单击"纹理"按钮，在展开的纹理库中单击"鱼化石"图标，如下图所示。

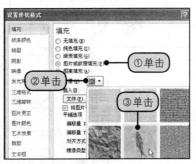

（续上页）

提示 ㉑　手动设置SmartArt图形样式

4 单击"形状效果"按钮，在展开的下拉列表中单击"预设"选项，展开子列表后，单击"预设5"图标，如下图所示。

Step 4 设置纹理透明度。选择填充纹理后，在"缩放比例X"与"缩放比例Y"数值框内分别输入"50%"，如下图所示。

Step 5 设置纹理透明度。设置了图案的缩放比例后，拖动"透明度"标尺中的滑块，将数值设置为"39%"，然后单击"关闭"按钮，如下图所示。

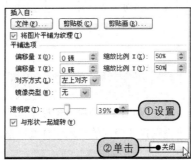

5 经过以上操作后，就完成了手动设置形状样式的操作，如下图所示。用户可按照类似操作，对其他形状也进行自定义设置。

Step 6 显示图形设置背景后效果。经过以上操作后，就可以看到使用纹理填充SmartArt图形背景的效果，如右图所示。

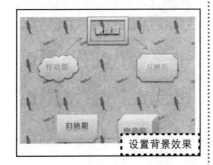

设置背景效果

提示 ㉒　取消图形的背景设置

为SmartArt图形设置了背景后，需要取消时，打开"设置形状格式"对话框后，在"填充"区域内选中"无填充"单选按钮，然后关闭该对话框即可。

2.5　艺术字的应用

　　艺术字是由专业的字体设计师经过艺术加工而成的汉字变形字体。字体特点：符合文字含义，具有美观有趣、易认易识、醒目张扬等特性，是一种有图案意味或装饰意味的字体变形。在Word 2010中，艺术字的样式发生了一些改变，艺术字中只包括文字填充、轮廓等简单效果，如果用户需要获得更具体的样式，可以根据需要进行自定义设置。

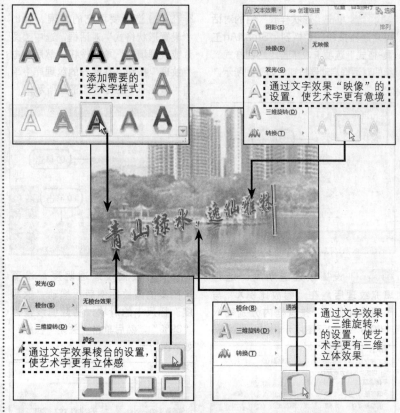

提示 ㉓ 将已有文字设置为艺术字

在Word 2010中制作艺术字时，也可以将文档中已有的文本内容设置为艺术字，具体操作如下。

1 打开目标文档后，选中文档中要设置为艺术字的文本，如下图所示。

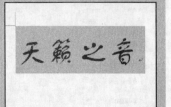

2 在"插入"选项卡下单击"插图"组中的"艺术字"按钮，在展开的艺术字库中单击要套用的艺术字样式，如下图所示。

3 经过以上操作后，即可将文档中已有的文本设置为艺术字，如下图所示。

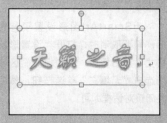

2.5.1 插入艺术字

在Word 2010中，预设了30种艺术字样式。为文档插入艺术字时，可先选择要使用的艺术字样式，然后再对艺术字的具体内容进行编辑。

原始文件 实例文件\第2章\原始文件\插入艺术字.docx
最终文件 实例文件\第2章\最终文件\插入艺术字.docx

Step 1 选择艺术字样式。打开附书光盘\实例文件\第2章\原始文件\插入艺术字.docx，在"插入"选项卡下单击"文本"组中的"艺术字"按钮，在展开的库中单击"填充-蓝色，强调文字颜色1，塑料棱台，映像"图标，如下图所示。

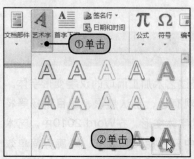

Step 2 选中艺术字文本框内的文字。选择了要插入的艺术字样式后，文档中就会插入一个"请在此放置您的文字"文本框，选中其中的文本内容，如下图所示。

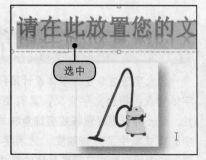

Step 3 移动艺术字文本框的位置。选中了文本框中的内容后，在其中输入需要的艺术字，然后选中文本框，将其向需要的位置拖动，如下图所示。

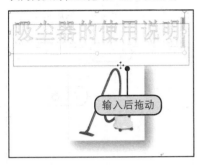

输入后拖动

Step 4 显示插入艺术字效果。将艺术字文本框移动至需要的位置后，就可以将艺术字插入文档中，如下图所示。

插入的艺术字效果

提示 ㉔ 更改艺术字的形状样式

在默认的情况下设置艺术字时，艺术字的形状都是白色的，如果用户需要通过形状衬托出艺术字，可根据需要对艺术字的形状进行设置。

打开目标文档后，选中艺术字的文本框，如下图所示。

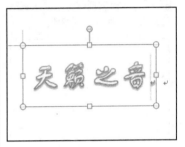

2.5.2　更改艺术字样式

为了使插入文档中的艺术字更加符合文档意境的需要，可以在插入艺术字后对其填充、轮廓、棱台等效果进行自由更改。

> 原始文件　实例文件\第2章\原始文件\更改艺术字样式.docx
> 最终文件　实例文件\第2章\最终文件\更改艺术字样式.docx

切换到"绘图工具-格式"选项卡，在"形状样式"组中即可通过相关功能，对艺术字文本框的格式进行设置，如下图所示。

Step 1 选中目标艺术字框。打开附书光盘实例文件\第2章\原始文件\更改艺术字样式.docx，单击要更改样式的艺术字文本框，如下图所示。

单击

Step 2 更改艺术字的字体与字号。选中目标艺术字框后，在"开始"选项卡下"字体"组中，将"字体"设置为"华文行楷"，将"字号"设置为"50"，如下图所示。

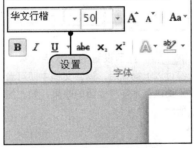

设置

Step 3 更改艺术字的填充颜色。切换到"绘图工具-格式"选项卡，单击"艺术字样式"组中的"文本填充"按钮，在展开的颜色列表中单击"紫色"图标，如右图所示。

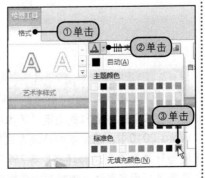

①单击
②单击
③单击

提示 ②⑤ 将艺术字设置为波浪形状

设置艺术字格式时，可分别对艺术字的阴影、映像、发光、棱台、三维旋转、转换等效果进行设置，通过"转换"功能可将艺术字设置为不同的形状。下面就以波浪形为例，介绍一下"转换"功能的使用。

1 打开目标文档，选中要设置的艺术字文本框，如下图所示。

2 在"绘图工具-格式"选项卡下单击"艺术字样式"组中的"文本效果"按钮，在展开的下拉列表中单击"转换"选项，展开子列表后，单击"波形2"图标，如下图所示。

3 经过以上操作后，就可以将艺术字设置为波浪形效果，如下图所示。

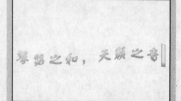

Step 4 为艺术字设置映像效果。为艺术字设置了填充颜色后，单击"文本效果"按钮，在展开的下拉列表中单击"映像"选项，展开子列表后，单击"半映像，接触"图标，如下图所示。

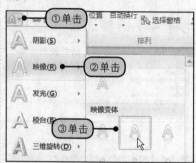

Step 6 设置艺术字的棱台效果。设置了发光效果后，再次单击"文本效果"按钮，在展开的下拉列表中单击"棱台"选项，在展开的子列表中单击"冷色斜面"图标，如下图所示。

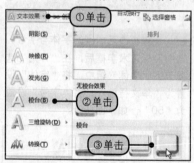

Step 8 显示设置的艺术字效果。经过以上操作后，返回文档中即可看到更改艺术字样式后的效果，如右图所示。

Step 5 设置艺术字的发光效果。设置了映像效果后，再次单击"文本效果"按钮，在展开的下拉列表中单击"发光"选项，在展开的子列表中单击"紫色，18pt发光，强调文字颜色4"图标，如下图所示。

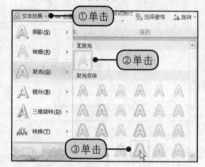

Step 7 设置艺术字的三维旋转效果。再次单击"文本效果"按钮，在展开的下拉列表中单击"三维旋转"选项，展开子列表后，单击"离轴1右"图标，如下图所示。

更改艺术字样式效果

🔍 2.5.3 设置艺术字环绕方式

艺术字的环绕方式决定了艺术字与文档中正文内容的排列关系。在Word 2010中，艺术字的环绕方式包括"嵌入型""四周型环绕""紧密型环绕""穿越型环绕"等7种。设置了环绕方式后，可对艺术字的位置进行适当移动，使其与文字结合更紧密。

原始文件 实例文件\第2章\原始文件\艺术字的环绕方式.docx
最终文件 实例文件\第2章\最终文件\艺术字的环绕方式.docx

Step 1 选择目标艺术字文本框。打开附书光盘\实例文件\第2章\原始文件\艺术字的环绕方式.docx，单击要设置环绕方式的艺术字文本框，如下图所示。

Step 2 设置艺术字的环绕效果。在"绘图工具-格式"选项卡下单击"排列"组中"自动换行"按钮，在展开的下拉列表中单击"紧密型环绕"选项，如下图所示。

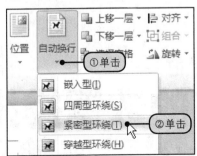

提示 ㉖ 设置艺术字在文档中的位置

设置艺术字在文档中的位置时，在"绘图工具-格式"选项卡的"排列"组中，单击"位置"按钮，在展开的下拉列表中即可看到Word 2010中预设了几种位置关系，如下图所示。用户可直接单击要使用的位置选项，即可将文本框移动到相应的位置中。

Step 3 移动艺术字文本框的位置。设置了文本框的环绕方式后，将鼠标指针指向选中的文本框，当指针变成形状时，拖动鼠标，将艺术字向需要的位置拖动，如下图所示。

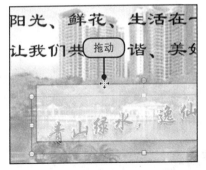

Step 4 显示设置艺术字环绕方式效果。将文本框移动至需要的位置后，释放鼠标，就可以为艺术字设置出适当的环绕方式，如下图所示。

读书笔记

③ Chapter

把文档的数据排排队——
用Word表格整理数据

学习要点

- 快速创建表格
- 编辑表格结构
- 编辑表格文本
- 美化表格
- 分析表格内数据
- 制作斜线表头

本章结构

❶ 调整单元格边距

编 号		姓 名	
民 族		政治面貌	
身份证号			
入党时间			
办公电话			

❷ 设置表格边框

编 号		姓 名	
民 族		政治面貌	
身份证号		出生日	
入党时间		参加工作	
办公电话		住宅电	
手机		电子信	

❸ 对表格数据进行排序

甜心饼屋日销售表（元）					
糕点名称	顺河店	长顺店	周情店	季家店	合计
草莓大福	2856	1254	5942	3438	￥211,600.00
杏仁瓦片	3251	3568	9546	1489	￥105,800.00
贝果麵包	4567	1478	7531	6548	￥52,900.00
ICE 泡芙	3586	3698	1238	4562	￥26,450.00
蜂蜜香榭	5614	2258	3564	1789	￥13,225.00
提拉米酥	2258	5621	1264	5687	￥13,225.00

❹ 绘制斜线表头

店铺 糕点	顺河店	长顺店
草莓大福	2856	1254
杏仁瓦片	3251	3568
贝果麵包	4567	1478

Chapter 3

把文档的数据排排队——用Word表格整理数据

在处理复杂的数据内容时，为了方便数据的整理与归类，使数据更清晰地表达出来，可在表格中编辑数据。表格由一行或多行单元格组成，用于显示数字和其他项以便快速统计和分析。在Word 2010中，虽然表格也是由单元格组成的，不过它却不像Excel中的表格能进行高级分析。Word中的表格仅限于做简单的排序与计算。

3.1 快速创建表格

在Word 2010中插入表格时，可通过虚拟表格、手动绘制及插入表格3种方法完成操作。本节将以通过对话框插入表格的方法为例，介绍插入表格的操作。这种插入表格方法的特点是更灵活，用户可以根据需要设置表格的行数与列数，并且可以直接在"插入表格"对话框中设置表格的大小。

通过"插入表格"对话框可以插入由任意数量单元格组成的表格

原始文件　实例文件\第3章\原始文件\快速创建表格.docx
最终文件　实例文件\第3章\最终文件\快速创建表格.docx

Step 1 定位光标的位置。打开附书光盘\实例文件\第3章\原始文件\快速创建表格.docx，在要插入表格的位置单击鼠标，将光标定位在内，如下图所示。

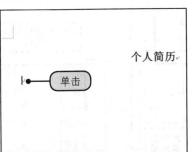

个人简历

单击

Step 2 单击"插入表格"选项。切换到"插入"选项卡，在"表格"组中单击"表格"按钮，在展开的下拉列表中单击"插入表格"选项，如下图所示。

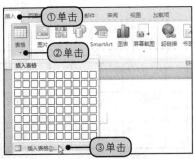

① 单击
② 单击
③ 单击

提示 ① 快速创建10列8行以内的表格

在文档中创建表格时，可通过多种方法完成，如果用户需要插入的表格在10列8行以内，可直接通过"表格"下拉列表中的虚拟表格来完成插入。

1 打开目标文档后，切换到"插入"选项卡，单击"表格"组中的"表格"按钮，展开下拉列表后，在虚拟表格中移动鼠标，经过要插入的表格行列，然后单击鼠标，如下图所示。

2 经过以上操作，即可完成表格的插入操作，如下图所示。

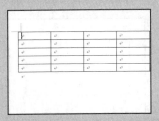

?
提示 ② **手动绘制表格**

为文档创建表格时，也可以手动进行绘制。这种方法的优点在于其灵活性，用户可根据需要绘制出各种布局的表格。

1 打开目标文档后，切换到"插入"选项卡，单击"表格"组中的"表格"按钮，在展开的下拉列表中单击"绘制表格"选项，如下图所示。

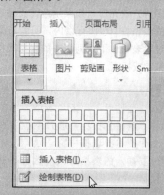

2 鼠标指针变成铅笔形状，在文档中要绘制表格的位置处拖动鼠标，绘制出表格的外边框，如下图所示，拖至合适大小释放鼠标。

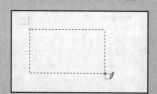

3 绘制了表格的边框后，在框内横向拖动鼠标绘制出表格的行线，如下图所示。按照同样操作，对表格的其他行进行绘制。

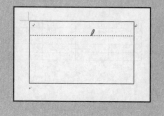

Step 3 设置表格尺寸和大小。弹出"插入表格"对话框，在"表格尺寸"区域的"列数"与"行数"数值框内分别输入所插入表格的行数与列数，然后单击选中"根据内容调整表格"单选按钮，最后单击"确定"按钮，如下图所示。

Step 4 显示插入的表格效果。经过以上操作后，在文档中就插入了5列20行的表格，如下图所示，由于表格中还没有添加内容，所以表格为最小状态。一旦为表格添加了内容后，表格就会根据内容自动调整大小。

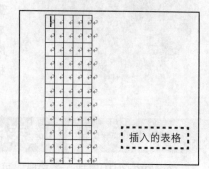

3.2 编辑表格结构

在文档中使用表格时，会根据表格内容的不同而设定不同的结构，这就需要在插入表格后对表格的行和列进行添加、删除、合并或拆分。在Word 2010中，需要更改表格的结构时，可在"表格工具-布局"选项卡下进行调整。

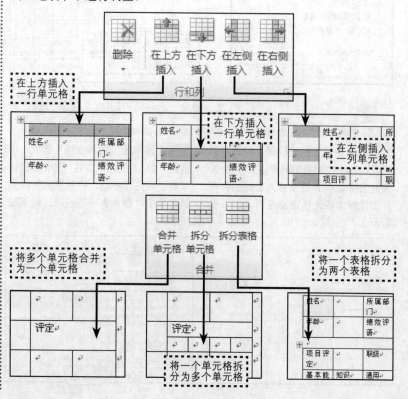

调整表格大小时，可以通过"自动调整"和"手动调整"两种方法实现。自动调整包括"根据内容自动调整表格""根据窗口自动调整表格"及"固定列宽"3种调整方式；手动调整只需在"单元格大小"组的"宽度"和"高度"数值框内设置具体的数值。

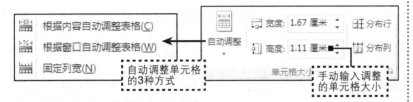

- 自动调整单元格的3种方式
- 手动输入调整的单元格大小

3.2.1　插入、删除行或列

在编辑表格时，如果要添加更多的单元格或要减少表格中的单元格，可通过插入与删除行（或列）的功能完成操作。

原始文件　实例文件\第3章\原始文件\插入、删除行或列.docx
最终文件　实例文件\第3章\最终文件\插入、删除行或列.docx

❶ 插入行或列

为表格插入行、列时，可以从单元格的上、下、左、右4个方向进行插入。下面以从上方插入单元格为例，介绍插入行和列的操作。

Step 1 定位光标位置。打开附书光盘\ 实例文件\第3章\原始文件\插入、删除行或列.docx，单击要插入的单元格位置下方的任意一个单元格，如下图所示。

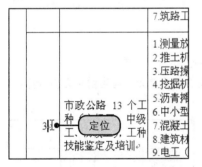

Step 2 单击"在上方插入"按钮。在"表格工具-布局"选项卡下单击"行和列"组中的"在上方插入"按钮，如下图所示。

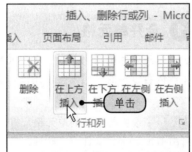

Step 3 显示插入单元格效果。经过以上操作后，就可以在光标所在单元格的上方插入一整行单元格，如右图所示。

（续上页）

❓提示 ② 手动绘制表格

4 在表格中要添加列单元格的位置处纵向拖动鼠标，绘制出表格的列线，如下图所示。

5 按照同样方法，将表格中所需要的列线全部绘制完毕后，就完成了表格的绘制，如下图所示。

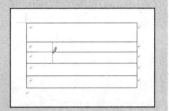

❓提示 ③ 快速在单元格下方插入行单元格

要在表格中某个单元格的下方添加一整行单元格时，只要将光标定位在某个单元格右侧表格外的回车符位置处，然后按Enter键即可插入一行。

❷ 删除行或列

当表格中有多余的单元格时，可直接将其删除。删除表格中的单元格时，可根据需要选择是删除单个单元格、整行单元格还是整列单元格。

需要删除表格中的单元格时，也可以通过快捷菜单完成操作。

1 打开目标文档后，右击要删除的单元格，弹出快捷菜单后，单击"删除单元格"命令，如下图所示。

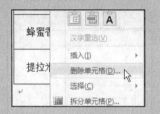

2 弹出"删除单元格"对话框，选中删除单元格的相关选项，然后单击"确定"按钮，如下图所示，即可完成删除单元格的操作。

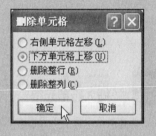

Step 1 定位光标位置。继续上面的操作，单击要删除的一行单元格内任意一个单元格，将光标定位在内，如下图所示。

Step 2 单击"删除行"选项。在"表格工具-布局"选项卡下单击"行和列"组中的"删除"按钮，在展开的下拉列表中单击"删除行"选项，如下图所示，光标定位点所在行被删除。

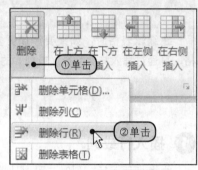

🔍 3.2.2 合并与拆分单元格

在编辑表格时，如果遇到要将几个单元格合并为一个单元格或将一个单元格拆分为几个单元格的情况时，可通过合并与拆分功能完成操作。

⊙ 原始文件 实例文件\第3章\原始文件\合并与拆分单元格.docx
最终文件 实例文件\第3章\最终文件\合并与拆分单元格.docx

❶ 合并单元格

合并单元格用于将若干个单元格合并为一个单元格。当一个单元格中的内容过多时，通常会使用该功能将其他单元格与当前单元格合并。

Step 1 选中要合并的单元格。打开附书光盘\实例文件\第3章\原始文件\合并与拆分单元格.docx，拖动鼠标选中要合并的单元格，如右图所示。

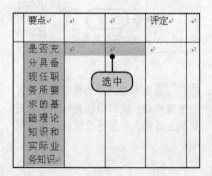

Step 2 单击"合并单元格"按钮。切换到"表格工具-布局"选项卡，单击"合并"组中的"合并单元格"按钮，如下图所示。

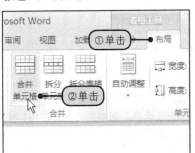

Step 3 显示合并单元格效果。经过以上操作后，就可以完成将所选单元格进行合并的操作，如下图所示。

要点			评定
是否充分具备现任职务所要求的基础理论知识和实际业务知识			
是否能充分理解上级指示，		合并单元格效果	

❷ 拆分单元格

拆分单元格用于将一个单元格拆分为多个单元格。当一个单元格中需要输入多列内容时，就可以使用该功能进行设置。

Step 1 定位光标位置。继续上面的操作，拖动鼠标选中要拆分的单元格，如下图所示。

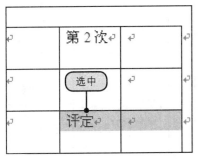

Step 2 单击"拆分单元格"按钮。切换到"表格工具-布局"选项卡，单击"合并"组中的"拆分单元格"按钮，如下图所示。

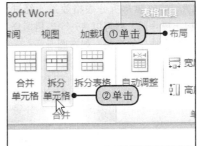

Step 3 设置拆分的单元格数量。弹出"拆分单元格"对话框，在"列数"与"行数"文本框内分别输入要拆分的行列数，然后单击"确定"按钮，如下图所示。

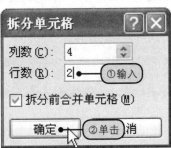

Step 4 显示拆分单元格效果。经过以上操作后，就完成了将一个单元格拆分为多个单元格的操作，如下图所示。拆分单元格后，根据需要将要合并的单元格进行合并。

	第2次		
	拆分单元格效果		
	评定		

合并单元格时，也可以通过快捷菜单来完成操作，具体操作步骤如下。

1 选中要合并的单元格后并右击，在弹出的快捷菜单中选择"合并单元格"命令，如下图所示。

2 经过以上操作后，即可将所选择的单元格合并为一个单元格，如下图所示。

是否充分具备现任职务所要求的基础理论知识和实际业务知识	
是否能充分理解上级指示，干脆利落地完成本职工作任务，不需上级反复指示或指导。	
是否能充分理解上级	

3.2.3 拆分表格

拆分表格是指将一个表格拆分为两个独立的表格。下面就来介绍拆分表格的操作。

原始文件 实例文件\第3章\原始文件\拆分表格.docx
最终文件 实例文件\第3章\最终文件\拆分表格.docx

Step 1 定位光标的位置。打开附书光盘\实例文件\第3章\原始文件\拆分表格.docx，在要拆分为独立表格的第一个单元格内单击鼠标，将光标定位在内，如下图所示。

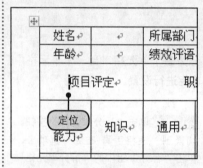

Step 2 单击“拆分表格”按钮。切换到“表格工具-布局”选项卡，单击“合并”组中的“拆分表格”按钮，如下图所示。

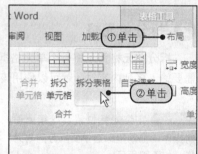

Step 3 显示拆分表格效果。经过以上操作后，就可以将一个表格拆分为两个独立的表格，如右图所示。

提示 ⑥ 使用快捷键拆分表格

在拆分表格时，除了使用选项卡中的功能进行拆分外，还可以通过快捷键来完成操作。

打开目标文档后，将光标定位在拆分为独立表格的第一个单元格内，然后按下Ctrl+Shift+Enter组合键，即可将表格一分为二。

提示 ⑦ 使用“自动调整”功能调整单元格列宽

“自动调整”中包括“根据内容自动调整表格”“根据窗口自动调整表格”，以及“固定列宽”3个选项。具体操作步骤如下。

1 打开目标文档，将光标定位在任意单元格内，如下图所示。

姓名		所属部门		
年龄		绩效评语		
项目评定		职级		要点

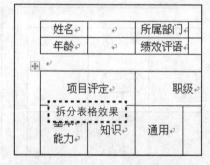

3.2.4 调整单元格行高与列宽

新插入的表格中，单元格的行高与列宽都是固定的。在编辑表格内容的过程中，如果表格的行高与列宽不能适应表格内容，用户可通过手动进行调整。本节以在选项卡下设置单元格行高及通过鼠标拖动调整列宽两种方法为例，介绍一下调整单元格行高与列宽的操作。

原始文件 实例文件\第3章\原始文件\调整单元格行高与列宽.docx
最终文件 实例文件\第3章\最终文件\调整单元格行高与列宽.docx

Step 1 选择要调整行高的单元格。打开附书光盘\实例文件\第3章\原始文件\调整单元格行高与列宽.docx，单击要调整行高的单元格，将光标定位在内，如下图所示。

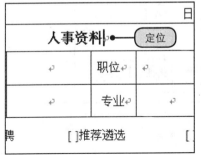

Step 2 设置单元格行高。切换到"表格工具-布局"选项卡，在"单元格大小"组中"高度"数值框内输入要调整的行高数值，如下图所示，然后按下Enter键。

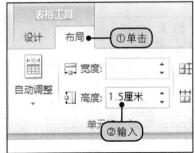

Step 3 显示调整行高效果。经过以上操作后，就可以将单元格的行高调整为"1.5"厘米，如下图所示。

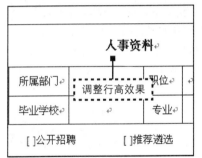

Step 4 设置单元格列宽。将鼠标指针指向要调整列宽的单元格右侧的列线位置处，当指针变成 ◄║► 形状时，向右拖动鼠标，如下图所示。

Step 5 显示调整列宽效果。调整表格列宽时，将鼠标拖动至合适位置后释放鼠标，就完成了调整单元格列宽的操作，如右图所示。

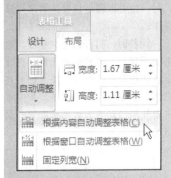

（续上页）

提示 ⑦ 使用"自动调整"功能调整单元格列宽

2 切换到"表格工具-布局"选项卡，在"单元格大小"组中单击"自动调整"按钮，在展开的下拉列表中单击"根据内容自动调整表格"选项，如下图所示。

3 经过以上操作后，返回文档中即可看到表格的大小已根据表格中的内容进行了适当的调整，如下图所示。

3.3　编辑表格文本

为了使表格中的内容整齐、美观，将表格制作完毕后，可以对表格内文本的对齐方式、文字方向等内容进行适当的设置。

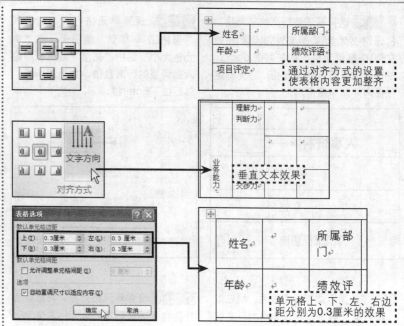

通过对齐方式的设置，
使表格内容更加整齐

垂直文本效果

单元格上、下、左、右边
距分别为0.3厘米的效果

在调整单元格内文字的对齐方
式时，也可以通过快捷菜单来完成
操作。

调整时，打开目标文档后，右
击要调整对齐方式的单元格，在弹
出的快捷菜单中选择"单元格对齐
方式"命令，在弹出的子菜单中单
击要使用的对齐方式图标即可，如
下图所示。

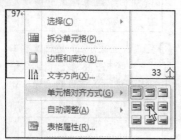

3.3.1 设置表格文本的对齐方式

在Word 2010中，表格内文本的对齐方式包括靠上两端对齐、靠上
居中对齐、靠上右对齐、中部两端对齐、水平居中、中部右对齐、靠
下两端对齐、靠下居中对齐、靠下右对齐9种。用户可根据表格内容需
要，选择适当的对齐方式。

原始文件 实例文件\第3章\原始文件\设置文本对齐方式.docx
最终文件 实例文件\第3章\最终文件\设置文本对齐方式.docx

Step 1 选择要调整对齐方式的单元
格。打开附书光盘\实例文件\第3章\
原始文件\设置文本对齐方式.docx，
在表格中拖动鼠标，选中要设置文本
对齐的单元格，如下图所示。

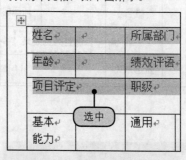

Step 2 选择要使用的对齐方式。选
中目标单元格后，在"表格工具-布
局"选项卡下单击"对齐方式"组中
的"居中对齐"按钮，如下图所示。

Step 3 显示设置文本对齐方式效
果。经过以上操作后，就可以将所
选择的单元格内文本设置为"居中对
齐"效果，如右图所示。

3.3.2　更改文字方向

表格中文字的方向包括"垂直"和"水平"两种，在默认的情况下，单元格中的文本方向为"水平"。如果用户需要将文字方向更改为"垂直"时，可按以下步骤完成操作。

> **原始文件**　实例文件\第3章\原始文件\更改文字方向.docx
> **最终文件**　实例文件\第3章\最终文件\更改文字方向.docx

Step 1 定位光标位置。打开附书光盘\实例文件\第3章\原始文件\更改文字方向.docx，单击要更改文字方向的单元格，将光标定位在内，如下图所示。

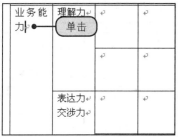

Step 2 更改文字方向。选中目标单元格后，在"表格工具-布局"选项卡下单击"对齐方式"组中的"文字方向"按钮，如下图所示。

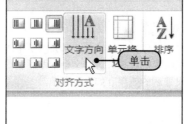

Step 3 显示更改文字方向效果。经过以上操作后，就完成了将单元格内文字的方向设置为"垂直"方向的操作，如右图所示。

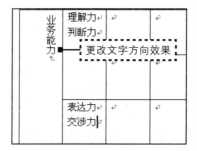

3.3.3　设置单元格边距

单元格边距是指表格中各单元格中边框与文字之间的距离。在默认的情况下，单元格上、下方向的边距为"0"，左、右方向的边距为"0.19"厘米，用户也可根据需要自由设置。

> **原始文件**　实例文件\第3章\原始文件\设置单元格边距.docx
> **最终文件**　实例文件\第3章\最终文件\设置单元格边距.docx

Step 1 打开目标文档。打开附书光盘\实例文件\第3章\原始文件\设置单元格边距.docx，将光标定位在任意一个单元格内，如右图所示。

提示 ⑨ 恢复原文字方向

将单元格内的文字方向调整后，需要恢复为原来的方向时，再次单击"对齐方式"组中的"文字方向"按钮即可。

提示 ⑩ 调整单元格间距

通过设置单元格间距，可以对表格中单元格与单元格之间的距离进行调整。具体设置时，可通过"表格选项"对话框来完成。

1 打开目标文档后，将光标定位在表格中任意单元格内，如下图所示。

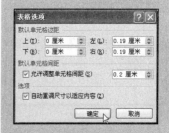

2 打开"表格选项"对话框，勾选"允许调整单元格间距"复选框，然后单击该选项右侧数值框的上调按钮，对单元格的间距进行设置，最后单击"确定"按钮，如下图所示。

3 经过以上操作后，就完成了调整单元格间距的操作，如下图所示。

提示 ⑪ 通过"表格属性"调整单元格边距

通过"表格属性"对话框，可以对单元格大小、对齐方式等内容进行设置。在设置表格属性时，如果需要对单元格边距进行设置，可直接在对话框中完成。

1 在打开的"表格属性"对话框后，切换到"单元格"选项卡下，单击"选项"按钮，如下图所示。

2 经过以上操作，弹出"单元格选项"对话框，如下图所示，在其中对单元格选项进行设置即可。

Step 2 单击"单元格边距"按钮。打开目标文档后，在"表格工具-布局"选项卡下单击"对齐方式"组中的"单元格边距"按钮，如下图所示。

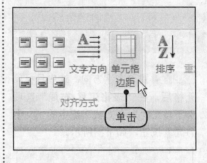

Step 4 显示设置单元格边距效果。经过以上操作后，就完成了单元格边距的设置。返回文档中即可看到设置后的效果，如右图所示。

Step 3 设置单元格边距。弹出"表格选项"对话框，在"上""下""左""右"数值框内分别输入要设置的单元格边距，然后单击"确定"按钮，如下图所示。

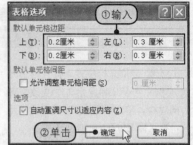

3.4 美化表格

为了使表格更加美观，可以进行美化表格的设置。设置时可以直接套用Word 2010中预设的表格样式，也可以根据需要对表格的边距、底纹进行自定义设置。本节就来介绍一下美化表格的操作。

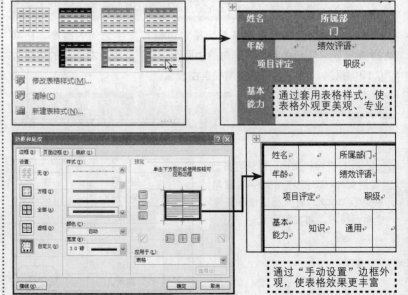

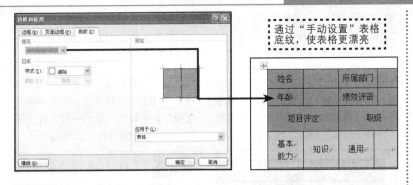

通过"手动设置"表格底纹，使表格更漂亮

3.4.1 套用表格样式

Word 2010中预设了一百多种表格样式，在美化表格时，通过套用表格样式的方式可以更快地制作出美观、专业的表格。

原始文件 实例文件\第3章\原始文件\套用表格样式.docx
最终文件 实例文件\第3章\最终文件\套用表格样式.docx

Step 1 打开目标文档。打开附书光盘\实例文件\第3章\原始文件\套用表格样式.docx，将光标定位在表格中任意一个单元格内，如下图所示。

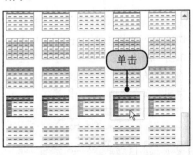

Step 3 选择要套用的表格样式。在展开的表格样式库中选择"中等深浅底纹2-强调文字颜色4"图标，如下图所示。

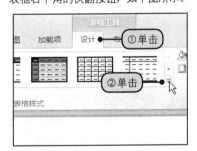

Step 2 单击"表格样式"组的对话框启动器按钮。切换到"表格工具-设计"选项卡，单击"表格样式"组中列表框右下角的快翻按钮，如下图所示。

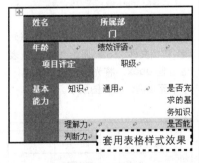

Step 4 显示套用表格样式效果。经过以上操作后，就为表格套用上了选择的样式，如下图所示。

套用表格样式效果

3.4.2 设置表格样式选项

在Word 2010中，表格样式选项是指表格样式中的标题行、汇总行等内容。为表格套用样式后，通过样式选项的更改，可以使应用后的样式效果发生改变。

提示 ⑫ 自定义创建表格样式

在Word 2010中，虽然预设了一些表格样式，但是数量有限。如果预设的样式中没有用户要使用的样式，可自己动手创建。

1 打开"表格样式"库后，选择"新建表样式"选项，如下图所示。

2 弹出"根据格式设置创建新样式"对话框，如下图所示，在其中对表格样式进行创建即可。

原始文件　实例文件\第3章\原始文件\设置表格样式选项.docx
最终文件　实例文件\第3章\最终文件\设置表格样式选项.docx

提示⑬ 清除套用的表格样式

在Word 2010中为表格套用了样式后，要恢复未应用时的效果，可直接将表格样式清除。

将光标定位在要清除样式的表格内，在"表格工具-设计"选项卡下打开"表格样式"库，展开库后，选择"清除"选项即可，如下图所示。

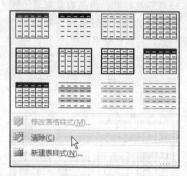

Step 1 打开目标文档。打开附书光盘\实例文件\第3章\原始文件\设置表格样式选项.docx，将光标定位在表格中任意一个单元格内，如下图所示。

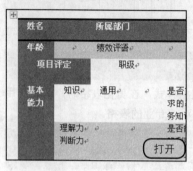

Step 2 设置表格样式选项。在"表格工具-设计"选项卡下，"表格样式选项"组中勾选"最后一列"复选框与"镶边列"复选框，如下图所示。

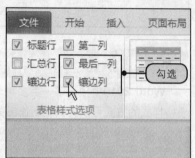

Step 3 显示更改表格样式选项效果。经过以上操作后，就可以选择对表格样式中所显示的选项进行设置，如右图所示。

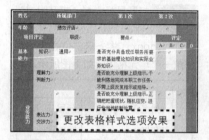
更改表格样式选项效果

3.4.3 设置表格边框

在Word 2010中，默认的表格边框为细实线效果。用户也可根据需要，对表格的边框样式、颜色、粗细等内容进行自定义设置。

原始文件　实例文件\第3章\原始文件\设置表格边框.docx
最终文件　实例文件\第3章\最终文件\设置表格边框.docx

提示⑭ 隐藏表格边框

编辑表格时，如果要将表格的边框隐藏，只要将光标定位在表格中任意单元格后，切换到"表格工具-设计"选项卡，单击"表格样式"组中"边框"右侧的下三角按钮，在展开的下拉列表中单击"无框线"选项即可，如下图所示。

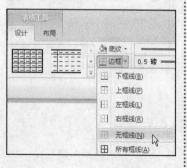

Step 1 打开目标文档。打开附书光盘\ 实例文件\第3章\原始文件\设置表格边框.docx，将光标定位在任意一个单元格内，如下图所示。

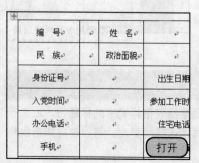

Step 2 单击"边框和底纹"选项。切换到"表格工具-设计"选项卡，单击"表格样式"组中"边框"右侧的下三角按钮，展开列表，单击"边框和底纹"选项，如下图所示。

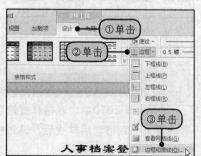

Step 3 选择边框样式。弹出"边框和底纹"对话框，在"边框"选项卡下"样式"列表框中单击要使用的边框样式，如下图所示。

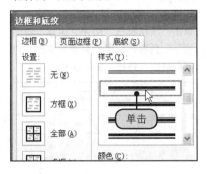

Step 5 设置边框颜色。单击"颜色"框右侧的下三角按钮，在展开的颜色列表中单击"浅蓝色"图标，如下图所示。

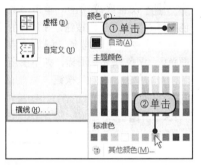

Step 7 设置应用边框的框线。选择边框样式后，在"预览"区域内分别单击田与田按钮，如下图所示，最后单击"确定"按钮。

Step 4 设置边框应用范围。选择了边框样式后，在"设置"区域内单击"方框"图标，如下图所示。

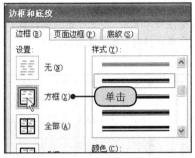

Step 6 选择另一个边框样式。将方框的边框设置完毕后，在"样式"列表框内单击第一个边框图标，如下图所示。

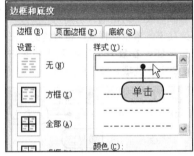

Step 8 显示边框设置效果。经过以上操作后，返回文档中就可以看到设置表格边框后的效果，如下图所示。

编　号↵	↵	姓　名↵	↵
民　族↵		政治面貌↵	
身份证号↵		出生日↵	
入党时间↵	↵	参加工作↵	
办公电话↵	↵	住宅电↵	
手机↵		设置边框效果	

3.4.4 设置表格底纹

底纹可用于对表格中的数值内容进行衬托。填充底纹的方式包括填充纯色底纹和图案底纹两种，本节以填充图案底纹为例，介绍一下填充底纹的操作方法。

提示 ⑮ **手动擦除边框**

设置表格边框时，如果用户只需要表格中某一个单元格不显示边框，可采取手动擦除的方式完成操作。

1 打开目标文档后，在"表格工具-设计"选项卡下单击"绘图边框"组中的"擦除"按钮，如下图所示。

2 将鼠标指针指向要擦除的边框处，拖动鼠标，如下图所示。

糕点名称↵	顺河店↵	长顺店↵
蜂蜜香饼↵	5614↵	2258↵
提拉米酥↵	2258↵	5621↵

3 经过要擦除的边框后，释放鼠标，就完成了擦除边框的操作，如下图所示。取消擦除状态时，再次单击"绘图边框"组中的"擦除"按钮即可。

糕点名称↵	顺河店↵	长顺店↵
蜂蜜香饼↵	5614 2258↵	
提拉米酥↵	2258 5621↵	

原始文件 实例文件\第3章\原始文件\设置表格底纹.docx
最终文件 实例文件\第3章\最终文件\设置表格底纹.docx

办公应用

为工资表设置表格样式

工资表用于统计员工的工资发送情况。在编辑工资表时，为了美化工资表，可对工资表的格式进行适当设置。

原始文件 工资表.docx
最终文件 工资表.docx

1 打开原始文件\工资表.docx，如下图所示。

2 打开"表格样式"库，选择"新建表格样式"选项，如下图所示。

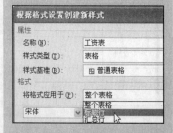

3 弹出"根据格式设置创建新样式"对话框，在"名称"文本框内输入样式名称，在"将格式应用于"下拉列表中选择"标题行"选项，如下图所示。

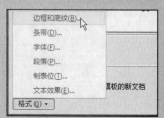

4 单击"格式"按钮，在展开的下拉列表中单击"边框和底纹"选项，如下图所示。

Step 1 打开目标文档。打开附书光盘\ 实例文件\第3章\原始文件\设置表格底纹.docx，将光标定位在任意一个单元格内，如下图所示。

Step 3 选择图案样式。弹出"边框和底纹"对话框，切换到"底纹"选项卡，单击"样式"框右侧的下三角按钮，在展开的下拉列表中单击"90%"选项，如下图所示。

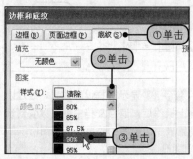

Step 5 显示设置表格底纹效果。经过以上操作后，就完成了设置表格底纹的操作。返回文档中即可看到设置后的效果，如右图所示。

Step 2 单击"边框和底纹"选项。切换到"表格工具-设计"选项卡，单击"表格样式"组中"边框"右侧的下三角按钮，展开列表后单击"边框和底纹"选项，如下图所示。

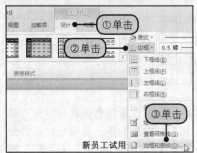

Step 4 设置底纹颜色。单击"颜色"框右侧的下三角按钮，在展开的颜色列表中单击"橙色，强调文字颜色6，深色25%"图标，如下图所示，最后单击"确定"按钮。

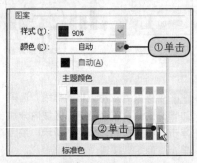

3.5 对表格数据进行分析

Word 2010文档中的表格，虽不能实现复杂的统计，但简单的计算与排序还是可以进行的。

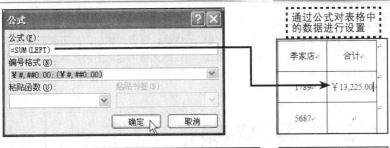

通过公式对表格中的数据进行设置

（续上页）

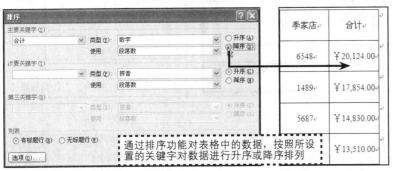

通过排序功能对表格中的数据，按照所设置的关键字对数据进行升序或降序排列

5 弹出"边框和底纹"对话框，在"样式"列表框内单击要使用的边框样式，如下图所示。

6 切换到"底纹"选项卡，单击"填充"框右侧的下三角按钮，在展开的颜色列表中单击要使用的颜色图标，如下图所示，最后单击"确定"按钮。

3.5.1　计算表格中的数据

在Word 2010中，可对表格中的数据进行求和、求平均值、计数、条件等18种函数运算。本节以求和为例，介绍一下计算表格数据的操作。

原始文件　实例文件\第3章\原始文件\计算表格中的数据.docx
最终文件　实例文件\第3章\最终文件\计算表格中的数据.docx

Step 1 定位光标位置。打开附书光盘\实例文件\第3章\原始文件\计算表格中的数据.docx，将光标定位在要放置计算结果的单元格内，如下图所示。

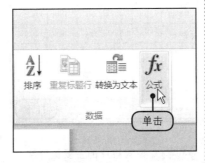

Step 2 单击"公式"按钮。在"表格工具-布局"选项卡下单击"数据"组中的"公式"按钮，如下图所示。

7 返回"根据格式设置创建新样式"对话框，在"将格式应用于"下拉列表中选择"奇条带行"选项，如下图所示。然后打开"边框和底纹"对话框，然后参照Step6的操作，对底纹进行设置。

8 返回文档中，单击"表格样式"列表框中新创建的表格样式，即可将样式应用到表格中，如下图所示。

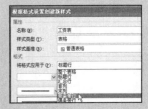

Step 3 选择打印选项。弹出"公式"窗口，在"公式"下拉列表中输入"="，"粘贴函数"下拉列表中选择SUM函数，如右图所示。

提示 16 **在表格中进行公式运算时引用数据的方向**

在表格中进行运算时，需要对所引用的数据方向进行设置；否则，计算的结果将会出错。数据的引用方向有4个，都使用英文进行显示，分别是LEFT（左）、RIGHT(右)、ABOVE（上）、BELOW（下）。设置时，直接输入大写的英文单词即可。

Step 4 设置编号格式。选择了函数类型后，在"公式"文本框的（）中输入LEFT，然后单击"编号"格式框右侧的下三角按钮，在展开的下拉列表中单击要使用的编号格式，如下图所示，最后单击"确定"按钮。

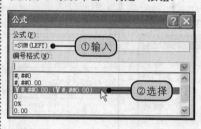

Step 5 显示计算结果。经过以上操作后，返回表格中，即可看到光标所在单元格内显示出的运算结果，如下图所示。

3.5.2 排序表格中的数据

当需要依序查看表格中的某一统计项时，用户可以将该项设置为主要关键字，并对该项进行升降排序。本节以设置降序为例，介绍一下排序的操作。

原始文件 实例文件\第3章\原始文件\排序表格中的数据.docx
最终文件 实例文件\第3章\最终文件\排序表格中的数据.docx

Step 1 打开目标文档。打开附书光盘\ 实例文件\第3章\原始文件\排序表格中的数据.docx，将光标定位在任意一个单元格内，如下图所示。

Step 2 单击"排序"按钮。打开目标文档后，在"表格工具-布局"选项卡下单击"数据"组中的"排序"按钮，如下图所示。

Step 3 设置排序的主要关键字。弹出"排序"对话框，单击"主要关键字"框右侧的下三角按钮，在展开的下拉列表中单击"合计"选项，如右图所示。

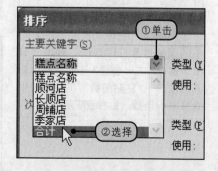

Step 4 设置排序方式。选择了排序的主要关键字后，选中排序方式，如"降序"单选按钮，如下图所示，最后单击"确定"按钮。

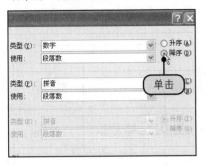

Step 5 显示排序效果。经过以上操作后，表格中各糕点的销售数据就会按照销售额由高到低的顺序进行排列，如下图所示。

甜心饼屋日销售表（元）

糕点名称	顺河店	长顺店	周铺店	季家店	合计
草莓大福	2856	1254	5942	3458	￥211,600.00
杏仁瓦片	3251	3568	9546	1489	￥105,800.00
贝果麵包	4567	1478	7531	6548	￥52,900.00
ICE 泡芙	3586	3698	1238	4562	￥26,450.00
蜂蜜雪酥	5614			789	￥13,225.00
提拉米酥	2258			687	￥13,225.00

排序效果

⑰ **更改排序类型**

对表格进行排序时，排序的类型包括"笔画""数字""拼音""日期"4个选项。在选择了排序的关键字后，需要对排序类型进行更改时，在打开的"排序"对话框中单击"类型"框右侧的下三角按钮，在展开的下拉列表中单击要选择的类型即可，如下图所示。

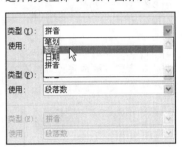

3.6 表格的高级应用

在Word 2010中，有一些不常用但是很实用的功能，例如制作斜线表头及将表格转换为文本内容等。本节就以这两个功能的应用为例，介绍一下具体的设置方法。

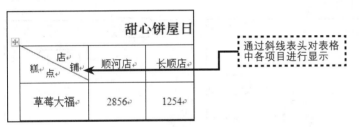

通过斜线表头对表格中各项目进行显示

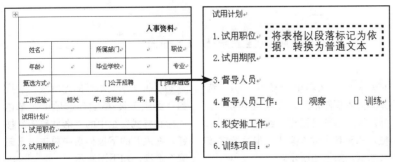

将表格以段落标记为依据，转换为普通文本

⑱ **将自选图形格式设置为默认效果**

为表格制作斜线表头时，会使用到很多自选图形，如果用户需要频繁使用一种格式，可将第一个格式设置好后，右击该形状，在弹出的快捷菜单中选择"设置为默认形状"命令；再插入新的形状时，就会应用与第一个形状同样的格式。

3.6.1 绘制斜线表头

斜线表头可以将表格中行与列的多个元素在一个单元格中表现出来。在Word 2010中制作斜线表头时，可以通过自选图形、文本框组合完成。

原始文件 实例文件\第3章\原始文件\绘制斜线表头.docx
最终文件 实例文件\第3章\最终文件\绘制斜线表头.docx

办公应用

快速计算工资表的应发工资

工资表用于对公司中每位员工每月的应发工资进行统计。在Word 2010中计算工资时，可以使用公式进行运算，如果要为整个表格应用同一种计算，可借助快捷键来完成。

原始文件 工资表1.docx
最终文件 工资表1.docx

1 打开原始文件\工资表1.docx，将光标定位在要放置计算结果的单元格内，如下图所示。

绩效	应发工资
100	
300	
250	
200	

2 打开"公式"对话框，输入公式并设置好编号样式，然后单击"确定"按钮，如下图所示。

3 返回文档中即可看到计算的结果，将光标定位在下一个要进行计算的单元格内，如下图所示。

绩效	应发工资
100	¥1,200.00
300	
250	
200	
180	

4 定位好光标的位置后，按F4键，Word就会重复执行计算操作。按照同样的方法，将其他单元格也进行计算，如下图所示。

工资表

绩效	应发工资
100	¥1,200.00
300	¥1,530.00
250	¥1,550.00
200	¥1,250.00

Step 1 选择要绘制的自选图形。打开附书光盘\实例文件\第3章\原始文件\绘制斜线表头.docx，切换到"插入"选项卡，单击"插图"组中"形状"按钮，在展开的列表中单击"直线"图标，如下图所示。

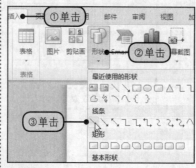

Step 3 设置表头的颜色。将斜线绘制完毕后，切换到"绘图工具-格式"选项卡，单击"形状样式"组中的"形状轮廓"按钮，在展开的下拉列表中单击"黑色，文字1"颜色图标，如下图所示。

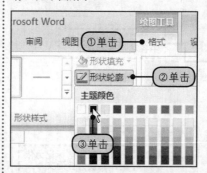

Step 5 在文本框中输入文字。选择了文本框图形后，在表头中第一条分割线上方拖动鼠标，绘制一个文本框，并在其中输入文本，最后选中该文本框，如下图所示。

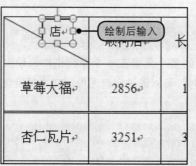

Step 2 绘制表头的分割线。选择了形状图形后，指针变成"十"字形状，在要绘制斜线表头的位置拖动鼠标，绘制出表头中的第一条斜线，如下图所示。

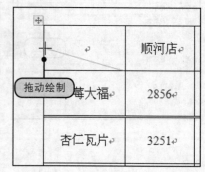

Step 4 选择文本框类型。切换到"插入"选项卡，单击"插图"组中的"形状"按钮，在弹出的下拉列表中单击"基本形状"组中"文本框"图标，如下图所示。

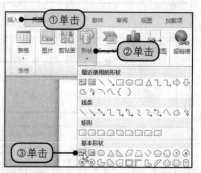

Step 6 取消文本框的轮廓线。切换到"绘图工具-格式"选项卡，单击"形状样式"组中的"形状轮廓"按钮，在展开的下拉列表中单击"无轮廓"选项，如下图所示。

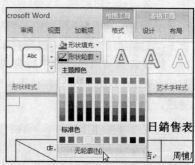

Step 7 取消文本框的填充色。单击"形状样式"组中"形状填充"按钮,在弹出的下拉列表中单击"无填充颜色"选项,如下图所示。

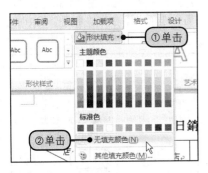

Step 9 复制其他文本框。复制了文本框后,将文本内容进行更改,然后参照步骤8的操作,将斜线表头中需要的其他文本框复制出来,并更改文本内容,如下图所示。

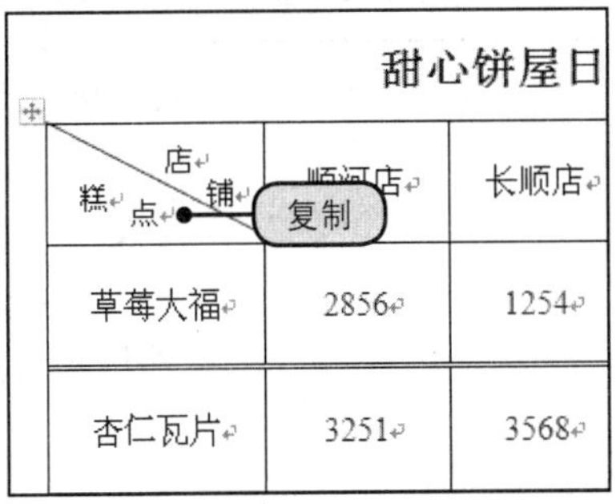

Step 8 复制文本框。按住Ctrl键不放,将鼠标指针指向已设置好格式的文本框,当指针变成形状时,拖动鼠标,复制一个文本框,将其拖至合适位置后释放鼠标,如下图所示。

Step 10 组合斜线表头。按住Ctrl键不放,依次选中表头内所有对象,然后右击任意一个选中的对象,在弹出的快捷菜单中单击"组合>组合"命令,如下图所示。

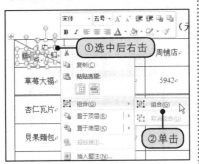

Step 11 显示制作的斜线表头。经过以上操作后,就完成了斜线表头的制作,最终效果如右图所示。

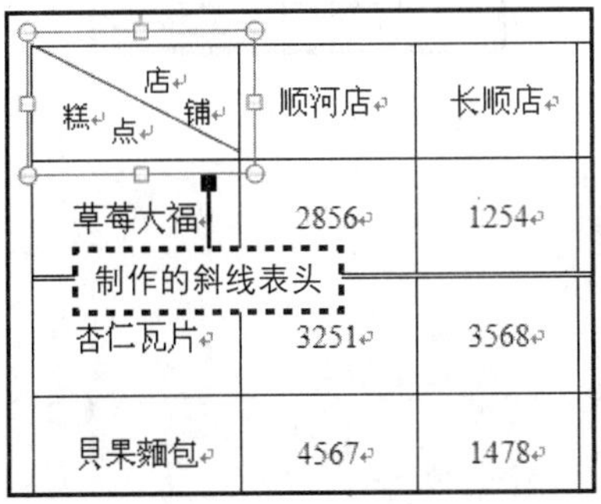

提示 ⑲ 取消形状的组合

制作斜线表头的最后一步是将所有自选图形组合在一起,如果组合图形后,发现要对其中某个形状进行更改时,可取消形状的组合,然后再进行编辑。取消形状组合的操作步骤如下。

1 右击组合在一起的自选图形,在弹出的快捷菜单中选择"组合>取消组合"命令,如下图所示。

2 经过以上操作后,即可取消对自选图形的组合,如下图所示。单击表格中任意位置,取消自选图形的选中状态,然后对单个形状进行更改。

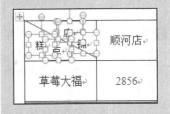

3.6.2 表格与文本相互转换

在Word 2010中,表格与文本是可以互相转换的。转换时,要通过选择文字分隔符来设置转换的标记。本节以表格转换为文本为例,介绍一下具体操作。

原始文件　实例文件\第3章\原始文件\表格转换为文本.docx
最终文件　实例文件\第3章\最终文件\表格转换为文本.docx

⑳ 文本转换为表格

制作表格时，如果要将文本转换为表格，也是可以实现的。

1 在文档中，选中要转换为表格的文本后，切换到"插入"选项卡，单击"表格"组中的"表格"按钮，在展开的下拉列表中单击"文本转换成表格"选项，如下图所示。

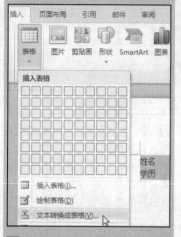

2 弹出"将文字转换成表格"对话框，直接单击"确定"按钮，如下图所示，即可完成文本转换为表格的操作。

Step 1 打开目标文档。打开附书光盘\ 实例文件\第3章\原始文件\表格转换为文本.docx，将光标定位在表格中任意一个单元格内，如下图所示。

姓名		所属部门
年龄		毕业学校
甄选方式		[ ]公开招聘
工作经验	相关　年，打开	

Step 2 单击"转换为文本"按钮。打开目标文档后，在"表格工具-布局"选项卡下单击"数据"组中的"转换为文本"按钮，如下图所示。

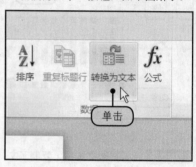

Step 3 选择文字分隔符。弹出"表格转换成文本"对话框，选中"段落标记"单选按钮，然后单击"确定"按钮，如下图所示。

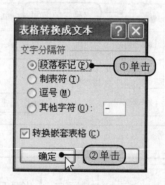

Step 4 显示文本转换为表格效果。经过以上操作后，就可以将文档中的表格转换为文本内容，如下图所示。

Chapter

规范设置文档——长文档的处理与页面设置

学习要点

- 编制目录
- 脚注和尾注的应用
- 文书修订与批注处理
- 对文档页面进行设置
- 为文档插入页眉和页脚
- 文档的预览与打印

本章结构

编制目录		
使用内置目录	自定义目录	更新目录列表

脚注和尾注的应用	
插入脚注和尾注	管理脚注和尾注

添加书签	
添加书签的过程	利用书签定位

文书修订与批注处理		
插入文字批注	修订文档	检阅与处理修订

对文档页面进行设置			
更改文字方向	设置页边距	设置纸张大小	设置文档分栏	插入分页符和分节符

为文档插入行号	
插入内置行号	编辑行号

为文档插入页眉和页脚	
插入页眉和页脚	编辑页眉和页脚	在页脚中插入页码

设置页面背景		
为文档添加水印	设置页面边框	设置文档页面颜色

文档的预览与打印	
打印预览	打印输出

① 插入目录

② 修订效果

③ 为文档插入页眉

④ 设置页面边框与颜色

规范设置文档——长文档的处理与页面设置

长文档的特点是篇幅长、内容多。为了让读者在阅读长文档时不会感到累，可以对文档的目录、页面效果、页眉和页脚等内容进行适当设置。经过以上内容的设置后，可以对长文档的内容进行引导，从而使文档条理清晰、页面更美观。规范的页面设置，可以使文档更加专业，也可以使读者增加阅读的兴趣。

标书是指投标单位按照招标书的条件和要求，向招标单位提交的报价并填具标单的文书。通常情况下，投标书中包括招标邀请函、投标人须知、合同等多方面内容，为方便投标书的查看，可为投标书编制目录。

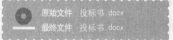

原始文件 投标书.docx
最终文件 投标书.docx

1 打开原始文件\投标书.docx，将光标定位在要插入目录的位置处，如下图所示。

中国鹏鹏

2 定位好光标的位置后，打开"目录"对话框，单击"常规"区域内"格式"右侧的下三角按钮，在展开的下拉列表中单击"正式"选项，如下图所示。

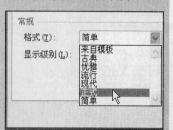

4.1 编制目录

目录是文档内容的大纲，概括了整篇文档的主要内容，是文档的精髓，也是文档内容的索引。目录中主要包括页码、不同级别的标题等内容。在Word 2010中为文档编制目录时，可直接插入Word 中预设的目录，也可以手动对目录的格式进行设置。

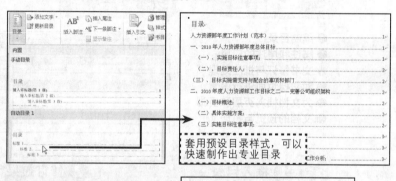

套用预设目录样式，可以快速制作出专业目录

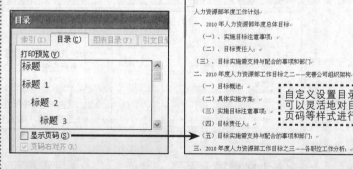

自定义设置目录样式，可以灵活地对目录中的页码等样式进行设置

4.1.1 使用内置目录

在Word 2010中，预设了两种自动目录的样式。创建目录时，可以使用预设的目录样式自动生成目录。通常情况下，默认的目录样式标题级别只延伸到3级。

原始文件 实例文件\第4章\原始文件\使用内置目录.docx
最终文件 实例文件\第4章\最终文件\使用内置目录.docx

（续上页）

Step 1 打开目标文档。打开附书光盘\ 实例文件\第4章\原始文件\使用内置目录.docx，将光标定位在要插入目录的位置，如下图所示。

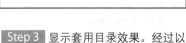

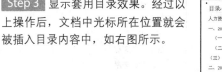

Step 2 选择要套用的目录样式。切换到"引用"选项卡，单击"目录"组中的"目录"按钮，在展开的下拉列表中单击"自动目录1"图标，如下图所示。

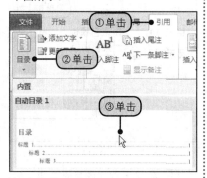

Step 3 显示套用目录效果。经过以上操作后，文档中光标所在位置就会被插入目录内容中，如右图所示。

插入的目录

办公应用
编制投标书目录

3 单击"制表符前导符"框右侧的下三角按钮，在展开的下拉列表中选择要使用的前导符类型，如下图所示，最后单击"确定"按钮。

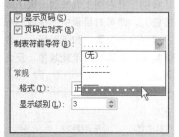

4 经过上述操作后，就可以完成为投标书编制目录的操作，如下图所示。

4.1.2　自定义目录

自定义目录样式时，可通过选择目录的格式来设置，并可以根据需要选择是否在目录中显示页码。

原始文件　实例文件\第4章\原始文件\自定义目录.docx
最终文件　实例文件\第4章\最终文件\自定义目录.docx

Step 1 打开目标文档。打开附书光盘\ 实例文件\第4章\原始文件\自定义目录.docx，将光标定位在要插入目录的位置上，如下图所示。

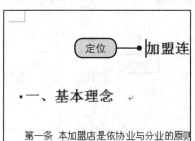

Step 2 单击"插入目录"选项。切换到"引用"选项卡，单击"目录"组中的"目录"按钮，在展开的下拉列表中单击"插入目录"选项，如下图所示。

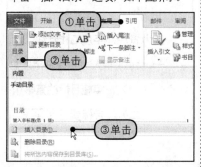

① 删除目录

为文档插入目录后，需要删除时，可在打开目标文档后，单击"引用"选项卡下"目录"组中"目录"按钮，在展开的下拉列表中单击"删除目录"选项。

② 提示 更改目录中显示的标题级别

在Word 2010中，提取的目录级别是可以根据需要进行设置的。通常情况下，提取的目录级别为3。下面来介绍一下更改目录级别的操作。

在目标文档中打开"目录"对话框后，单击"常规"区域内"显示级别"框右侧上调按钮（或下调按钮），即可对目录中所提取的标题级别进行设置，如下图所示，数值越大，提取的目录就越多，反之则越少。

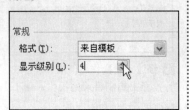

Step 3 选择目录格式。弹出"目录"对话框，单击"格式"框右侧的下三角按钮，在展开的下拉列表中单击"优雅"选项，如下图所示。

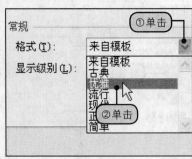

Step 5 显示创建的目录效果。经过以上操作后，就可手动设置目录格式。返回文档中即可看到创建的目录效果，如右图所示。

Step 4 取消目录中页码的显示。取消勾选"显示页码"复选框，如下图所示，然后单击"确定"按钮。

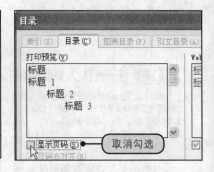

4.1.3 更新目录列表

在创建了目录后，如果用户对正文内容进行了更改，在目录中是不能够立即体现出来的。如果用户需要目录及时反映出更改后的内容，可对目录进行更新。

原始文件 实例文件＼第4章＼原始文件＼更新目录列表.docx
最终文件 实例文件＼第4章＼最终文件＼更新目录列表.docx

Step 1 打开目标文档。打开附书光盘＼实例文件＼第4章＼原始文件＼更新目录列表.docx，如下图所示。

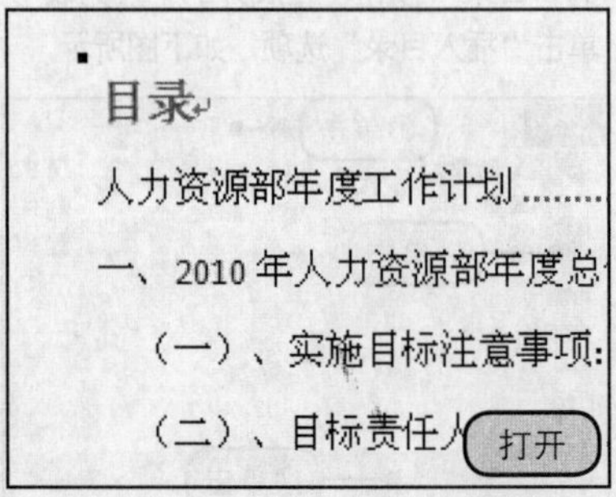

Step 2 单击"更新目录"按钮。切换到"引用"选项卡，单击"目录"组中的"更新目录"按钮，如下图所示。

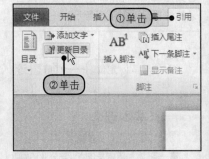

Step 3 选择更新选项。弹出"更新目录"对话框，选中"更新整个目录"单选按钮，然后单击"确定"按钮，如下图所示。

Step 4 显示更新目录效果。经过以上操作后，就完成了更新目录的操作，文档中的目录就会产生相应的变化，如下图所示。

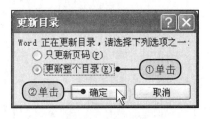

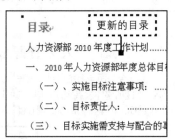

> 更新的目录
>
> 目录
> 人力资源部 2010 年度工作计划......
> 一、2010 年人力资源部年度总体目
> （一）、实施目标注意事项：......
> （二）、目标责任人：......
> （三）、目标实施需支持与配合的事

4.2　脚注和尾注的应用

脚注和尾注是对文本的补充说明。通常情况下，脚注一般位于页面的底部，可以作为文档某处内容的注释；尾注一般位于文档的末尾，列出引文的出处等。Word 2010中设置了默认的脚注与尾注的格式，但是用户可以根据需要对格式进行重新设置。

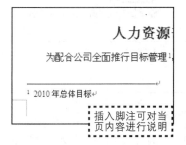

> 插入脚注可对当页内容进行说明

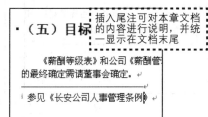

> 插入尾注可对本章文档的内容进行说明，并统一显示在文档末尾
>
> 《薪酬等级表》和公司《薪酬管的最终确定需请董事会确定。
> 参见《长安公司人事管理条例》

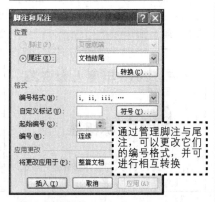

> 通过管理脚注与尾注，可以更改它们的编号格式，并可进行相互转换

4.2.1　插入脚注和尾注

在Word 2010中插入脚注与尾注时，可在"引用"选项卡下完成设置。在默认的情况下，Word为脚注和尾注分别安排了不同的序号进行显示。

原始文件　实例文件\第4章\原始文件\插入脚注和尾注.docx
最终文件　实例文件\第4章\最终文件\插入脚注和尾注.docx

在编辑目录的过程中，如果用户已将目录创建完毕，要为目录中添加一些内容时，可通过"添加文字"功能来完成。具体操作步骤如下。

1 将光标定位在要添加为目录的文本中，如下图所示。

> 2010 年人力资源部工作总结
> 一、2010 年人力资源

2 在"引用"选项卡下单击"目录"组中的"添加文字"按钮，在展开的下拉列表中单击"1级"选项，如下图所示。

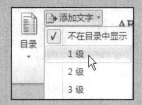

> 添加文字
> ✓ 不在目录中显示
> 1 级
> 2 级
> 3 级

3 经过以上操作后，光标所在文本就被设置为1级目录，如下图所示。将目录更改后，在目录中即可看到新添加的目录。

> 2010 年人力资源部工作总结
> 一、2010 年人力资源部年度总体目标
> 根据本年度工作情况与存在不足，结合目前公司发展状况

④ 显示脚注和尾注所在位置

为文档插入了脚注或尾注后，由于脚注和尾注的符号较小，所以不容易查找。需要查找时，可通过"显示备注"按钮来实现。

1 切换到"引用"选项卡，单击"脚注"组中的"显示备注"按钮，如下图所示。

2 弹出"显示备注"对话框，选中"查看脚注区"单选按钮，然后单击"确定"按钮，如下图所示。

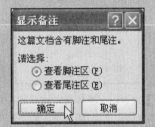

3 经过以上操作后，文档中页面所显示的内容就转换为脚注内容，如下图所示。

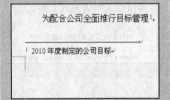

Step 1 定位好光标的位置。打开附书光盘\实例文件\第4章\原始文件\插入脚注和尾注.docx，将光标定位在要插入脚注的位置处，如下图所示。

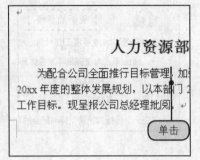

Step 3 显示插入脚注的符号。经过以上操作后，文档中光标所在位置及当页的页尾就会显示出页脚的数字序号，如下图所示。

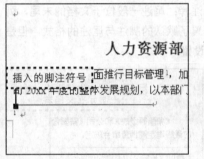

Step 5 定位插入尾注的位置。在要插入尾注的位置单击鼠标，定位光标位置，如下图所示。

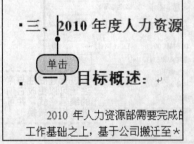

Step 7 编辑尾注的文本内容。插入尾注后，光标自动切换到文档末尾中新插入的页尾符号处，直接输入需要的文本内容，如右图所示，就完成了尾注的输入。

Step 2 单击"插入脚注"按钮。切换到"引用"选项卡，单击"脚注"组中的"插入脚注"按钮，如下图所示。

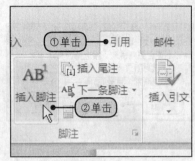

Step 4 编辑脚注内容。插入脚注后，光标定位在页尾处的脚注符号右侧，直接输入脚注内容，如下图所示。

Step 6 单击"插入尾注"按钮。单击"脚注"组中的"插入尾注"按钮，如下图所示。

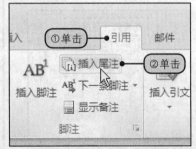

4.2.2 管理脚注和尾注

插入文档中的脚注与尾注，后续还能对它们的位置、编号格式等内容进行修改。本节以脚注为例，介绍一下它们的管理操作。

原始文件 实例文件\第4章\原始文件\管理脚注和尾注.docx
最终文件 实例文件\第4章\最终文件\管理脚注和尾注.docx

Step 1 查找下一条脚注。打开附书光盘\实例文件\第4章\原始文件\管理脚注和尾注.docx，切换到"引用"选项卡，单击"脚注"组中"下一条脚注"右侧的下三角按钮，在展开的列表中单击"下一条脚注"选项，如下图所示。

Step 2 显示查找的脚注。单击下一条脚注后，文档中就会显示出第一条脚注的所在位置，如果当前脚注不是用户要查看的脚注，可再次单击"下一条脚注"按钮，直到查找到需要的脚注为止，如下图所示。

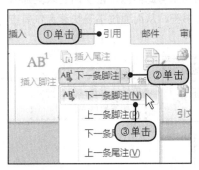

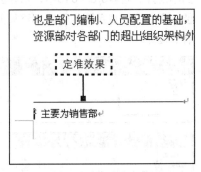

Step 3 单击"脚注"功能组的对话框启动器按钮。在"脚注"组中单击右下角的对话框启动器按钮，如下图所示。

Step 4 设置脚注的位置。弹出"脚注和尾注"对话框，单击"脚注"框右侧的下三角按钮，在展开的下拉列表中单击"文字下方"选项，如下图所示。

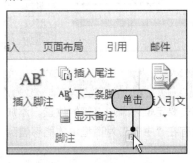

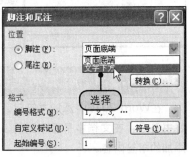

Step 5 选择编号格式。单击"编号格式"框右侧的下三角按钮，在展开的下拉列表中单击要使用的编号格式，如右图所示，最后单击"应用"按钮。

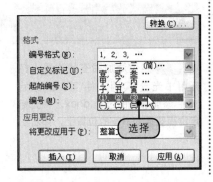

在使用脚注与尾注内容时，可根据需要将它们互相转换，具体操作如下。

1 切换到"引用"选项卡，单击"脚注"组中的对话框启动器按钮，如下图所示。

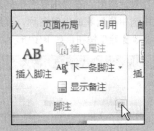

2 弹出"脚注和尾注"对话框，单击"转换"按钮，如下图所示。

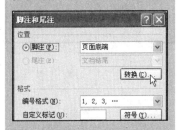

3 弹出"转换注释"对话框，选中"尾注全部转换成脚注"单选按钮，然后单击"确定"按钮，如下图所示，即可完成尾注转换为脚注的操作。

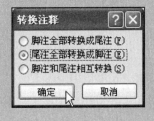

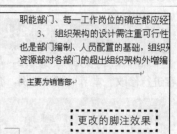

职能部门、每一工作岗位的确定都应经
3、 组织架构的设计需注重可行性
也是部门编制、人员配置的基础，组织
资源部对各部门的超出组织架构外增编

※ 主要为销售部↵

更改的脚注效果

Step 6 显示管理脚注效果。经过以上操作后，就可以将脚注更改为需要的效果，如右图所示。用户可按照类似操作，对尾注也进行适当的设置。

⑥ 删除书签

在文档中添加了书签后，需要删除书签内容时，可在打开"书签"对话框后，在"书签名"列表框中选中要删除的书签名称，然后单击"删除"按钮，如下图所示。

4.3 添加书签

在现实生活中，书签是指在读书时用于记录阅读进度而夹在书里的小薄片。在Word 2010中，书签的作用与此类似，但使用起来更加方便，用户可以将重要的位置都添加上书签，从而通过书签快速定位要查看的位置。

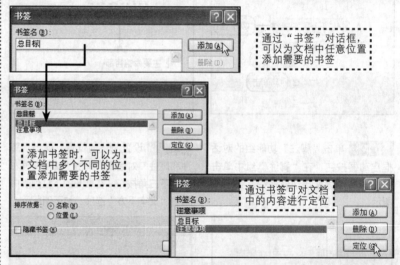

通过"书签"对话框，可以为文档中任意位置添加需要的书签

添加书签时，可以为文档中多个不同的位置添加需要的书签

通过书签可对文档中的内容进行定位

4.3.1 添加书签的过程

在Word 2010中添加书签时，首先要定位好添加书签的位置。添加好书签后，在文档中是看不到的，只有在"书签"对话框中才能够看到添加的书签内容。

原始文件 实例文件\第4章\原始文件\添加书签的过程.docx
最终文件 实例文件\第4章\最终文件\添加书签的过程.docx

Step 1 定位添加书签的位置。打开附书光盘\实例文件\第4章\原始文件\添加书签的过程.docx，将光标定位在要插入书签的位置上，如右图所示。

根据《中华人民共和国合同法》有协议，在履行协议的过程中，甲、乙双担相应责任。↵

一、合同期限：│ ● 单击

1、本合同签署有效期自＿＿＿年＿

Step 2 单击"书签"按钮。定位好光标的位置后，在"插入"选项卡下单击"链接"组中的"书签"按钮，如下图所示。

Step 3 添加书签。弹出"书签"对话框，在"书签名"文本框内输入书签的名称，然后单击"添加"按钮，如下图所示，就完成了添加书签的操作。添加完毕后，"书签"对话框将自动消失。

在Word 2010中，书签的排序依据有两种，分别是"位置"和"名称"。在默认的情况下，所使用的排序依据为"名称"。下面来介绍通过"位置"对标签进行排序的操作。

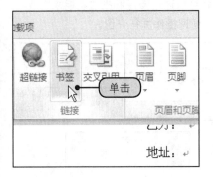

1 打开"标签"对话框后，在"排序依据"区域内选中"位置"单选按钮，如下图所示。

4.3.2 利用书签定位

为文档添加了书签后，要对文档中的内容进行定位时，就会非常容易。Word 将会根据书签的插入位置，准确地定位出用户要找的位置。下面就来介绍一下利用书签定位的具体操作。

原始文件 实例文件\第4章\原始文件\利用书签定位.docx

2 经过以上操作，就完成了对标签进行排序的操作。在标签列表框内可以看到，标签的排列情况会发生相应的变化，如下图所示。

Step 1 单击"书签"按钮。打开实例文件\第4章\原始文件\利用书签定位.docx，在"插入"选项卡下单击"链接"组中的"书签"按钮，如下图所示。

Step 2 定位书签位置。弹出"书签"对话框，在"书签名"列表框中选中要定位的书签"产品价格"，然后单击"定位"按钮，如下图所示。

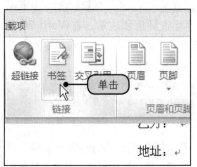

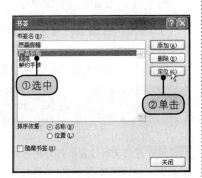

Step 3 显示定位效果。经过以上操作后，文档中光标就会定位在"产品价格"书签所插入的位置上，如右图所示。

1、乙方在养殖商务网农业商城经销

2、甲方未得乙方授权不得在网下与

三、产品价格： 定位效果

1、网上产品销售价格由甲乙双方根

则上应低于市场销售价，该产品市

4.4 文书修订与批注处理

修订和批注功能主要用于文档的审阅过程中。审阅文档时，如果用户要对文档进行修改或提出意见，就可以通过修订和批注功能来完成。本节将对批注的添加及修订的使用、处理操作进行介绍。

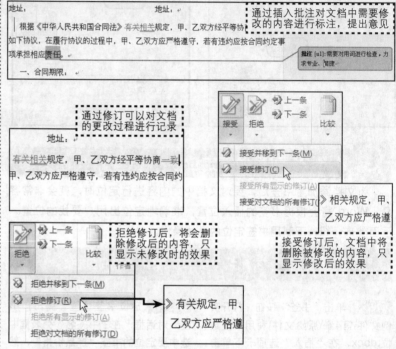

通过插入批注对文档中需要修改的内容进行标注，提出意见

通过修订可以对文档的更改过程进行记录

拒绝修订后，将会删除修改后的内容，只显示未修改时的效果

接受修订后，文档中将删除被修改的内容，只显示修改后的效果

发言稿是参加会议者为了在会议上表达自己的意见、看法或汇报思想、工作情况而事先准备好的文稿。为了确保发言稿的质量，在发言前，可请别人对写好的发言稿进行批阅。

◎ 原始文件 发言稿.docx
▬ 最终文件 发言稿.docx

1 打开原始文件\发言稿.docx，在"审阅"选项卡，单击"修订"组中的"修订"按钮，如下图所示。

2 进入"修订"状态后，在对文档中的内容进行更改时，文档中就会将修订的过程记录下来，如下图所示。

尊敬的各位领导、同志
今天，我们受到集团
大信任和鞭策。我们一
公司党委对我们的殷切

3 选中文档中要插入批注的文本，如下图所示。

一年。为扎实干好 2010 年
受到表彰的先进个人表示决
一、思想上、行动上始
学习"三个代表"重要思想，
展，坚持与时俱进，开拓创

🔍 4.4.1 插入文字批注

批注用于在阅读时对文中的内容标注评语和注解。在Word 2010中也设置了"批注"功能，当用户要对文档进行标注时，可直接插入批注，然后编辑批注内容。批注不会影响文档内容本身。

◎ 原始文件 实例文件\第4章\原始文件\插入文字批注.docx
▬ 最终文件 实例文件\第4章\最终文件\插入文字批注.docx

Step 1 定位光标位置。打开附书光盘\实例文件\第4章\原始文件\插入文字批注.docx，选中要插入批注的文本，如下图所示。

质量检验的职能是鉴别、把关和
对象和具体工作内容，开展进货检验
1. 进货检验 ← **选中**
1.1 对进厂原材料、对外购件和外协
后通知质检科进行首批样品和成批进
1.2 首批样品检验是对供应单位的质

Step 2 单击"新建批注"按钮。切换到"审阅"选项卡，单击"批注"组中的"新建批注"按钮，如下图所示。

Step 3 显示插入的批注框。经过以上操作后，就可以为选中的文本插入一个批注框，如下图所示。

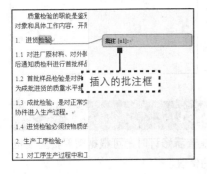

插入的批注框

Step 4 输入批注内容。插入批注框后，光标会自动定位在批注框内，在其中输入批注内容，如下图所示，就完成了批注的插入。

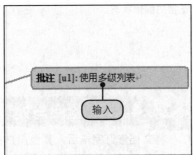

批注 [u1]：使用多级列表

输入

（续上页）

办公应用

批阅会议发言稿

4 在"审阅"选项卡下"批注"组中单击"新建批注"按钮，如下图所示。

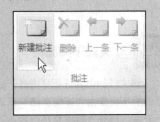

5 为文档插入了批注后，在批注框内输入批注内容，如下图所示。按照同样的操作，对发言稿的其他内容进行批阅。

批注 [林1]：加总结语言

4.4.2　修订文档

在Word 2010中修订是指在修改文档的过程中，对文档中所做的删除、插入或更改位置等标记，使其他用户能够了解文档的修改过程。

原始文件 实例文件\第4章\原始文件\修订文档.docx
最终文件 实例文件\第4章\最终文件\修订文档.docx

Step 1 单击"修订"按钮。打开附书光盘\实例文件\第4章\原始文件\修订文档.docx，在"审阅"选项卡下单击"修订"组中的"修订"按钮，如下图所示。

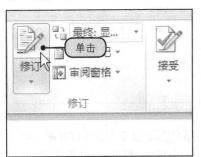

单击

修订

Step 2 对文档内容进行更改。进入"修订"状态后，选中要更改的文本，然后输入更改后的内容，文档中就会将删除的文本使用红色显示出来，而新添加的文本则使用绿色显示，如下图所示。

检验制度

法，测定产品的质量特性，将测定结果是质量管理的生主要环节，对产品质

更改文本

对生产过程同阶段，按产工序检验，成品出厂检验工作。

Step 3 为文档添加内容。需要在文档中添加内容时，可将光标定位在目标位置，然后输入相关内容，添加的内容会使用绿色显示出来，如右图所示。

检验制度

添加文本

法，测定产品的质量特性，将测定结果是质量管理的生主要环节，并且对

对生产过程中所处的不同阶段，按产工序检验，成品出厂检验工作。

提示 8 删除批注

为文档添加了批注，需要删除时，可通过快捷菜单快速完成设置。方法：右击要删除的批注，在弹出的快捷菜单中选择"删除批注"命令即可。

Step 4 取消修订状态。将文档修订完毕后，需要恢复正常编辑状态时，再次单击"修订"组中的"修订"按钮，如右图所示，即可恢复到正常的编辑状态。

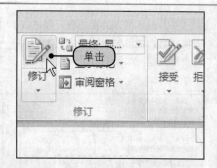

⑨ 关闭审阅窗格

对文档的内容进行检阅时，通常情况下会使用"审阅窗格"来进行查看。打开"审阅窗格"后，需要关闭时，单击窗格右上角的"关闭"按钮即可，如下图所示。

或再次单击"修订"组中"审阅窗格"按钮，如下图所示，同样可以完成关闭操作。

4.4.3 检阅与处理修订

将文档修订完毕后，其他用户在查看修订时，可根据需要接受或拒绝修订的处理，从而最终完成文档的修改。

原始文件 实例文件\第4章\原始文件\检阅与处理修订.docx
最终文件 实例文件\第4章\最终文件\检阅与处理修订.docx

Step 1 打开垂直审阅窗格。打开附书光盘\实例文件\第4章\原始文件\检阅与处理修订.docx，在"审阅"选项卡下单击"修订"组中"审阅窗格"右侧的下三角按钮，在展开的下拉列表中单击"垂直审阅窗格"选项，如下图所示。

Step 2 选择要查看的修订内容。打开审阅窗格后，在窗格中单击要查看的修订内容，如下图所示，文档的页面就会切换到所选中的修订位置处。

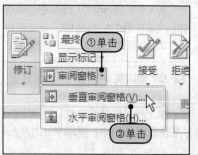

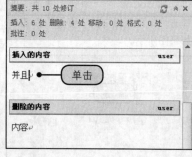

Step 3 拒绝修订。单击"更改"组中的"拒绝"按钮，在展开的下拉列表中单击"拒绝修订"选项，如下图所示。

Step 4 显示拒绝修订效果。经过以上操作，即可将该处修订拒绝。在审阅窗格中可以看到该修订已自动删除，如下图所示。

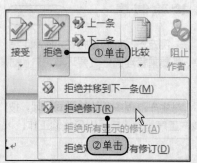

Step 5 接受修订。单击"更改"组中的"接受"按钮，在展开的下拉列表中单击"接受对文档的所有修订"选项，如下图所示。

Step 6 显示接受修订效果。经过以上操作，即可将文档中所有的修订内容接受。在审阅窗格中可以看到所有修订已自动删除，如下图所示，同时文档中也会显示出修改后的效果。

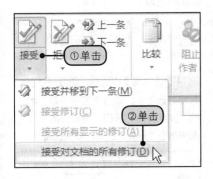

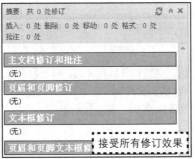

接受所有修订效果

提示 ⑩ 在打印菜单中对文档页面进行设置

设置文档的页面时，通常情况下会在"页面布局"选项卡下进行，在"打印"菜单中也可以进行。

1 执行"文件>打印"命令，打开"打印"菜单，如下图所示。

2 显示出打印相关选项后，在"设置"区域内可以看到"纵向"、A4等选项，这些选项就是设置页面的相关功能，如下图所示。

4.5　对文档页面进行设置

为了使打印出的文件符合用户要求，页面设置是打印文档之前必须要做的准备工作，打印设置包括文字方向、纸张大小、页边距、版面等内容的设置。本节就来介绍一下页面设置的相关操作。

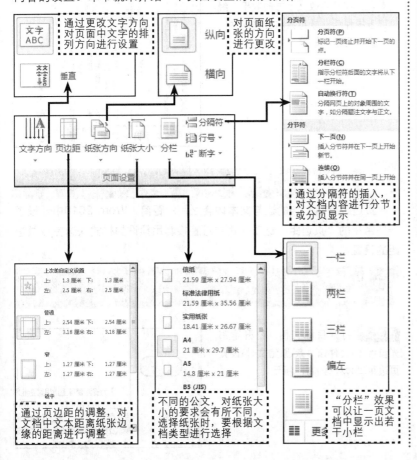

4.5.1 更改文字方向

一般的文字方向为"水平"和"垂直"两种，通常情况下文档会采用"横向"方向。当然，也可以设置为"纵向"。在Word 2010中，更改了文字方向后，纸张方向也会进行相应的更改。

原始文件　实例文件\第4章\原始文件\更改文字方向.docx
最终文件　实例文件\第4章\最终文件\更改文字方向.docx

设置文档中文字的方向时，纸张的方向也会随着文字方向进行更改，如果用户只想单独对纸张方向进行更改，可按以下步骤完成操作。

切换到"页面布局"选项卡，单击"页面设置"组中的"纸张方向"按钮，在展开的下拉列表中单击"横向"选项，如下图所示。经过以上操作后，即可将文档的方向更改为"横向"效果。

Step 1　打开目标文档。打开附书光盘\ 实例文件\第4章\原始文件\更改文字方向.docx，如下图所示。

Step 2　选择文字方向。切换到"页面布局"选项卡，单击"页面设置"组中的"文字方向"按钮，在展开的下拉列表中单击"垂直"选项，如下图所示。

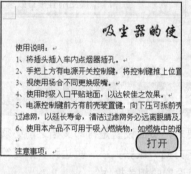

Step 3　显示更改文字方向效果。经过以上操作后，就可以将文档的文字方向更改为垂直效果，如右图所示。

更改文字方向效果

4.5.2 设置页边距

页边距是指文档的边与文本内容之间的距离。Word 2010中预设了一些常用的"页边距"选项，用户可直接套用预设的样式快速完成页边距的设置。

原始文件　实例文件\第4章\原始文件\设置页边距.docx
最终文件　实例文件\第4章\最终文件\设置页边距.docx

Step 1　打开目标文档。打开附书光盘\实例文件\第4章\原始文件\设置页边距.docx，如右图所示。

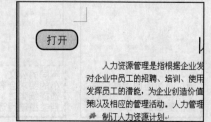

Step 2 选择要使用的边距选项。切换到"页面布局"选项卡，单击"页面设置"组中的"页边距"按钮，在展开的下拉列表中单击"窄"选项，如下图所示。

Step 3 显示设置页边距效果。经过以上操作后，就可以将文档的边距更改为较窄的效果，如下图所示。

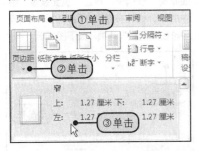

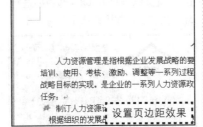

⑫ 自定义设置页边距

　　为文档设置页边距时，除了使用Word中预设的边框选项外，也可手动进行自定义设置。

1 打开目标文档后，切换到"页面布局"选项卡，单击"页面设置"组的对话框启动器按钮，如下图所示。

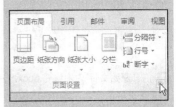

2 弹出"页面设置"对话框，切换到"页边距"选项卡，在"上""下""左""右"数值框内分别输入要设置的边距数值，如下图所示，最后单击"确定"按钮，就完成了自定义设置页边距的操作。

4.5.3　设置纸张大小

　　为了适应不同类型文档的需要，在日常办公中会使用很多种不同大小的纸张。在Word 2010中编辑文档时，也要根据文档的类型选择适当的纸张大小。设置纸张时，可以选择Word中预设的纸张大小，也可以自定义设置纸张大小。本节就以自定义设置为例，介绍一下具体操作。

　　原始文件　实例文件\第4章\原始文件\设置纸张大小.docx
　　最终文件　实例文件\第4章\最终文件\设置纸张大小.docx

Step 1 单击"其他页面大小"选项。打开附书光盘\实例文件\第4章\原始文件\设置纸张大小.docx，切换到"页面布局"选项卡，单击"纸张大小"按钮，在展开的下拉列表中单击"其他页面大小"选项，如下图所示。

Step 2 自定义设置纸张大小。弹出"页面设置"对话框，切换到"纸张"选项卡，在"纸张大小"区域中的"宽度"与"高度"数值框内依次输入要设置的纸张大小，如下图所示，最后单击"确定"按钮，就可以将纸张设置为合适大小。

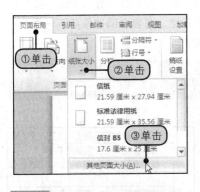

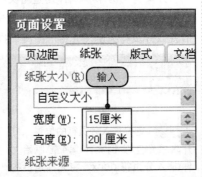

4.5.4　设置文档分栏

　　"分栏"功能可在一个文档中将一个版面分为若干个小块。通常情况下，该功能会应用于报纸的版面中。在Word 2010中预设了两栏、三栏、偏左、偏右4种常用的样式。设置分栏效果时，可直接套用预设的分栏样式。

办公应用

对内部报刊进行自定义分栏

内部报刊通常会记刊登一些公司内部发生的事件。在设置内部报刊的版面时，可根据需要对文档内容进行分栏。如果Word中预设的分栏样式没有用户要使用的样式时，可直接进行自定义设置。

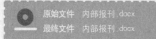

原始文件　内部报刊.docx
最终文件　内部报刊.docx

1 打开原始文件\内部报刊.docx，选中要分栏的文本，如下图所示。

XX公司发展历程简
济南xx医用设备有限公司一体。公司主要致力于消毒与手
1999-2001年，公司致力于
2001年5月21日，公司涉

2 切换到"页面布局"选项卡，单击"页面设置"组中的"分栏"按钮，在展开的下拉列表中单击"更多分栏"选项，如下图所示。

3 弹出"分栏"对话框，单击"两栏"图标，然后取消勾选"栏宽相等"复选框，如下图所示。

原始文件　实例文件\第4章\原始文件\设置文档分栏.docx
最终文件　实例文件\第4章\最终文件\设置文档分栏.docx

Step 1 选中要进行分栏的文本。打开附书光盘\实例文件\第4章\原始文件\设置文档分栏.docx，选中要进行分栏的文本，如下图所示。

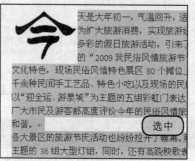

Step 2 将文本分为两栏。切换到"页面布局"选项卡，单击"页面设置"组中的"分栏"按钮，在展开的下拉列表中单击"两栏"选项，如下图所示。

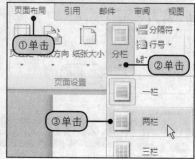

Step 3 显示分栏效果。经过以上操作后，就可以将文档中选中的内容分为两栏，分离后的效果如右图所示。

4.5.5 插入分页符和分节符

分页符与分节符的作用是将文档内容进行分页与分节处理。插入分布符或分节符后，将会从插入的位置开始，内容全部被推至下一页。本节就以分页符为例，介绍一下具体操作。

原始文件　实例文件\第4章\原始文件\插入分页符.docx
最终文件　实例文件\第4章\最终文件\插入分页符.docx

Step 1 定位插入分页符的位置。打开附书光盘\实例文件\第4章\原始文件\插入分页符.docx，将光标定位在插入分页符的位置上，如右图所示。

人事考核的实行期限，以及评定期限，		
考核种类	实施频率	实
能力考核	每年 次	每年 月
业绩考核	每年 次	每

定位

（二）考核对象的范围

人事考核的对象。限于评定期末在册

1. 连续工作年限不满一年者（截止到
2. 因长期缺勤包括公伤、停职等原因

Step 2 插入分页符。切换到"页面布局"选项卡,在"页面设置"组中单击"分隔符"按钮,在展开的下拉列表中单击"分页符"选项,如下图所示。

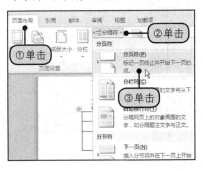

Step 3 显示插入分页符效果。插入分页符后,光标所在位置后面的内容就会全部被推至下一页中,如下图所示。

人事考核的实行期限,以及评	
考核种类	实施频率
能力考核	每年 次
业绩考核	每年 次

插入分页符效果

(续上页)

办公应用

对内部报刊进行自定义分栏

4 在"栏1"数值框内输入要设置为宽度"27字符","栏2"将自动设置宽度,如下图所示。

5 勾选"分隔线"复选框,然后单击"确定"按钮,如下图所示。

6 经过以上操作后,就完成了对文档进行自定义分栏的操作。返回文档中即可看到设置后的效果,如下图所示。

4.6　为文档插入行号

行号用于显示整个文档中每页内的行数状态。插入行号时,可使用Word 2010中预设的行号样式。但是为确保插入效果,也可在插入后对行号效果进行重新编辑。

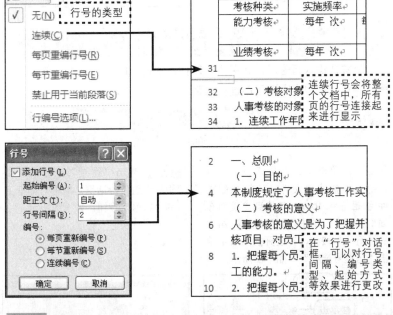

连续行号会将整个文档中,所有页的行号连接起来进行显示

在"行号"对话框,可以对行号间隔、编号类型、起始方式等效果进行更改

4.6.1　插入内置行号

在Word 2010中,预设了"连续""每页重编行号""每节重编行号""禁止用于当前段落"4种行号样式,用户可根据需要选择。

原始文件　实例文件\第4章\原始文件\插入内置行号.docx
最终文件　实例文件\第4章\最终文件\插入内置行号.docx

Step 1 打开目标文档。打开附书光盘\ 实例文件\第4章\原始文件\插入内置行号.docx，如下图所示。

Step 2 选择要插入的行号类型。切换到"页面布局"选项卡，单击"页面设置"组中的"行号"按钮，在展开的下拉列表中单击"连续"选项，如下图所示。

⑬ **取消行号的显示**

为文档添加了行号后，需要取消行号的显示时，可单击"页面设置"组中的"行号"按钮，在展开的下拉列表中单击"无"选项，如下图所示。

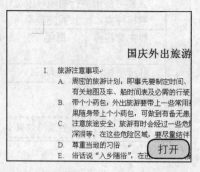

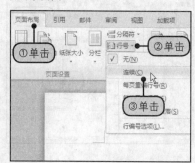

Step 3 显示插入行号效果。经过以上操作后，就可以在文档中每行的左侧显示出行号的数值，如右图所示。

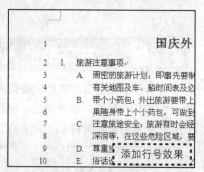

4.6.2 编辑行号

为文档插入行号后，如果用户对插入的行号间隔、距离正文的位置等不满意，可根据需要重新进行调整。

原始文件 实例文件\第4章\原始文件\编辑行号.docx
最终文件 实例文件\第4章\最终文件\编辑行号.docx

Step 1 单击"行编号选项"。打开附书光盘\实例文件\第4章\原始文件\编辑行号.docx，切换到"页面布局"选项卡，单击"页面设置"组中的"行号"按钮，在展开的列表中单击"行编号选项"，如下图所示。

Step 2 单击"行号"按钮。弹出"页面设置"对话框，单击对话框下方的"行号"按钮，如下图所示。

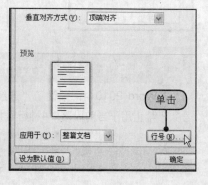

Step 3 设置行号距正文距离及行号间隔。弹出“行号”对话框，单击“距正文”数值框右侧上调按钮，将数值设置为“0.2厘米”。按照同样的方法，将“行号间隔”设置为“2”，如下图所示。

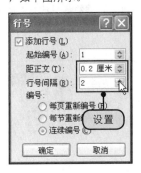

Step 4 显示编辑行号效果。设置了行号选项后，返回“页面设置”对话框，单击“确定”按钮，返回文档中即可看到编号行号后的效果，如下图所示。

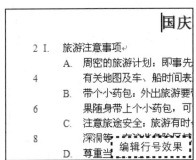

4.7 为文档插入页眉和页脚

页眉和页脚是两个不同的事物，但是作用都是显示文档中需要重点说明的内容。通常情况下，会选择使用时间、日期、页码、单位名称、公司图标等内容作为页眉和页脚标注。

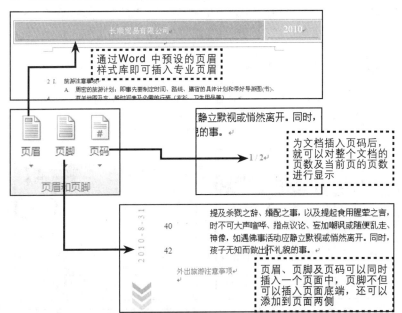

4.7.1 插入页眉和页脚

页眉位于文档页首处，页脚则位于文档的页尾处，虽然是两个不同的内容，但是两者的作用及插入方法都是类似的。本节就以页眉的插入为例，介绍一下插入页眉和页脚的具体操作。

提示 ⑭ 快速进入页眉和页脚的编辑状态

在Word 2010中编辑页眉和页脚时，如果用户不需要Word中预设的页眉和页脚样式，直接双击文档中页眉或页脚区域，即可切换到页眉和页脚状态下；在该状态下，手动输入要设置的页眉或页脚内容。

办公应用

在首页页眉插入公司标志

在宣传公司的文档中，通常会将公司标题添加到页眉中。如果文档需要单独在首页中插入公司标志，而其他页中不需要时，可通过创建首页不同的页眉来完成操作。

原始文件 首页页眉插入公司标志
.docx、标志.jpg
最终文件 首页页眉插入公司
标志.docx

1 打开原始文件\首页页眉插入公司标志.docx，双击文档的页眉区域，将光标定位在内，如下图所示。

2 切换到"页眉和页脚工具-设计"选项卡，勾选"选项"组的"首页不同"复选框，如下图所示。

3 设置了页眉的首页不同后，为首页插入"边线型"页眉，然后将鼠标定位在要插入图片的位置，如下图所示。

原始文件 实例文件\第4章\原始文件\插入页眉.docx
最终文件 实例文件\第4章\最终文件\插入页眉.docx

Step 1 选择要使用的页眉样式。打开附书光盘\实例文件\第4章\原始文件\插入页眉.docx，在"插入"选项卡下单击"页眉和页脚"组中的"页眉"按钮，展开库后选择"朴素型（奇数页）"，如下图所示。

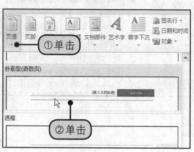

Step 2 显示插入页眉效果。经过以上操作后，就可以在文档中插入页眉，并进入页眉的编辑状态，如下图所示。

4.7.2 编辑页眉和页脚

若是插入Word 2010页眉或页脚样式库中的内容，那么只是插入了空白的内容样式。接下来还需要对页眉和页脚内容进行编辑。本节仍以页眉为例，介绍一下页眉的编辑操作。

原始文件 实例文件\第4章\原始文件\编辑页眉.docx
最终文件 实例文件\第4章\最终文件\编辑页眉.docx

Step 1 选择要添加的文字的文本框。打开附书光盘\实例文件\第4章\原始文件\编辑页眉.docx，双击页眉区域，进入页眉编辑状态，单击"标题"文本框，如下图所示。

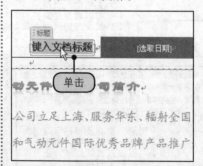

Step 2 选取日期。选择了文本框后，直接输入文档标题，然后单击"选择日期"右侧的下三角按钮，在展开的日期列表中单击"今日"按钮，如下图所示。

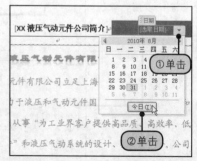

Step 3 显示添加页眉效果。将页眉内容添加完毕后，双击文档中任意位置，进入正文编辑状态下，就完成了页眉的编辑操作，如右图所示。

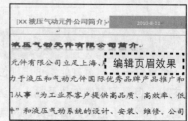

4.7.3 在页脚中插入页码

页码用于显示文档的页数情况。它可以插入页眉或页脚中，甚至可以插入页面两侧。但是通常情况下，页码会插入页面底端。本节将介绍如何从文档的第二页开始插入页码。

原始文件 实例文件\第4章\原始文件\在页脚中插入页码.docx
最终文件 实例文件\第4章\最终文件\在页脚中插入页码.docx

Step 1 执行插入页码操作。打开附书光盘\实例文件\第4章\原始文件\在页脚中插入页码.docx，将光标定位在第一页的页尾，如下图所示。

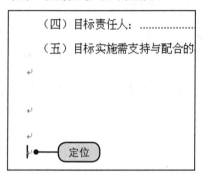

Step 2 为文档插入分页符。切换到"页面布局"选项卡，单击"页面设置"组中的"分隔符"按钮，展开列表后，单击"下一页"选项，如下图所示。

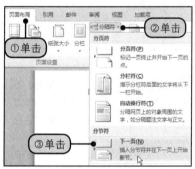

Step 3 切换到页眉和页脚编辑状态下。双击第二页的页脚区域，切换到页眉编辑状态下，如下图所示。

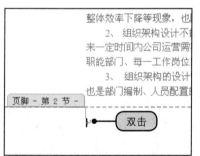

Step 4 取消页眉的链接。进入页眉编辑状态后，切换到"页眉和页脚工具-设计"选项卡，单击"导航"组中的"链接到前一条页眉"按钮，取消该按钮的选中状态，如下图所示。

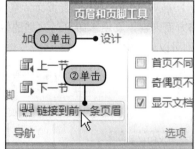

Step 5 选择要插入的页码样式。单击"页眉和页脚"组中"页码"按钮，在展开的下拉列表中单击"页面底端"选项，在展开的子列表中单击要添加的页码样式，如右图所示，即可完成该页码的添加。

（续上页）

办公应用

在首页页眉插入公司标志

4 确定好光标的位置后，单击"插入"组中的"图片"按钮，如下图所示。

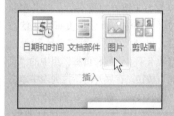

5 弹出"插入图片"对话框，进入要使用的图片所在路径，单击目标图片，如下图所示，然后单击"插入"按钮。

6 将图片插入页眉中后，根据需要，对其大小进行调整，就完成了为首页页眉插入图片的操作，如下图所示。补充文档中首页的其他内容，然后再对其他页的页眉进行适当设置，即可完成本例制作。

Step 6 单击"设置页码格式"选项。为文档添加了页码后，再次单击"页码"按钮，在展开的下拉列表中单击"设置页码格式"选项，如下图所示。

Step 7 设置页码起始页。弹出"页码格式"对话框，选中"页码编号"区域内"起始页码"单选按钮，该选项的数值自动显示为"1"，单击"确定"按钮，如下图所示。

⑮ 删除页码

为文档添加页码后，需要删除时，可在进入页眉和页脚编辑状态后，单击"页眉和页脚工具-设计"选项卡下"页眉和页脚"组中的"页码"按钮，在展开的下拉列表中单击"删除页码"选项，如下图所示。

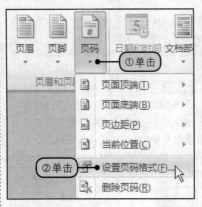

Step 8 显示插入的页码效果。经过以上操作后，就可以从文档的第二页开始插入页码，最终效果如右图所示。

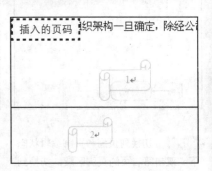

4.8 设置页面背景

在Word 2010中设置页面背景包括设置水印、页面颜色、页面边框3方面内容，其中水印可对文档的性质进行定义，页面颜色和页面边框则可以从视觉上美化文档。

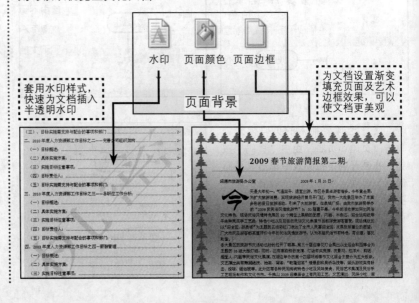

4.8.1　为文档添加水印

通常情况下，水印被用来防盗或限制别人使用。Word 2010中水印的类型包括文字水印和图片水印两种，其中文字水印的使用范围更广一些。

❶ 插入内置水印

在Word 2010中，预设了机密、免责声明两种类型的水印样式。为文档添加水印时，如果用户要创建的样式Word 中已有预设，可直接套用预设的水印样式。

> 原始文件　实例文件\第4章\原始文件\插入内置水印.docx
> 最终文件　实例文件\第4章\最终文件\插入内置水印.docx

Step 1 选择套用的水印样式。打开附书光盘\实例文件\第4章\原始文件\插入内置水印.docx，在"页面布局"选项卡下单击"页面背景"组中的"水印"按钮，展开列表后单击"机密1"，如下图所示。

Step 2 显示套用水印样式效果。经过以上操作后，就完成了为文档添加水印的操作，文档中每一页中都可以看到半透明状态的水印文字，如下图所示。

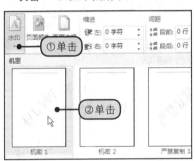

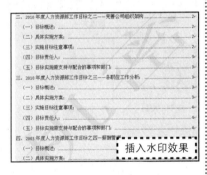

❷ 自定义水印

当用户需要的水印Word 中没有预设时，也可进行自定义制作。本节以图片水印的制作为例，介绍一下自定义水印的操作。

> 原始文件　实例文件\第4章\原始文件\自定义水印.docx、标志.jpg
> 最终文件　实例文件\第4章\最终文件\自定义水印.docx

Step 1 打开目标文档。打开附书光盘\实例文件\第4章\原始文件\自定义水印.docx，如右图所示。

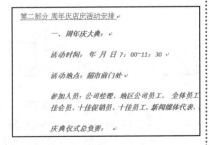

❓提示 ⑯ 清除水印

为文档添加了水印后，需要将水印删除时，可再次单击"页面布局"选项卡下"页面背景"组中的"水印"按钮，在展开的下拉列表中单击"删除水印"选项，如下图所示。

为文档设置水印时，如果用户要为水印库添加水印效果，可将水印文字输入文档中，然后再将其添加到水印库中。

1 选中文档中要制作为水印的文本，如下图所示。

2 单击"页面布局"选项卡下"页面背景"组中的"水印"按钮，在展开的下拉列表中单击"将所选内容保存到水印库"选项，如下图所示。

3 弹出"新建构建基块"对话框，直接单击"确定"按钮，如下图所示，就可以将所选择的文本保存到水印库中。

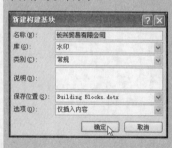

Step 2 单击"自定义水印"选项。在"页面布局"选项卡下单击"页面背景"组中的"水印"按钮，在展开的下拉列表中单击"自定义水印"选项，如下图所示。

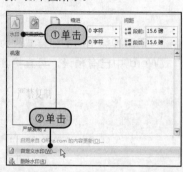

Step 4 选择要使用的图片。弹出"插入图片"对话框，进入要使用的图片所在路径，单击目标图片图标，如下图所示，然后单击"插入"按钮。

Step 6 取消图片冲蚀效果。设置了水印图片的显示比例后，取消勾选"冲蚀"复选框，然后单击"确定"按钮，如下图所示。

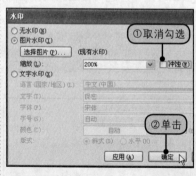

Step 3 单击"选择图片"按钮。弹出"水印"对话框，选中"图片水印"单选按钮，然后单击"选择图片"按钮，如下图所示。

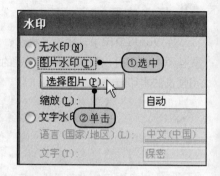

Step 5 设置图片缩放比例。返回"水印"对话框，单击"缩放"框右侧的下三角按钮，在展开的下拉列表中单击"200%"选项，如下图所示。

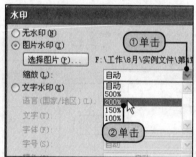

Step 7 显示制作的水印效果。经过以上操作后，文档中就出现了图片水印，返回文档中即可看到设置后的效果，如下图所示。

4.8.2 设置文档边框

文档边框可以理解为页面四周的花边。设置文档边框时，为了确保文档的美观，可使用艺术型边框样式。

原始文件 实例文件\第4章\原始文件\设置文档边框.docx
最终文件 实例文件\第4章\最终文件\设置文档边框.docx

Step 1 单击"页面边框"按钮。打开附书光盘\实例文件\第4章\原始文件\设置文档边框.docx，在"页面布局"选项卡下单击"页面背景"组中的"页面边框"按钮，如下图所示。

Step 2 选择要使用的边框样式。弹出"边框和底纹"对话框，在"页面边框"选项卡下单击"艺术型"框右侧的下三角按钮，在展开的下拉列表中单击要使用的边框样式，如下图所示。

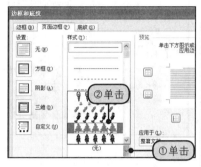

Step 3 设置边框宽度。在"宽度"数值框内输入要设置的边框宽度为"25磅"，然后单击"确定"按钮，如下图所示。

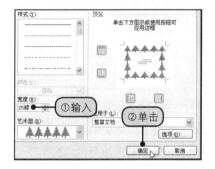

Step 4 显示添加的边框效果。经过以上操作后，就完成了为文档添加艺术型页面边框的操作，如下图所示。

设置文档边框效果

18 为首页外的文档添加边框

通常情况下，为文档添加的边框会显示在文档中的所有页面中。需要为文档中首页外的文档添加边框时，可按以下步骤完成操作。

1 在文档中打开"边框和底纹"选项卡，在"页面边框"选项卡下设置好要使用的艺术型边框及边框的宽度，如下图所示。

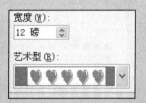

2 单击"应用于"框右侧的下三角按钮，在展开的下拉列表中单击"本节-除首页外所有页"选项，如下图所示，最后单击"确定"按钮，即可为文档中除首页外的页面添加边框设置。

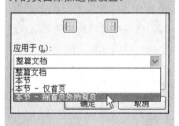

4.8.3 设置文档页面颜色

为使文档页面更漂亮，可为其添加颜色，如纯色或渐变色。本节就以渐变色填充为例，介绍一下设置文档页面颜色的操作。

原始文件 实例文件\第4章\原始文件\设置文档页面颜色.docx
最终文件 实例文件\第4章\最终文件\设置文档页面颜色.docx

Step 1 单击"填充效果"按钮。打开附书光盘\实例文件\第4章\原始文件\设置文档页面颜色.docx，在"页面布局"选项卡下单击"页面背景"组中的"页面颜色"按钮，在展开的下拉列表中单击"填充效果"选项，如右图所示。

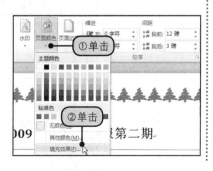

提示 ⑲ 使用纹理填充页面

为文档填充页面时，包括"渐变""纹理""图案""图片"4种填充方式。下面来介绍使用纹理填充页面的操作。

1 打开目标文档后，在"页面布局"选项卡下单击"页面背景"组中的"页面颜色"按钮，在展开的颜色列表中单击"填充效果"选项，如下图所示。

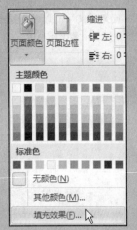

2 弹出"填充效果"对话框，切换到"纹理"选项卡，在"纹理"列表框中单击要使用的纹理图标，然后单击"确定"按钮，如下图所示，即可完成应用纹理填充图案的操作。

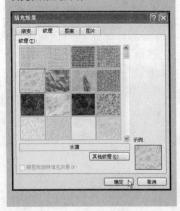

Step 2 选择渐变的第一种颜色。弹出"填充效果"对话框，在"渐变"选项卡下选中"双色"单选按钮，然后单击"颜色1"框右侧的下三角按钮，在展开的颜色列表中单击"白色，背景1"图标，如下图所示。

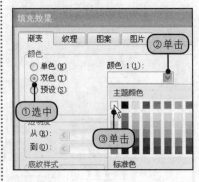

Step 4 显示填充页面效果。经过以上操作后，就可以使用渐变色对文档页面进行填充。返回文档中即可看到填充后的效果，如右图所示。

Step 3 设置渐变的第二种颜色。设置了渐变色的第一种颜色后，单击"颜色2"框右侧的下三角按钮，在展开的颜色列表中单击"浅蓝"图标，如下图所示，最后单击"确定"按钮。

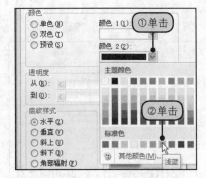

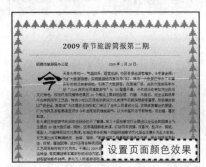

设置页面颜色效果

4.9 文档的预览与打印

为了将电脑中的文档内容输出到纸上，需要将电脑与打印机相连，从而将文档打印出来。在打印文档前，为了确保打印后的效果，需要对文档进行预览；预览无误后，再执行打印。

在不同的比例下预览文档，可以确保文档的打印效果是否正确

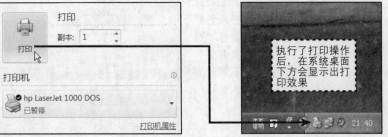

执行了打印操作后，在系统桌面下方会显示出打印效果

原始文件　实例文件\第4章\原始文件\文档的预览与打印.docx

4.9.1 打印预览

通常情况下，为了确保打印输出的文档内容准确无误，在正式打印之前都需要进入预览状态下检查文档整体版式布局是否还存在问题。在预览时，可通过调整文档比例，在不同状态下进行预览。

Step 1 执行"打印"命令。打开附书光盘\实例文件\第4章\原始文件\文档的预览与打印.docx，执行"文件>打印"命令，如下图所示。

Step 2 调整预览尺寸。进入"打印"状态下，在页面右侧即可预览到打印后的效果，拖动预览区域右下角标尺中的滑块，将数值设置为"57%"，如下图所示。

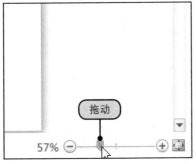

Step 3 显示预览效果。调整了预览尺寸后，在预览区域内即可看到文档在相应尺寸下的效果，如下图所示。

单页预览效果

Step 4 一次预览3页文档。参照步骤2的操作，将缩放标尺调整至30%，在页面中即可一次性预览3页文档，如下图所示。

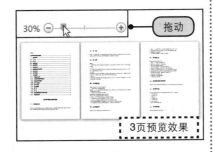

3页预览效果

4.9.2 打印输出

将文档预览无误后，即可执行"打印"操作了。打印时，用户可根据需要对打印的份数、范围等内容进行适当设置。

提示 ⑳ 预览文档时快速缩放到页面大小

对文档进行预览时，通过调整缩放比例，可以预览到不同状态下的文档。当预览结束，需要将其恢复到页面大小时，可单击缩放标尺右侧的"缩放到页面"按钮，如下图所示。

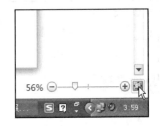

办公应用
打印5份企业年度销售计划

销售计划是对未来工作的规划。将其制作完毕后，需要与更多人一起分享，这就要求打印成多份文档。进行打印前，可先设置好打印的份数，然后再执行"打印"操作。

1 打开目标文档后，执行"文件>打印"命令，如下图所示。

2 进入打印界面后，在"打印"文本框内输入打印的份数，然后单击"打印"按钮，如下图所示，系统就会执行"打印"操作。

Step 1 设置打印范围。继续上例的操作，进入打印状态后，单击"设置"区域内"打印自定义范围"按钮，在展开的下拉列表中单击"打印当前页面"选项，如右图所示。

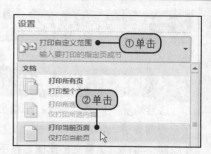

Step 2 调整打印顺序。单击"调整"按钮，在展开的下拉列表中单击"取消排序"选项，如下图所示。

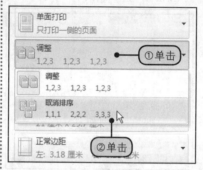

Step 3 取消打印的缩放状态。单击"每版打印1页"按钮，在展开的下拉列表中单击"缩放至纸张大小"选项，在展开的子列表中单击"无缩放"选项，如下图所示。

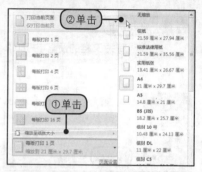

Step 4 打印文档。将打印选项全部设置完毕后，在"副本"文本框内输入打印的份数为"2"，然后单击"打印"按钮，如下图所示。

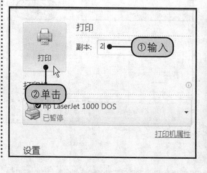

Step 5 显示打印效果。经过以上操作后，系统就会连接到打印机。执行"打印"操作时，在任务栏的通知区域内可以看到一个打印机图标，如下图所示，表示当前正处于打印状态；打印完毕后，该图标将自动消失。

PART 2

Word办公实战应用篇

5 Chapter

制作公司简介宣传册

 **学习要点**

- 新建文档
- 编辑公司简介内容
- 设置公司图片
- 为公司简介添加艺术字
- 设计公司管理层结构图
- 制作邮寄宣传册的信封

本章结构

1 为公司简介添加艺术字

2 制作带圈字符

3 设置页面背景

4 批量制作信封

Chapter 5

制作公司简介宣传册

公司产品宣传册用于宣传公司，主要包括公司业务、产品、公司发展、企业文化、经营理念等内容。为了保证读者能够有足够的兴趣去阅读，宣传册一定要做得美观、大方。另外，宣传册制作完毕后，为了快速完成给一些老客户邮寄信封的填写，可以在**Word**中直接批量制作信封。

5.1 新建文档

制作公司简介宣传册时，首先要建立一个空白的Word文档，本节将通过快捷菜单来新建文档。

最终文件 实例文件\第5章\最终文件\公司宣传册.docx

Step 1 执行新建文档操作。通过"我的电脑"窗口，进入文档要保存的路径后，右击窗口中的空白位置，弹出快捷菜单，选择"新建>Microsoft Word文档"命令，如下图所示。

Step 2 对文档进行命名。新建了文档后，文档的名称会处于选中状态，拖动鼠标，选中文档中除扩展名.docx以外的名称，然后输入需要的名称，如下图所示，最后双击文档图标，即可打开文档。

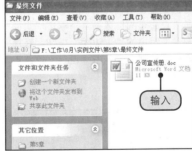

5.2 设置文档页面

公司宣传册印制出来后，是对折的效果，且其尺寸大小与普通的文档尺寸不同，所以在创建了文档后还需要对文档页面进行适当设置。

5.2.1 设置纸张大小与方向

由于宣传册是对折的，因此文档的纸张方向需要设置为"横向"效果；文档的纸张大小也需要更改为预设大小或进行自定义设置。

① 通过"开始"菜单新建文档

新建文档时，也可以通过"开始"菜单完成操作。具体操作步骤如下。

1 进入系统桌面后，单击"开始"按钮，在弹出的下拉菜单中选择"所有程序>Microsoft Office> Microsoft Word 2010"命令，如下图所示。

2 经过以上操作后，即可创建一个空白的Word 2010文档，从而完成新建操作，如下图所示。

公司简介一般包括哪些内容

Q 在介绍公司时，为了给人留下好印象，在公司简介中应包括哪些内容？

A 在撰写公司简介时，要使用简洁的语言，对公司进行介绍，不拖沓、不复杂。

公司简介中重点包括以下几点内容。

（1）公司概况：包括公司的注册时间、注册资本、公司性质、技术力量、规模、员工人数等。

（2）公司发展状态：包括公司的发展速度、取得成绩、荣誉称号等。

（3）公司文化：包括公司的目标、理念、宗旨、愿景等内容。

（4）公司主要产品。

（5）销售业绩及网络。

通过以上几点内容的介绍，就可以完成公司简介的制作。

Step 1 选择文字方向。切换到"页面布局"选项卡，单击"页面设置"组中的"文字方向"按钮，在展开的下拉列表中单击"垂直"选项，如下图所示。

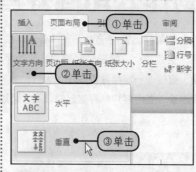

Step 2 单击"其他页面大小"选项。单击"纸张大小"按钮，在展开的下拉列表中单击"其他页面大小"选项，如下图所示。

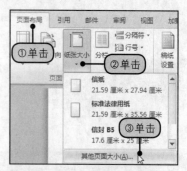

Step 3 设置纸张大小。弹出"页面设置"对话框，在"纸张"选项卡下"纸张大小"区域内的"宽度"与"高度"数值框内依次输入要设置的纸张大小，如右图所示，最后单击"确定"按钮，从而完成纸张大小的设置。

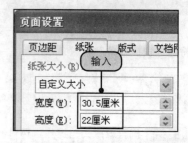

5.2.2 调整页边距

制作公司宣传册时，为了保证画面的结构，也为了在印制时内容不会压到装订线，需要对页边距进行设置。

Step 1 单击"自定义边框"选项。在"页面布局"选项卡下单击"页面设置"组中的"页边距"按钮，在展开的下拉列表中单击"自定义距"选项，如下图所示。

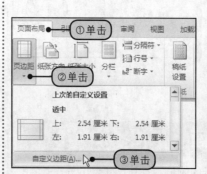

Step 2 设置页边距。弹出"页面设置"对话框，在"页边距"选项卡下"上""下""左""右"数值框内分别输入边距值，如下图所示，最后单击"确定"按钮，即可完成页边距的设置。

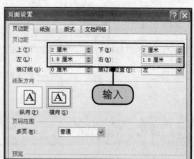

5.3 编辑公司简介内容

公司宣传册用于对企业进行宣传，其中会包括很多内容。为了确保宣传册的可读性，会将其制作为小册子，这就需要宣传册拥有封面、正文等内容。

5.3.1 将内容分页

在宣传册中介绍不同类别的内容时，如果不想让两个类别在一页中显示，可以使用“分节符”将两个类别独立显示在两页中。

Step 1 定位分页位置。在文档中输入宣传册的公司简介、企业文化、产品、联系方式等内容，然后将光标定位在开始分页的位置，如下图所示。

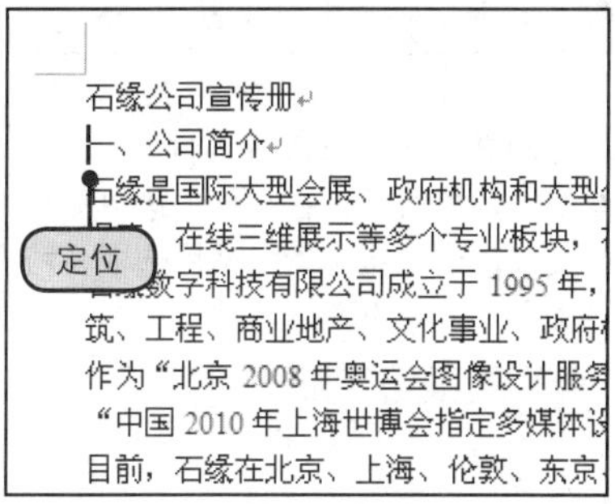

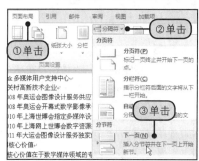

Step 2 单击“下一页”选项。切换到“页面布局”选项卡，单击“页面设置”组中的“分隔符”按钮，在展开的下拉列表中单击“分节符”组中的“下一页”选项，如下图所示。

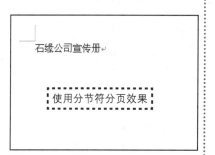

Step 3 显示分页效果。经过以上操作后，就可以将光标插入点以下的内容以分节形式显示到下一页中，如右图所示。用户可按照类似方法，为其他内容进行分节处理。

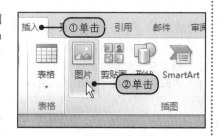

5.3.2 制作简介封面

封面是书籍装帧设计艺术中的门面部分，通过艺术形象设计形式能反映书籍的内容。在一定程度上封面的好坏，将直接影响人们的阅读欲望，所以封面一定要制作得漂亮。本例中将使用“水印”功能来为封面制作页面填充效果，并为简介文字设置文本效果。

原始文件 实例文件\第5章\原始文件\封面.jpg

Step 1 单击“图片”按钮。切换到“插入”选项卡，单击“插图”组中的“图片”按钮，如右图所示。

经验分享：
公司简介的重要性

公司简介是一个企业最直接的形象展现，并且承载着该企业在目标市场中建立信誉和声望的重要作用。公司简介有助于帮助企业潜在客户更充分地了解公司业务、公司文化、经营策略及企业特色等内容。

另外，公司简介中良好的书面及描述语言，可以很清楚地传达公司的可信性、真实性，让更多的用户了解公司、认识公司、接受公司，从而起到一定的宣传作用。

提示② **通过快捷菜单调整图片大小**

将图片插入文档后，在调整图片大小时，也可以通过快捷菜单完成设置。

为文档插入图片后，右击要调整大小的图片，在弹出的快捷菜单上方可以看到"大小"功能组，如下图所示。

在"大小"功能组的"宽度"数值框内输入调整后的宽度，如下图所示，然后按下Enter键，即可完成调整图片大小的操作。

Step 2 选择要使用的图片。弹出"插入图片"对话框后，进入目标文件所在路径，选中要插入的图片，如下图所示，然后单击"插入"按钮。

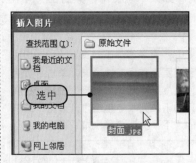

Step 4 设置图片位置。单击"排列"组中的"自动换行"按钮，在展开的下拉列表中单击"衬于文字下方"选项，如下图所示。

Step 6 设置文本格式。在"开始"选项卡下"字体"组内将选中的文本设置为"华文行楷""初号""加粗"效果，如下图所示。

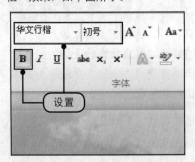

Step 3 设置图片大小。将图片插入文档中后，在"图片工具-格式"选项卡的"大小"组中的"高度"数值框内输入"22"厘米，如下图所示，然后按下Enter键。

Step 5 选择要设置格式的文本。设置好图片格式后，在文档中选中图片将其移动到目标位置，然后选中公司名称文本，如下图所示。

Step 7 选择其他要设置格式的文本。将公司名称格式设置完毕后，在文档中选中"宣传册"文本，如下图所示。

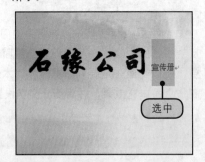

Step 8 设置文本格式。选择目标文本后，在"开始"选项卡下"字体"组内将选中的文本设置为"宋体""50""加粗"效果，如右图所示。

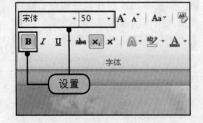

Step 9 移动文本位置。设置好文本格式后，按下Ctrl+R组合键，将文本设置为右对齐，然后按Enter键，将文本移动到画面右下角位置，最后选中"石缘公司"文本，如下图所示。

Step 11 为文字设置映像效果。再次单击"文本效果"按钮，在展开的效果库中选择"映像"选项，展开子列表后，单击"半映像，8pt偏移量"，如下图所示。

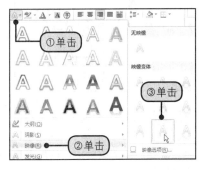

Step 13 显示封面标题设置效果。经过以上操作后，就完成了封面中对标题文字的设置操作，如下图所示。

Step 10 套用文字效果。选择目标文本后，在"开始"选项卡下单击"字体"组中"文本效果"按钮，在展开的效果库中选择"填充-橄榄色，强调文字颜色3，轮廓-文本2"图标，如下图所示。

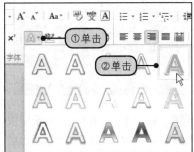

Step 12 为文字设置发光效果。再次单击"文本效果"按钮，在展开的效果库中选择"发光"选项，展开子列表后，单击"橄榄色，18pt发光，强调文字颜色3"图标，如下图所示。

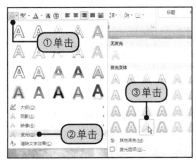

Step 14 单击"文本框"图标。切换到"插入"选项卡，单击"插图"组中的"形状"按钮，在展开的下拉列表中单击"基本形状"组中的"文本框"按钮，如下图所示。

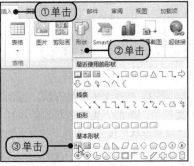

为文本设置了文本效果后，如果用户对设置后的效果不满意，可直接将应用的格式清除。

1 选中要清除格式的文本，如下图所示。

2 在"开始"选项卡下单击"字体"组中的"清除格式"按钮，如下图所示。

3 经过以上操作后，就可以将文档中的文本格式恢复为Word的默认效果，如下图所示。

提示 ④ 手动更改文本框的形状

在更改文本框形状时，除了使用形状库中的形状外，还可以通过"编辑顶点"功能对文本框的形状进行自定义编辑。

1 右击要编辑形状的图形，在弹出的快捷菜单中选择"编辑顶点"命令，如下图所示。

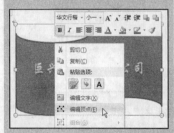

2 执行了"编辑顶点"命令后，形状的周围就会显示出一些黑色的控点，拖这些控点，即可对形状的外形进行更改，如下图所示。

3 通过控点将形状外形调整到合适效果后，单击文档中任意位置，即可完成手动更改形状外观的操作，如下图所示。

Step 15 绘制文本框。选择了"文本框"后，在封面左下角的适当位置拖动鼠标，绘制一个文本框，如下图所示。

Step 17 单击"形状样式"组的对话框启动器按钮。添加了文本框后，切换到"绘图工具-格式"选项卡，单击"形状样式"组中的对话框启动器按钮，如下图所示。

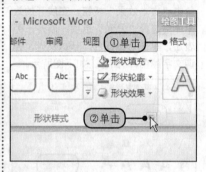

Step 19 设置填充效果透明度。设置了文本框的填充颜色后，在"填充"选项卡下拖动"透明度"标尺中的滑块，将数值设置为"54%"，如下图所示。

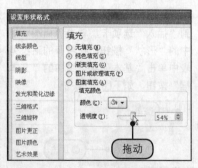

Step 21 更改文本框的形状。返回文档中，单击"更改形状"组中的"编辑形状"按钮，展开下拉列表后单击"更改形状"选项，在展开的形状库中选择要更改的形状图标"流程图：文档"图标，如右图所示。

Step 16 在文本框中输入文本。文本框绘制完毕后，在其中输入公司联系方式、地址等内容，如下图所示。

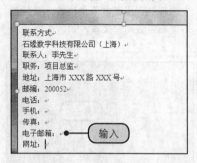

Step 18 设置文本框的填充颜色。弹出"设置形状格式"对话框，在"填充"选项卡下单击"颜色"按钮，在展开的颜色列表中单击"黄色"图标，如下图所示。

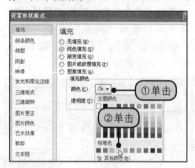

Step 20 取消线条颜色。单击"线条颜色"选项卡，然后选中"无线条"单选按钮，如下图所示，最后单击"关闭"按钮。

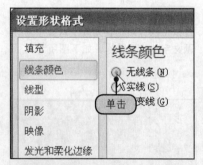

22
Step 显示文本框设置效果。返回文档中，根据内容将文本框调整至合适大小，如右图所示，就完成了宣传册封面的制作。

联系方式
石缘数字科技有限公司（上海）
联系人：李先生
职务：项目总监
地址：上海市 XXX 路 XXX 号
邮编：200052
电话：
手机：
传真：

地址框设置效果

5.3.3 设置分栏排版

在公司宣传册中，介绍企业文化包括"创造""服务""生产"三方面。为了使画面布局清晰、整洁，可分为三栏进行展示。分栏完毕后，可以使用"自选图形"对企业文化进行修饰。

Step 1 选择要分栏的文本。切换到文档的第3页，选中文档中所有文本内容，如下图所示。

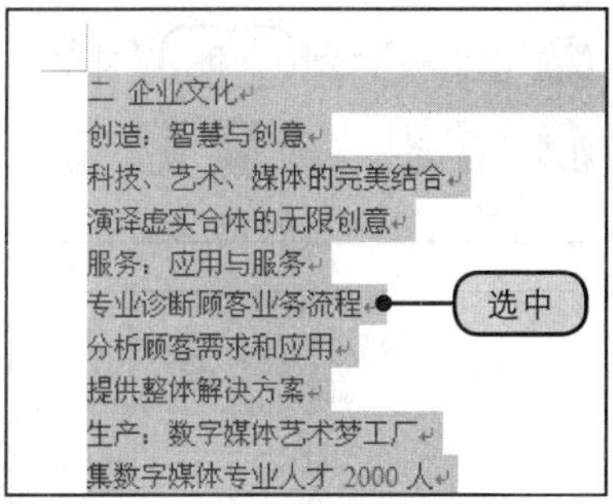

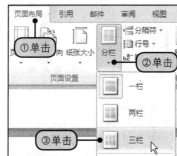

二 企业文化
创造：智慧与创意
科技、艺术、媒体的完美结合
演绎虚实合体的无限创意
服务：应用与服务
专业诊断顾客业务流程
分析顾客需求和应用
提供整体解决方案
生产：数字媒体艺术梦工厂
集数字媒体专业人才 2000 人

选中

Step 2 为文档进行分栏。切换到"页面布局"选项卡，单击"页面设置"组中的"分栏"按钮，在展开的下拉列表中单击"三栏"选项，如下图所示。

页面布局 引用 邮件 审阅 视图 加载

①单击 纸张大小 分栏

分隔符
行号
断字

页面设置

②单击

③单击

一栏
两栏
三栏

Step 3 使用回车符对企业文化进行分栏。将页面分栏后，按Enter键将创造、服务、产品三类内容分别显示在3个栏中，并设置为"品"字布局，如下图所示。

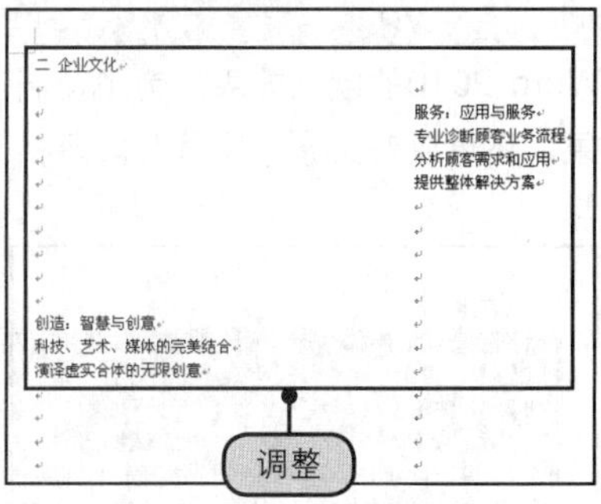

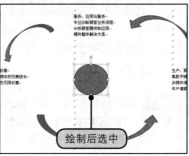

调整

Step 4 插入自选图形。参照第5.3.2节中步骤14~步骤15的操作分别为页面绘制3个"弧形箭头"及一个"圆"图形，最后选中圆形状，如下图所示。

绘制后选中

提示 ⑤ 自定义设置分栏效果

在对文档进行分栏时，Word 2010中预设了"两栏""三栏"两种数量的栏数，当用户要设置更多栏数时，可通过"分栏"对话框进行设置。

1 打开目标文档后，在"页面布局"选项卡下单击"页面设置"组中的"分栏"按钮，在展开的下拉列表中单击"更多分栏"选项，如下图所示。

分栏

分隔符
行号
断字

一栏
两栏
更多分栏(C)

2 弹出"分栏"对话框，在"栏数"数值框内输入要设置的栏数，如下图所示，最后单击"确定"按钮，就完成了自定义分栏的操作。

分栏

预设

一栏(O) 两栏(W)

栏数(N)：4

宽度和间距

提示 ⑥ 旋转形状方向

在Word中插入形状时，形状会根据预设样式，显示出特定的方向。当用户要对形状的方向进行旋转时，可通过图形中的控制手柄进行调整。

1 选中要调整方向的形状，将鼠标指针指向形状上方的绿色手柄，当指针变成形状时，将鼠标指针向要调整的方向拖动，如下图所示。

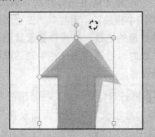

2 将形状调整到合适方向后，释放鼠标，即可完成调整形状方向的操作，如下图所示。

Step 5 为形状应用样式。选中目标形状后，打开"形状样式"库，在展开的库中单击"中等效果-橙色，强调颜色6"图标，如下图所示。

Step 7 选择要设置的第二个形状。返回文档中单击页面右上角的"弧形箭头"形状，如下图所示。

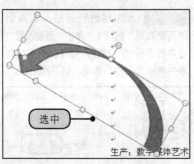

Step 9 设置其他形状效果。参照步骤7~步骤8的操作，为另外几个弧形形状套用相应的形状样式，如右图所示，就完成了对企业文化页面的设置。

Step 6 设置形状效果。在"绘图工具-格式"选项卡下单击"形状样式"组中的"形状效果"按钮，在展开的下拉列表中单击"预设"选项，展开子列表后单击"预设3"图标，如下图所示。

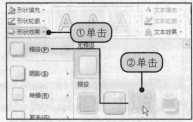

Step 8 为形状应用样式。打开"形状样式"库，库中选择"中等效果-红色，强调颜色2"图标，如下图所示。

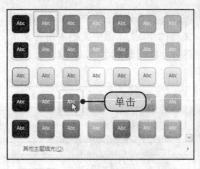

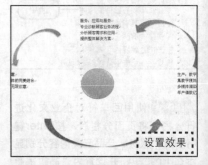

🔍 5.3.4 设置正文字体与段落格式

在宣传册中输入的文本都是采用Word 2010的默认效果。为了使制作出的宣传册拥有更美观、整齐的效果，还可以对文本的字体与段落格式进行美化。

Step 1 选择目标文本。切换到文档第二页，按住Ctrl键不放，依次选中当前页中要设置格式的段落，如右图所示。

Step 2 单击"字体"组的对话框启动器按钮。选择目标文本后，在"开始"选项卡下单击"字体"组的对话框启动器按钮，如下图所示。

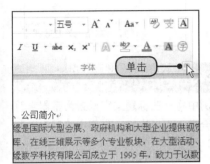

Step 4 单击"文字效果"按钮。设置了文本格式后，单击对话框下方的"文字效果"按钮，如下图所示。

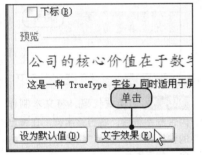

Step 6 单击"段落"组的对话框启动器按钮。设置了文字效果后，关闭该对话框，返回文档中单击"段落"组的对话框启动器按钮，如下图所示。

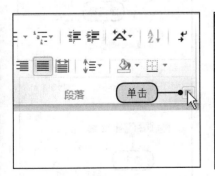

Step 3 设置字体格式。弹出"字体"对话框，在"中文字体"下拉列表中将"字体"选择为"楷体_GB2312"选项，然后在"字号"列表框内单击"四号"选项，如下图所示。

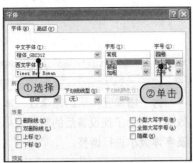

Step 5 选择渐变颜色。弹出"设置文本效果格式"对话框，在"文本填充"区域内选中"渐变颜色"单选按钮，然后单击"预设颜色"图标，在展开的颜色库中选择"碧海青天"，如下图所示。

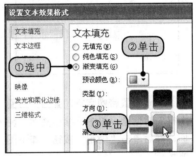

Step 7 设置段落的首行缩进格式。弹出"段落"对话框，单击"特殊格式"框右侧的下三角按钮，在展开的下拉列表中单击"首行缩进"选项，如下图所示，最后单击"确定"按钮。

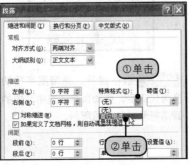

 提示 ⑦ **设置文字效果时，更改颜色类型与方向**

在Word 2010中通过"文字效果"功能设置文本的填充效果时，在选择了预设颜色后，可以根据需要对色彩的填充类型与填充方向进行设置。

1 在"设置文本效果格式"对话框中选择了预设颜色后，需要设置填充类型时，可单击"类型"框右侧的下三角按钮，在展开的下拉列表中单击要选择的填充类型，如下图所示。

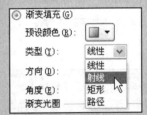

2 需要选择填充方向时，可单击"方向"按钮，在展开的方向库中选择要使用的方向样式，如下图所示。

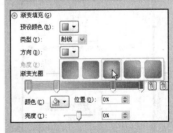

Step 8 显示文本字体与段落格式设置效果。经过以上操作后，就可以将宣传册的正文字体与段落格式设置为合适效果，如右图所示。

文本格式设置效果

在Word 2010中制作带圈字符时，圈号包括"圆形""方形""三角形"和"菱形"4种类型。下面以菱形为例，介绍一下具体制作过程。

1 选中要制作为带圈字符的文本，如下图所示。

2 单击"字体"功能组中的"带圈字符"按钮，打开"带圈字符"对话框，在"圈号"列表框中单击"菱形"图标，然后单击"确定"按钮，如下图所示。

3 经过以上操作，既可完成制作菱形圈号的操作，如下图所示。

5.3.5 设置带圈字符

为了增加宣传册的趣味性，本例中将一些标题文字设置为带圈字符效果。而为了使设置后的字符大小合适，可以在插入带圈字符后对圆圈及字体大小进行调整。

Step 1 选择目标文本。在第二页文档中，选中要设置为带圈字符的"公"字，如下图所示。

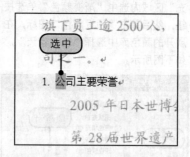

Step 2 单击"带圈字符"按钮。选择目标文本后，在"开始"选项卡下单击"字体"组的"带圈字符"按钮，如下图所示。

Step 3 设置带圈字符。弹出"带圈字符"对话框，单击"缩小文字"图标，然后单击"确定"按钮，如下图所示。

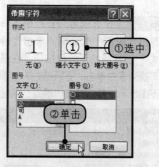

Step 4 切换域代码。将文本制作为带圈字符后，右击该字符，在弹出的快捷菜单中选择"切换域代码"命令，如下图所示。

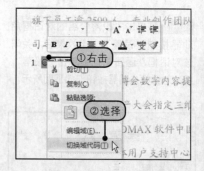

Step 5 选中圈号。将带圈字符切换为代码后，拖动鼠标，选中其中的圆圈符号，如右图所示。

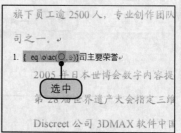

Step 6 设置圆圈字号。在"字体"组中的"字号"框内输入"60"，然后单击"字体"组的对话框启动器按钮，如下图所示。

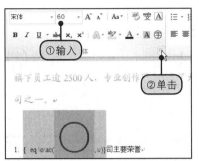

Step 7 设置字符位置。弹出"字体"对话框后，切换到"高级"选项卡下，单击"位置"框右侧的下三角按钮，在展开的下拉列表中单击"降低"选项，如下图所示。

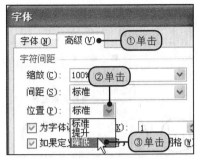

Step 8 设置降低值。选择了降低位置后，单击"磅值"数值框右侧下调按钮，将数值设置为"7磅"，如下图所示，最后单击"确定"按钮。

Step 9 设置带圈文字的大小。返回文档中，选中带圈字符代码中的文本内容，然后在"字体"组的"字号"数值框内输入要设置的字符大小为"35"，如下图所示，最后按下Enter键。

Step 10 切换域代码。设置好字符的大小后，右击字符代码，在弹出的快捷菜单中选择"切换域代码"命令，如下图所示。

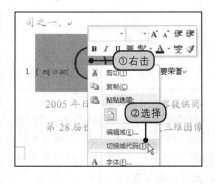

Step 11 为其他字符设置带圈效果。参照前面步骤1~步骤10的操作，将该标题行中其他字符也设置为带圈字符，然后选中设置好的第一个带圈字符，如下图所示。

在Word 2010中设置字符位置时，需要通过"字体"对话框来完成。要打开该对话框可以通过多种方法实现，下面来介绍一下通过快捷菜单打开的操作步骤。

1 选中要设置字体格式的文本，并右击，弹出快捷菜单后，选择"字体"命令，如下图所示。

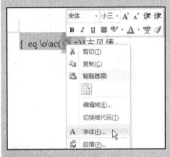

2 经过以上操作，打开"字体"对话框，切换到"高级"选项卡，如下图所示，对文本格式进行设置即可。

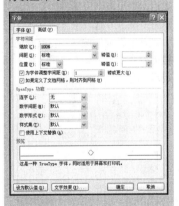

Step 12 设置字符颜色。选中目标字符后，单击“字体”组中的“字体颜色”按钮，在展开的颜色列表中单击“红色”图标，如下图所示。

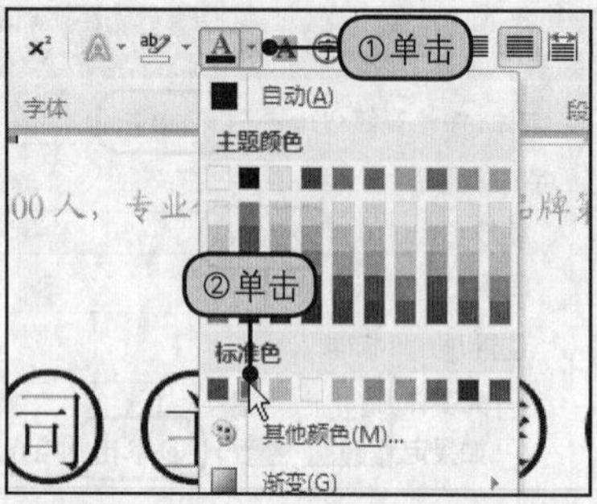

Step 13 显示带圈字符设置效果。根据需要，将其他带圈字符的颜色也进行适当设置，最后再将数字“1”的大小也进行适当设置，如下图所示，就完成了本例的制作。

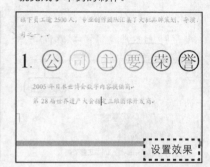

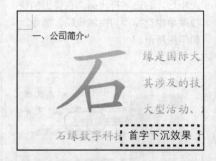

5.3.6 设置文字首字下沉

为了使公司简介更加吸引人眼球，本例中要为公司简介中的第一段文字设置“首字下沉”效果。

提示 ⑩ 取消首字下沉效果

为文档设置了“首字下沉”效果后，需要取消设置的效果时，可单击“插入”选项卡下“文本”组中“首字下沉”按钮，在展开的下拉列表中单击“无”选项，如下图所示。

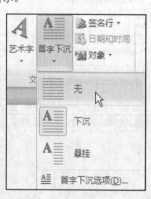

Step 1 定位光标位置。单击第二页文档中第一段的任意位置，将光标定位在内，如下图所示。

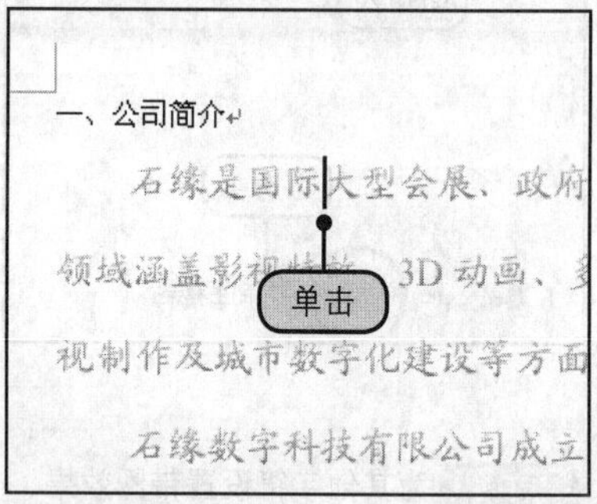

Step 2 单击“下沉”选项。在“插入”选项卡下单击“文本”组中的“首字下沉”按钮，在展开的下拉列表中单击“下沉”选项，如下图所示。

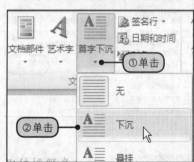

Step 3 显示首字下沉效果。经过以上操作后，就可以将文档设置为“首字下沉”的效果。返回文档中即可看到设置后的效果，如右图所示。

5.3.7 为公司项目添加项目符号

为了使宣传册中条款性的内容层次更为清晰，可使用项目符号对其进行排列，这样既可以使内容清晰，又可以美化文档。

Step 1 选择目标文本。在文档中拖动鼠标，选中要添加项目符号的文本，如下图所示。

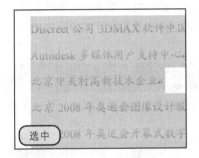

Step 3 单击"符号"按钮。在弹出的"定义新项目符号"对话框中，单击"符号"按钮，如下图所示。

Step 5 单击"字体"按钮。返回到"定义新项目符号"对话框中，单击"字体"按钮，如右图所示。

Step 6 设置符号大小。弹出"字体"对话框，在"字号"列表框中单击"四号"选项，如下图所示，最后依次单击各对话框的"确定"按钮。

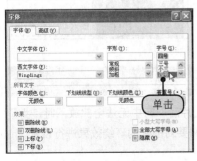

Step 2 单击"定义新项目符号"选项。单击"开始"选项卡下"段落"组中"项目符号"右侧的下三角按钮，展开列表后单击"定义新项目符号"选项，如下图所示。

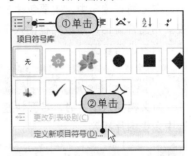

Step 4 选择要插入的符号。弹出"符号"对话框，将"字体"设置为Wingdings，在符号列表框中单击要使用的符号，如下图所示，最后单击"确定"按钮。

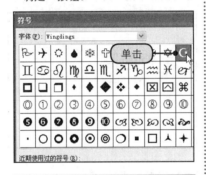

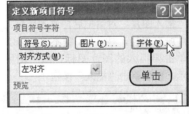

Step 7 显示应用项目符号效果。经过以上操作后，就可以为文本添加适当的项目符号，如下图所示。

经验分享：
公司宣传册的制作思路

设计宣传册时要从"文字""图形""色彩""编排"4个方面着手进行设计。下面分别来介绍这4方面的制作思路。

（1）文字。文字的编排设计是增强视觉效果，使版面个性化的重要手段。在宣传册设计中，字体的选择与运用首先要便于识别，容易阅读，不能盲目追求效果而使文字失去最基本的信息传达功能。尤其是改变字体形状、结构，运用特技效果或选用书法体、手写体时，更要注意其识别性。

（2）图形。在宣传册设计中，图形的运用可起到注目、看读、引导效果。图形表现的手法多种多样，传统的各种绘画、摄影手法可产生面貌、风格各异的图形或图像。图形的设计都可以归纳为具象和抽象两个范畴。

具象的图形可表现客观对象的具体形态，同时也能表现出一定的意境。以直观的形象真实地传达物象的形态美、质地美、色彩美等，具有真实感，容易从视觉上激发人们的兴趣与欲求，从心理上取得人们的信任。

抽象图表具有单纯凝练的形式美和强烈鲜明的视觉效果，是人们审美意的增强和时代精神的反映，较之具象图形具有更强的现代感、象征性、典型性。抽象表现可以不受任何表现技巧和对象的束缚，不受时空的局限，扩展了宣传册的表现空间。

（3）色彩。在宣传册设计的诸要素中，色彩是一个重要的组成部分。一方面，它可以营造气氛，烘托主题，强化版面的视觉冲击力，直接引起人们的注意与情感上的反应；另一方面，还可以更为深入地揭示主题与形象的个性特点，强化感知力度，给人留下深刻的印象，在传递信息的同时给人以美的享受。

（续上页）

经验分享：
公司宣传册的制作思路

宣传册的色彩设计应从整体出发，注重各构成要素之间色彩关系的整体统一，以形成能充分体现主题内容的基本色调；进步考虑色彩的明度、色相、纯度各因素的对比与互相调节关系。设计者对于主体色调的准确把握，可帮助读者形成整体印象，更好地理解主题。

（4）编排。宣传册的形式、开本变化较多，设计时应根据不同的情况区别对待。页码较少、面积较小的宣传册，在设计时应使版面特征醒目；色彩及形象要明确突出；主要文字可适当大一些。页码较多的宣传册，由于要表现的内容较多，为了实现统一整体的感觉，在编排上要注意网格结构的运用；要强调节奏的变化关系，保留一定量的空白；色彩之间的关系应保持整体的协调统一。

5.4 设置公司图片

在公司宣传册中，主要包括公司产品的内容。要体现公司产品时，就要用图片说话，所以文档插入了图片后还需要对图片的排列方式、样式等内容进行设置。

5.4.1 插入图片

为文档插入图片时，若要快速完成多张图片的插入操作，可一次性选中多张图片插入。

原始文件 实例文件\第5章\原始文件\作品1.jpg、作品2.jpg、作品3.jpg

Step 1 定位光标位置。切换到文档中第五页页面，将光标定位在要插入图片的位置处，如下图所示。

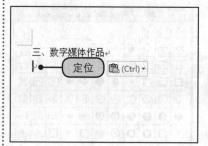

Step 2 单击"图片"按钮。切换到"插入"选项卡，单击"插图"组中的"图片"按钮，如下图所示。

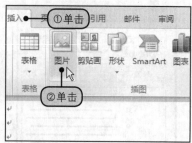

Step 3 选择要使用的图片。弹出"插入图片"对话框后，进入目标文件所在路径，按住Ctrl键不放，依次单击要插入的图片图标，如下图所示，然后单击"插入"按钮。

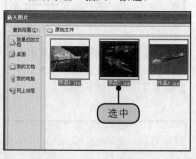

Step 4 显示插入图片效果。经过以上操作后，就可以完成图片的插入。返回文档中，将所有图片的高度都调整为"7.76"厘米，如下图所示。

5.4.2 设置图片环绕效果

当宣传册中一次性插入了3张图片后一行中无法全部放下时，为了使图片整齐显示在页面中，可根据需要对图片的环绕效果进行设置。

Step 1 选择目标图片。在文档中，选中要设置环绕方式的第二张图片，如下图所示。

Step 2 设置环绕效果。在"图片工具-格式"选项卡下单击"排列"组中的"自动换行"按钮，在展开的下拉列表中单击"浮于文字上方"选项，如下图所示。

Step 3 移动图片位置。第二张图片的环绕方式设置完毕后，将鼠标指针指向该图片，当指针变成 形状时，拖动鼠标，将图片移到画面中适当位置，如下图所示。

Step 4 显示图片设置效果。参照本节操作，将文档中第三张图片也设置为浮于文字上方，并将其移动到页面中右下角的适当位置，如下图所示。

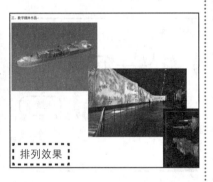

5.4.3 设置图片样式

将图片移至合适的位置后，为使图片显示出理想效果，需要对图片样式进行设置。本例中将直接套用Word中预设的图片样式。

Step 1 选择目标图片。在文档中单击要套用样式的第一张图片，如下图所示。

Step 2 单击"图片样式"框的"快翻"按钮。切换到"图片工具-格式"选项卡，单击"图片样式"组中列表框右下角的快翻按钮，如下图所示。

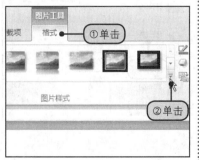

⑪ 更改图片

在 Word 中为文档插入了图片后，如果需要在不改变图片所应用格式的情况下更换图片，可按以下步骤完成操作。

1 打开目标文档后，右击要更改的图片，在弹出的快捷菜单中选择"更改图片"命令，如下图所示。

2 弹出"插入图片"对话框后，进入要更改的图片所在路径，单击目标图片，如下图所示，然后单击"插入"按钮。

3 经过以上操作后，即可完成更改图片的操作，如下图所示。

Step 3 选择要使用的图片样式。展开图片样式库后，选择要使用的样式图标"双框架，黑色"，如下图所示。

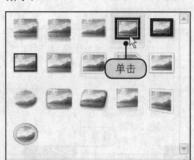
单击

Step 4 选择第二张要设置样式的图片。返回文档中即可看到图片套用样式后的效果，单击页面中第二张要设置样式的图片，如下图所示。

单击

Step 5 设置图片边框颜色。选择目标图片后，单击"图片工具-格式"选项卡下"图片样式"组中的"图片边框"按钮，在展开的颜色列表中单击"绿色"图标，如下图所示。

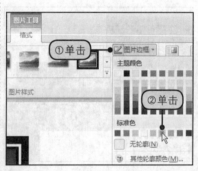
①单击
②单击

Step 6 设置图片边框宽度。为图片设置了边框颜色后，再次单击"图片样式"组中的"图片边框"按钮，在展开的下拉列表中单击"粗细"选项，在展开的子列表中单击"4.5磅"选项，如下图所示。

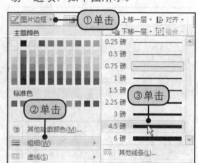
①单击
②单击
③单击

Step 7 设置图片阴影效果。为设置了图片的边框效果后，单击"图片样式"组中的"图片效果"按钮，在展开的下拉列表中单击"阴影"选项，在展开的子列表中单击"左上对角透视"图标，如下图所示。

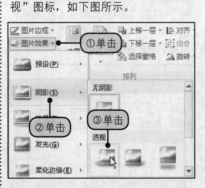
①单击
②单击
③单击

Step 8 设置图片发光效果。单击"图片样式"组中的"图片效果"按钮，在展开的下拉列表中单击"发光"选项，在展开的子列表中单击"水绿色，18pt发光，强调文字颜色5"图标，如下图所示。

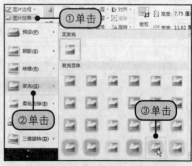
①单击
②单击
③单击

Step 9 设置图片棱台效果。单击"图片样式"组中的"图片效果"按钮，在展开的下拉列表中单击"棱台"选项，在展开的子列表中单击"松散嵌入"图标，如下图所示。

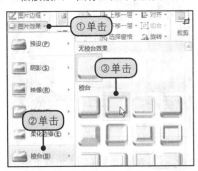

Step 10 显示设置图片样式效果。经过以上操作后，就完成了页面中第二张图片的设置操作。按照类似的方法，为第三张图片应用适当图片样式后的效果，如下图所示。

设置样式效果

5.4.4 为图片添加题注

为了使宣传册中每张图片的效果一目了然地展示在读者面前，可以选择为图片添加题注。

Step 1 单击"插入题注"命令。右击要插入题注的图片，在弹出的快捷菜单中选择"插入题注"命令，如下图所示。

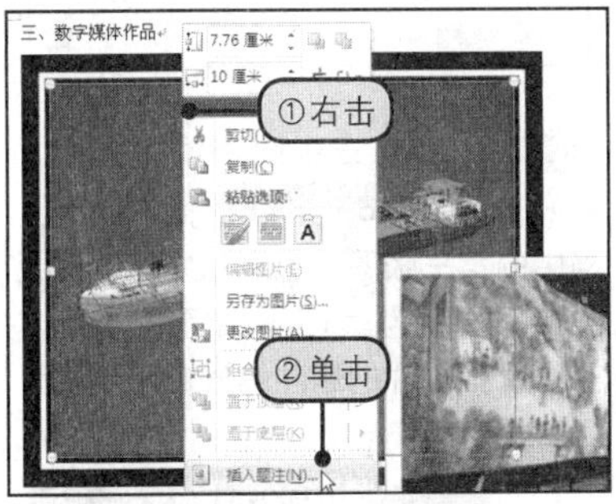

Step 2 单击"新建标签"按钮。弹出"题注"对话框，单击"新建标签"按钮，如下图所示。

Step 3 输入标签名称。弹出"新建标签"对话框后，在"标签"文本框中输入显示的标签名称，然后单击"确定"按钮，如下图所示。

Step 4 输入题注内容。返回"题注"对话框，在"题注"文本框中输入题注内容，然后单击"确定"按钮，如下图所示。

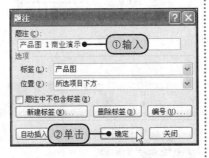

提示 ⑫ 更改题注中的编号格式

在Word 2010中为图片添加题注时，对于题中编号的格式时可以进行更改。具体操作步骤如下。

1 打开"题注"对话框，单击"编号"按钮，如下图所示。

2 弹出"题注编号"对话框后，单击"格式"框右侧的下三角按钮，在展开的下拉列表中单击要使用的编号格式，如下图所示，然后单击"确定"按钮，即可完成更改题注编号的操作。返回"题注"对话框，在"题注"文本框内输入题注内容，然后单击"确定"按钮，即可完成题注的添加。

Step 5 显示插入的题注效果。经过以上操作后，就完成了为图片添加题注的操作。返回文档即可看到插入的题注效果，如下图所示。

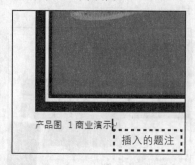

产品图 1商业演示
插入的题注

Step 7 输入题注内容。弹出"题注"对话框，由于第二张图片为浮于文字上方，因此"题注"文本框内显示的编号为"1"，在其中输入"题注"内容，然后单击"确定"按钮，如下图所示。

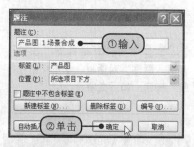

Step 9 显示为第二张图片插入的题注效果。参照前面步骤8的操作，将文本框调整到合适大小并移动到合适位置，即可完成为第二张图片插入题注的操作，题注编号将自动更改为"1"，如下图所示。

产品图 1场景合成
插入的题注

Step 6 单击"插入题注"命令。返回文档中，右击要第二张插入题注的图片，在弹出的快捷菜单中选择"插入题注"命令，如下图所示。

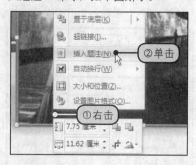

Step 8 调整"题注"文本框大小。返回文档中，将鼠标指针指向"题注"文本框右侧控点上，当指针变成横向双箭头形状时，向左拖动鼠标，将文本框调整到合适大小，如下图所示。

拖动

产品图 1场景合成

Step 10 为第三张图片添加题注。参照前面步骤6~步骤8的操作，为文档中的第三张图片也添加题注，该题注自动更新为"1"，如下图所示，其他两张图片的题注编号自动更改为"2"和"3"。

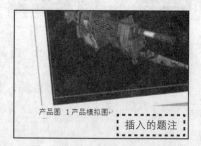

产品图 1产品模拟图
插入的题注

5.5 为公司简介添加艺术字

设置宣传册中的二级标题时，为了使标题引人注目，本例中将使用艺术字来装饰标题。

5.5.1 插入醒目艺术字吸引他人眼球

为宣传册插入艺术字时，由于文档中已输入了相关内容，可直接将这些文本转换为艺术字。

Step 1 选择目标文本。在文档中选中要制作为艺术字的文本，如下图所示。

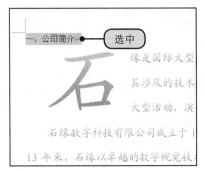

Step 2 选择要使用的艺术字样式。在"插入"选项卡下单击"文本"组中的"艺术字"按钮，在展开的艺术字库中选择"填充-橙色，强调文字颜色6，暖色粗糙棱台"图标，如下图所示。

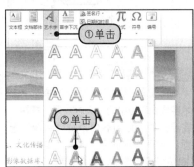

Step 3 显示插入艺术字效果。经过以上操作后，就可以将文档中的文本转换为艺术字，如右图所示。

⑬ 更改艺术字样式

为文档添加了艺术字后，如果用户对所选择的艺术字样式不满意，可对其进行更改。

1 打开目标文档后，选中艺术字文本框，如下图所示。

2 切换到"绘图工具-格式"选项卡，单击"艺术字样式"组中列表框右下角的快翻按钮，在展开的样式库中选择要更改的样式图标，如下图所示。

3 经过以上操作，即可完成更改艺术字样式的操作，如下图所示。

5.5.2 设置艺术字

为文档插入艺术字后，艺术字的位置、字体、效果等内容并不能完全符合制作宣传册的标准，所以还需要对艺术字的格式重新进行设置。

Step 1 设置艺术字位置。将文本转换为艺术字后，在"绘图工具-格式"选项卡下单击"排列"组中的"位置"按钮，在展开的下拉列表中单击"顶端居中-四周型文字环绕"图标，如右图所示。

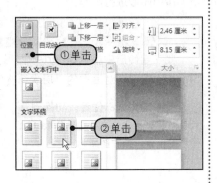

⑭ 为艺术字设置
文本框格式

制作艺术字时，艺术字文本框内的文字方向、内部边距、对齐方式等格式都是可以进行设置的。

1 需要设置艺术字文本框的格式时，可在选中目标文本框后，单击"绘图工具-格式"选项卡下"艺术字样式"组的对话框启动器按钮，如下图所示。

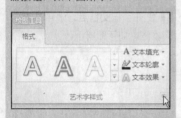

2 弹出"设置文本效果格式"对话框，在"文本框"标签下即可对文本框的格式进行设置，如下图所示。

Step 2 选择艺术字文本。将艺术字移动到合适位置后，在文档中拖动鼠标，选中艺术框中的所有文字，如下图所示。

Step 4 设置艺术字的映像效果。在"绘图工具-格式"选项卡下单击"艺术字样式"组中的"文本效果"按钮，在展开的下拉列表中单击"映像"选项，展开子列表后，单击"半映像，4pt偏移量"图标，如下图所示。

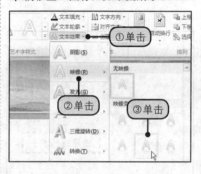

Step 3 设置文本格式。选中艺术字后，在"开始"选项卡下"字体"组中将"字体"设置为"华文行楷"，如下图所示。

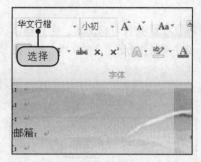

Step 5 显示艺术字设置效果。经过以上操作后，即可将艺术字格式设置为合适效果，如下图所示。用户可按照类似的方法操作，对宣传册中其他二级标题设置适当的艺术字效果。

艺术字设置效果

5.6 设计公司管理层结构图

为宣传册制作公司管理结构图时，可直接使用Word 2010中的SmartArt图形进行制作。

5.6.1 插入SmartArt图形

要在宣传册中插入SmartArt图形为"组织结构图"，可以在"选择SmartArt图形"对话框的"层次结构"中选择。

Step 1 定位光标位置。切换到第六页，将光标定位在要插入SmartArt图形的位置，如右图所示。

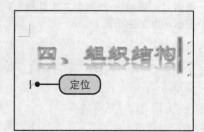

定位

Step 2 单击SmartArt按钮。切换到"插入"选项卡，单击"插图"组中的SmartArt按钮，如下图所示。

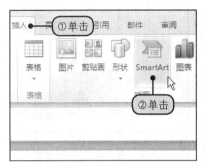

Step 3 选择要插入的图形类别。弹出"选择SmartArt图形"对话框，单击"层次结构"标签，然后在列表框中单击"组织结构图"图标，如下图所示，然后单击"确定"按钮。

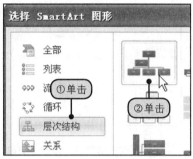

Step 4 为SmartArt图形添加文字内容。经过以上操作后，就可以为文档插入一个组织结构图，在其中输入需要的文本，然后选中图形中最后一个形状，如下图所示。

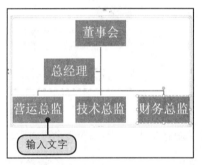

Step 5 为SmartArt添加形状。在"SmartArt工具-设计"选项卡下单击"创建图形"组中的"添加形状"按钮，在展开的下拉列表中单击"在后面添加形状"选项，如下图所示。

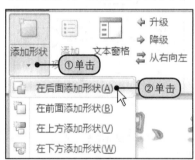

Step 6 显示插入的SmartArt图形效果。为SmartArt图形添加了需要的形状后，在其中输入需要的文本内容，就完成了图形的插入，如右图所示。

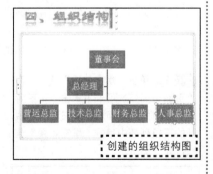

提示 ⑮ 更换SmartArt图形

在文档中创建了SmartArt图形后，如果当前的图形不能完全符合用户需要，可通过设置对图形进行更换。

1 打开目标文档后，选中要更换的SmartArt图形，如下图所示。

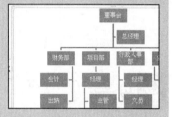

2 切换到"SmartArt工具-设计"选项卡，单击"布局"组中列表框右下角的快翻按钮，如下图所示。

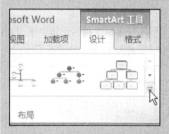

3 展开布局库后，选择要更换的图形，如下图所示。

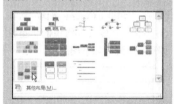

4 经过以上操作后，即可完成更换SmartArt图形的操作，如下图所示。

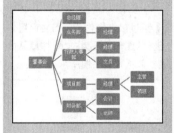

5.6.2 美化结构图

美化宣传册的组织结构图时，可通过结构图的颜色及效果两方面进行设置。为了快速完成设置，本例中将直接套用Word 2010中预设的配色方案及SmartArt图形样式。

Step 1 单击"SmartArt样式"框的对话框启动器按钮。在"SmartArt工具-设计"选项卡下，单击"SmartArt样式"组的对话框启动器按钮，如下图所示。

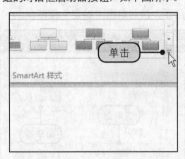

Step 2 选择要套用的SmartArt图形样式。展开SmartArt样式库后，选择"三维"组中的"日落场景"图标，如下图所示。

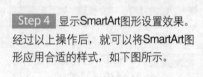

提示 ⑯ 重设SmartArt图形

将SmartArt图形格式设置完毕后，如果用户对设置后的效果不满意，可将图形重设，使其恢复默认效果。

1 打开目标文档后，选中要设置的SmartArt图形，如下图所示。

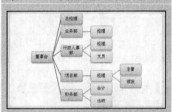

2 在"SmartArt工具-设计"选项卡下单击"重置"组中的"重设图形"按钮，如下图所示。

3 经过以上操作后，即将设置好格式的图形恢复为Word中默认的格式效果，如下图所示。

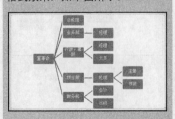

Step 3 更改图形颜色。单击"更改颜色"图标，在展开的颜色列表中单击"彩色范围-强调文字颜色范围4至5"图标，如下图所示。

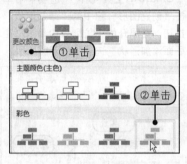

Step 4 显示SmartArt图形设置效果。经过以上操作后，就可以将SmartArt图形应用合适的样式，如下图所示。

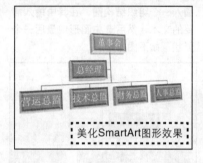

美化SmartArt图形效果

5.7 为公司简介宣传册设置页面颜色和边框

经过前面几个小节的制作流程，就完成了公司简介宣传册的制作。在本节的美化过程中，可对宣传册的页面及边框进行设置。

Step 1 单击"填充效果"选项。在"页面布局"选项卡下单击"页面背景"组中的"页面颜色"按钮，在展开的下拉列表中单击"填充效果"选项，如下图所示。

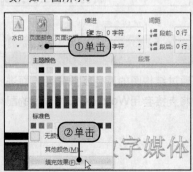

Step 2 设置渐变颜色。弹出"填充效果"对话框，选中"双色"单选按钮，然后单击"颜色2"框右侧的下三角按钮，在展开的颜色列表中单击"黄色"图标，如下图所示。

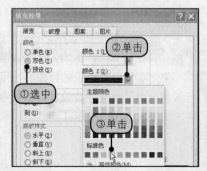

Step 3 单击"页面边框"按钮。在"填充效果"对话框中单击"确定"按钮，返回文档中单击"页面背景"组中的"页面边框"按钮，如下图所示。

Step 4 选择边框类型。弹出"边框和底纹"对话框，在"页面边框"选项卡下单击"艺术型"框右侧的下三角按钮，在展开的下拉列表中单击要使用的边框样式，如下图所示。

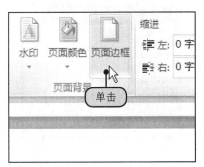

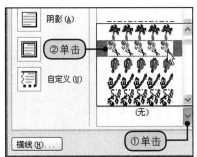

Step 5 设置边框线的粗细。选择要使用的边框样式后，在"宽度"数值框内输入要设置的边框宽度为"25磅"，如下图所示，最后单击"确定"按钮。

Step 6 显示页面与边框的设置效果。经过以上操作后，即可通过为页面填充渐变颜色及添加艺术型边框来美化页面，如下图所示。

页面和边框设置效果

5.8 制作邮寄宣传册的信封

将宣传册制作好后，为了让更多的伙伴都对公司有所了解，可通过寄信的方式将宣传册邮寄给他们。为了提高填写信封的工作效率，可在Word 2010中批量制作信封。批量制作信封时，要提供客户的联系方式，用户可在Excel表格中按照客户名称、称谓、单位、公司地址、邮编等内容分类制作客户联系表格。

原始文件 实例文件\第5章\原始文件\通讯簿.xlsx
最终文件 实例文件\第5章\最终文件\邮寄宣传册的信封.docx

提示 ⑰ **更改页面边框的测量基准**

在Word 2010中，边框的测量基准包括"文字"和"页边"两种，通常情况下测量基准为"页边"。下面来介绍一下具体更改操作。

1 打开"边框和底纹"对话框，在"页面边框"选项卡下设置好边框的样式和宽度，然后单击"选项"按钮，如下图所示。

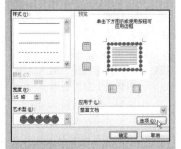

2 弹出"边框和底纹选项"对话框，单击"测量基准"框右侧的下三角按钮，在展开的下拉列表中单击"文字"选项，如下图所示，然后依次单击各对话框的"确定"按钮。

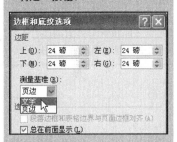

3 返回文档中即可看到所设置的边框紧紧围绕在文字周围，如下图所示。

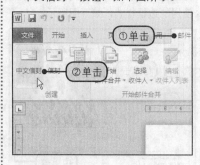

常见问题

信封的格式是什么

Q 信封用于写明信件的邮寄地址等内容，那么在填写信封时，具体格式是什么？

A 在书写信封时，可参照以下内容进行填充。

（1）寄件人地址。姓名应写在信封左上角。

（2）收件人地址。姓名应写在信封右下角。

（3）用法文、英文书写时，按姓名、地名、国名逐行顺序填写，地名、国名用大写字母书写。

（4）用中文书写时，按国名、地名、姓名逐行顺序填写。

（5）用法文或英文以外的文字书写时，寄达国国名和地名应用中文或法文、英文（字母要大写）加注。寄件人姓名、地址如只用中文书写时，必须用法文、英文或寄达国通晓的文字加注我国国名和地名。

（6）寄往日本、韩国及港、澳地区的特快邮件封面收/寄件人姓名、地址可以用中文书写。

Step 1 单击"中文信封"按钮。新建一个Word 2010文档，切换到"邮件"选项卡，单击"创建"组中的"中文信封"按钮，如下图所示。

Step 2 使用信封制作向导。弹出"信封制作向导"对话框，单击"下一步"按钮，如下图所示，将进入"选择信封样式"界面。

Step 3 选择信封样式。单击"信封样式"框右侧的下三角按钮，在展开的下拉列表中选择要使用的信封样式，如下图所示。

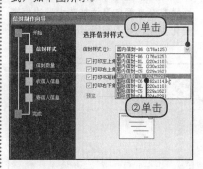

Step 4 进入下一步操作。选择了信封的样式后，单击"下一步"按钮，如下图所示，进入下一个步骤。

Step 5 选择生成信封方式。进入"选择生成信封的方式和数量"界面，选中"基于地址簿文件，生成批量信封"单选按钮，然后单击"下一步"按钮，如下图所示。

Step 6 单击"选择地址簿"按钮。进入"从文件中获取并匹配收信人信息"界面，单击"选择地址簿"按钮，如下图所示。

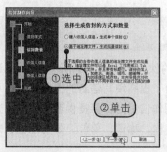

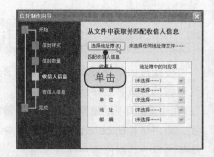

Step 7 选择导入的通讯录文件类型。弹出"打开"对话框，单击"文件类型"框右侧的下三角按钮，展开列表后，单击Excel选项，如右图所示。

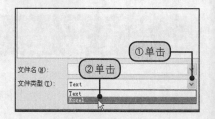

Step 8 选择要使用的文件。选择了文件类型后，进入要打印的文件所在路径，选中目标文件，如下图所示，然后单击"打开"按钮。

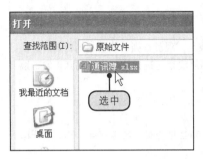

Step 10 选择信封的其他信息。参照前面步骤9的操作，将"称谓""单位"等其余信息进行选择，然后单击"下一步"按钮，如下图所示。

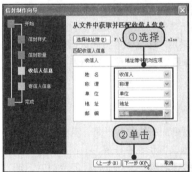

Step 12 完成信封制作。进入"信封制作向导"界面，单击"完成"按钮，如下图所示。

Step 9 选择收信人姓名。返回"信封制作向导"窗口，单击"匹配收信人信息"列表框中"姓名"右侧下拉列表框的下三角按钮，在展开的列表中单击"收信人"选项，如下图所示。

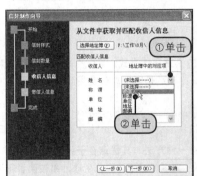

Step 11 设置寄信人信息。进入"输入寄信人信息"界面后，在"姓名""单位""地址"及"邮编"文本框中输入相关信息，然后单击"下一步"按钮，如下图所示。

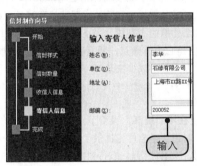

Step 13 显示制作的信封效果。经过以上操作后，会弹出一个新的Word窗口，窗口中显示出根据通讯录中的信息而制作出的信封，如下图所示。至此，就完成了信封的制作。

⑱ 制作单个信封

在Word 2010中制作信封时，可以选择制作批量信封和单个信封，本例中选择了批量制作的方法。在制作单个信封时，操作步骤与批量制作的方法类似。

打开"信封制作向导"对话框后，单击"下一步"按钮，进入"选择信封样式"界面；选择要使用的信封后，单击"下一步"按钮，进入"选择生成的信封方式和数量"界面；选中"键入收信人信息，生成单个信封"单选按钮，然后单击"确定"按钮，进入"输入收信人信息"界面；输入相关内容后，再次单击"下一步"按钮，就会进入"输入寄信人信息"界面；输入相关信息后，进入"完成"界面；单击"完成"按钮，就完成了单个信封的制作。

专家点拨：企业的宣传方法

一个企业无论是成立之初，还是步入正轨之后，宣传工作是必不可少的工作。纵观目前的消费市场，企业的宣传方法主要有6种，具体内容如下。

一、电视（广播）

电视广告发展至今，是最常见的企业宣传方式。其优点是声音、动画兼具，观赏性强，能引起消费者注意，从而易达到见效快、普及率广的目的；缺点是电视广告费用高昂，时间短，对观众无选择性，且又受开机率、跳频、收视率及时间等的限制。

二、报纸

通过报纸宣传，也是使用较广的一种方法。其优点在于弹性大，及时，对当地市场的覆盖率高；缺点在于印刷不够精致，广告版面有限，篇幅小，文字多，不够形象生动，易被读者忽视。

三、户外广告

户外广告是指在公路广告牌中所展示的广告。其优点是能够突出品牌效应，广告宣传时间久；缺点是内容表达不全面，互动性不强，受场地限制，受看范围较小，不能选择消费对象。

四、互联网

《第21次中国互联网络发展状况统计报告》数据显示，截至2008年6月底，我国网民总数已达到2.53亿人，占人口比例近20%，因此，通过网络来进行品牌推广和营销，正被越来越多企业所重视。互联网宣传的优点是宣传空间巨大，巨大的包容性是传统媒体无法比拟的。宣传几乎不受限制，商企可以采用"多媒体"方式进行企业产品的推销,这是其他媒体绝对办不到的。但是它也有缺点，即只有那些有条件的群体及商企才可用，普通消费者是无法了解其所需的信息，且只有需要时才去查看，缺少主动。

五、杂志

目前，杂志的可看性与可读性正在不断提高，吸引了众多读者，而竞争也更加白热化。于是，杂志社无不在内容编排、印刷质量上力求完美，同时也为杂志广告提供了一个更加广阔的天地。其优点在于保存时间长，传阅率高,可使杂志广告的持续效果达到最久；选择性强，宣传对象明确，有其固定的读者群；发行面广，不受时空、地域的限制；印刷精致,图文并茂，广告版面集中，能较好地表现商品的特征；可采用跨页广告，视觉效果更具震撼力。当然每一种宣传方法都有各自的缺点，杂志也不例外。其缺点是平面广告缺乏动感、声音；发行面有限，周期较长，缺乏灵活性。

每种宣传方法都有各自的优、缺点，用户在宣传自己的企业时，可根据企业自身的特点、实力、受众范围等因素，选择适当的宣传方法。

制作投标报价书

学习要点

- 为报价书设置标题样式
- 为报价书设置大纲级别
- 绘制施工流程图
- 为报价书添加页码
- 插入文件索引
- 插入文件目录

本章结构

编辑文档
- 设置字符格式
- 设置段落格式

制作报价书大纲
- 修改并套用标题样式
- 设置大纲级别

为报价书添加表格
- 插入表格并输入内容
- 调整表格布局
- 美化表格

绘制施工流程图
- 绘制与排列图形
- 添加文字与连线
- 调整与美化结构图

制作报价书索引与目录
- 添加页码
- 插入文件索引
- 插入文件目录

1 为报价书添加并美化表格

2 制作施工流程图

3 为报价书添加页码

4 为报价书添加目录

制作投标报价书

报价书是根据承包工程的文件及承包价格做出的要约表示。常见的报价书有投标报价书、工程报价书、竞买报价书等类型，投标报价书中又包括投标总价、报价说明、报价汇总表等内容。本例就以投标报价书为例，介绍一下报价书的制作。

6.1 编辑文档

本例中所制作的报价书是一个半成品，其中已添加了一些文本内容，所以在本节中可直接对报价书中的字符、段落的格式进行设置。

原始文件　实例文件\第6章\原始文件\投标报价书.docx
最终文件　实例文件\第6章\最终文件\投标报价书.docx

6.1.1 设置字符格式

制作报价书时，为了让标题与正文的内容有所区分，需要为不同的对象应用不同的格式。

Step 1 选择要设置格式的文本。打开附书光盘\实例文件\第6章\原始文件\投标报价书.docx，选中要设置格式的文本，如下图所示。

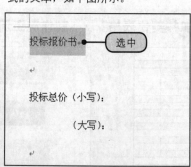

Step 2 单击"字体"组的对话框启动器按钮。选择目标文本后，在"开始"选项卡下单击"字体"组的对话框启动器按钮，如下图所示。

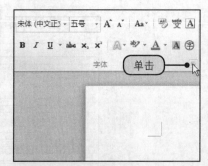

Step 3 设置字体格式。弹出"字体"对话框，在"中文字体"下拉列表中选择"黑体"选项，然后单击"字号"列表框内"二号"选项，如右图所示。

报价书是在竞标时所制作的文件，是投标书的一部分，也是核心内容。通常情况下，报价书中包括以下几点内容。

（1）投标函。对投标的项目名称、竞标单位及报价书中所提供的文件进行列举。

（2）综合说明。对工程的整体情况进行详细说明。

（3）对招标文件的确认提出新建议。

（4）报价说明。即注明报价总金额中未包含的内容和要求招标单位配合的条件，应写明项目、数量、金额和未予包含的理由。对招标单位的要求应具体明确，并提出在招标单位不能给予配合情况下的报价和要求，例如报价增加多少、工期延长要求及其他要求条件等。

（5）降低造价的建议和措施说明。

Step 4 选择间距选项。切换到"高级"选项卡，单击"间距"框右侧的下三角按钮，在展开的下拉列表中单击"加宽"选项，如下图所示。

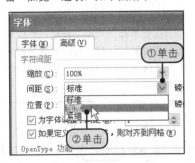

Step 5 设置加宽磅值。选择了间距选项后，单击"磅值"数值框右侧上调按钮，将数值设置为"1.5磅"，如下图所示，最后单击"确定"按钮。

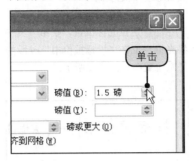

Step 6 选择要设置格式的其他文本。返回文档中即可看到标题设置后的效果，然后选中正文中要设置格式的文本，如下图所示。

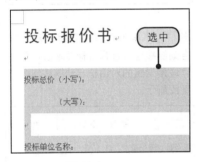

Step 7 设置文本字号。选择目标文本后，在"字体"组中单击"字号"框右侧的下三角按钮，在展开的下拉列表中单击"四号"选项，如下图所示。

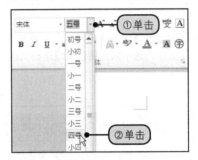

Step 8 选择不连续的文本。返回文档中按住Ctrl键不放，依次拖动鼠标，选中要添加下画线的空格行，如下图所示。

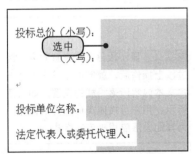

Step 9 为文本添加下画线。选择目标文本后，在"字体"组中单击"下画线"按钮，如下图所示。

Step 10 显示文本设置效果。经过以上操作后，就可以为文档中所选择的空格行添加下画线，如右图所示。用户可按照类似的操作方法，为文档中其他文本也设置格式。

> **经验分享：**
> **报价书的封面排版**
>
> 　　封面是书籍装帧设计艺术中的门面部分，报价书的封面应重点体现出报价公司的重要信息。
> 　　在制作报价书的封面时，首先要有一个非常显眼的主体，能够有效地刺激读者的眼睛，这个主体可以是报价公司的单位名称；其次，要在封面中体现公司的联系方式，从而使报价书的阅读者可以很轻易地联系到报价书所在单位；接下来就是对封面整体美观度的设置。总之，报价书的封面要求布局大方、内容简明扼要。

6.1.2 设置段落格式

为了使投标书更加整齐、规范，还要对正文的段落格式进行设置。具体设置内容如下。

在Word 2010中设置了"首行缩进"效果后，程序自动将缩进的字符设置为2字符，如果用户需要对缩进的字符数进行更改时，可按以下步骤完成操作。

1 打开"段落"对话框后，单击"特殊格式"框右侧的下三角按钮，在展开的下拉列表中单击"首行缩进"选项，如下图所示。

2 选择了缩进选项后，单击"磅值"框右侧上调按钮，增加缩进的字符数，如下图所示，调整合适后，单击"确定"按钮，即可完成操作。

Step 1 定位光标位置。在第一页中将光标定位在"投标报价书"一段的任意位置中，如下图所示。

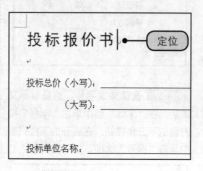

Step 2 单击"居中"按钮。定位好光标的位置后，在"开始"选项卡下单击"段落"组中的"居中"按钮，如下图所示。

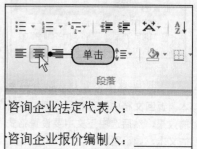

Step 3 选中目标文本。在文档中拖动鼠标，选中其他要设置段落格式的文本，如下图所示。

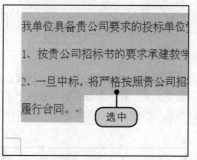

Step 4 单击"段落"组的对话框启动器按钮。选择目标文本后，单击"段落"组的对话框启动器按钮，如下图所示。

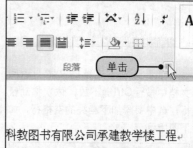

Step 5 设置段落的"首行缩进"格式。弹出"段落"对话框，单击"特殊格式"框右侧的下三角按钮，在展开的下拉列表中单击"首行缩进"选项，如下图所示，最后单击"确定"按钮。

Step 6 显示段落格式设置效果。经过以上操作后，就完成了第一页文档中文本内容段落格式的设置，如下图所示。用户可按照类似的方法操作，为其他段落应用相应的格式。

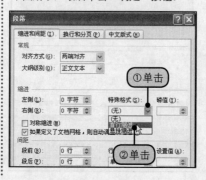

Step 7 定位插入分页符的位置。在第一页中将光标定位于要在第二页中显示的位置处，如下图所示。

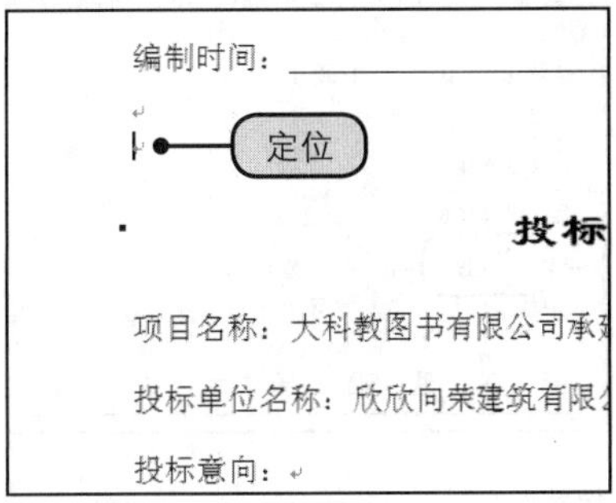

Step 8 单击"分页符"选项。切换到"页面布局"选项卡，单击"页面设置"组中的"分隔符"按钮，在展开的下拉列表中单击"分页符"选项，如下图所示。

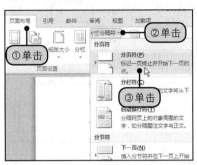

在Word 2010中插入"分页符"时，也可以通过快捷键来完成操作。

将光标定位在要进行分页的位置后，只要按下Ctrl+Enter快捷键，即可将光标以下的内容划分到下一页中进行显示，从而完成分页符的插入。

Step 9 显示插入分页符效果。经过以上操作后，就可以将光标所在位置后面的文本显示到下一页中，如右图所示。按照类似的方法操作，为其他需要分页显示的内容插入分页符。

插入分页符效果

6.2 制作报价书大纲

报价书中包括了不同级别的标题，为了让标题显示为文档结构图，可为标题内容套用Word 2010中的标题样式。但是对于无法应用标题样式的文本，可通过大纲级别设置。

6.2.1 修改并套用标题样式

Word 2010中虽然预设了一些标题样式，但是报价书中要使用的样式并没有预设。设置标题样式时，可直接在预设标题样式的基础上进行修改，然后再套用到文档中。

Step 1 定位光标位置。在第一页中将光标定位在要应用样式的段落内，如右图所示。

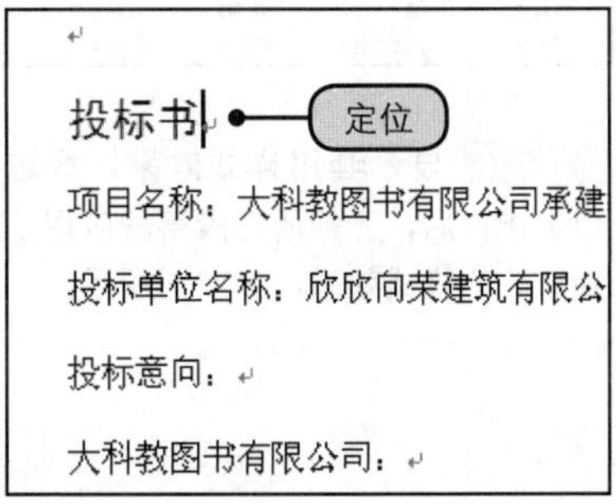

③ 更改样式

为文本套用了样式后，需要将其套用另一种样式时，可直接将光标定位在目标段落内，然后在"样式"库中选择要更改的样式图标。

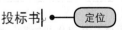

Step 2 单击"修改"命令。在"开始"选项卡下右击"样式"组中列表框内的"标题1"图标，在弹出的快捷菜单中选择"修改"命令，如下图所示。

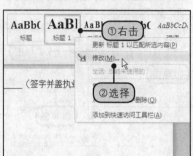

Step 3 设置样式的对齐方式。弹出"修改样式"对话框，在"格式"区域内单击"居中"按钮，如下图所示。

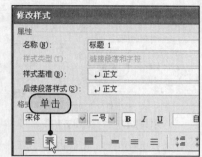

④ 对样式进行重命名

在Word 2010中，为文档套用样式时，如果用户觉得样式库中的样式名称不直观，可手动进行更改。

1 在"开始"选项卡的"样式"列表框内右击要重命名的样式，弹出快捷菜单后，选择"重命名"命令，如下图所示。

2 弹出"重命名样式"对话框，在文本框中输入新的样式名称，然后单击"确定"按钮，如下图所示，就完成了样式的重命名操作。

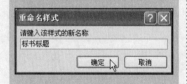

Step 4 设置字体格式。单击"字体"框右侧的下三角按钮，在展开的下拉列表中单击"隶书"选项，如下图所示。

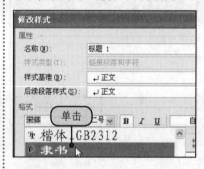

Step 6 更改段落间距。弹出"段落"对话框，在"间距"区域内"段前"与"段后"数值框内分别输入"10磅"数值，如下图所示，最后单击各对话框的"确定"按钮。

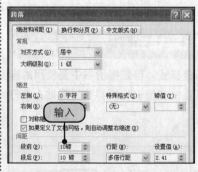

Step 5 单击"段落"选项。单击对话框左下角的"格式"按钮，在展开的下拉列表中单击"段落"选项，如下图所示。

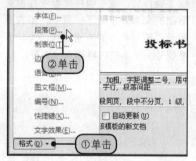

Step 7 为段落套用样式。返回文档中，单击"样式"组内列表框中的"标题1"图标，如下图所示。

Step 8 显示套用样式效果。经过以上操作后，光标所在段落就应用了新修改的样式效果，如右图所示。

6.2.2 设置大纲级别

在报价书中还包括一些不能套用样式的段落，此时可以采用设置段落大纲级别的方法，将其显示在文档结构图中。

Step 1 定位光标位置。在第一页文档中，将光标定位在要设置大纲级别的段落中，如下图所示。

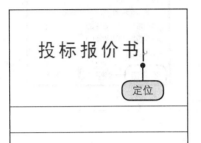

Step 2 单击"段落"组的对话框启动器按钮。定位光标的位置后，单击"段落"组的对话框启动器按钮，如下图所示。

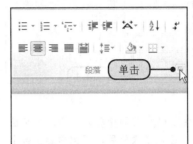

Step 3 设置大纲级别。弹出"段落"对话框，单击"大纲级别"框右侧的下三角按钮，在展开的列表中单击"1级"选项，如右图所示，单击"确定"按钮，就完成了大纲级别的设置。然后，为其他段落也设置相应的大纲级别即可。

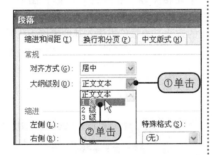

⑤ **对设置的大纲级别进行查看**

为文本设置了大纲级别后，在文档结构图中就会显示出大纲内容。需要对内容进行查看时，可通过"导航"窗格进行查看。

1 设置了大纲级别后，切换到"视图"选项卡，在"显示"组中勾选"导航窗格"复选框，如下图所示。

2 弹出"导航"窗格后，在其中即可看到设置为大纲的内容，如下图所示。

6.3 为报价书添加表格

报价书中包括很多表格，例如工程项目报价汇总表、单位工程报价汇总表等。本节就以单位工程报价汇总表的制作为例，介绍一下为报价表添加表格的操作。

6.3.1 插入表格并输入内容

由于单位工程报价汇总表的行数太多，为了快速完成操作，可使用对话框来完成插入。

Step 1 定位光标的位置。切换到第三页，在要插入表格的位置单击鼠标，将光标定位在内，如右图所示。

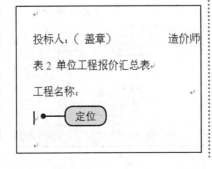

在Word 2010中制作表格时，如果要对整个表格的大小进行调整，可按以下步骤完成操作。

1 将鼠标指针指向表格右下角的□形状，当指针变成斜向双箭头形状时，向内拖动鼠标，如下图所示。

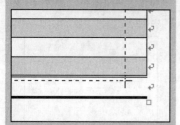

2 将表格调整到合适大小后，释放鼠标，就完成了缩小表格的操作，如下图所示。如果要扩大表格时，可向外拖动鼠标。

Step 2 单击"插入表格"选项。切换到"插入"选项卡，在"表格"组中单击"表格"按钮，在展开的下拉列表中单击"插入表格"选项，如下图所示。

Step 4 为表格输入字符。在文档中插入了表格后，根据需要在各个单元格中输入相关内容，如右图所示，就完成了表格的插入。按照同样的方法，为报价书插入其他表格。

Step 3 设置表格尺寸和大小。弹出"插入表格"对话框，在"表格尺寸"区域内的"列数"与"行数"数值框内分别输入所插入表格的行数与列数，然后单击"确定"按钮，如下图所示。

工程名称		
序号		内容
一		（单位工程1，如1
二		（单位工程2）
三		（单位工程3）
		插入后调整大小

6.3.2 调整表格布局

为报价表插入了所有表格后，表格中有一些需要合并或调整大小的单元格，这时就需要对表格的布局进行调整。本节仍以单位工程报价汇总表为例，介绍调整操作。

Step 1 选择"表格属性"命令。右击单位工程报价汇总表右上角的⊞按钮，在弹出的快捷菜单中选择"表格属性"命令，如下图所示。

Step 2 设置行高。弹出"表格属性"对话框，切换到"行"选项卡，勾选"指定高度"复选框，然后在该数值框内输入要调整的行高数值，单击"行高值是"框右侧的下三角按钮，在展开的下拉列表中单击"固定值"选项，如下图所示，最后单击"确定"按钮。

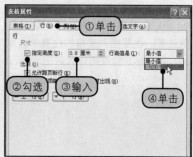

Step 3　设置表格内文本字号。返回文档中，单击"字号"框右侧的下三角按钮，在展开的下拉列表中单击"五号"选项，如下图所示。

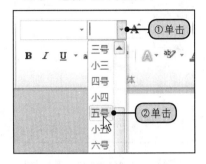

Step 4　单击"水平居中"按钮。设置了字号后，切换到"表格工具-布局"选项卡，单击"对齐方式"组中的"水平居中"按钮，如下图所示。

Step 5　选择要合并的单元格。设置了表格中文字的对齐方式后，取消表格的选中状态，然后选中要合并的单元格，如下图所示。

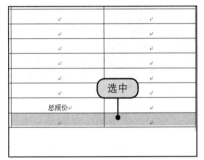

Step 6　单击"合并单元格"按钮。切换到"表格工具-布局"选项卡，单击"合并"组中的"合并单元格"按钮，如下图所示。

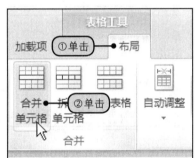

⑦ **重复上一操作**

在Word 中设置文本格式时，如果要频繁地使用同一动作，不必每次都使用鼠标去单击执行操作，只要按下F4键即可。例如：在合并单元格时，执行了一次合并操作后，再选中其他要合并的单元格，然后按下F4键，Word 就会再一次执行合并操作。

Step 7　显示合并单元格效果。经过以上操作后，就完成了合并单元格的操作，如右图所示。同时，也完成了调整单位工程报价汇总表布局的操作。用户可按照类似的方法，对其他表格的布局进行调整。

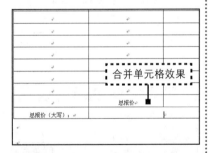

6.3.3 美化表格

为了使报价表中表格的内容更加清晰，可为表格的样式进行设置。为了快速完成设置，本例将分别介绍套用Word 2010中预设的表格样式及自定义表格样式的操作。

Step 1　单击"表格样式"框的快翻按钮。将光标定位在单位工程报价汇总表中，切换到"表格工具-设计"选项卡，单击"表格样式"组中列表框右下角的快翻按钮，如下图所示。

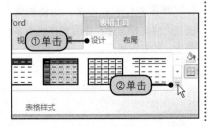

使用Word 制作表格时，当用户新建了不需要的表格样式，或是需要对样式库中原有的样式进行删除时，可按以下步骤完成操作。

切换到"表格工具-设计"选项卡，单击"表格样式"组中列表框右下角的"快翻"按钮，在展开的样式库中右击要清除的样式图标，在弹出的快捷菜单中选择"删除表格样式"命令，如下图所示。弹出确认对话框后，单击"是"按钮即可。

Step 2 选择要使用的表格样式。展开表格样式库后，选择"中等深浅底纹2，强调文字颜色3"图标，如下图所示。

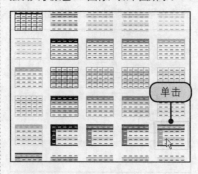

Step 4 显示套用表格样式效果。经过以上操作后，就完成了为表格套用样式的操作，如下图所示。

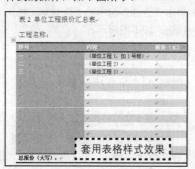

表 2 单位工程报价汇总表
套用表格样式效果

Step 6 更改表格样式的边框。弹出"修改样式"对话框，单击"所有框线"按钮，如下图所示，最后单击"确定"按钮。

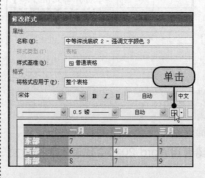

Step 8 定位光标位置。切换到第五页，将光标定位在要设置样式的表格中，如右图所示。

Step 3 设置表格样式选项。选择了表格样式后，在"表格样式选项"组中勾选"汇总行"复选框，如下图所示。

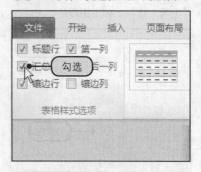

Step 5 单击"修改表格样式"选项。再次打开"表格样式"库，然后选择"修改表格样式"选项，如下图所示。

Step 7 显示更改表格样式效果。经过以上操作后，就完成了更改表格样式的操作。返回文档中即可看到修改表格样式后的效果，如下图所示。参照本节操作，为报价书中其他表格的样式也进行适当设置。

修改表格样式效果

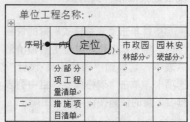

Step 9 单击"表格样式"框的快翻按钮。切换到"表格工具-设计"选项卡,单击"表格样式"组中列表框右下角的快翻按钮,如下图所示。

Step 11 设置样式名称与框线。弹出"根据格式设置创建新样式"对话框,在"名称"文本框中输入样式的名称,然后单击"边框"右侧的下三角按钮,在展开的下拉列表中单击"所有框线"选项,如下图所示。

Step 13 设置表格内文本的对齐方式。单击"对齐方式"右侧的下三角按钮,在展开的列表中单击"水平居中"图标,如下图所示。

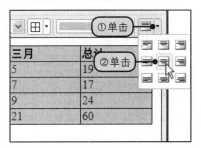

Step 15 设置标题的文本格式。在"格式"区域内将"字体"设置为"隶书","字号"设置为"四号""加粗"效果,并将字体颜色设置为"白色,背景1",如右图所示。

Step 10 单击"新建表样式"选项。在展开的表格样式库中,选择"新建表样式"选项,如下图所示。

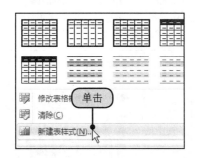

Step 12 设置表格的底纹填充颜色。单击"填充颜色"框右侧的下三角按钮,在展开的颜色列表中单击"水绿色,强调文字颜色5,淡色40%"图标,如下图所示。

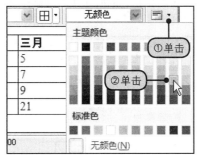

Step 14 选择格式的应用范围。单击"将格式应用于"框右侧的下三角按钮,在展开的下列表中单击"标题行"选项,如下图所示。

提示 ⑨ 设置表格的默认样式

在默认的情况下,为文档插入表格后,表格会显示出只显示边框的效果。如果用户要让表格的插入后就会显示出某种表格样式,可将这种样式设置为表格的默认效果。下面来介绍一下具体操作方法。

1 在打开的表格样式库中,右击要设置为默认值的样式图标,弹出快捷菜单后,选择"设为默认值"命令,如下图所示。

2 弹出Microsoft Word 对话框,选中"仅此文档"单选按钮,如下图所示,然后单击"确定"按钮。

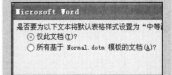

3 经过以上设置后,在文档中插入一个空白表格,就会应用设置为默认值的样式,如下图所示。

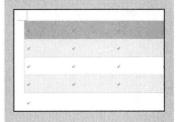

提示 ⑩ 单独设置表格的边框和底纹

在设置表格样式时，如果用户不想通过样式对表格的格式进行设置，可以在"表格工具-设计"选项卡下"表格样式"组中通过"边框""底纹"两个选项对表格外观进行设置。需要设置表格内的文本格式时，可切换到"开始"选项卡，在"字体"组中完成。

Step 16 设置标题的框与填充颜色。设置了标题行的字体格式后，单击"所有框线"按钮，然后单击"填充颜色"框右侧的下三角按钮，在展开的颜色列表中单击"水绿色，强调文字颜色5，淡色50%"图标，如下图所示。

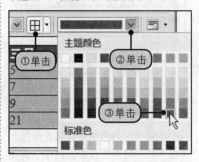

Step 18 设置文本格式。选择了格式的应用范围后，在"格式"区域内单击"加粗"按钮，如下图所示，然后单击"确定"按钮，即可完成样式的新建操作。

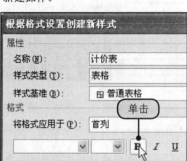

Step 20 显示套用的表格样式效果。经过以上操作后，就可以为表格新建并应用表格样式，如右图所示。参照本节操作，为报价书中其他表格设置适当的样式。

Step 17 选择格式的应用范围。设置了标题行的格式后，单击"将格式应用于"框右侧的下三角按钮，在展开的下列表中单击"首列"选项，如下图所示。

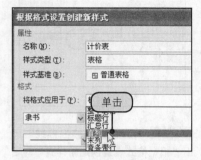

Step 19 应用新建的表格样式。返回文档中，打开表格样式库，选择"自定义"区域内新创建的表格样式，如下图所示。

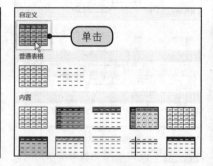

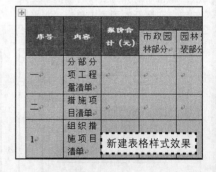

6.4 绘制施工流程图

为了让看到报价书的客户能够清楚地了解公司的施工情况，还可以在报价书的最后绘制施工流程图。本例中将使用"自选图形"的组合来制作流程图。

6.4.1 绘制与排列图形

由于流程图中会包括多个步骤，因此在制作时要分别绘制出不同类型的形状。

Step 1 输入流程图名称。在文档的最后一页输入流程图名称，并为其应用"标题2"样式，如下图所示。

输入并设置

Step 2 选择要绘制的自选图形。在"插入"选项卡下单击"插图"组中的"形状"按钮，在展开的形状库中选择"剪去两侧角的矩形"图标，如下图所示。

① 单击
② 单击

Step 3 绘制形状图形。选择了要绘制的形状后，在文档中拖动鼠标绘制出需要的形状，如下图所示。

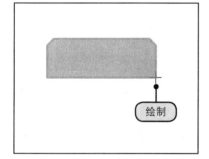

绘制

Step 4 绘制其他形状。按照同样的方法，绘制出流程图中所需要的其他形状，如下图所示。

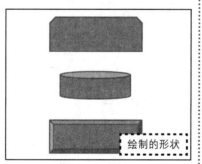

绘制的形状

6.4.2 添加文字与连线

在将流程图中要使用的形状全部绘制完毕后，接下来还要为形状添加文字，并使用"连接线"将这些形状连接起来，以便于组成一个完整的流程图。

Step 1 选择"添加文字"命令。右击流程图中第一个形状，在弹出的快捷菜单中选择"添加文字"命令，如右图所示。

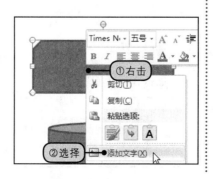

① 右击
② 选择

⑪ 手动绘制形状

在Word 2010中编辑自选图形时，如果用户要插入的形状Word中没有预设时，用户可通过手动绘制的方法完成设置。

1 在"插入"选项卡下单击"插图"组中的"形状"按钮，在展开的形状库中选择"自由曲线"图标，如下图所示。

2 在文档中拖动鼠标，绘制出需要的形状，如下图所示。

3 将形状绘制完毕后，释放鼠标，就完成了手动绘制自选图形的操作，如下图所示。

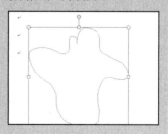

⑫ 更改形状的默认效果

编辑自选图形时，如果用户要将每一种自选图形都设置为相同的格式，可在插入自选图形前，先对图形的默认格式进行更改。下面就来介绍一下更改形状默认格式的操作。

1 右击要设置好格式的形状，在弹出的快捷菜单中选择"设置为默认形状"命令，如下图所示。

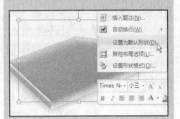

2 经过以上操作后，在文档中插入新的自选图形，就会应用刚刚所设置的格式效果，如下图所示。

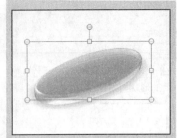

Step 2 输入文字内容。执行了"添加文字"命令后，光标会定位在形状内，直接输入需要的文字内容，如下图所示。

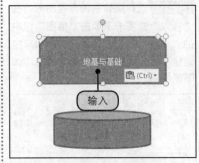

Step 4 绘制连接线。选择了箭头图形后，在流程图中第一个形状下方，拖动鼠标绘制一个适当长度的连接线，用于连接第一个与第二个形状，如下图所示。

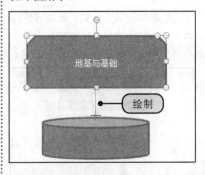

Step 3 选择要插入的形状。为第一个形状添加文字后，在"插入"选项卡下单击"插图"组中的"形状"按钮，在展开的下拉列表中单击"箭头"，如下图所示。

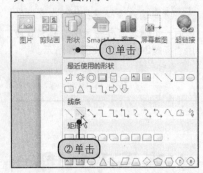

Step 5 为其他形状添加文字与连接线。参照本节操作，为流程图中其他形状添加相应的文字内容与流程图，如下图所示。

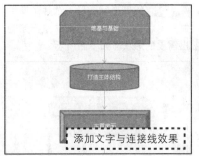

6.4.3 调整与美化结构图

将流程图的主要内容都设置好后，接下来就是调整布局与美化图形了。本例中将分别对形状的格式及形状内文本的格式进行设置。

Step 1 选择目标形状。单击流程图中第一个形状，如下图所示，选中要设置格式的形状。

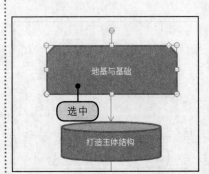

Step 2 单击"形状样式"框的快翻按钮。切换到"绘图工具-格式"选项卡，单击"形状样式"组中列表框右下角的快翻按钮，如下图所示。

Step 3 选择要使用的形状样式。展开形状样式库后，选择要应用的样式"强烈效果-水绿色，强调颜色5"图标，如下图所示。

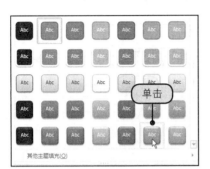

Step 4 套用预设形状效果。选择了形状样式后，单击"形状样式"组中的"形状效果"按钮，在展开的下拉列表中单击"预设"选项，展开子列表后，单击"预设7"图标，如下图所示。

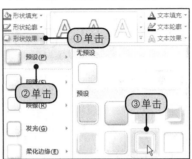

Step 5 设置形状的发光效果。再次单击"形状样式"组中的"形状效果"按钮，在展开的下拉列表中单击"发光"选项，展开子列表后，单击"水绿色，18pt发光，强调文字颜色5"图标，如下图所示。

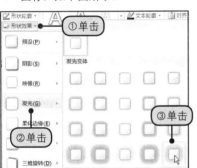

Step 6 设置形状的棱台效果。设置了形状的发光效果后，单击"形状样式"组中的"形状效果"按钮，在展开的下拉列表中单击"棱台"选项，展开子列表后，单击"凸起"图标，如下图所示。

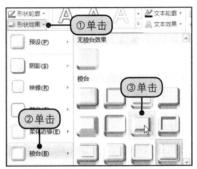

Step 7 单击"艺术字样式"框的快翻按钮。设置了形状样式后，单击"艺术字样式"组中列表框右下角的快翻按钮，如下图所示。

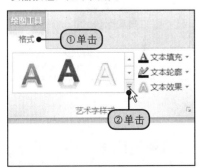

Step 8 选择要使用的艺术字样式。展开艺术字样式库后，选择要应用的样式"渐变填充-紫色，强调文字颜色4，映像"图标，如下图所示。

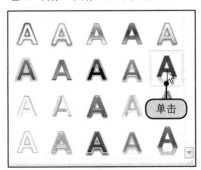

提示 ⑬ 为形状设置其他主题的填充效果

为自选图形设置样式时，除了使用预设的样式外，还可以尝试使用不同的主题填充效果。

1 选中要更改主题设置的自选图形，如下图所示。

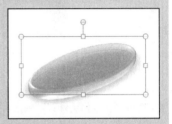

2 打开形状样式库，选择"其他主题填充"选项，在展开的主题列表中单击要使用的主题图标，如下图所示。

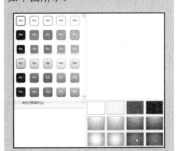

3 经过以上设置，就完成了为形状更改主题填充的操作，如下图所示。

提示 ⑭ 取消形状组合

将几个形状组合为一个图形后，会很方便图形的整体设置，但是如果用户要单独对其中一个形状进行设置时，就需要将图形的组合进行取消。取消组合的操作步骤如下。

1 右击组合中任意一个图形的边框位置，弹出快捷菜单后，选择"组合>取消组合"命令，如下图所示。

2 经过以上操作后，即可将组合的图形分解开，如下图所示。

Step 9 取消映像效果。应用了艺术字样式后，单击"艺术字样式"组中的"文本效果"按钮，在展开的下拉列表中单击"映像"选项，展开子列表后，单击"无映像"图标，如下图所示。

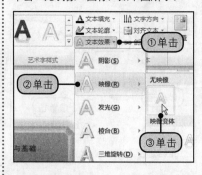

Step 11 设置其他形状格式。参照以上操作，将流程图中其他形状的格式也进行适当设置，如下图所示。

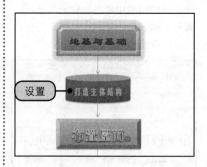

Step 13 执行"组合"命令。将所有形状都选中后，右击任意一个形状的边缘，在弹出的快捷菜单中选择"组合>组合"命令，如下图所示。

Step 10 设置文本的字体格式。设置了文字效果后，在"开始"选项卡下的"字体"组中，将"字体"设置为"隶书"，"字号"设置为"二号"，效果如下图所示。

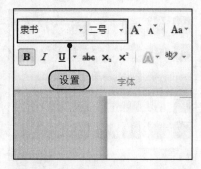

Step 12 选择要组合的形状。将流程图中所有形状的格式都设置完毕后，按住Ctrl键不放，依次单击流程图中所有形状，如下图所示。

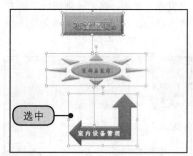

Step 14 显示流程图制作效果。将流程图组合后，就完成了整个流程图的制作，最终效果如下图所示。

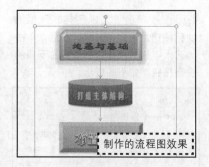

6.5 制作报价书索引与目录

将报价书制作完毕后，为了使报价书的内容更加全面，可分别为其添加页码、索引和目录等内容。插入以上内容后，既会使报价书的内容更加全面、整齐，又会方便报价书的阅读。

6.5.1　添加页码

本例在为报价书添加页码时，将会使用Word 2010中预设的页码样式，但会在其基础上进行适当的更改。

Step 1 选择要插入的页码样式。切换到"插入"选项卡下，单击"页眉和页脚"组中的"页码"按钮，在展开的下拉列表中单击"页面底端"选项，在展开的列表库中选择要使用的页码样式，如下图所示。

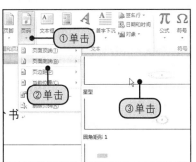

Step 2 单击"设置页码格式"选项。插入页码后，在"页眉和页脚工具-格式"选项卡下单击"页眉和页脚"组中的"页码"按钮，在展开的下拉列表中单击"设置页码格式"选项，如下图所示。

Step 3 选择编号格式。弹出"页码格式"对话框，单击"编号格式"框右侧的下三角按钮，在展开的下拉列表中单击"一，二，三（简）…"选项，如下图所示，然后单击"确定"按钮。

Step 4 关闭页眉和页脚。设置了页码的格式后，返回文档中，单击"关闭"组中的"关闭页眉和页脚"按钮，如下图所示。

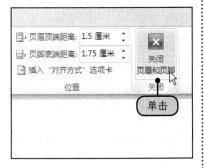

Step 5 显示设置的页码效果。返回到正文编辑状态后，在页面底端即可看到插入的页码效果，如右图所示。

6.5.2 插入文件索引

对于报价书中需要特殊说明的内容，可以使用索引进行标注说明。下面来介绍一下具体操作步骤。

Step 1 定位光标位置。切换到第一页中，将光标定位在要插入索引的位置上，如下图所示。

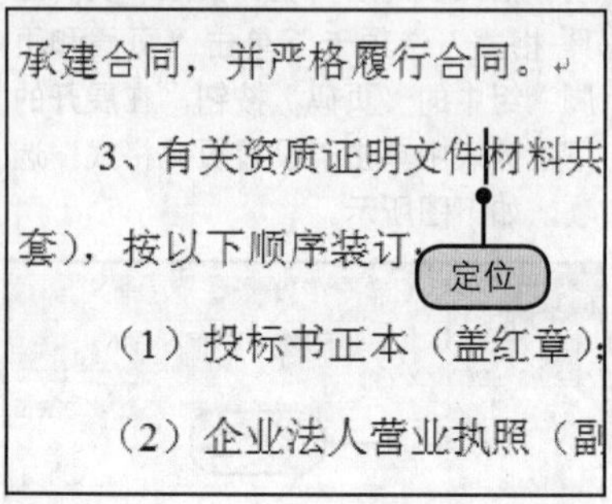

承建合同，并严格履行合同。

3、有关资质证明文件材料共套)，按以下顺序装订：

定位

（1）投标书正本（盖红章）；

（2）企业法人营业执照（副

Step 2 单击"标记索引项"按钮。切换到"引用"选项卡，单击"索引"组中的"标记索引项"按钮，如下图所示。

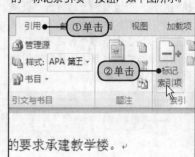

的要求承建教学楼。

Step 3 输入主索引项。弹出"标记索引项"对话框，在"主索引项"文本框中输入索引内容，然后选中"交叉引用"单选按钮，如下图所示。

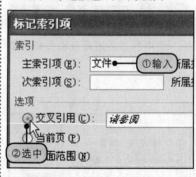

Step 4 输入交叉引用选项。选中了"交叉引用"单选按钮后，在该文本框中输入引用信息，然后单击"标记"按钮，如下图所示。

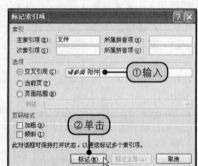

Step 5 显示添加索引效果。添加了索引内容后，关闭该对话框，返回文档中即可看到插入的索引内容，如右图所示。

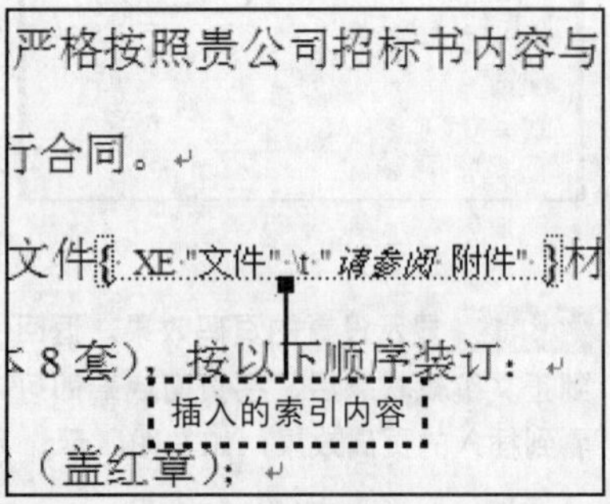

严格按照贵公司招标书内容与行合同。

文件{ XE "文件" \t 请参阅 附件 }材8套)，按以下顺序装订：

插入的索引内容

（盖红章）；

6.5.3　插入文件目录

将报价书全部制作完毕后，就可以将文件中的目录提取出来了。本例在提取目录后，还将对目录的格式进行单独设置。

Step 1 定位光标位置。切换到第一页，将光标定位在要插入目录的位置，如下图所示。

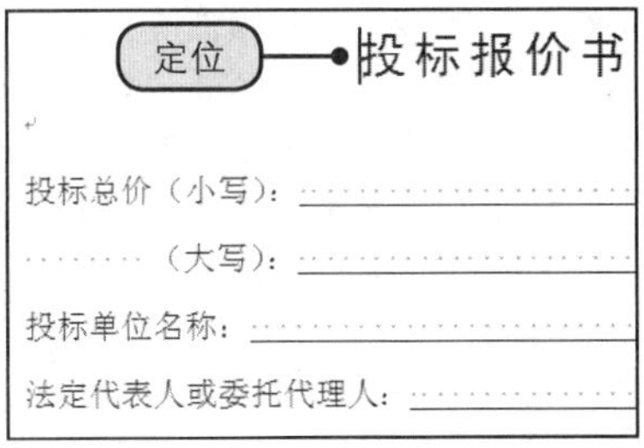

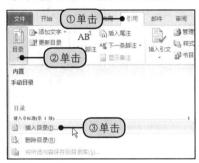

Step 2 单击"插入目录"选项。切换到"引用"选项卡，单击"目录"组中的"目录"按钮，在展开的下拉列表中单击"插入目录"选项，如下图所示。

Step 3 选择目录格式。弹出"目录"对话框，单击"格式"框右侧的下三角按钮，在展开的下拉列表中单击"流行"选项，如下图所示。

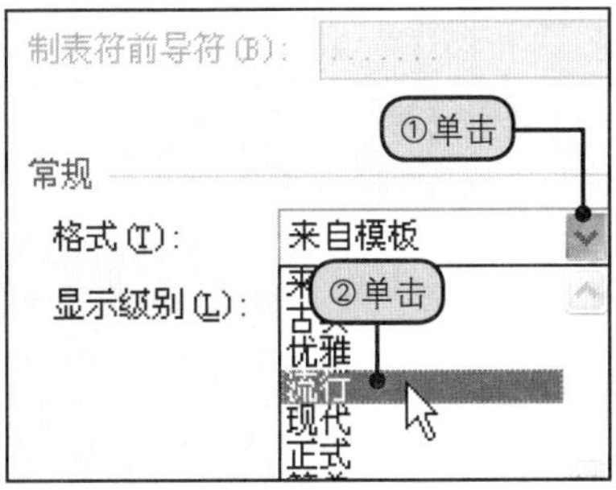

Step 4 设置目录的前导符。选择了目标格式后，单击"制表符前导符"框右侧的下三角按钮，在展开的下拉列表中单击要使用的前导符样式，如下图所示，然后单击"确定"按钮。

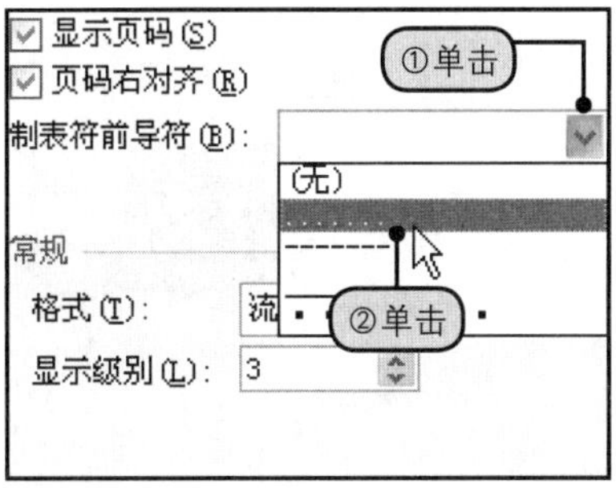

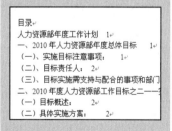

Step 5 显示创建的目录效果。经过以上操作后，就可以为报价书创建需要的目录。返回文档中即可看到创建的目录效果，如右图所示。

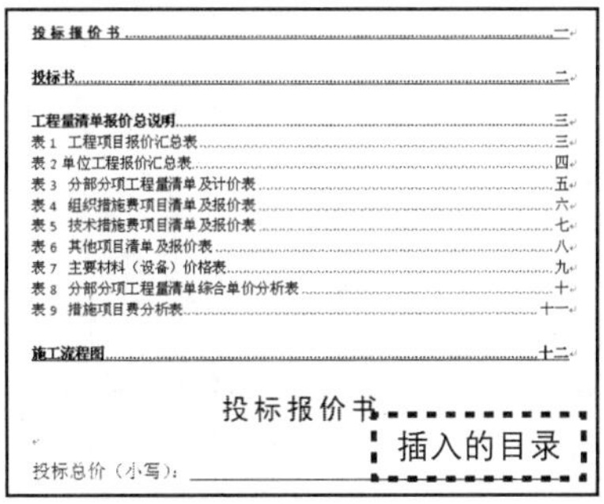

⑰ 将目录转换为文本

为文档插入了目录后，目录是以域的形式存在的。如果用户要将目录转换为普通文本，可通过复制粘贴功能来完成操作。

1 选中目录，执行"复制"命令，如下图所示。

2 右击目录粘贴到的位置，弹出快捷菜单后，单击"只保留文本"按钮，如下图所示。

3 经过以上操作后，即可将目录保存为普通文本，如下图所示。

目录
人力资源部年度工作计划　1
一、2010年人力资源部年度总体目标　1
（一）、实施目标注意事项：　1
（二）、目标责任人：　2
（三）、目标实施需支持与配合的事项和部门
二、2010年度人力资源部工作目标之二——实
（一）目标概述：　2
（二）具体实施方案：　2

专家点拨：投标报价的技巧和策略

投标报价是根据企业的投标策划而制订的，要经过询价、估价、报价3个阶段。在总价基本确定后，一般情况下，技巧的运用关键是如何调整各个子目的报价，使其既能提高中标概率，又能在竣工后结算时得到良好的经济效益，进一步达到加快其资金回笼的目的。下面将投标报价的技巧和策略归纳为如下几点。

（1）常用项目可报高价，如土方工程、砼、砌体及铺装等。大多在前期施工中能早日回收工程款，而在后期施工项目中可适当低一些，同时可以解决资金回笼快的问题。

（2）通过施工图纸和现场勘查与提供的工程量清单进行分析，预计工程量会增加的项目，单价适当提高，这样在最终结算时可增加工程造价；将工程量可能减少的项目单价降低，工程结算时损失不大。

（3）与设计单位联系，掌握设计阶段的讨论内幕，了解设计方面上有争议可能变更的项目，可以报低价。

（4）设计图纸不明确，根据经验估计会增加的项目和暂定项目，以及估计自己能承包的项目可报高一些；对概念含糊、将来可能引发争议的项目和暂定项目，以及估计自己将受到专业限制不能承接的项目可报低一点。

（5）招标文件中明确投标人附"分部分项工程量清单综合单价分析表"的项目，应注意将单价分析表中的人工费和机械费报高，将材料费适当报低。通常情况下，材料往往采用业主认价，从而可获得一定的利益。

（6）特种材料和设备安装工程编标时，由于目前参照的定额仍是主材、辅材、人工费用单价分开的，因此对特殊设备、材料，业主不一定熟悉，市场询价困难，则可将主材单价提高。而对常用器具、辅助材料可报价低些。在实际施工中，为了保证质量而往往会对设备和材料指定品牌，承包商则可利用品牌的变更向业主要求适当的单价，就是提高效益的途径。

（7）对于一些大型的分期项目，可将前期总价报低一些，通过自身技术优势，进一步优化设计，提高景观效果，抓好过程签证，取得效益。然后利用一期施工中建立起来的社会关系、信誉及成功的经验可以继续施工，节约了开办费用。

（8）技术标是投标文件的重要组成部分。项目子项可多项选择或设计降低标准时，可在方案中明示，中标后可以追溯。

读书笔记

制作部门工作计划表

Chapter

学习要点

- 制作奇偶页不同的页眉
- 制作工作计划表框架
- 设置表格边框
- 设置表格内文本格式
- 插入文本框
- 在文本框中添加并设置文字

本章结构

制作奇偶页不同的页眉
· 为文档插入页眉 · 设置页眉格式

制作工作计划表框架
· 插入表格并输入内容 · 合并单元格 · 设置表格中文本的对齐方式 · 插入单元格 · 调整单元格大小 · 调整单元格边距

| 设计表格斜线表头 |

设计工作计划表
· 设置表格边框 · 设置表格底纹 · 设置表格内文本

为计划表添加说明框
· 插入文本框 · 在文本框中添加并设置文字 · 为文本框应用样式

1 为工作计划表插入页眉

昌河实业有限公司

2 设置表格边框

3 设置表格内文本格式

4 为计划表添加说明文本框

Chapter 7

制作部门工作计划表

工作计划表就是使用表格的形式反映工作计划内容的文档，通常包括工作内容、负责人、完成时间等内容。在**Word 2010**中制作计划表时，主要应用表格制作方面的知识，本例以后勤部的工作计划为例，制作一个后勤部月工作计划表。由于工作内容较多，所占篇幅较长，因此要对文档的页眉进行设置。

7.1　制作奇偶页不同的页眉

工作表计划表的主要内容是反映某个部门在将来某一时间段内所做的计划。为了让页眉体现出多元素内容，本例要为计划表的奇数页和偶数页插入不同的页眉。

> ● 原始文件　实例文件＼第7章＼原始文件＼公司标志.bmp
> ─ 最终文件　实例文件＼第7章＼最终文件＼部门工作计划表.docx

7.1.1　为文档插入页眉

为计划表插入页眉时，可直接套用Word 中预设的页眉样式，以便于快速完成添加操作。

Step 1 选择要使用的页眉样式。新建一个Word 2010文档，在"插入"选项卡下单击"页眉和页脚"组中的"页眉"按钮，在展开的库中单击"边线型"图标，如下图所示。

Step 2 显示插入页眉效果。经过以上操作后，就可以在文档中插入页眉，并进入页眉的编辑状态，如下图所示。

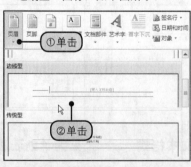

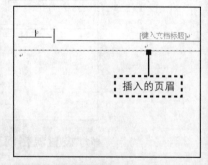

7.1.2　设置页眉格式

将页眉插入文档中后，页眉是空白的，还需要为其添加相应内容。另外，为了体现出公司中的多种元素，本例中将制作奇偶页不同的页眉。

Step 1 勾选"奇偶页不同"复选框。插入了页眉后，切换到"页眉和页脚工具-设计"选项卡下，勾选"选项"组中的"奇偶页不同"复选框，如下图所示。

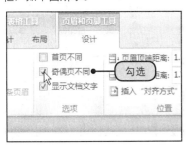

Step 2 定位光标位置。设置了页眉的奇偶页不同后，在第一页奇数页的页眉中将光标定位在需要的位置上，如下图所示。

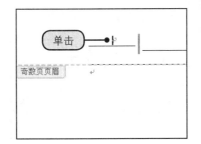

Step 3 单击"图片"按钮。定位好光标的位置后，在"插入"组中的单击"图片"按钮，如下图所示。

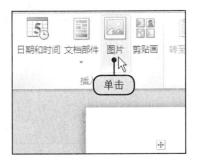

Step 4 选择要使用的图片。弹出"插入图片"对话框，进入目标路径下，选中要插入的图片，如下图所示，然后单击"插入"按钮。

Step 5 调整图片大小。将图片插入文档中后，将鼠标指针指向图片右下角的控点上，当指针变成斜线双箭头形状时，向内拖动鼠标，如下图所示，将图片调整到合适大小。

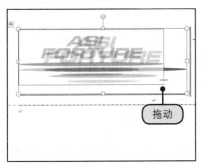

Step 6 为图片设置艺术效果。将图片调整到合适大小后，在"图片工具-格式"选项卡下单击"调整"组中的"艺术效果"按钮，在展开的下拉列表中单击"影印"图标，如下图所示。

Step 7 为文本框输入文字。设置了页眉中图片的格式后，单击页眉中的文本框，然后输入需要的文字内容，如右图所示。

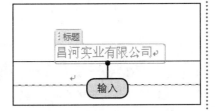

 经验分享：
5W2H法制订工作计划

5W2H分析法又叫"七何"分析法，广泛用于企业管理和技术活动。对于决策和执行性的活动措施也非常有帮助，也有助于弥补考虑问题的疏漏。具体内容如下。

（1）WHY——为什么？为什么要这么做？理由何在？原因是什么？

（2）WHAT——是什么？目的是什么？做什么工作？

（3）WHERE——何处？在哪里做？从哪里入手？

（4）WHEN——何时？什么时间完成？什么时机最适宜？

（5）WHO——谁？由谁来承担？谁来完成？谁负责？

（6）HOW——怎么做？如何提高效率？如何实施？方法怎样？

（7）HOW MUCH——多少？做到什么程度？数量如何？质量水平如何？费用产出如何？

在制订工作计划时，可以围绕着这5个问题，纵观全年工作成绩，放眼未来发展战略，从而制作出理想的工作计划。

提示 ① 在页眉中插入日期和时间

为文档设置页眉时，如果页眉中没有设置插入时间的对象，用户可以自己动手进行添加。

1 进入页眉和编辑状态后，在"页眉和页脚工具-设计"选项卡下单击"插入"组中的"日期和时间"按钮，如下图所示。

2 弹出"日期和时间"对话框，在"可用格式"列表框中单击要使用的日期，如下图所示，然后单击"确定"按钮。

3 经过以上操作后，就可以为页眉插入日期内容，如下图所示。

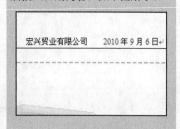

Step 8 单击"表格样式"组列表框的快翻按钮。切换到"表格工具-设计"选项卡，单击"表格样式"组中列表框右下角的快翻按钮，如下图所示。

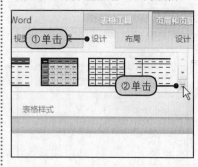

Step 10 显示页眉设置效果。经过以上操作后，就完成了奇数页中页眉的设置操作，如下图所示。

Step 12 插入页眉。定位好光标的位置后，在"页眉和页脚工具-格式"选项卡下单击"页眉和页脚"组中的"页眉"按钮，在展开的下拉列表中单击"字母表型"选项，如下图所示。

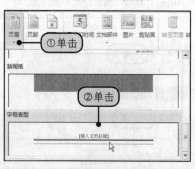

Step 9 选择要套用的表格样式。展开表格样式库后，单击要使用的样式"浅色网格，强调文字颜色5"的图标，如下图所示。

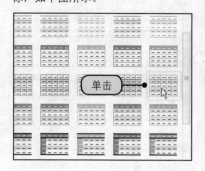

Step 11 将光标定位在偶数页的页眉中。在文档中使用回车符，切换到第二页中，然后双击页眉区域，进入页眉编辑状态下，如下图所示。

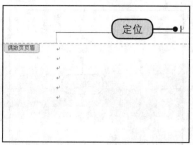

Step 13 为文本框输入文字内容。为偶数页插入了页眉后，单击页眉中的文本框，然后输入表格名称，如下图所示，然后双击文档正文部分，就完成了奇偶页中同页眉的制作。

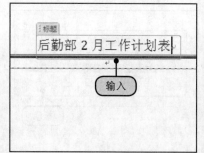

7.2 制作工作计划表框架

工作计划表用表格的形式呈现会更加清晰。在制作计划表前，首先要插入表格，由于表格中内容较多，因此本例要在表格的第一个单元格中使用斜线表头进行说明。

7.2.1　插入表格并输入内容

　　插入计划表时，由于表格中的列数较少且为了快速完成插入操作，本例中将使用虚拟表格来完成插入。

Step 1　定位光标位置。在第一页中将光标定位在要插入表格的位置上，如下图所示。

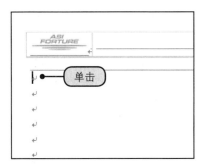

Step 2　插入表格。切换到"插入"选项卡，单击"表格"组中的"表格"按钮，在展开的列表中移动鼠标经过7列8行的虚拟表格，如下图所示，然后单击鼠标。

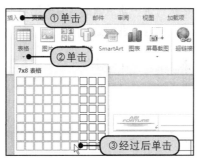

Step 3　为表格添加内容。插入表格后，在表格中输入计划表的大纲内容，如下图所示。

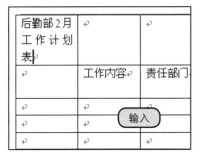

Step 4　选择要填充序号的单元格。选中表格中要填充序号的一列单元格，如下图所示。

Step 5　单击"定义新编号格式"选项。在"开始"选项卡下单击"段落"组中"编号"右侧的下三角按钮，在展开的下拉列表中单击"定义新编号格式"选项，如下图所示。

Step 6　更改编号格式。弹出"定义新编号格式"对话框，在"编号格式"文本框中删除"1."中的"."字符，如下图所示，最后单击"确定"按钮。

经验分享：

计划表标题的3种写法

　　计划的标题中包括4种成分，分别是计划单位的名称、计划时限、计划内容摘要及计划名称。

　　计划单位名称要用规范的称呼；计划时限要具体写明，时限不明显的，可以省略；计划内容要标明计划所针对的问题；计划名称要根据计划的实际，确切地使用名称。如所制订计划还需要讨论定稿或经上级批准，就应该在标题的后面或下方用括号加注"草案""初稿""讨论稿""征求意见稿""送审稿"字样。如果是个人计划，则不必在标题中写上名字，而须在正文右下方的日期之上具名。

　　在撰写标题时，通常情况下有以下3种写法。

　　（1）四种成分完整的标题，如《××县二〇一〇年规划要点》。其中"××县"是计划单位；"二〇一〇"是计划时限；"规划"是计划内容摘要；"要点"是计划名称。

　　（2）省略计划时限的标题，如《广东省商业储运公司实行经营责任制计划》。

　　（3）公文式标题，如《辽宁省关于二〇一〇年农村工作的部署》。

Step 7 显示为单元格添加编号效果。经过以上操作后，所选择的单元格中就会自动按照顺序填充上相应的数字序号，如右图所示。

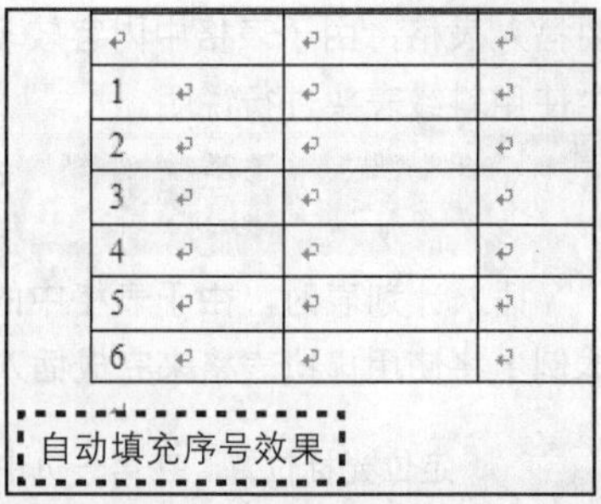

1
2
3
4
5
6
自动填充序号效果

常见问题

计划表正文通常包含哪些内容

Q 在编辑计划表时，有哪些内容是计划表中普遍包含的？

A 计划表的正文中通常包括以下 3 种内容。

（1）目标。这是计划的灵魂。计划就是为了完成一定任务而制订的目的。

（2）措施。要明确何时实现目标和完成任务，就必须制订出相应的措施和办法，这是实现计划的保障。

（3）步骤。这是指执行计划的工作程序和时间安排。

7.2.2 合并单元格

将工作计划表中的主体内容输入完毕后，表格的布局还比较凌乱。在进行进一步设置时，首先要将该合并的单元格合并在一起，从而将计划表的内容进行划分。

Step 1 选择目标单元格。选中表格中第一行的所有单元格，如下图所示。

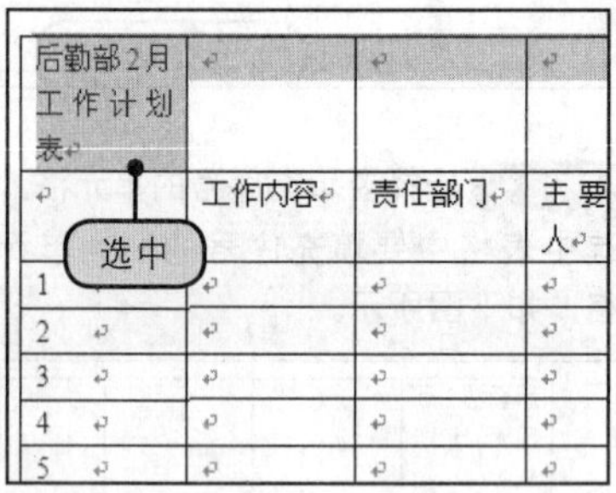

后勤部 2 月工作计划表
工作内容
责任部门
主要人
选中
1
2
3
4
5

Step 2 单击“合并单元格”按钮。切换到“表格工具-布局”选项卡，单击“合并”组中的“合并单元格”按钮，如下图所示。

表格工具
加载项
设计
布局
①单击
合并单元格
拆分单元格
②单击
自动调整
高度
宽度
合并

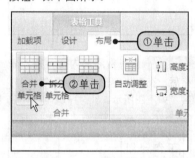

Step 3 选择其他要合并的单元格。选中表格中第一列的第二个与第三个单元格，如下图所示。

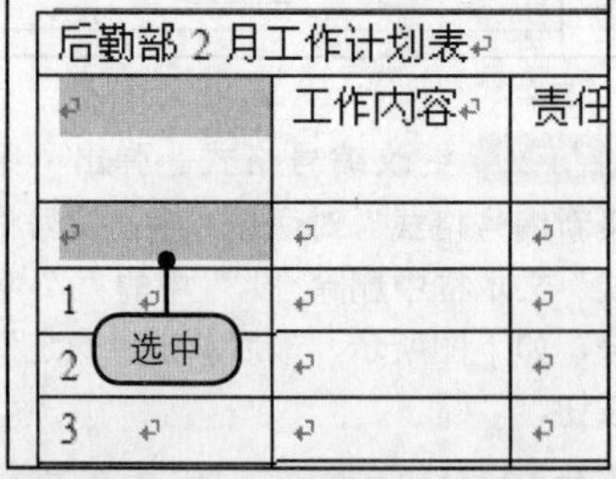

后勤部 2 月工作计划表
工作内容
责任
1
选中
2
3

Step 4 单击“合并单元格”按钮。单击“表格工具-布局”选项卡“合并”组中的“合并单元格”按钮，如下图所示。

表格工具
加载项
设计
布局
①单击
合并单元格
拆分
拆分表格
②单击
自动调整
高度
宽度
合并

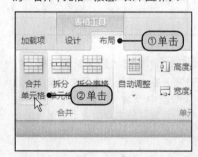

Step 5 合并其他单元格。按照同样的方法，将表格中其他需要合并的单元格全部进行合并，如右图所示。

后勤部 2 月工作计划表
工作内容
责任部门
主要负责人
1
2
3
4
5
6
合并单元格效果

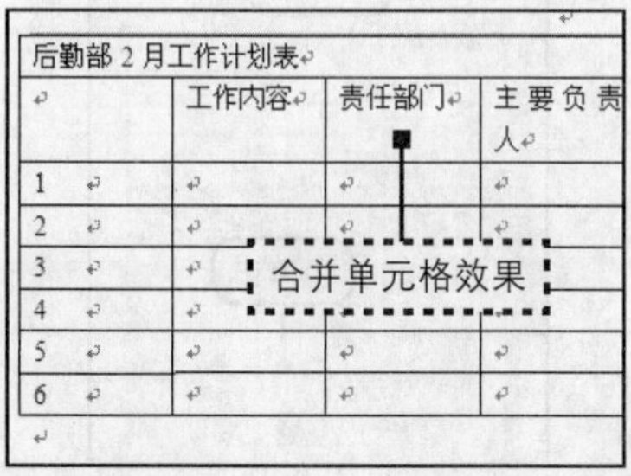

7.2.3 设置表格中文本的对齐方式

为了使工作计划表中的内容能够整齐地进行排列，可将表格中文本的对齐方式设置为统一效果。

Step 1 选择整个表格。单击表格左上角的 田 按钮，选中整个表格，如下图所示。

Step 2 设置对齐方式。选中表格后，在"表格工具-布局"选项卡下单击"对齐方式"组中的"水平居中"按钮，如下图所示。

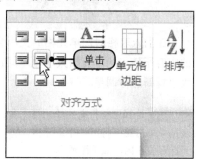

Step 3 显示设置为"居中对齐"的效果。经过以上操作后，就可以将表格中文本的对齐方式设置为"水平居中"效果，如右图所示。

②
提示 通过表格属性设置单元格的对齐方式

设置单元格内文本的对齐方式时，可通过"表格属性"对话框，分别对表格的对齐方式和单元格的对齐方式进行设置。

1 将光标定位在表格内，在"表格工具-布局"选项卡下单击"表"组中的"属性"按钮，如下图所示。

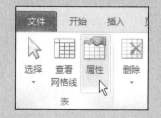

2 弹出"表格属性"对话框，在"表格"选项卡下"对齐方式"区域内可对表格的对齐方式进行设置，如下图所示。

3 切换到"单元格"选项卡，在"垂直对齐方式"区域内，可对单元格的对齐方式进行设置，如下图所示。设置完毕后，单击"确定"按钮。

7.2.4 插入单元格

在编辑计划表的过程中，如果表格中的单元格不够用，可重新插入需要的单元格。

Step 1 选择要插入的单元格数量。本例中需要一次性插入6行单元格时，可能先选中表格中最下方的6行单元格，如下图所示。

Step 2 单击"在下方插入"按钮。选择了要插入的单元格数量后，在"表格工具-布局"选项卡下单击"行和列"组中的"在下方插入"按钮，如下图所示。

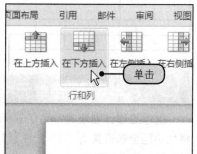

③ **快速自动调整**
单元格列宽

在调整单元格的列宽时,如果用户要将列宽设置为"根据内容自动调整",可将鼠标指针指向要调整列右侧的列线,当指针变成 ↔ 形状时,双击鼠标。

Step 3 显示插入单元格效果。经过以上操作后,在所选择的单元格下方就会插入与选中的单元格相同数量的单元格,由于表格中应用了编号,因此插入的单元格自动填充编号,如右图所示。按照同样的方法,插入所有需要的单元格。

4			
5			
6			
7			
8			
9			
10			
11			
12		插入的单元格	

7.2.5 调整单元格大小

在插入表格时,单元格的大小会根据窗口自动进行调整。但是不同的内容所使用的单元格大小也不同,所以在插入表格后需要对单元格的大小重新进行调整。

Step 1 选择调整行高的单元格。在表格中单击第一行第一个单元格,将光标定位在内,如下图所示。

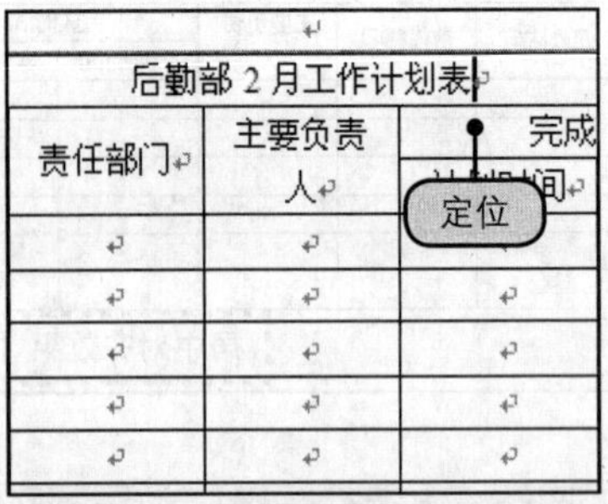

后勤部2月工作计划表		
责任部门	主要负责人	完成 定位

Step 2 设置单元格行高。切换到"表格工具-布局"选项卡,在"单元格大小"组的"高度"数值框内输入要设置的行高,如下图所示,然后按下Enter键。

①单击
高度: 1.3 厘米
②输入
后勤部2月工作计划表

④ **一次性调整多个**
单元格大小

在调整单元格大小时,如果用户要为多个单元格设置同一大小,可一次性将所有要调整的单元格全部选中,然后在"表格工具-布局"选项卡下"大小"组的"高度"与"宽度"数值框内输入要调整的数值,然后按下Enter键,从而完成设置。

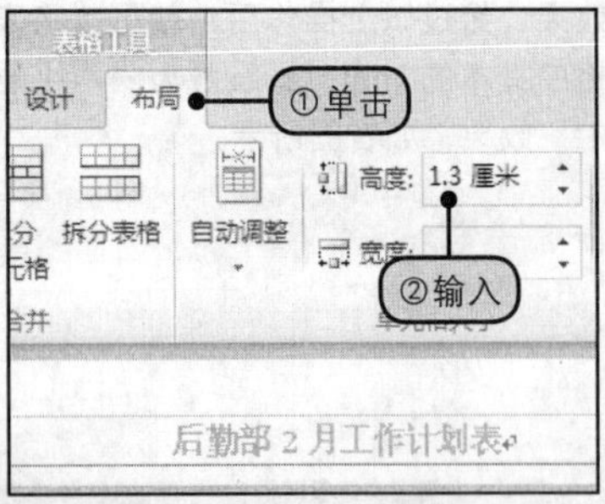

Step 3 调整单元格列宽。将鼠标指针指向要调整列的右侧框线,当指针变成 ↔ 形状时,向左拖动鼠标,如下图所示,将列宽调整到合适大小。

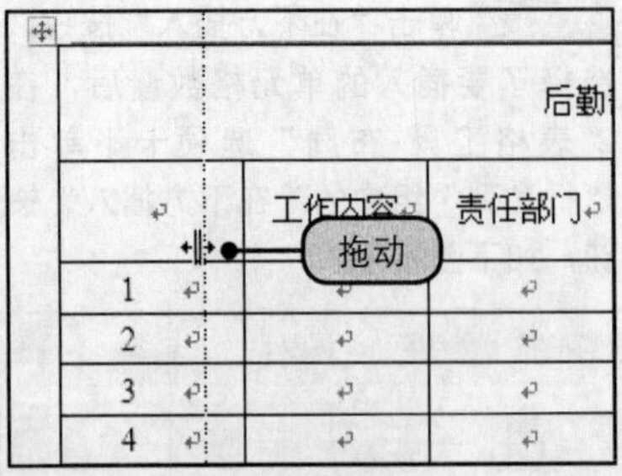

后勤

工作内容	责任部门
拖动	
1	
2	
3	
4	

Step 4 调整其他单元格大小。参照本节操作,将表格中其他单元格的行高和列宽调整到合适大小,如下图所示。

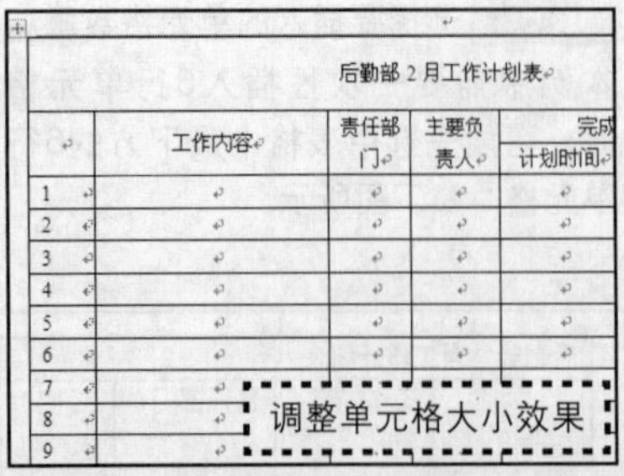

	工作内容	责任部门	主要负责人	完成计划时间
1				
2				
3				
4				
5				
6				
7				
8		调整单元格大小效果		
9				

7.2.6 调整单元格边距

制作工作计划表时,为了让单元格中显示出更多内容,可将单元格的边距全部设置为"0"。在默认的情况下,单元格中左、右两边有"0.19"厘米的距离。下面就来介绍一下具体调整步骤。

Step 1 定位光标位置。参照前面的操作，为计划表添加全部工作计划的内容，然后将光标定位在任意一个单元格内，如下图所示。

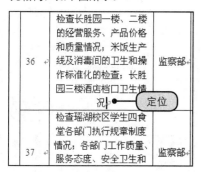

Step 2 单击"单元格边距"按钮。在"表格工具-布局"选项卡下单击"对齐方式"组中的"单元格边距"按钮，如下图所示。

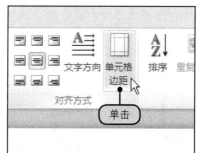

Step 3 设置单元格边距。弹出"表格选项"对话框，在"左""右"数值框内分别输入"0"，然后单击"确定"按钮，如下图所示。

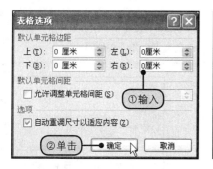

Step 4 显示更改单元格边距效果。经过以上操作后，返回文档中即可看到，计划表中由于单元格边距的更改，单元格中的内容也有了相应的变化，如下图所示。

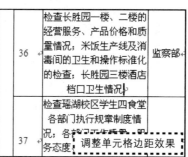

⑤ 重复标题行

制作计划表时，如果要将标题行在每页中都显示出来，可通过以上步骤完成操作。

1 将光标定位在表格的标题单元格内，如下图所示。

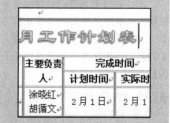

2 在"表格工具-布局"选项卡下单击"数据"组中的"重复标题行"按钮，如下图所示。

3 经过以上操作后，文档中该表格在每页的起始位置都会显示出标题行，如下图所示。

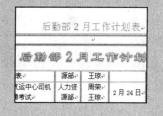

7.3 设计表格斜线表头

工作计划表的各行与各列中需要表现出不同的内容，为了使其显示得更加清楚、明白，可手动制作斜线表头。

Step 1 选择要绘制的自选图形。切换到"插入"选项卡，单击"插图"组中的"形状"按钮，在展开的下拉列表中单击"直线"图标，如右图所示。

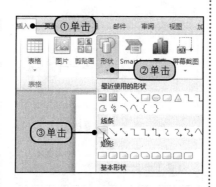

提示 ⑥ 调整文本框的页边距

制作斜线表头时，要使用文本框输入表头中的内容，为了让文本框在尽量小的前提下显示出全部文本内容，可对文本框的页边距进行调整。

1 选中目标文本框，然后单击"绘图工具-格式"选项卡下"形状样式"组的对话框启动器按钮，如下图所示。

2 弹出"设置形状格式"对话框，单击"文本框"标签，在"内部边框"区域内的"左""右""上""下"文本框内全部输入"0"，如下图所示。

3 关闭"设置形状格式"对话框，返回文档中即可看到文本框被设置边距后的效果，如下图所示。

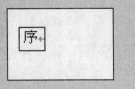

Step 2 绘制表头的分割线。选择了形状图形后，指针变成"十"字形状，在要绘制斜线表头的单元格中拖动鼠标，绘制出表头中的第一条斜线，如下图所示。

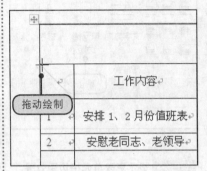

Step 4 选择文本框类型。切换到"插入"选项卡，单击"插图"组中的"形状"按钮，在弹出的下拉列表中单击"基本形状"组中的"文本框"图标，如下图所示。

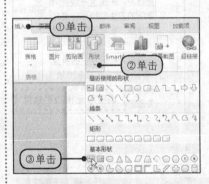

Step 6 取消文本框的填充色。切换到"绘图工具-格式"选项卡，单击"形状样式"组中的"形状填充"按钮，在弹出的下拉列表中单击"无填充颜色"选项，如下图所示。

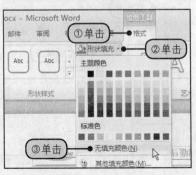

Step 3 设置表头的颜色。将斜线绘制完毕后，切换到"绘图工具-格式"选项卡，单击"形状样式"组中的"形状轮廓"按钮，在弹出的下拉列表中单击"黑色，文字1"颜色图标，如下图所示。

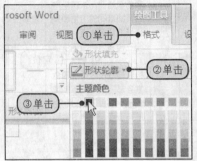

Step 5 在文本框中输入文字。选择了文本框图形后，在表头中第一条分割线上方拖动鼠标，绘制一个文本框，并在其中输入文字，在"开始"选项卡下将"字号"设置为"小五"，最后选中该文本框，如下图所示。

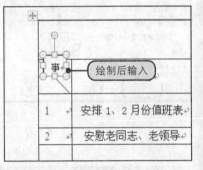

Step 7 取消文本框的轮廓线。单击"形状样式"组中的"形状轮廓"按钮，在弹出的下拉列表中单击"无轮廓"选项，如下图所示。

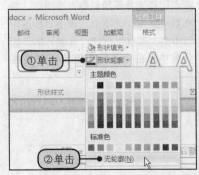

Step 8 复制文本框。按住Ctrl键不放，将鼠标指针指向已设置好格式的文本框，当指针变成形状时，拖动鼠标复制一个文本框，将其拖至合适位置后，释放鼠标，如下图所示。

Step 9 复制其他文本框。复制了文本框后，将文本内容进行更改，然后参照步骤8与步骤9的操作，将斜线表头中需要的其他文本框复制出来，并更改文本内容，如下图所示。

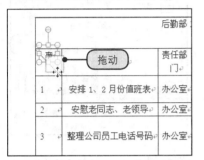

提示 ⑦ 删除斜线表头

将斜线表头制作完毕后，如果用户发现不再需要该表头，可选中整个表头组合，然后按下Delete键，从而将制作好的斜线表头删除。

Step 10 组合斜线表头。按住Ctrl键不放，依次选中表头内所有对象，然后右击任意一个选中的对象，在弹出的快捷菜单中选择"组合>组合"命令，如下图所示。

Step 11 显示制作的斜线表头。经过以上操作后，就完成了斜线表头的制作，最终效果如下图所示。

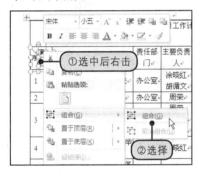

7.4 设计工作计划表

经过前面几个小节的制作，就完成了工作计划表内容的编辑。接下来对计划表的外观进行美化，本节将分别对表格的边框和底纹进行设置。

7.4.1 设置表格边框

工作计划表中外边框与内边框会采用不同的样式，为了使制作出的边框效果多样化，本例中将对边框进行自定义设置。

Step 1 选择"边框和底纹"命令。右击表格左上角的按钮，在弹出的快捷菜单中选择"边框和底纹"命令，如右图所示。

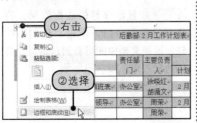

⑧ 取消表格的边框

为表格设置边框效果时，如果需要将所有边框隐藏，可在"表格工具-设计"选项卡下单击"表格样式"组中"边框"右侧的下三角按钮，在展开的下拉列表中，单击"无框线"选项，如下图所示。需要显示边框时，则在打开"边框"下拉列表后，单击"所有框线"选项即可。

Step 2 选择边框样式。弹出"边框和底纹"对话框后，在"边框"选项卡下"样式"列表框中单击要使用的边框样式，如下图所示。

Step 4 设置边框宽度。单击"宽度"框右侧的下三角按钮，在展开的下拉列表中单击"1.5磅"选项，如下图所示。

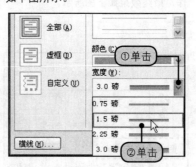

Step 6 重新设置边框。在"样式"列表框中选择要为表格应用的第二种边框，并将"颜色"设置为"浅蓝"，如下图所示。

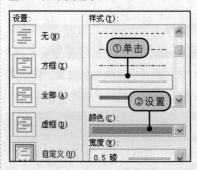

Step 8 显示设置的边框效果。将边框设置完毕后，单击"确定"按钮，返回文档中即可看到自定义设置的边框效果，如右图所示。

Step 3 设置边框颜色。选择了边框样式后，单击"颜色"框右侧的下三角按钮，在展开的颜色列表中单击"浅蓝"图标，如下图所示。

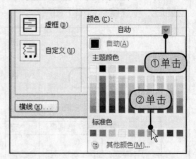

Step 5 取消不需要显示的边框。设置了边框样式后，在"预览"区域内单击田图标，如下图所示，使表格中该边框不应用设置好的边框效果。

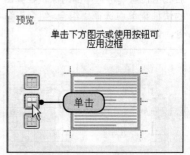

Step 7 设置需要显示边框的框线。设置了边框样式后，在"预览"区域内单击田图标，如下图所示，使表格中该边框应用新设置好的边框效果。

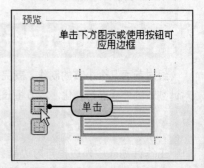

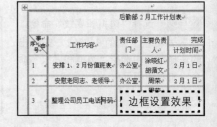

7.4.2 设置表格底纹

在默认的情况下，工作计划表的底纹是透明的。为了让表格更加美观，本例中将会对表格的底纹进行设置。

Step 1 选择整个表格。将光标定位在表格中任意位置后，单击表格左上角的 ⊞ 按钮，选中整个表格，如下图所示。

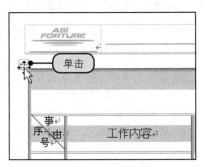

Step 2 单击"其他颜色"选项。切换到"表格工具-设计"选项卡，单击"表格样式"组中"底纹"右侧的下三角按钮，在展开的颜色列表中单击"其他颜色"选项，如下图所示。

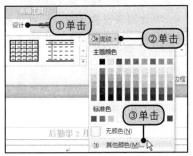

Step 3 选择底纹填充颜色。弹出"颜色"对话框，在"标准"选项卡下单击要使用的颜色，然后单击"确定"按钮，如下图所示。

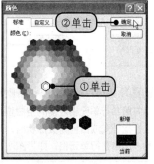

Step 4 显示为表格设置底纹效果。经过以上操作后，就完成了为计划表设置底纹的操作，如下图所示。

表格底纹设置效果

Step 5 定位光标位置。单击要单独设置底纹的第一个单元格，将光标定位在内，如下图所示。

Step 6 设置底纹颜色。单击"表格样式"组中的"底纹"按钮，在展开的颜色列表中单击"黄色"图标，如下图所示。

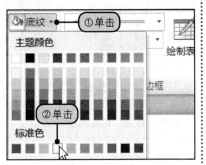

提示 ⑨ 清除底纹填充效果

为表格设置了底纹效果后，如果用户对设置的效果不满意，可将填充效果清除。

清除时，在"表格工具-设计"选项卡下单击"表格样式"组中"底纹"下三角按钮，在展开的颜色列表中单击"无颜色"选项，如下图所示，即可将表格中应用的底纹清除。

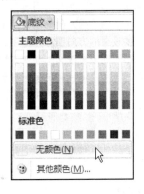

Step 7 显示为表格设置底纹效果。经过以上操作后，返回文档中，即可看到为计划表中普通单元格与标题单元格分别设置底纹的效果，如右图所示。

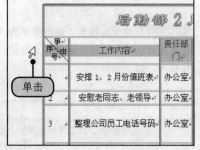

提示 ⑩ **更改文本内容的渐变效果**

为表格中的文本套用文本效果后，还可以进一步对文本的填充颜色进行设置。方法：单击"字体"组中"字体"颜色右侧的下三角按钮，在展开的颜色列表中单击"渐变"选项，展开子列表后，在其中可看到不同方向的渐变效果，单击要设置的方向图标，如下图所示，即可完成更改文本渐变效果的设置。当用户要使用更多渐变选项时，可单击子列表中的"其他渐变"选项。

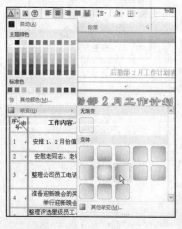

7.4.3 设置表格内文本

为计划表设置了边框和底纹后，为了让表格中的文本与边框和底纹紧密配合，接下来对表格中的文本格式也进行适当的设置。

Step 1 选择目标文本。在表格中拖动鼠标，选中第一个单元格内的文本，如下图所示。

Step 2 选择要使用的文本效果。在"开始"选项卡下单击"字体"组中的"文本效果"按钮，展开效果库后，单击"填充-红色，强调文字颜色2，双轮廓，强调文字颜色2"图标，如下图所示。

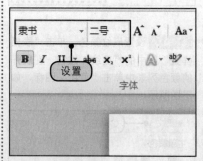

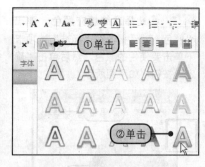

Step 3 设置文本字体格式。设置了文本效果后，在"字体"组中将"字体"设置为"隶书"，将"字号"设置为"二号"，如下图所示。

Step 4 选择目标单元格。将鼠标指针指向第二行单元格左侧的空白位置，当鼠标指针变成白色箭头形状时，单击鼠标，选中整行单元格，如下图所示。

Step 5 单击"加粗"按钮。选择目标单元格后，单击"字体"组中的"加粗"按钮，如右图所示。

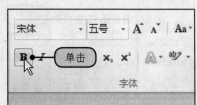

Step 6 显示表格内文本的设置效果。经过以上操作后，计划表中文本的字体格式就被应用了适当的效果，如右图所示。

后勤部 2 月工

事由序号	工作内容	责任部门	主要负责人
1	安排1、2月份值班表	办公室	涂晓缕 胡循
2	安慰老同 表格文本设置效果		高荣 周荣
3	整理公司员工电话号码	办公室	胡循 涂晓缕

7.5 为计划表添加说明栏

制作工作计划表时，如果还需要对计划表的内容进行补充说明，可在计划表的末尾插入文本框并在其中输入需要补充的内容。为了保证计划表的美观，本节还将会对插入的文本框进行美化。

7.5.1 插入文本框

Word 2010文档的"自选图形"列表内预设了横向和纵向两种类型的文本框。

Step 1 定位光标位置。切换到表格的最末尾，将光标定位在要插入文本框的位置，如下图所示。

46	将检查内容反馈给各部门并追踪落实结果	监
47	安排 1、2 月份值班表	办
48	安慰老同志、老领导	办

定位

Step 2 选择要绘制的文本框。在"插入"选项卡下单击"插图"组中的"形状"按钮，在展开的形状库中单击"文本框"图标，如下图所示。

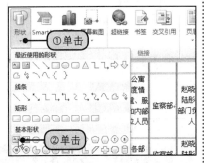

Step 3 绘制形状图形。选择了要绘制的文本框后，在文档中拖动鼠标，绘制出合适大小的形状，如下图所示。

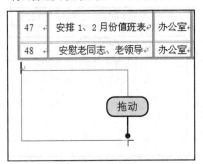

Step 4 显示文本框插入效果。将文本框绘制合适大小后，释放鼠标，即可完成文本框的插入，如下图所示。

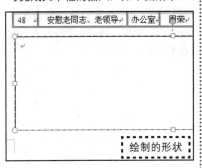

经验分享:
说明栏的作用

说明栏是为了对表格内容进行注解、说明而设立的。其作用在于补充说明，该内容虽然不是必不可少的，但却是非常重要的。说明栏的内容可以是对表格的阅读说明、对工作的额外批注等内容。

7.5.2　在文本框中添加并设置文字

将文本框绘制完毕后，就可以为其添加需要的文字内容。添加完毕后，还可根据需要对文字格式进行设置。

Step 1 输入并选中文本。在新插入的文本框中输入需要的文字，然后拖动鼠标，选中所有文本内容，如下图所示。

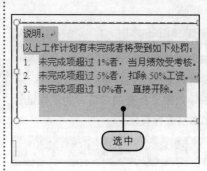

Step 2 设置文本轮廓颜色。切换到"绘图工具-格式"选项卡，单击"艺术字样式"组中的"文本轮廓"按钮，在展开的颜色列表中单击"浅蓝"图标，如下图所示。

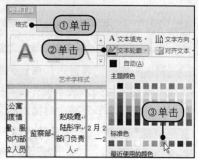

Step 3 设置文本字体。切换到"开始"选项卡，在"字体"功能组中将"字体"设置为"楷体_GB2312"，如下图所示。

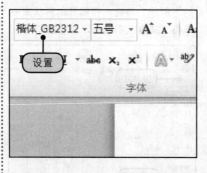

Step 4 显示设置的文本效果。经过以上操作后，文本框中的文本就被应用了适当的效果，如下图所示。

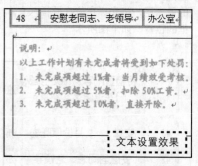

7.5.3　为文本框应用样式

为了文本框的效果更加美观，可对文本框的样式进行设置。设置出的样式要与文本的效果互相映衬，才能达到美观的效果。

Step 1 定位光标位置。单击文本框中任意位置，将光标定位在内，如右图所示。

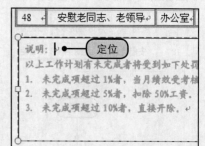

提示⑪ 创建Word中预设的文本框

在Word 2010中预设了一些文本框的样式，创建文本框时，也可以直接创建预设文本。

1 在"插入"选项卡下单击"文本"组中的"文本框"按钮，在展开的下拉列表中单击要创建的文本框样式，如下图所示。

2 经过以上操作后，就可以创建一个该样式的文本框，如下图所示。根据需要对文本框中的内容进行更改即可。

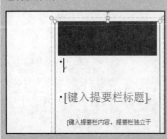

Step 2 单击"形状样式"组的对话框启动器按钮。切换到"绘图工具-格式"选项卡,单击"形状样式"组的对话框启动器按钮,如下图所示。

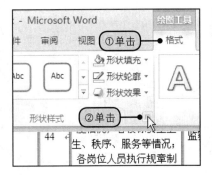

Step 3 选择要使用的渐变样式。弹出"设置形状格式"对话框,在"填充"区域内选中"渐变填充"单选按钮,然后单击"预设颜色"按钮,在展开的颜色库中单击"麦浪滚滚"图标,如下图所示。

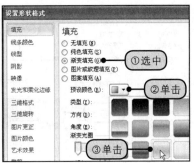

Step 4 设置填充类型。选择了渐变样式后,单击"类型"右侧的下三角按钮,在展开的下拉列表中单击"矩形"选项,如下图所示。

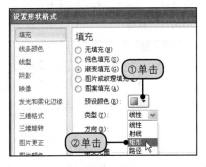

Step 5 选择渐变方向。单击"方向"按钮,在展开的方向列表中单击"中心辐射"图标,如下图所示。

Step 6 取消文本框的线条。将文本框的填充效果设置完毕后,单击"线条颜色"标签,然后在"线条颜色"区域内选中"无实线"单选按钮,如下图所示。

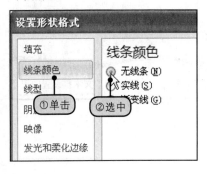

Step 7 设置文本框的三维格式。取消了文本框的线条颜色后,单击"三维格式"标签,然后单击"三维格式"区域内"顶端"按钮,在展开的下拉列表中单击"角度"图标,如下图所示。

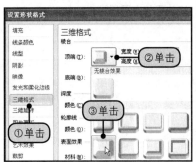

提示 ⑫ 取消形状的填充效果

为文本框设置了格式后,需要将填充效果取消时,可在打开"设置形状格式"对话框后,在"填充"区域内选中"无填充"单选按钮,如下图所示,然后单击"关闭"按钮。

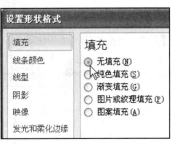

更改文本框内文字方向

文本框内文字的方向包括"水平"与"垂直"两种类型,当用户需要更改文本框内的文字方向时,可按以下步骤完成操作。

1 将光标定位在目标文本框内,如下图所示。

2 在"绘图工具-格式"选项卡下单击"文本"组中的"文字方向"按钮,在展开的下拉列表中单击"垂直"选项,如下图所示。

3 经过以上操作,就完成了更改文本框内文字方向的操作,如下图所示。

Step 8 设置文本框内文字的对齐方式。单击"文本框"标签,然后单击"文字版式"区域内"垂直对齐方式"框右侧的下三角按钮,在展开的列表中单击"中部对齐"图标,如下图所示,最后单击"关闭"按钮。

Step 10 更改文本框形状。设置了文本框的换行方式后,单击"插入形状"组中的"编辑形状"按钮,在展开的形状库中单击"更改形状"选项,展开子列表后单击"双波形"图标,如下图所示。

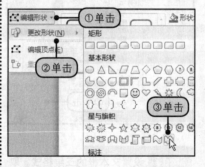

Step 9 设置文本框换行方式。返回文档中,单击"排列"组中的"自动换行"按钮,在展开的下拉列表中单击"嵌入型"选项,如下图所示。

Step 11 调整文本框大小。更改了文本框形状后,需要重新调整文本框大小,将鼠标指针指向文本框上方的控点,当指针变成双箭头形状时,向上拖动鼠标,如下图所示,拖至合适大小后释放鼠标。

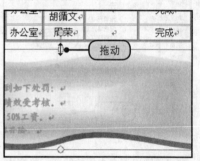

Step 12 显示调整的文本框效果。经过以上操作后,即可将工作计划表中说明性内容的文本框制作完毕,最终效果如右图所示。

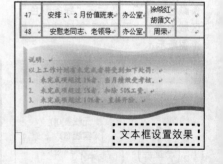

专家点拨：如何运用目标管理法制订工作计划

目标是目的或宗旨的具体化，是企业奋力争取，希望达到的未来状况。具体讲，是根据企业宗旨而提出的企业在一定时期内要达到的预期效果。目标可以产生达成最终结果的积极性，可以让人看清自己所承担的使命、有助于安排事情的轻重缓急，还可以使我们有能力把握现在。运用目标管理法制订工作计划时，要从企业的目标特征和目标设立原则两方面来进行剖析。

一、企业目标的特征

（1）层级性。企业目标可以划分为不同的等级，包括企业级、部门级和个人级。

（2）相关性。企业是一个系统，一个企业目标的完成往往是另一个目标得以实施的前提。在这种情况下，企业内的各种目标应相互关联、彼此支持，形成一个网络结构。在企业中，上下级之间或同级之间，有时会出现这样的情况：它们的目标有些是一致的，有些则是矛盾的。这时，应该按照局部服从整体、下级服从上级的原则去解决，若同级部门间出现了目标冲突，应该及时加以协调解决。

（3）多样性。企业的目标当然有很多，但如果目标太多，就会导致无法充分实现每个目标，这样，工作计划就不能得到顺利实施。对于职业经理人来说，一定要学会划分目标的优先级，并在工作中进行有效的授权和控制。

二、目标设立原则

设立一个合理的目标，对于工作计划的制订，是至关重要的。企业设立目标要遵循SMART原则。

- S—Specific：目标要明确、具体。
- M—Measurable：目标要可以衡量。
- A—Attainable：目标要具有挑战性，但通过努力可以获得成功。
- R—Realistic：目标要符合实际情况。
- T—Time-based：目标要有时间限制。

三、目标管理

目标管理是指由下级与上司共同决定具体的绩效目标，并且定期检查完成目标进展情况的一种管理方式。由此而产生的奖励或处罚，则根据目标的完成情况来确定。目标管理法属于结果导向型的考评方法，以实际产出为基础，考评的重点是员工工作的成效和劳动的结果。

目标管理的实施过程包括以下4个步骤。

（1）制订目标，包括了制订目标的依据、对目标进行分类、符合SMART原则、目标须沟通一致。

（2）实施目标。

（3）信息反馈处理。

（4）检查实施结果及奖惩。

Chapter

制作产品销售合同

学习要点

- 对合同进行批阅
- 修订与批注的查看
- 设置保护文档
- 发送电子邮件
- 为合同添加水印
- 将合同保存为模板

本章结构

- 打开合同
- 对合同进行批阅
  - 修订功能
  - 文档批注
- 修订与批注的查看
  - 使用阅阅窗格查看
  - 显示原始状态与最终状态
- 修订显示设置
- 传递智能化产品合同
  - 接受与拒绝修订 · 设置保护文档
  - 设置文件保护 · 发送电子邮件
- 相关高级功能运用
  - 为合同添加水印
  - 将合同保存为模板

① 对合同进行批阅

甲　方：_____
乙　方：_____

　　甲乙双方经友好协商，甲方向
提供的连带　　服务，根据《中华人民
方共同恪守。条款如下：

一、软件产品内容

② 保护文档

权限
必须提供密码才能打开此文档。
保护文档

准备共享
在共享此文件前，请注意其包含以下内
检查问题 · 文档属性和作者的姓名
· 残障人士难以阅读的内容

③ 使用E-Mail发送文档

④ 为合同添加水印

Chapter 8

制作产品销售合同

合同是当事人或当事双方之间设立、变更、终止民事关系的协议。依法成立的合同，受法律保护。产品销售合同是买卖合同中的一种，其中主要指出卖人与买受人之间为了买卖某种产品（或商品）而签订的合同。按供需双方的买卖关系，又可分为代销合同、包销合同、选购合同和议购合同等。在制作产品销售合同时，要根据合同对格式的要求、内容要点等方面进行设置。

8.1 打开合同

本例中制作产品销售合同主要是对合同的内容进行审阅及修改，并将合同与更多一起分享，所以在进行本例的制作时需要首先打开合同文本。

原始文件　实例文件\第8章\原始文件\产品销售合同.docx
最终文件　实例文件\第8章\最终文件\产品销售合同.docx

Step 1 双击"我的电脑"图标。进入系统桌面后，双击桌面中的"我的电脑"图标，如下图所示。

Step 2 打开要使用的文件。打开"我的电脑"窗口后，进入要打开的文件所在路径，然后双击要打开的"产品销售合同"图标，如下图所示。

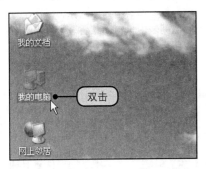

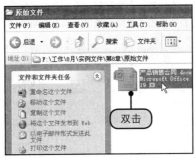

Step 3 显示打开文件效果。经过以上操作后，即可弹出一个Word 2010窗口，打开要设置的销售合同，如右图所示。

8.2 对合同进行批阅

在检查销售合同时，为了对检查到的内容有标记，可使用批注和修

要点是指合同中主要包括的内容。不同种类的合同中所包括的要点会有所不同，下面以劳动合同为例，介绍一下所包括的内容要点。

（1）工资：用人单位对于国家规定的各种税、费（如个人所得税、失业保险金、医疗金、养老保险金）有权在职工工资中扣除。故若用人单位向劳动者承诺薪金时，劳动者应向用人单位认真了解薪金所包括的内容及各种扣费理由，合法的接受，不合法的应当拒绝。

（2）福利：主要包括养老保险、失业保险和医疗保险。同时好的企业还可发给补充养老保险，也叫企业年金。

（3）工作时间与休假：国家法定工作时间为 8 小时工作制，对于用人单位延长工作时间的，用人单位要按照以下 3 种情形分别支付工资：A. 安排劳动者延长工作时间的，支付不低于 150% 的工资报酬。B. 休息日安排工作又不能安排补休的，支付不低于工资的 200% 的劳动报酬。C. 法定休假日安排劳动者工作的，支付不低于工资的 300% 的工资报酬。

（4）职业培训：对于大家关心的各种职业培训，如岗前培训、在岗培训、脱岗培训、公派出国等职业培训，在法律并未规定用人单位有此义务。这要视劳动者的工作性质及工作情况而定，由用人单位与劳动者协商决定。另外，关于合同纠纷的解决办法，如果用人单位无正当理由解除劳动合同，则企业中若有劳动争议调解委员会，劳动者可请求其调解。若不愿调解，则劳动者可直接申请仲裁机构仲裁，对于仲裁结果不服时，劳动者与用人单位双方皆可向法院提出诉讼。仲裁程序为法定程序，劳动者与用人单位都不允许直接向法院提起诉讼，必须首先经过仲裁程序。

订功能进行审阅。在批阅的过程中，如果要体现出两个人的批阅效果，可以通过审阅和修订的选项设置来实现。

8.2.1 修订功能

修订功能用于在修改文本时，对修订前和修订后的内容进行标记。本例在销售合同中修订文本前，将要对修订后的显示效果进行设置。

Step 1 单击"修订选项"。打开目标文档后，切换到"审阅"选项卡，在该选项卡下单击"修订"组中的"修订"按钮，展开下拉列表后，选择"修订选项"命令，如下图所示。

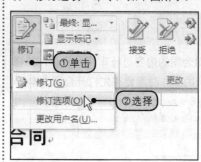

Step 2 设置插入内容显示的效果。弹出"修订选项"对话框，单击"插入内容"框右侧的下三角按钮，在展开的下拉列表中单击"仅颜色"选项，如下图所示。

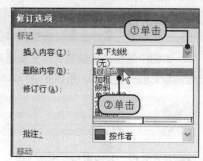

Step 3 设置插入内容显示的颜色。单击"插入内容"框所对应的"颜色"框右侧的下三角按钮，在展开的颜色列表中单击"青绿"选项，如下图所示。

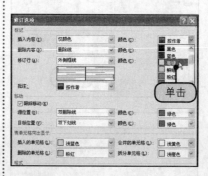

Step 4 设置删除内容显示的颜色。单击"删除内容"框所对应的"颜色"框右侧的下三角按钮，在展开的颜色列表中单击"红色"选项，如下图所示，最后单击"确定"按钮。

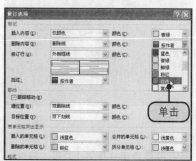

Step 5 单击"修订"按钮。返回文档中单击"修订"组中的"修订"上方按钮，如右图所示，使文档进行"修订"状态。

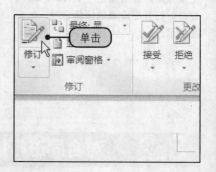

Step 6 在修订状态下为文档添加内容。进入"修订"状态后，为文档插入新内容时，新插入的内容就会以"青绿色"显示出来，如下图所示。

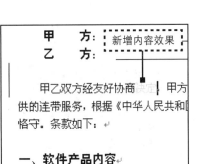

Step 7 在修订状态下为文档更改内容。进入"修订"状态后，对文档内容进行更改时，更改的内容就会以"红色带删除线"的形式显示，如下图所示，根据需要对文档内容进行更改即可。

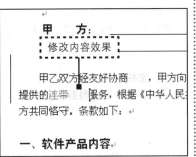

8.2.2 文档批注

审阅产品销售合同时，如果要对文档内容提出修改意见，而不对合同进行更改，可使用批注进行批示；如果要体现的是两个用户的批注时，可通过更改程序用户名的方式完成操作。

Step 1 选择要添加批注的文本。在文档中拖动鼠标，选中要添加批注的文本，如下图所示。

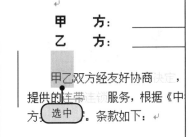

Step 2 单击"新建批注"按钮。切换到"审阅"选项卡，单击"批注"组中的"新建批注"按钮，如下图所示。

Step 3 为批注框输入内容。插入了批注框后，光标会自动定位在批注框内，直接输入需要的文本即可，如下图所示。

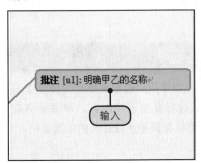

Step 4 单击"更改用户名"选项。单击"修订"组中的"修订"按钮，在展开的下拉列表中单击"更改用户名"，如下图所示。

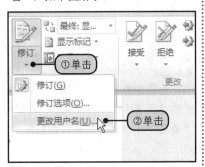

提示 ① 更改批注显示效果

为文档插入批注时，如果用户对批注的大小、颜色等内容有所要求，可通过"修订选项"对话框进行设置。

打开"修订选项"对话框后，在对话框下方的"批注框"区域内即可对批注框的大小、边距等内容进行设置，如下图所示。

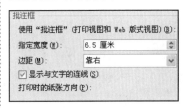

签订合同后，并不是所有合同都可以具有法律效力的，想让合同生效，必须要在满足一定条件的情况下才能够实现。总结起来，合同生效的条件共有5个，具体内容如下。

（1）双方当事人应具有实施法律行为的资格和能力。

（2）当事人应是在自愿的基础上达成的意思表示一致。

（3）合同的标准和内容必须合法。

（4）合同双方当事人必须互为有偿。

（5）合同必须符合法律规定的形式。

Step 5 设置用户名。弹出"Word选项"对话框，在"对Microsoft Office进行个性化设置"区域内的"用户名"和"缩写"文本框内分别输入用户信息，如下图所示，然后单击"确定"按钮。

Step 6 选择要添加批注的文本。返回文档中，拖动鼠标，选中要添加批注的文本内容，如下图所示。

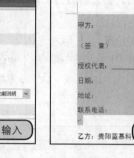

Step 7 单击"新建批注"按钮。在"审阅"选项卡下单击"批注"组中的"新建批注"按钮，如下图所示。

Step 8 为批注框输入内容。插入了批注框后，可以看到，由于用户更改批注的外观与用户名都发生了相应变化，在批注框中输入需要的文本即可，如下图所示。按照同样的方法，为文档添加其他批注。

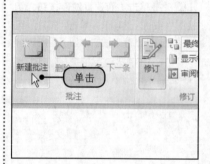

8.3　修订与批注的查看

将销售合同修订与批注完毕后，在查看修订与批注的过程中，可通过"查看"工具更方便地查看。下面就来介绍一下具体查看的操作过程。

8.3.1　使用审阅窗格查看

查看销售合同中的修订和批注时，如果用户想根据需要选择要查看的批注或修订时，可通过审阅窗格来选择要查看的内容。审阅窗格有"垂直"和"水平"两种类型，用户可根据需要选择适合的审阅窗格。

Step 1 打开水平审阅窗格。在"审阅"选项卡下单击"修订"组中"审阅窗格"右侧的下三角按钮，在展开的下拉列表中单击"水平审阅窗格"选项，如下图所示。

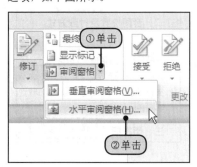

Step 2 选择要查看的修订内容。打开审阅窗格后，在窗格中可以看到文档中所有的修订与批注内容，单击要查看的修订内容，如下图所示。

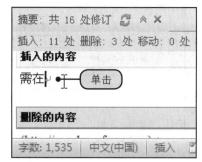

② 逐条查看批注内容

在查看批注内容时，如果用户要一条一条地查看批注，可直接在功能组中完成操作。

定位好光标位置后，在"审阅"选项卡下单击"批注"组中的"下一条"按钮，如下图所示，页面中就会显示出光标所在位置的下一条批注；需要查看上一条时，则单击"批注"组中的"上一条"按钮。

Step 3 显示查找到的修订内容。在审阅窗格中选择了要查看的内容后，页面中所对应的修订内容就会显示出来，如下图所示。

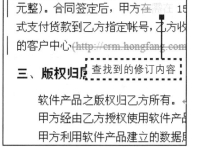

Step 4 隐藏审阅窗格。使用审阅窗格完毕后需要隐藏时，可再次单击"修订"组中的"审阅窗格"按钮即可，如下图所示。

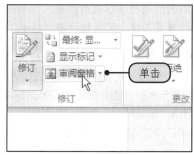

8.3.2 显示原始状态与最终状态

将销售合同修订完毕后，如果用户要对修订前、后的状态对比查看，可通过"显示以供审阅"框中提供的不同状态来查看。

Step 1 单击"原始状态"选项。单击"审阅"选项卡下"修订"组中"显示以供审阅"框右侧的下三角按钮，在展开的下拉列表中单击"原始状态"，如下图所示。

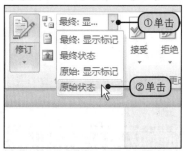

Step 2 显示原始状态效果。将文档设置为"原始状态"后，文档中就会显示出未进行修订时的效果，如下图所示。

二、合同价款及付款方式

乙方提供上述产品＿＿套，块及增值服务，价格为＿＿元(整)。合同签定后，甲方在 15 天货款到乙方指定账号，乙方收到中心(http://crm. [原始状态效果]

提示 ③ **显示所有审阅者的批注情况**

设置修订显示状况时，如果用户隐藏了另一个审阅者的修订意见后，需要显示出来时，可通过"显示标记"完成操作。

在"审阅"选项卡下单击"修订"组中的"显示标记"按钮，在展开的下拉列表中单击"审阅者"选项，展开子列表后，单击所有审阅者选项，如下图所示，即可显示出所有审阅者的批注信息。

Step 3 单击"最终状态"选项。需要显示修订的最终状态时，单击"修订"组中"显示以供审阅"框右侧的下三角按钮，在展开的下拉列表中单击"最终状态"，如下图所示。

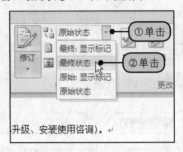

Step 4 显示最终状态效果。将文档设置为"最终"状态后，文档中就会显示出接受全部修订后的效果，如下图所示。

二、合同价款及付款方式

乙方向甲方提供上述产品＿＿看产品模块及增值服务，价格为＿＿元元整）。合同签定后，甲方需在 15 天支付货款到乙方指定账号，乙方收到客户中心账号。

三、版权归属 最终状态效果

8.4 修订显示设置

将销售合同进行修订和批注后，文档中会显示出墨迹、插入和删除的内容及格式设置等效果，如果用户在查看修订效果时不需要显示其中的某项内容，可通过"显示标记"进行设置。

Step 1 不显示插入和删除的内容。单击"审阅"选项卡下"修订"组中的"显示标记"按钮，在展开的下拉列表中单击"插入和删除"选项，如下图所示。

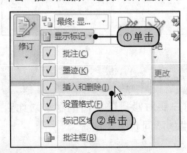

Step 2 显示标记效果。经过以上操作后，文档中所有插入和删除的修订内容就会隐藏起来，如下图所示。

甲乙双方经友好协商决定，甲方提供的连锁服务，根据《中华人民共和同恪守。条款如下：

一、软件产品内容

乙方向甲方销售的软件产品为"① 隐藏插入和删除内容效果

Step 3 隐藏审阅者的修订。单击"修订"组中的"显示标记"按钮，在展开的下拉列表中单击"审阅者>刘林"，如下图所示。

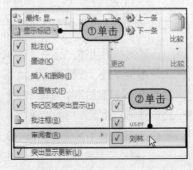

Step 4 显示标记效果。经过以上操作后，文档中所有以"刘林"用户批注（或修订）的内容就会自动隐藏，如下图所示。

甲方：

（签 章）

授权代表：＿＿＿＿＿＿

日期：

地址：

联系电话： 隐藏审阅者批注内容效果

8.5 传递智能化产品合同

销售合同主要在销售工作中与客户签约时使用。为了确保合同内容的正确、保密，用户需要对合同中的修订意见进行处理，对合同进行加密。一切处理妥当后，可将制作好的合同通过邮件的形式发送给商业伙伴。

8.5.1 接受与拒绝修订

将销售合同修订完毕后，接下来就可以根据修订意见及批注对文档进行修改。对于正确的修订内容，可直接接受；而不正确的修订意见，可直接拒绝。

Step 1 取消修订状态。单击"审阅"选项卡下"修订"组中"修订"上方的 按钮，如下图所示，取消修订状态。

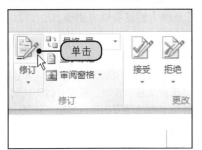

Step 2 根据批注编辑修订内容。根据批注，在文档中输入修改后的内容，如下图所示。

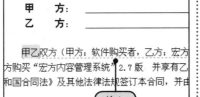

Step 3 删除批注。右击要删除的批注，在弹出的快捷菜单中选择"删除批注"命令，如下图所示。按照同样的方法，将其他批注进行修改与删除。

Step 4 选择拒绝接受的修订。在要拒绝修订的文本上拖动鼠标选中目标文本，如下图所示。

Step 5 拒绝修订。单击"更改"组中的"拒绝"按钮，在展开的下拉列表中单击"拒绝并移动到下一行"选项，如右图所示。

④ 一次性删除所有批注
提示

本例中删除批注时，使用的是逐条删除的方法，如果用户要一次性将所有批注全部删除时，可按以下步骤完成操作。

打开目标文档后，切换到"审阅"选项卡，单击"批注"组中的"删除"按钮，在展开的下拉列表中单击"删除文档中的所有批注"选项，如下图所示，即可将文档中的所有批注全部删除。

⑤ 更改保护密码

为文档设置了密码保护后，需要更改时，还是需要"加密文档"对话框来完成设置。

1 打开目标文档后，执行"文件>信息"命令，打开"信息"子菜单后，单击"保护文档"按钮，在展开的下拉列表中单击"用密码进行加密"选项，如下图所示。

2 弹出"加密文档"对话框后，重新输入要设置的密码，然后单击"确定"按钮，如下图所示。弹出"确认密码"对话框后，再次输入该密码即可。

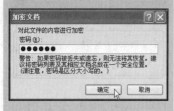

Step 6 接受修订。单击"更改"组中的"接受"按钮，在展开的下拉列表中单击"接受对文档的所有修订"选项，如下图所示。

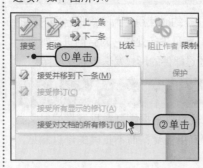

Step 7 显示接受修订效果。经过以上操作，文档中所有的修订内容被全部接受，文档中显示出修改后的效果，如下图所示。

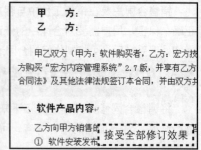

8.5.2 设置保护文档

为了确保销售合同的安全，可通过为文件添加密码保护的方法对文件进行保护。这样将文档保存后，再打开时，就需要输入密码。

Step 1 执行"文件>信息"命令。单击"文件"按钮，展开下拉菜单后，选择"信息"命令，如下图所示。

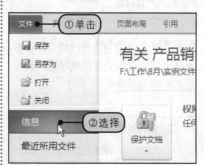

Step 2 单击"用密码进行加密"选项。打开"信息"子菜单后，单击"保护文档"按钮，在展开的下拉列表中单击"用密码进行加密"选项，如下图所示。

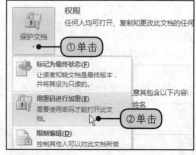

Step 3 设置加密密码。执行上述操作后，弹出"加密文档"对话框，在"密码"文本框中输入要设置的密码，然后单击"确定"按钮，如下图所示。

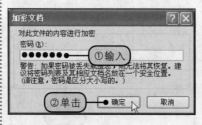

Step 4 确认密码。弹出"确认密码"对话框，在"重新输入密码"文本框内输入所设置的密码，然后单击"确定"按钮，如下图所示。

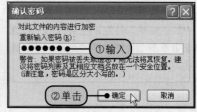

Step 5 显示加密效果。经过以上设置后，就完成了对文档进行加密的操作，在"信息"菜单下"保护文档"中，可以看到当前文档的状态提示为"必须提供密码才能打开此文档"，如右图所示。

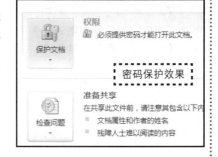

密码保护效果

8.5.3　设置文件保护

本例中所讲的"文件保护"是指对文件的格式、内容编辑等权限进行限制，通过"权限"的限制可以预防其他用户随意对文件进行更改。确实要更改文件时，只有在知道密码的情况下才能操作。

Step 1 单击"限制编辑"按钮。在"审阅"选项卡下单击"保护"组中的"限制编辑"按钮，如下图所示。

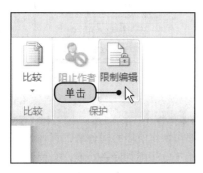

Step 2 限制格式设置。弹出"限制格式和编辑"任务窗格，勾选"限制对选定的样式设置格式"复选框，然后单击"设置"链接，如下图所示。

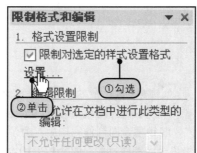

Step 3 选择阻止的设置选项。弹出"格式设置限制"对话框，勾选"阻止主题或方案切换"复选框与"阻止快速样式集切换"复选框，然后单击"确定"按钮，如下图所示。

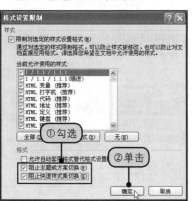

Step 4 限制编辑。返回文档中，勾选"仅允许在文档中进行此类型的编辑"复选框，该选项的下拉列表中默认选择为"不允许任何更改（只读）"选项，如下图所示。

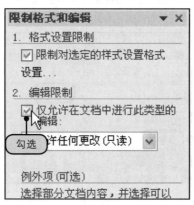

在限制文档编辑时，限制编辑的项目包括修订、批注、填写窗格、不允许任何更改4个项目，用户可根据需要进行设置。

启动了强制保护后，勾选"2.编辑限制"区域内"仅允许在文档中进行此类型的编辑"复选框，然后单击该复选框所对应的下拉列表框右侧的下三角按钮，在展开的下拉列表中单击要设置的项目即可，如下图所示，然后再设置限制编辑的密码。

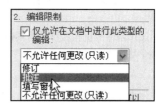

由于合同具有法律效力,一旦出现合同纠纷合同中的每一个字,每一个词,每一句话,都意味着潜在的输或赢,所以在起草合同时,一定要注意。下面来介绍一些起草合同时的注意事项。

(1)注意合同名称与合同内容是否一致。

(2)注意列明每项商品的单价。

(3)在合同中明确违约金和赔偿金计算方法。

(4)确定管辖法院。

(5)注意用词严谨。

(6)确认签约对象的主体资格。

(7)合同条款必须对等性。

(8)注意定金与"订金"的区别。

(9)注意项目分包合同的特殊要求。

(10)仲裁机构名称要写具体、明确。

Step 5 单击"是,启动强制保护"按钮。将限制编辑的选项设置完毕后,单击"是,启动强制保护"按钮,如下图所示。

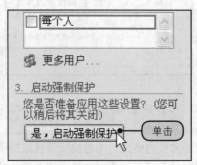

Step 6 设置保护密码。弹出"启动强制保护"对话框,在"新密码"与"确认新密码"文本框中分别输入要设置的密码,然后单击"确定"按钮,如下图所示。

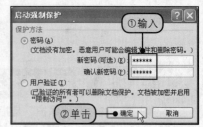

Step 7 显示限制编辑效果。经过以上操作后,当用户要对文档内容进行更改时,就会弹出"限制格式和编辑"任务窗格,其中显示出文档受保护字样,如右图所示。

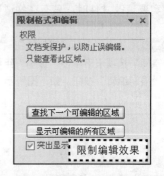

8.5.4 发送电子邮件

将销售合同制作完毕后,为了能够与合作伙伴共同分享,可通过网络将合同发送过去。Word 2010中提供了电子邮件发送功能,合同制作完毕后,可直接进行发送。如果用户是第一次使用OutLook发送邮件,需要对邮箱的用户名、密码等信息进行注册。具体操作步骤如下。

Step 1 单击"控制面板"选项。进入系统桌面后,单击桌面任务栏中的"开始"按钮,在弹出的下拉菜单中单击"控制面板"选项,如下图所示。

Step 2 双击"邮件"图标。弹出"控制面板"窗口,双击列表中的"邮件"图标,如下图所示。

Step 3 单击"添加"按钮。弹出"邮件"窗口，单击"添加"按钮，如下图所示。

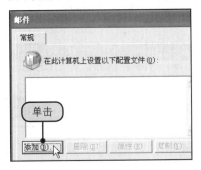

Step 4 输入配置文件名称。弹出"新建配置文件"对话框，在"配置文件名称"文本框中输入配置文件的名称，然后单击"确定"按钮，如下图所示。

Step 5 添加邮箱账户。弹出"添加新账户"对话框，在"电子邮件账户"区域内分别输入用户名称、电子邮箱地址、密码信息，如下图所示，最后单击"确定"按钮。

Step 6 完成信息配置。Word 在接受了用户设置的邮箱信息后，会自动连接到网络。与网站连接成功后，进入"祝贺您"界面，其中显示出配置信息的情况，如下图所示。全部配置成功后，单击"完成"按钮。

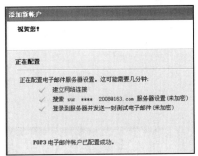

Step 7 单击"确定"按钮。邮箱配置成功后，返回"邮件"对话框，单击"确定"按钮，如下图所示。

Step 8 选择"保存并发送"命令。打开要发送的"产品销售合同.docx"文档，单击"文件"按钮，在弹出的下拉菜单中选择"保存并发送"命令，如下图所示。

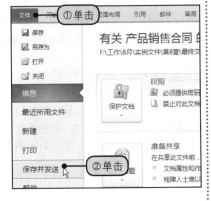

经验分享：
合同的形式

合同根据其存在的方式被划分为多种形式，常见的形式包括以下几种。

（1）口头形式。口头形式是指当事人双方用对话方式表达相互之间达成的协议。当事人在使用口头形式时，应注意只能是及时履行的经济合同，才能使用口头形式，否则不宜采用这种形式。

（2）书面形式。书面形式是指当事人双方用书面方式表达相互之间通过协商一致而达成的协议。根据经济合同法的规定，凡是不能及时清结的经济合同，均应采用书面形式。在签订书面合同时，当事人应注意，除主合同之外，与主合同有关的电报、书信、图表等，也是合同的组成部分，应同主合同一起妥善保管。

（3）公证形式。公证形式是当事人约定或者依照法律规定，以国家公证机关对合同内容加以审查公证的方式，订立合同时所采取的一种合同形式。

（4）鉴证形式。鉴证形式是当事人约定或依照法律规定，以国家合同管理机关对合同内容的真实性和合法性进行审查的方式订立合同的一种合同形式。

（5）批准形式。批准形式是指法律规定某些类别的合同须采取经国家有关主管机关审查批准的一种合同形式。

（6）登记形式。登记形式是指当事人约定或依照法律规定，采取将合同提交国家登记主管机关登记的方式订立合同的一种合同形式。

Step 9 单击"作为附件发送"按钮。菜单中显示出保存并发送的相关内容后，单击"使用电子邮件发送"选项，在弹出的子菜单中单击"作为附件发送"按钮，如下图所示。

Step 10 输入收件人邮箱。弹出以文件名称命名的邮件窗口后，在"收件人"文本框中输入收件人的邮箱地址，如下图所示。

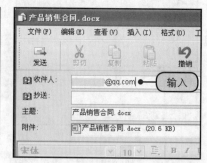

为文档设置水印时，可将水印文字设置为不同的颜色，而水印的版式则包括"斜式"和"水平"两种，用户可根据需要进行选择。

1 打开"水印"对话框后，单击"颜色"框右侧的下三角按钮，在展开的颜色列表中单击要使用的颜色即可完成水印文字颜色的设置，如下图所示。

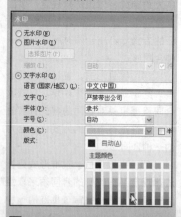

2 需要设置版式时，在"水印"对话框中选中"版式"区域内所对应的单选按钮即可，如下图所示。

Step 11 发送邮件。输入了收件人地址后，在邮件窗口下方的文本框中输入邮箱内容，然后单击"发送"按钮，如右图所示，程序将自动执行发送操作。

8.6 相关高级功能运用

将销售合同制作完毕后，为了使销售合同更加完善，本节中将继续进行进一步的设置，包括为合同添加水印及将文档保存为模板的操作。

8.6.1 为合同添加水印

为了保护合同的安全，避免有些员工将合同内容随便带回家中，可在合同中添加水印文字进行提醒说明。由于一些水印Word 2010中没有预设，因此需要进行自定义设置。另外，水印必须在没有设置保护的情况下完成，所以在添加水印前需要取消文档的保护。

Step 1 单击"自定义水印"选项。取消文档的保护后，在"页面布局"选项卡下单击"页面背景"组中的"水印"按钮，在展开的下拉列表中单击"自定义水印"选项，如右图所示。

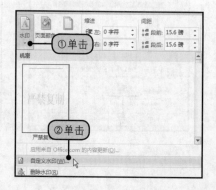

Step 2 输入水印文字。弹出"水印"对话框，选中"文字水印"单选按钮，然后在"文字"文本框内输入要设置的水印文字，如下图所示。

Step 3 设置水印文字字体。单击"字体"框右侧的下三角按钮，在展开的下拉列表中单击"隶书"选项，如下图所示。

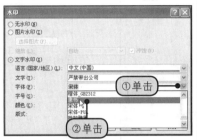

Step 4 取消水印的半透明效果。取消勾选"半透明"复选框，然后单击"应用"按钮，如下图所示，最后关闭"水印"对话框。

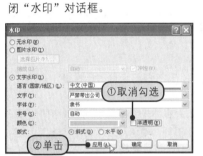

Step 5 显示添加水印效果。经过以上操作后，就完成了为销售合同制作水印的操作，如下图所示。

8.6.2 将合同保存为模板

为了方便在以后的工作中制作不同类型的合同，可将制作好的"产品销售合同"保存为模板。这样，在制作其他合同时，就可以在该模板的基础上进行制作了。

最终文件 实例文件\第8章\最终文件\产品销售合同.dotx

Step 1 执行"另存为"命令。单击"文件"按钮，在弹出的下拉菜单中选择"另存为"命令，如下图所示。

Step 2 进入文件的保存位置。弹出"另存为"对话框，通过"保存位置"进入模板文档要保存的位置，如下图所示。

经验分享：
无效合同的特征与情形

无效合同是相对于有效合同而言的，是指合同虽然已经成立，但由于存在无效事由，故此不具有法律约束力的合同。

无效合同具有以下特征。

（1）合同已经成立。

（2）合同具有违法性。

（3）合同没有约束力。

（4）合同自始无效。

合同无效的情形包括以下几点。

（1）一方以欺诈、胁迫的手段订立合同，损害国家利益。

（2）恶意串通，损害国家、集体或第三人利益。

（3）以合法形式掩盖非法目的。

（4）合同内容损害了社会公众的利益。

（5）违反法律、行政法规的强制性规定。

（6）格式条款及免责条款无效。

（7）在合同中有虚伪表示与隐匿的行为。

Step 3 设置文件的保存类型。单击"保存类型"框右侧的下三角按钮，在展开的下拉列表中单击"Word 模板（*.dotx）"选项，如下图所示，最后单击"保存"按钮。

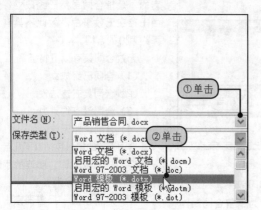

Step 4 显示模板文件的保存效果。将模板保存完毕后，通过"我的电脑"窗口，进入文件的保存路径，即可看到保存的模板文件，如下图所示。

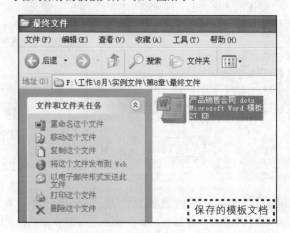

专家点拨：签订合同的注意事项

    在签订合同时，为了避免上当受骗或在不知晓的情况下签订了不平等合同，应在签订合同时严格遵守签订合同的注意事项，具体内容如下。

    （1）严格审查主体资格的合法性。 主体不合法将直接导致合同的无效，如果主体未经授权也会导致合同的效力待定。签订合同时，应当要求对方提供身份证明、企业营业执照、代表人授权书等，确认对方的主体资格。

    （2）争取合同的起草权。合同就是当事人之间的法律。谁拥有合同的起草权，谁就把握了主动权。站在己方的立场上起草的条款，优势之明显不言而喻。

    （3）力争合同主要内容完备。 合同的标的、双方权利与义务、价款、质量与数量、交付、违约责任、争议的解决方式等，作为合同的主要条款，缺一不可。

    （4）合同条款本身无法律障碍。 合同条款必须首先合法，才能保证其效力。以合法形式掩盖非法目的，只能导致条款的无效，也为双方的履行设置了障碍。

    （5）关于标的质量标准的约定要明确。 例如，国家标准、行业标准及企业标准。建筑工程质量标准有"合格"和"优良"。如果质量标准约定为"甲方满意"，就为合同相对方履行义务设置了陷阱。

    （6）价款的给付要具有可执行力。 如果约定"验收合格后付款"，那么对验收的标准、期限、期满的处理等都要做具体的约定，防止义务人拖延付款。

    （7）注意违约责任。违约责任是合同中最有分量的条款，是合同当事人约定不履行义务的风险承担条款，应当具体明确，如约定"违约金 20 万元"，或者"违约金为合同总价款的 50%"。

    （8）关于争议的解决与管辖要具体。争议的解决程序、争议的范围、管辖的法院或者仲裁机构都要具体，选择对己方有利的管辖机构将会最大限度地减少损失。

PART

3

Excel办公基础篇

9

Chapter

别让烦琐的填表累了手——
快速制作专业的办公表格

学习要点

- 快速输入表格数据
- 设置数字格式
- 使用项目选取规则
- 使用形象的图标集
- 管理规则
- 数据有效性

本章结构

快速输入表格数据	
快速输入相同数据	使用序列快速填充数据

设置数字格式			
使用会计专用格式	使用货币格式	使用百分比格式	使用日期格式

设置数据的条件格式					
突出显示单元格规则	项目选取规则	直观的数据条	美丽的色阶	形象的图标集	管理规则

数据有效性		
设置数据有效性	圈释无效数据	定位到包含数据有效性的单元格

① 会计专用格式

	A	B
1	产品	价格
2	MP3	¥ 260.0
3	MP4	¥ 450.0
4	摄像机	¥ 1,980.0
5	数码相机	¥ 990.0
6	风扇	¥ 85.0
7	电吹风	¥ 45.0

② 使用数据条

C	D
五月	六月
¥ 2,262.00	¥ 1,248.00
¥ 5,040.00	¥ 2,400.00
¥ 2,790.00	¥ 2,418.00
¥ 3,360.00	¥ 6,216.00
¥ 1,330.00	¥ 2,280.00
¥ 4,370.00	¥ 6,670.00

③ 设置数据有效性

B	C	D
客户联系方式单		
公司	洽谈项目	联系电话
荣德集团	项目20100305	15966666666
美佳宜公司	项目20100711	136666666

Microsoft Excel

输入值非法。
其他用户已经限定了可以输入该单元格的数值。

[重试(R)] [取消] [帮助(H)]

④ 圈释无效数据

	A	B
1	员工姓名	上班时间
2	孟恩	9:01
3	彭伟	8:39
4	戴安	9:02
5	蒲燕	8:50
6	邓安	8:59
7	贺信	9:02

别让烦琐的填表累了手——快速制作专业的办公表格

在日常工作中，经常需要制作一些不同类别的表格，也许您只会按部就班地输入一个个数据，再逐个进行格式设置等操作，这样不仅浪费您的办公时间，而且还可能无法达到预期的专业效果。那么如何才能让这种事情不再发生，快速制作出专业的表格呢？其实在Excel 2010中，使用一定的技巧就能很方便地办到。本章将介绍如何快速输入表格数据，设置数字格式、数据的条件格式及数据有效性等。

9.1　快速输入表格数据

在制作办公表格时，有的数据信息是有一定规律的，例如重复数据、序列数据等。利用Excel 2010，不仅可以在一张工作表中输入重复数据，还可以在多张表格中输入重复数据。

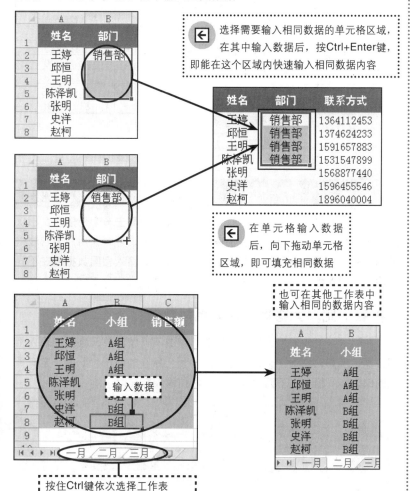

← 选择需要输入相同数据的单元格区域，在其中输入数据后，按Ctrl+Enter键，即能在这个区域内快速输入相同数据内容

← 在单元格输入数据后，向下拖动单元格区域，即可填充相同数据

也可在其他工作表中输入相同的数据内容

按住Ctrl键依次选择工作表

① 使用按钮填充相同数据

在Excel 2010中用户可以使用"填充"按钮进行相关的填充操作，具体的操作步骤如下。

1 在单元格B2中输入需要的数据，再选择单元格区域B2:B8，如下图所示。

（续上页）

除了输入相同数据外，在工作表中还可以轻松输入有规律的数据，例如等差序列、等比序列及日期序列等。

提示 ① 使用按钮填充相同数据

2 切换至"开始"选项卡，在"编辑"组中单击"填充"按钮，在展开的下拉列表中单击"向下"选项，如下图所示。

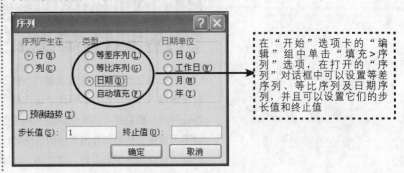

在"开始"选项卡的"编辑"组中单击"填充>序列"选项，在打开的"序列"对话框中可以设置等差序列、等比序列及日期序列，并且可以设置它们的步长值和终止值

选择需要填充序列的单元格区域，在"序列"对话框中先设置序列产生的位置，再根据类型、步长值设置填充序列。

3 此时会在所选的单元格区域中填充相同的数据，如下图所示。

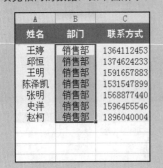

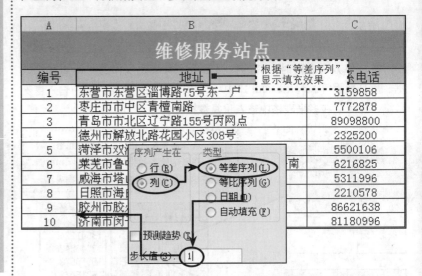

根据"等差序列"显示填充效果

🔍 9.1.1 快速输入相同数据

当遇到需要输入重复数据的时候，如果每个都去一个个输入，不仅浪费时间，还容易出错。通过快速输入相同数据，可以让用户节省表格的编辑时间。下面分别介绍在一定单元格或区域输入相同数据及在不同工作表中输入相同数据的方法。

❶ 在一定单元格区域输入相同数据

在同一张工作表中，用户可以为连续或不连续的单元格区域输入相同数据，例如，在员工信息表中输入各员工所在的部门，此时一定有重复的部门需要输入。下面为大家介绍两种输入方法。

原始文件 实例文件\第9章\原始文件\在单元格区域输入相同数据.xlsx

最终文件 实例文件\第9章\最终文件\在单元格区域输入相同数据.xlsx

方法一：使用组合键输入相同数据

Step 1 选取单元格区域。打开附书光盘\ 实例文件\第9章\原始文件\在单元格区域输入相同数据.xlsx工作簿，选择单元格区域B2:B6，如下图所示。

Step 2 输入数据。直接输入需要的文本，例如文本"技术部"，此时会自动在单元格B2中显示，如下图所示。

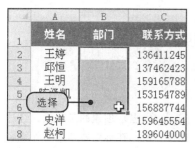

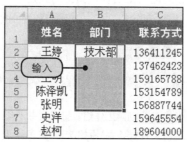

Step 3 按Ctrl+Enter键输入相同数据。按Ctrl+Enter组合键，此时会在所选的单元格区域中填充输入的文本，如右图所示，这便完成了输入相同文本的操作。

	A	B	C
1	姓名	部门	联系方式
2	王婷	技术部	136411245
3	邱恒	技术部	137462423
4	王明	技术部	159165788
5	陈泽凯	技术部	153154789
6	张明	技术部	156887744
7			159645554
8			189604000

按Ctrl+Enter键

方法二：使用填充柄输入相同数据

Step 1 输入数据。选择单元格B2，输入文本为"技术部"，如下图所示。

	A	B	C
1	姓名	部门	联系方式
2	王婷	技术部	136411245
3	邱恒		137462423
4	王明		159165788
5	陈泽凯	输入	153154789
6	张明		156887744
7	史洋		159645554
8	赵柯		189604000

Step 2 定位鼠标指针。将鼠标指针放置该单元格右下角，呈 ✚ 状时向下拖动。如下图所示。

	A	B	C
1	姓名	部门	联系方式
2	王婷	技术部	136411245
3	邱恒		137462423
4	王明		159165788
5	陈泽凯	放置	153154789
6	张明		156887744
7	史洋		159645554
8	赵柯		189604000

Step 3 拖动鼠标。按住鼠标左键不放，向下拖动填充柄至单元格B6，如下图所示。

	A	B	C
1	姓名	部门	联系方式
2	王婷	技术部	136411245
3	邱恒		137462423
4	王明		159165788
5	陈泽凯		153154789
6	张明		156887744
7	史洋	拖动 技术部	159645554
8	赵柯		189604000

Step 4 显示填充的相同文本。经过上述操作后，单元格区域B2:B6中都被填充了相同的文本，如下图所示。

	A	B	C
1	姓名	部门	联系方式
2	王婷	技术部	136411245
3	邱恒	技术部	137462423
4	王明	技术部	159165788
5	陈泽凯	技术部	153154789
6	张明	技术部	156887744
7		显示填充效果	159645554
8			189604000

② 在多张工作表中输入相同数据

如果你想一次在多张工作表中输入相同数据，省略多次复制、粘贴的烦琐操作，可以采用下面介绍的方法。在本例中，将分别在3个工作表"一月""二月"及"三月"中，输入相同的销售名单表，其中具有相同的员工名称、员工的组别等信息。

原始文件	实例文件\第9章\原始文件\在多张工作表中输入相同数据.xlsx
最终文件	实例文件\第9章\最终文件\在多张工作表中输入相同数据.xlsx

提示 ③ 用快捷键实现输入相同数据的操作

在Excel中用户可以使用快捷键快速向下或向右填充相同数据，具体的操作方法如下。

1 向下填充。例如，在单元格A1中输入数据"1"，再选择单元格区域A1:A10，按快捷键Ctrl+D，即可在单元格区域A1:A10中快速填充相同的数据"1"。

2 向右填充。例如，在单元格A1中输入数据"1"，再选择单元格区域A1:H1，按快捷键Ctrl+R，即可在单元格区域A1:H1中快速填充相同的数据"1"。

Step 1 创建工作组。打开附书光盘\实例文件\第9章\原始文件\在多张工作表中输入相同数据.xlsx工作簿，单击工作表标签"一月"，按住Ctrl键不放，依次单击需要组合的标签，如下图所示。

Step 2 显示创建的工作组。经过此操作后，在标题栏中的工作簿名称后显示"[工作组]"字样，如下图所示。

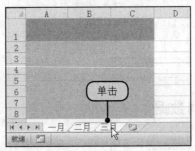

Step 3 输入数据。在工作表"一月"中输入员工姓名、所在小组等信息，如下图所示。

Step 4 显示输入相同数据的效果。单击工作组中的任意工作表，例如工作表"三月"，如下图所示，此时会显示完成输入的相同数据。

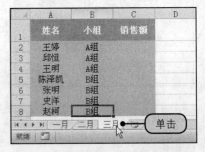

9.1.2 使用序列快速填充数据

自动填充是Excel 2010的一大强项功能，其智能化的设计把人们从大量枯燥乏味的数据录入中解脱出来，极大地节省了人们的时间，提高了数据处理的效率。

❶ 填充等差序列

　　建立等差序列时，Excel 2010将通过步长值决定各数值间的差值。下面将为"维修站服务点"表格添加等差为"1"的编号序列。

原始文件　实例文件\第9章\原始文件\填充等差序列.xlsx
最终文件　实例文件\第9章\最终文件\填充等差序列.xlsx

Step 1 输入起始数据。打开附书光盘\实例文件\第9章\原始文件\填充等差序列.xlsx工作簿，在单元格A3中输入"1"，如下图所示。

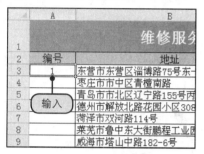

Step 2 选择系列。切换至"开始"选项卡，单击"填充"按钮，在展开的下拉列表中单击"系列"选项，如下图所示。

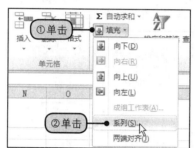

Step 3 选择序列类型。弹出"序列"对话框，在"序列产生在"选项组中选中"列"单选按钮，在"类型"选项组中选中"等差序列"单选按钮，如下图所示。

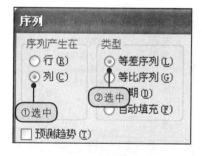

Step 4 设置步长值和终止值。在"步长值"文本框中输入"1"，在"终止值"文本框中输入"10"，输入完毕后单击"确定"按钮，如下图所示。

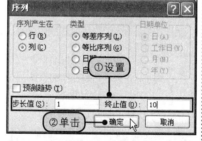

Step 5 显示填充"等差序列"的效果。经过上述操作后，从单元格A3开始，往下填充至单元格A12，在其中显示填充的等差序列，如右图所示。

办公应用

填充员工偶数工号

　　在日常办公中，有时会需要制作一份以员工偶数工号为序列的表格，之前已经知道填充有序的序列方法，那么如何才能只填充偶数的序列呢？使用Excel的"序列"对话框，可以帮助您完成这项工作。

原始文件　填充偶数工号.xlsx
最终文件　填充偶数工号.xlsx

❶ 打开原始文件\填充偶数工号.xlsx工作簿，在单元格A3中输入偶数编号，例如10030，再选择单元格区域A3:A7，如下图所示。

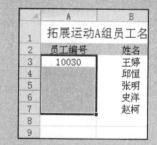

❷ 切换至"开始"选项卡，单击"填充"按钮，在展开的下拉列表中单击"系列"选项，如下图所示。

（续上页）

办公应用

填充员工偶数工号

3 弹出"序列"对话框，在"类型"选项组中选中"等差序列"单选按钮，设置"步长值"为"2"，再单击"确定"按钮，如下图所示。

4 经过上述操作后，在所选的单元格区域中只显示填充的偶数工号，如下图所示。

	A	B
1	拓展运动A组员工名单	
2	员工编号	姓名
3	10030	王婷
4	10032	邱恒
5	10034	张明
6	10036	史洋
7	10038	赵柯
8		
9		
10		

❷ 填充等比序列

建立等比序列时，Excel 2010将数值乘以常数因子。下面将为"拓展运动A组成员"表格添加等比步长值为"2"的编号序列。

原始文件　实例文件\第9章\原始文件\填充等比序列.xlsx
最终文件　实例文件\第9章\最终文件\填充等比序列.xlsx

Step 1 输入起始数据。打开附书光盘\实例文件\第9章\原始文件\填充等比序列.xlsx工作簿，在单元格A3中输入"2"，再选择单元格区域A3:A7，如下图所示。

	A	B
1	拓展运动A组成员	
2	编号	姓名
3	2	钱新月
4		选择
5		落溪
6		欧辰
7		冯伦

Step 2 选择系列。切换至"开始"选项卡，单击"填充"按钮，在展开的下拉列表中单击"系列"选项，如下图所示。

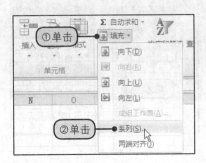

Step 3 选择序列类型。弹出"序列"对话框，在"序列产生在"选项组中选中"列"单选按钮，在"类型"选项组中选中"等比序列"单选按钮，如下图所示。

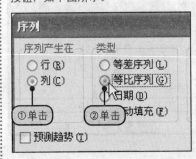

Step 4 设置步长值。在"步长值"文本框中输入"2"，输入完毕后单击"确定"按钮，如下图所示。

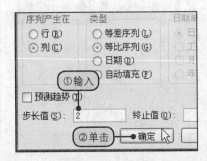

Step 5 显示填充"等比序列"的效果。经过上述操作后，从单元格A3开始，往下填充至单元格A7，在其中显示填充的等比序列，如右图所示。

	A	B
1	拓展运动A组成员	
2	编号	姓名
3	2	钱新月
4	4	显示等比序列效果
5	8	
6	16	欧辰
7	32	冯伦

❸ 填充日期序列

时间序列包括指定增量的日、星期和月，或诸如星期、月份和季度的重复序列。下面为某住户每月缴费表填充日期。

🔘 **原始文件** 实例文件\第9章\原始文件\填充日期序列.xlsx
　 最终文件 实例文件\第9章\最终文件\填充日期序列.xlsx

Step 1 输入起始日期。打开附书光盘\实例文件\第9章\原始文件\填充日期序列.xlsx工作簿，在单元格A3中输入日期"2010-1-7"，再选择单元格区域A3:A7，如下图所示。

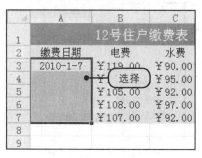

Step 2 选择系列。切换至"开始"选项卡，单击"填充"按钮，在展开的下拉列表中单击"系列"选项，如下图所示。

Step 3 选择序列类型。弹出"序列"对话框，在"序列产生在"选项组中选中"列"单选按钮，在"类型"选项组中选中"日期"单选按钮，如下图所示。

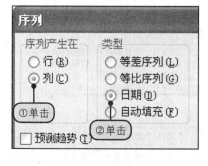

Step 4 设置日期单位。在"日期单位"选项组中选中"月"单选按钮，如下图所示，设置"步长值"为"1"，输入完毕后，单击"确定"按钮。

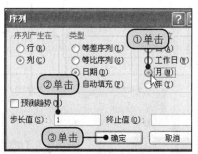

Step 5 显示填充的日期。经过上述操作后，从单元格A3开始，往下填充至单元格A7，其序列是按照"月份"依次排列的，如右图所示。

💡
提示
④ 使用"自动填充选项"填充有序列的数据

1 在Microsoft Excel中拖动填充句柄以基于相邻单元格填充数据时，"自动填充选项"按钮将显示在已填充的选定区域的右下角。当单击"自动填充选项"按钮时，将显示一个选项列表，可在其中选择以文本或数据填充单元格，并可选择是否包括初始选择内容的格式还是仅复制格式，如下图所示，选中"填充序列"单选按钮。

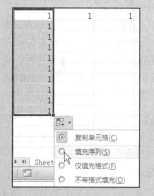

2 经过上述操作后，在填充的单元格中显示序列效果，如下图所示。

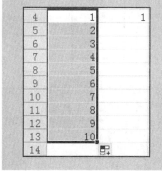

9.2 设置数字格式

企业或公司每天都要统计各类信息数据，为这些信息设置相应数字格式，能更方便其他人查看表格内容，例如将"金额"设置为"货币"格式或"会计专用"格式、将"小数"设置为"百分比"等。

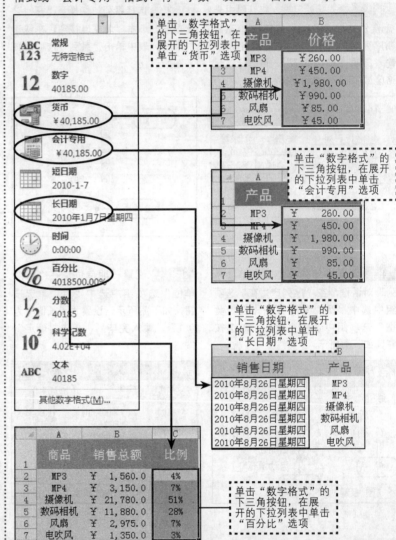

提示 ⑤ 填充工作日

在Excel中不仅可以填充日期，还可以填充工作日，例如8月6日是星期五。在填充该单元格时，会直接跳过8月7日（星期6）和8月8日（星期7），具体的操作步骤如下。

1 在单元格A1中输入日期"2010-8-6"，可以看到这天是星期五，再选择单元格区域A1:A8，如下图所示。

2 切换至"开始"选项卡，单击"填充"按钮，在展开的下拉列表中单击"系列"选项，如下图所示。

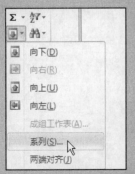

9.2.1 使用"会计专用"格式

"会计专用"格式默认选择人民币作为货币符号，使用"会计专用"格式会让表格更加整齐。下面介绍具体的操作方法。

原始文件 实例文件\第9章\原始文件\使用会计专用格式.xlsx
最终文件 实例文件\第9章\最终文件\使用会计专用格式.xlsx

Step 1 选择单元格区域。打开附书光盘\实例文件\第9章\原始文件\使用会计专用格式.xlsx工作簿，选择单元格区域B2:B7，如下图所示。

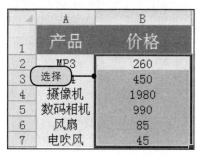

Step 2 选择会计专用。切换至"开始"选项卡，单击"数字格式"的下三角按钮，在展开的下拉列表中单击"会计专用"选项，如下图所示。

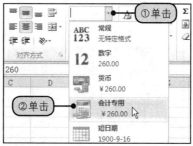

（续上页）

⑤ 填充工作日

3 弹出"序列"对话框，在"序列产生在"选项组中选中"列"单选按钮，在"类型"选项组中选中"日期"单选按钮，在"日期单位"选项组中选中"工作日"单选按钮，如下图所示，设置"步长值"为"1"，再单击"确定"按钮。

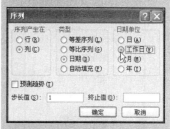

Step 3 显示设置的会计格式。经过上述操作后，在选择的单元格区域B2:B7中会显示设置的会计专用格式，如下图所示。

Step 4 减少小数位数。默认的小数位数是两位，用户可以在"数字"组中单击"减少小数位数"按钮，如下图所示。

4 经过上述操作后，可以看到填充的单元格区域跳过了2010-8-7（星期6）和2010-8-8（星期7），而直接显示2010-8-9（星期1），如下图所示。

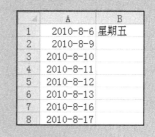

Step 5 显示调整小数位数的效果。此时设置的会计格式由两位小数位数减少为一位小数位数，如右图所示。

9.2.2 使用"货币"格式

"货币"格式用于表示一般货币数值。用户可以用两种方式设置数据的货币格式，一种是使用"数字格式"下拉列表，另一种是使用"设置单元格格式"对话框。

原始文件　实例文件\第9章\原始文件\使用货币格式.xlsx
最终文件　实例文件\第9章\最终文件\使用货币格式.xlsx

提示 ⑥ 更改"会计专用"
格式符号

在设置数据的"会计专用"格式时，默认的为中文格式。用户可以根据需求设置其他格式，例如英国、欧元等，具体的操作步骤如下。

选择需要的单元格区域，在"数字"组中单击"会计数字格式"下三角按钮，在展开的下拉列表中用户可以选择如下图所示的格式。

方法一：使用"数字格式"下拉列表

Step 1 选择单元格区域。打开附书光盘\实例文件\第9章\原始文件\使用货币格式.xlsx工作簿，选择单元格区域B2:B7，如下图所示。

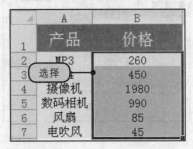

Step 2 设置货币格式。切换至"开始"选项卡，单击"数字格式"的下三角按钮，在展开的下拉列表中单击"货币"选项，如下图所示。

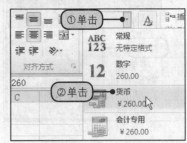

Step 3 显示设置的货币格式。经过上述操作后，所选单元格区域中数字格式被设置为"货币"，如右图所示，让人一看就知道是关于金额的类别。

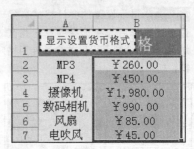

方法二：使用"设置单元格格式"对话框

Step 1 准备打开对话框。选择单元格区域B2:B7，切换至"开始"选项卡，单击"数字"对话框启动器按钮，如下图所示。

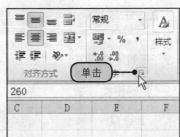

Step 2 选择货币分类。弹出"设置单元格格式"对话框，切换至"数字"选项卡，在"分类"列表框中单击"货币"选项，如下图所示。

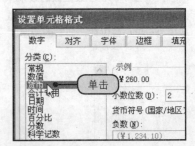

Step 3 设置小数位数。在"小数位数"文本框中输入"0"，如下图所示，再单击"确定"按钮。

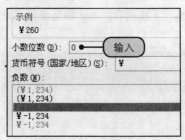

Step 4 显示设置的货币格式。所选单元格区域中数字格式被设置为"货币"，如下图所示。

9.2.3 使用"百分比"格式

有的数据需要以百分比格式显示出来，例如要计算每种商品占销售额的比例。通过下面的方法可以快速完成需要的效果。

原始文件　实例文件\第9章\原始文件\使用百分比格式.xlsx
最终文件　实例文件\第9章\最终文件\使用百分比格式.xlsx

Step 1 设置百分比格式。打开附书光盘\实例文件\第9章\原始文件\使用百分比格式.xlsx工作簿，选择单元格区域C2:C7，在"数字"组中单击"百分比样式"按钮，如下图所示。

Step 2 显示百分比效果。此时在所选的单元格区域中，数值被设置成"百分比"格式，如下图所示。

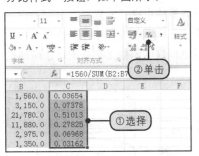

9.2.4 使用"日期"格式

有时候用户需要在单元格中输入日期，默认情况下，系统使用"/"和"-"作为日期的分隔符。用户可以直接输入日期，也可以使用对话框来设置日期。

原始文件　实例文件\第9章\原始文件\使用日期格式.xlsx
最终文件　实例文件\第9章\最终文件\使用日期格式.xlsx

Step 1 选择单元格区域。打开附书光盘\实例文件\第9章\原始文件\使用日期格式.xlsx工作簿，选择单元格区域A2:A7，如下图所示。

Step 2 设置日期格式。切换至"开始"选项卡，单击"数字格式"的下三角按钮，在展开的下拉列表中单击"长日期"选项，如下图所示。

提示 ⑦ **使用快捷键设置数字格式**

用户可以使用以下的常用快捷键设置有用的数字格式，例如我们可以使用快捷键Ctrl+Shift+%，将数字迅速转换为百分比，具体的操作步骤如下。

1 选择单元格区域C2:C7，如下图所示。

B	C
销售总额	比例
￥　1,560.0	0.03654
￥　3,150.0	0.07378
￥21,780.0	0.51013
￥11,880.0	0.27825
￥　2,975.0	0.06968
￥　1,350.0	0.03162

2 按下快捷键Ctrl+Shift+%，将小数迅速转换为百分比格式，如下图所示。

B	C
销售总额	比例
￥　1,560.0	4%
￥　3,150.0	7%
￥21,780.0	51%
￥11,880.0	28%
￥　2,975.0	7%
￥　1,350.0	3%

Step 3 显示应用长日期的效果。经过上述操作后，在所选的单元格区域中，可以看到日期格式被更改为长日期效果了，如右图所示。

应用长日期的效果	B
销售日期	产品
2010年8月26日星期四	MP3
2010年8月26日星期四	MP4
2010年8月26日星期四	摄像机
2010年8月26日星期四	数码相机
2010年8月26日星期四	风扇
2010年8月26日星期四	电吹风

提示 ⑧ 设置日期其他格式

除了可以将日期设置为长日期或短日期格式外，还可以设置其他格式。下面介绍具体的操作方法。

1 选择单元格区域A2:A7，如下图所示。

2 切换至"开始"选项卡，单击"数字"对话框启动器按钮，如下图所示。

3 弹出"设置单元格格式"对话框，切换至"数字"选项卡，在"分类"列表框中单击"日期"选项，如下图所示。

9.3 设置数据的条件格式

在日常办公中，为了能快速浏览数据值中存在的差异，可以通过为数据应用条件格式来完成需要的效果。在Excel 2010中，条件格式包括的规则：突出显示单元格规则、项目选取规则、数据条规则、色阶规则及图标集规则。

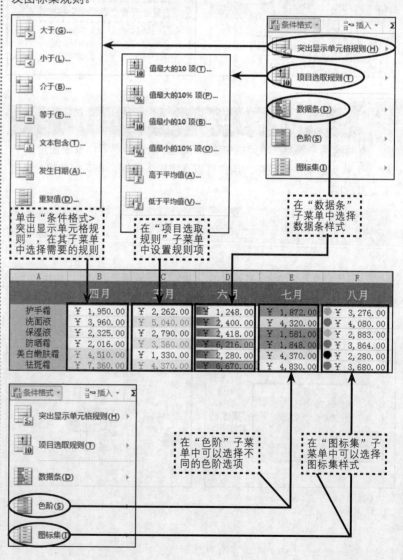

（续上页）

9.3.1 使用"突出显示单元格规则"

"突出显示单元格规则"是指根据单元格中的数据判断其是否符合已设置的条件。当数据符合条件时，数据外观会突出显示，从而使其更加醒目，例如要突出显示四月份销售额大于4500元的数据，并显示为"绿色"。

原始文件　实例文件\第9章\原始文件\设置数据的条件格式.xlsx
最终文件　实例文件\第9章\最终文件\突出显示单元格规则.xlsx

Step 1 选择单元格区域。打开附书光盘\ 实例文件\第9章\原始文件\设置数据的条件格式.xlsx工作簿，选择单元格区域B2:B7，如下图所示。

Step 2 选择规则。单击"条件格式"按钮，在展开的下拉列表中单击"突出显示单元格规则>大于"选项，如下图所示。

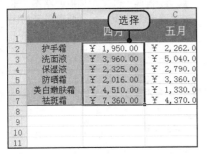

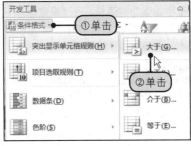

Step 3 设置大于值。弹出"大于"对话框，在文本框中输入"4500"，在"设置为"下拉列表中单击"绿填充色深绿色文本"选项，如下图所示。

Step 4 突出显示效果。单击"确定"按钮，此时所选单元格区域中大于4500的单元格显示为"绿色"，如下图所示。

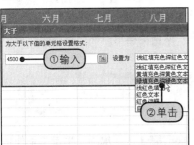

9.3.2 使用"项目选取规则"

"项目选取规则"可以根据指定值选择出多种规则的数据。例如，值最大的10项、高于平均值、低于平均值等，并将其数据突出显示。

原始文件　实例文件\第9章\原始文件\项目选取规则.xlsx
最终文件　实例文件\第9章\最终文件\项目选取规则.xlsx

提示 ⑧ **设置日期其他格式**

4 在"类型"列表框中选择日期格式，例如单击"14-Mar-01"选项，如下图所示，再单击"确定"按钮。

5 经过上述操作后，在所选的单元格区域中，之前的日期格式被更改为所选的格式了，如下图所示。

提示 ⑨ 输入以"0"开头的数据

一般情况下，在输入"编号"之类的数据时，偶尔会需要输入以"0"开头的数字。默认情况下，当自己输入以"0"开头的数字时，会将"0"隐藏掉，直接显示后面的数字，例如输入"0111"时，会显示直接显示"111"，那么如何输入"0111"呢？具体的操作步骤如下。

1 在单元格B1中输入"'0111"，即在"0"开头的数字前面添加符号"'"，如下图所示。

◢	A	B
1	'0111	
2		
3		
4		
5		
6		
7		
8		

2 按Enter键，即可显示"0111"，如下图所示。

◢	A	B
1	0111	
2		
3		
4		
5		
6		
7		
8		

Step 1 选择单元格区域。打开附书光盘\实例文件\第9章\原始文件\项目选取规则.xlsx工作簿，选择单元格区域C2:C7，如下图所示。

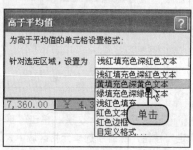

Step 2 选择规则。单击"条件格式"按钮，在展开的下拉列表中单击"项目选取规则>高于平均值"选项，如下图所示。

Step 3 设置单元格格式。弹出"高于平均值"对话框，在"设置为"下拉列表中单击"黄填充色深黄色文本"选项，如下图所示。

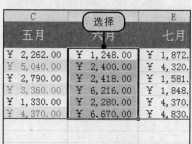

Step 4 显示高于平均值的效果。单击"确定"按钮，此时所选单元格区域中"高于平均值"的单元格显示为"黄色"，如下图所示。

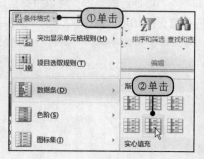

9.3.3 直观的"数据条"

在比较大量数据值的大小时，Excel 2010中的"数据条"尤其有用。数据条的长度代表单元格中的值。数据条越长，表示值越高；数据条越短，表示值越低。

原始文件 实例文件\第9章\原始文件\直观的数据条.xlsx
最终文件 实例文件\第9章\最终文件\直观的数据条.xlsx

Step 1 选择单元格区域。打开附书光盘\实例文件\第9章\原始文件\直观的数据条.xlsx工作簿，选择单元格区域D2:D7，如下图所示。

Step 2 选择规则。单击"条件格式"按钮，在展开的下拉列表中单击"数据条>浅蓝色数据条"选项，如下图所示。

Step 3 显示数据条的效果。经过上述操作后，在所选的单元格区域中，数据值越大，蓝色数据条越长；数据值越小，蓝色数据条越短，如右图所示。

显示数据条的效果	月
¥ 2,262.00	¥ 1,248.00
¥ 5,040.00	¥ 2,400.00
¥ 2,790.00	¥ 2,418.00
¥ 3,360.00	¥ 6,216.00
¥ 1,330.00	¥ 2,280.00
¥ 4,370.00	¥ 6,670.00

9.3.4 美丽的"色阶"

"色阶"作为一种直观的指示，可以帮助您了解数据分布和数据变化。双色刻度使用两种颜色的渐变来辅助比较单元格区域。颜色的深浅，表示值的高低。例如，在绿色和黄色的双色刻度中，可以指定较高值单元格的颜色更绿，而较低值单元格的颜色更黄。

> **原始文件**　实例文件\第9章\原始文件\美丽的色阶.xlsx
> **最终文件**　实例文件\第9章\最终文件\美丽的色阶.xlsx

Step 1 选择单元格区域。打开附书光盘\实例文件\第9章\原始文件\美丽的色阶.xlsx工作簿，再选择单元格区域E2:E7，如下图所示。

Step 2 选择规则。单击"条件格式"按钮，在展开的下拉列表中单击"色阶 > 绿-黄色阶"选项，如下图所示。

Step 3 显示应用色阶的效果。经过上述操作后，在所选的单元格区域中，数据值越大的，用绿色显示；数据值越小的，用黄色显示，如右图所示。

六	显示应用色阶的效果
¥ 1,248.00	¥ 1,872.00
¥ 2,400.00	¥ 4,320.00
¥ 2,418.00	¥ 1,581.00
¥ 6,216.00	¥ 1,848.00
¥ 2,280.00	¥ 4,370.00
¥ 6,670.00	¥ 4,830.00

9.3.5 形象的"图标集"

使用"图标集"可以对数据进行注释，并可以按阈值将数据分为3~5个类别。每个图标代表一个值的范围。例如，在三向箭头图标集中，绿色的上箭头代表较高值；黄色的横向箭头代表中间值；红色的下箭头代表较低值。

提示 ⑩ 删除条件格式

如果不需要对单元格设置条件格式了，那么可以将规则清除掉，其中包括清除所选单元格规则和清除整个工作表的规则。下面分别介绍其操作方法。

1. 清除所选单元格规则

1 选择需要清除规则的单元格区域，在"样式"组中单击"条件格式"按钮，如下图所示。

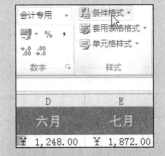

2 在展开的下拉列表中单击"清除规则>清除所选单元格的规则"选项，如下图所示。

（续上页）

提示 ⑩ 删除条件格式

2. 清除整个工作表的规则

1 在"样式"组中单击"条件格式"按钮，如下图所示。

2 在展开的下拉列表中单击"清除规则>清除整个工作表的规则"选项，如下图所示，即可清除整张工作表中的条件格式。

原始文件　实例文件\第9章\原始文件\形象的图标集.xlsx
最终文件　实例文件\第9章\最终文件\形象的图标集.xlsx

Step 1 选择单元格区域。打开附书光盘\实例文件\第9章\原始文件\形象的图标集.xlsx工作簿，选择单元格区域F2:F7，如下图所示。

Step 3 显示设置的"图标集"效果。经过上述操作后，所选的单元格区域中，数值越高的单元格前方显示红色圆形；数值越低的单元格显示黑色圆形，如右图所示。

Step 2 选择规则。单击"条件格式"按钮，在展开的下拉列表中单击"图标集>红-黑渐变"选项，如下图所示。

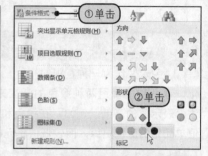

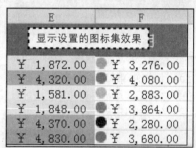

9.3.6 管理规则

为同一工作表中不同的单元格区域设置条件格式后，用户可以对设置的规则进行管理。下面将介绍如何对规则进行重新编辑操作。

原始文件　实例文件\第9章\原始文件\管理规则.xlsx
最终文件　实例文件\第9章\最终文件\管理规则.xlsx

Step 1 选择单元格区域。打开附书光盘\实例文件\第9章\原始文件\管理规则.xlsx工作簿，再选择单元格区域B2:F7，单击"条件格式"按钮，在展开的下拉列表中单击"管理规则"选项，如下图所示。

Step 2 选择编辑规则。弹出"条件格式规则管理器"对话框，选择需要更改的选项，再单击"编辑规则"按钮，如下图所示。

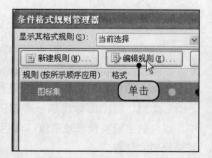

Step 3 选择图标样式。弹出"编辑格式规则"对话框，在"图标样式"下拉列表中单击"五向箭头（彩色）"选项，如下图所示。

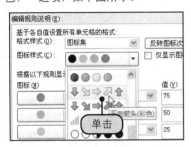

Step 4 设置图标值。设置所有"类型"为"数字"，在第一个图标"值"文本框中输入"6000"，如下图所示。

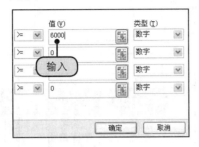

Step 5 完成规则的更改。继续设置其他3个图标的值分别为"4000""2000""1000"，如下图所示，设置完毕后单击"确定"按钮。

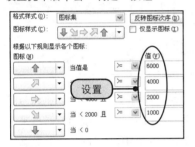

Step 6 确认设置规则。返回"条件格式规则管理器"对话框，在其列表框中显示设置后的规则效果，如下图所示，单击"确定"按钮。

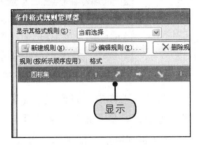

Step 7 显示编辑规则的效果。经过操作后，在所选的单元格区域中，值的图标集被更改为彩色五向箭头了，如右图所示。

显示编辑规则的效果

9.4 数据有效性

使用"数据有效性"可以控制用户输入单元格的数据或值的类型。例如，可以使用"数据有效性"将数据输入限制在某个日期范围、使用列表限制选择或者确保只输入正整数。

在"允许"下拉列表中选择允许条件

在"数据"选项卡的"数据工具"组中单击"数据有效性"按钮，在打开的"数据有效性"对话框中可以设置数据有效性，包括允许输入的数值条件、输入信息与出错警告

办公应用

标记加班表的重复姓名

在日常工作中，加班表是一个公司或企业最基本的表格。为了能快速看到员工的重复加班信息，可以使用"条件格式"功能，具体的操作步骤如下。

原始文件 标记重复姓名.xlsx
最终文件 标记重复姓名.xlsx

1 打开原始文件\标记重复姓名.xlsx工作簿，选择单元格区域B3:B14，如下图所示。

	A	B	C
1	加班工资表		
2	日期	姓名	加班时间
3	2010-8-8	钱新月	20:00
4	2010-8-8	王琦	20:00
5	2010-8-8	洛溪	20:00
6	2010-8-8	欧辰	20:00
7	2010-8-8	冯伦	20:00
8	2010-8-8	王婷	20:00
9	2010-8-9	孟成恩	19:00
10	2010-8-9	邱恒	19:00
11	2010-8-9	张明	19:00
12	2010-8-9	欧辰	19:00
13	2010-8-9	赵柯	19:00
14	2010-8-9	钱新月	19:00

2 单击"条件格式"按钮，在展开的下拉列表中单击"突出显示单元格规则>重复值"选项，如下图所示。

（续上页）

（续上页）

办公应用
标记加班表的重复姓名

3 弹出"重复值"对话框，在其下拉列表中单击"黄填充色深黄色文本"选项，如下图所示。

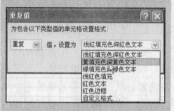

4 经过上述操作后，在所选的单元格区域中重复值会显示黄色填充色深黄色文本，如下图所示，此时可以看到员工的重复记录。

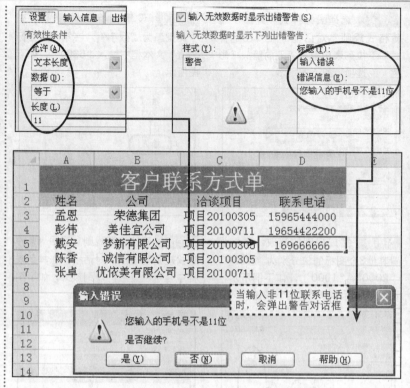

在日常工作中，我们经常需要将一些特别的数据圈出来，比如超额完成的数据、低于预期的数据等，如果是在纸上，可直接用笔圈出来。那么在Excel电子表格里怎么办呢?利用Excel 2010的"圈释无效数据"功能即可。

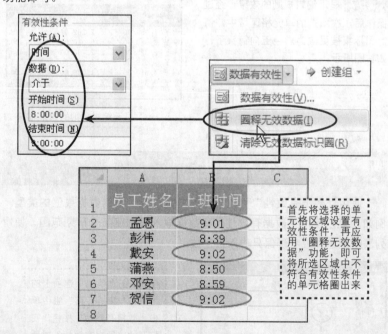

对于快速定位到数据有效性，我们可以通过"定位条件"功能实现。

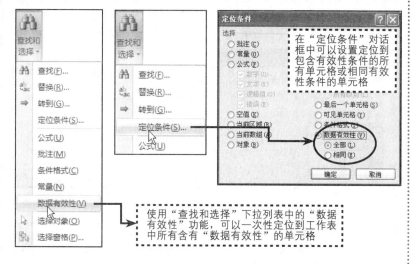

使用"查找和选择"下拉列表中的"数据有效性"功能，可以一次性定位到工作表中所有含有"数据有效性"的单元格

⑪ **Excel的查找和选择功能**

在"编辑"组中单击"查找和选择"按钮，在展开的下拉列表中，用户还可选择快速定位到包含"公式""批注""条件格式""常量"的单元格，如下图所示。

🔍 9.4.1 设置数据有效性

"数据有效性"用于定义可以在单元格中输入或应该在单元格中输入哪些数据，可以配置数据有效性以防止用户输入无效数据。当用户尝试在单元格中输入无效数据时会向其发出警告。此外，还可以提供一些消息以定义用户期望在单元格中输入的内容，以及帮助用户更正错误的说明。

❶ 有效性条件

设置数据有效性条件后，一旦用户录入的数据类型不符合有效性条件的限制，便会弹出出错警告。

> 🔵 **原始文件** 实例文件\第9章\原始文件\设置数据有效性.xlsx
> **最终文件** 实例文件\第9章\最终文件\有效性条件.xlsx

Step 1 选择单元格区域。打开附书光盘\实例文件\第9章\原始文件\设置数据有效性.xlsx工作簿，在其中选择单元格区域D3:D7，如下图所示。

Step 2 选择数据有效性。切换至"数据"选项卡，在"数据工具"组中单击"数据有效性"按钮，如下图所示。

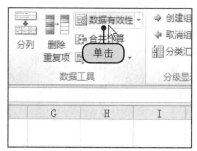

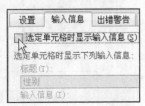

⑫ 隐藏输入信息

如果用户在设置了输入信息，并完成了数据的录入后，不再希望提示消息显示出来，可将其隐藏。

选取需要隐藏消息的单元格，打开"数据有效性"对话框，切换到"输入信息"选项卡，取消勾选"选定单元格时显示输入信息"复选框，即可隐藏输入信息。

Step 3 设置允许条件。弹出"数据有效性"对话框，切换至"设置"选项卡，在"允许"下拉列表中单击"文本长度"选项，如下图所示。

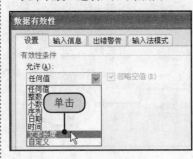

Step 4 设置长度。在"数据"下拉列表中单击"等于"选项，在"长度"文本框中输入"11"，再单击"确定"按钮，如下图所示。

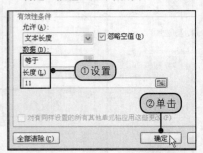

Step 5 弹出出错提示。此时，用户在设置了有效性条件的单元格区域中输入数据，一旦录入的数据的长度非11位，就会弹出"输入值非法"的出错警告，如右图所示。

❷ 输入信息

在设置输入信息后，当将鼠标指针指向设置数据有效性的单元格时，会弹出一个提示框，并在其中显示输入的提示信息。具体的操作步骤如下。

> 原始文件　实例文件\第9章\原始文件\输入信息.xlsx
> 最终文件　实例文件\第9章\最终文件\输入信息.xlsx

Step 1 选择单元格区域。打开附书光盘\实例文件\第9章\原始文件\输入信息.xlsx工作簿，再选择单元格区域B3:B7，如下图所示。

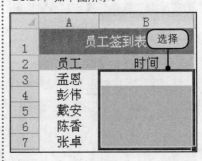

Step 2 选择数据有效性。切换至"数据"选项卡，在"数据工具"组中单击"数据有效性"按钮，如下图所示。

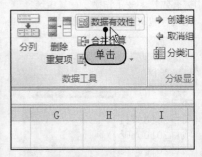

Step 3 设置输入信息。弹出"数据有效性"对话框，切换至"输入信息"选项卡，在"选定单元格时显示下列输入信息"选项组中设置消息的标题与显示信息，如下图所示。

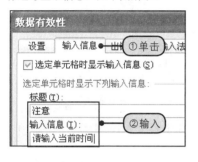

Step 4 显示设置消息后效果。选定单元格区域设置消息提示后，效果如下图所示，会提示员工输入当前时间。

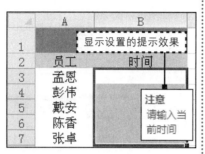

❸ 出错警告

当用户输入无效数据后，可以设置出错警告对话框，其中包括"停止""警告"和"信息"消息3种。下面介绍具体的操作方法。

原始文件　实例文件\第9章\原始文件\出错警告.xlsx
最终文件　实例文件\第9章\最终文件\出错警告.xlsx

Step 1 选择单元格区域。打开附书光盘\实例文件\第9章\原始文件\出错警告.xlsx工作簿，在其中选择单元格区域D3:D7，如下图所示。

Step 2 选择数据有效性。切换至"数据"选项卡，在"数据工具"组中单击"数据有效性"按钮，如下图所示。

Step 3 设置警告样式。弹出"数据有效性"对话框，切换至"出错警告"选项卡，在"样式"下拉列表中单击"警告"选项，如下图所示。

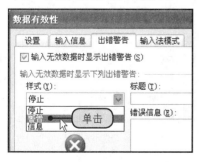

Step 4 设置警告标题和错误信息。在"标题"和"错误信息"文本框中输入需要的内容，再单击"确定"按钮，如下图所示。

办公应用
在下拉列表中选择指定日期

对于有规律的数据，我们在制作表单时可考虑将其制作为下拉列表。录入时只需从列表中选择即可，以减少用户手工录入操作的烦琐与重复性，具体的操作步骤如下。

原始文件　选择指定日期.xlsx
最终文件　选择指定日期.xlsx

1 打开原始文件\选择指定日期.xlsx工作簿，选择单元格区域B2:B7，如下图所示。

2 切换至"数据"选项卡，在"数据工具"组中单击"数据有效性"按钮，如下图所示。

3 弹出"数据有效性"对话框，在"允许"下拉列表中单击"序列"选项，如下图所示。

（续上页）

办公应用

在下拉列表中选择指定日期

4 在"来源"文本框中输入"星期一，星期二，星期三，星期四，星期五"，设置下拉列表项，如下图所示，再单击"确定"按钮。

有效性条件
允许(A)：
序列
数据(D)：
介于
来源(S)：
星期一,星期二,星期三,星期四,
□☑ 忽略
☑ 提供

5 此时，选中单元格区域B2:B7任意单元格，右侧都会有一个下三角按钮，单击该按钮将展开一个下拉列表，选择"星期一"选项，如下图所示。

A	B	C
员工	日期	工作安排
洛溪		出差
欧辰	星期一	展示会
冯伦	星期二	出差
王婷	星期三	招聘
邱恒	星期四	招聘
赵柯	星期五	培训

6 选择"星期一"后，该日期会立即自动输入单元格B2中，如下图所示。可见，使用下拉列表在快速录入文本较多且有规律的数据时，是相当实用的。

A	B	C
员工	日期	工作安排
洛溪	星期一	出差
欧辰		展示会
冯伦		出差
王婷		招聘
邱恒		招聘
赵柯		培训

Step 5 录入数据。返回工作表，在设置了有效性条件和警告消息的单元格依次录入数据，当联系电话的位数不是11位时，会弹出警告消息，询问用户是否继续，单击"否"按钮，如下图所示。

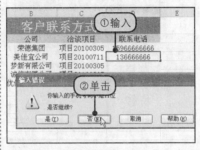

Step 6 进入编辑状态。此时，单元格重新变为可编辑状态，如下图所示，如果用户单击"是"按钮，会保留输入的信息。

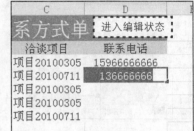

9.4.2 圈释无效数据

通过"圈释无效数据"功能，用户可以快速将所选区域中不符合有效条件的数据圈释出来，例如在考勤表中快速圈释出迟到数据信息。具体的操作步骤如下。

原始文件 实例文件\第9章\原始文件\圈释无效数据.xlsx
最终文件 实例文件\第9章\最终文件\圈释无效数据.xlsx

Step 1 选择单元格区域。打开附书光盘\实例文件\第9章\原始文件\圈释无效数据.xlsx工作簿，选择单元格区域B2:B7，如下图所示。

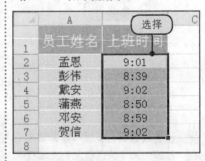

Step 2 选择数据有效性。切换至"数据"选项卡，在"数据工具"组中单击"数据有效性"按钮，如下图所示。

Step 3 设置允许条件。弹出"数据有效性"对话框，在"允许"下拉列表中单击"时间"选项，如右图所示。

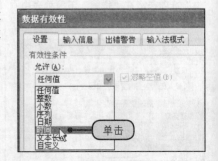

Step 4 设置介于时间。设置"数据"为"介于","开始时间"为"8:00","结束时间"为"9:00",如下图所示,单击"确定"按钮。

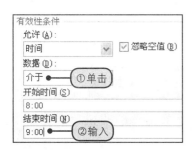

Step 5 圈释无效数据。返回工作表,在"数据工具"组中单击"数据有效性"的下三角按钮,在展开的下拉列表中单击"圈释无效数据"选项,如下图所示。

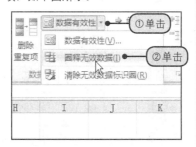

Step 6 显示圈释数据的效果。经过上述操作后,在所选的单元格区域中会显示圈释出的无效数据,效果如右图所示。

	A	
	员工姓名	上班时间
1		显示圈释数据效果
2	孟恩	9:01
3	彭伟	8:39
4	戴安	9:02
5	蒲燕	8:50
6	邓安	8:59
7	贺信	9:02

9.4.3 定位到包含数据有效性的单元格

用户可以通过"查找和选择"功能定位到包含数据有效性的单元格。其操作方法有两种:一种是通过"查找和选择"下拉列表,另一种是通过"定位条件"对话框。

原始文件 实例文件\第9章\最终文件\定位数据有效性.xlsx

方法一:通过"查找和选择"下拉列表

Step 1 定位到所有包含数据有效的的单元格。打开附书光盘\实例文件\第9章\最终文件\定位数据有效性.xlsx工作簿,在"开始"选项卡中单击"查找和选择"按钮,在展开的下拉列表中单击"数据验证"选项,如下图所示。

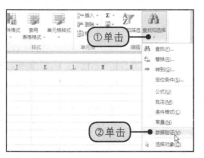

Step 2 显示所有包含数据有效性的单元格。经过"查找和选择"操作,该工作表中所有包含数据有效性的单元格被选中,效果如下图所示。

	A		
	员工姓名	上班时间	下班时间
		显示包含数据有效性效果	
	孟恩	9:01	5:00
	彭伟	8:39	4:50
	戴安	9:00	5:20
	蒲燕	8:50	5:10
	邓安	8:59	4:30
	贺信	9:02	5:03

⑬ 提示 清除无效数据的圈释

除了使用红色圆圈将无效数据圈释出来外,用户也可采用清除无效数据标识圈的方法清除圈释。

单击"数据有效性"右侧的下三角按钮,在展开的下拉列表中单击"清除无效数据标识圈"选项即可,如下图所示。

方法二：通过"定位条件"对话框

Step 1 选取目标单元格。在"定位数据有效性"工作簿中，选择C6单元格，如下图所示。

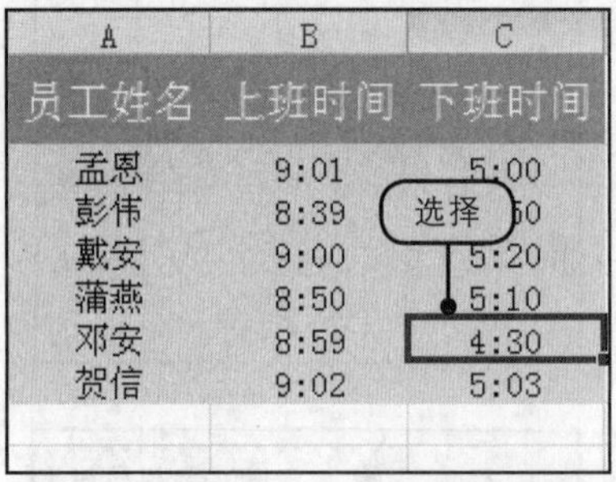

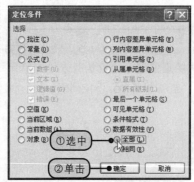

Step 2 定位条件。切换至"开始"选项卡，在"编辑"组中单击"查找和选择"按钮，在展开的下拉列表中单击"定位条件"选项，如下图所示。

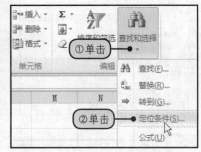

Step 3 定位全部数据有效性。弹出"定位条件"对话框，选中"数据有效性"单选按钮，再选中"全部"单选按钮，如下图所示，设置完毕后单击"确定"按钮。

Step 4 显示所有包含数据有效性的单元格。经过"定位条件"操作后，该工作表中所有包含数据有效性的单元格被选中，效果如下图所示。

读书笔记

Chapter

别被数据计算烦了心——数据的简单分析与运算

 学习要点

- 对数据进行排序
- 筛选出有用的数据
- 单元格的引用方式
- 定义名称
- 输入并编辑数组
- 函数的使用
- 使用公式时产生的错误及解决方法

本章结构

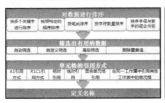

① 按照特定顺序排序

	A	B	C
1	姓名	职务	津贴
2	王婷	总经理	￥ 950.00
3	邱恒	副总经理	￥ 600.00
4	欧辰	经理	￥ 400.00
5	洛溪	组长	￥ 200.00
6	冯伦	员工	￥ 100.00
7	赵柯	员工	￥ 150.00

② 自定义筛选效果

	A	B	C	D	E
1	员工姓	部门	职称	基本工资	补贴
2	赵柯	销售部	职员	￥1,600.00	￥300.00
3	洛晨	财务部	职员	￥1,600.00	￥300.00
8	陈峰	技术部	职员	￥1,900.00	￥500.00
9	王心灵	销售部	职员	￥1,800.00	￥300.00
11	丁琴	销售部	职员	￥1,800.00	￥300.00

③ 定义单元格名称

姓名

	A	B
1	姓名	金额
2	冯伟	￥ 100.00
3	王紫	￥ 100.00
4	薛碧	￥ 300.00
5	陈霞	￥ 200.00
6	吴娜	￥ 200.00

④ 使用数组效果

{=B2:B6*C2:C6}

B	C	D
单价	数量	销售额
￥ 125.00	￥ 12.00	￥ 1,500.00
￥ 360.00	￥ 9.00	￥ 3,240.00
￥ 98.00	￥ 20.00	￥ 1,960.00
￥ 110.00	￥ 94.00	￥ 10,340.00
￥ 66.00	￥ 120.00	￥ 7,920.00

Chapter
10

别被数据计算烦了心——
数据的简单分析与运算

日常办公中经常需要对大量的数据进行整理，用以分析公司的营运状况，这时就需要使用Excel 2010提供的排序、筛选等功能；同时Excel还提供了强大的计算功能，用户可以运用公式和函数实现对数据的计算和分析。本章将对这部分内容进行介绍，从而让各位用户能提高办公效率。

10.1 对数据进行排序

对数据进行排序是数据分析不可缺少的组成部分。通常，您可能需要执行的操作：如将名称列表按字母顺序排列；按从高到低的顺序编制产品存货水平列表；按颜色或图标对行进行排序等。

对数据进行排序有助于快速、直观地显示数据并更好地理解数据，有助于组织并查找所需数据，以及最终做出更有效的决策。

提示 ① **对汉字排序**

在对汉字进行排序时，首先按汉字拼音的首字母进行排列。如果第一个汉字相同时，按相同汉字的第二个汉字拼音的首字母排列。

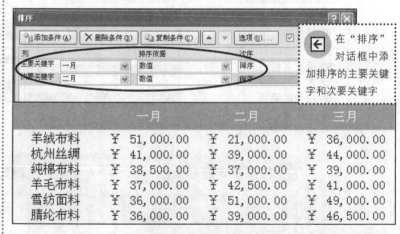

在"排序"对话框中添加排序的主要关键字和次要关键字

	一月	二月	三月
羊绒布料	¥ 51,000.00	¥ 21,000.00	¥ 36,000.00
杭州丝绸	¥ 41,000.00	¥ 39,000.00	¥ 44,000.00
纯棉布料	¥ 38,500.00	¥ 37,000.00	¥ 39,000.00
羊毛布料	¥ 37,000.00	¥ 42,500.00	¥ 41,000.00
雪纺面料	¥ 36,000.00	¥ 51,000.00	¥ 49,000.00
腈纶布料	¥ 36,000.00	¥ 39,000.00	¥ 46,500.00

通过"自定义序列"对话框，可以按照特定的顺序进行排列

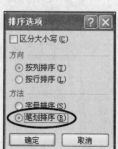

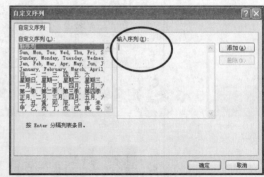
在"排序"对话框中单击"选项"按钮，打开"排序选项"对话框，在"方法"选项组中设置笔画排序

10.1.1 按多个关键字进行排序

如果要对多组数据排序，就要设置主要关键字和次要关键字。Excel默认会先对主要关键字进行排序，当有相同数值时再进行次要关键字的排序。

> 原始文件　实例文件\第10章\原始文件\按多个关键字进行排序.xlsx
> 最终文件　实例文件\第10章\最终文件\按多个关键字进行排序.xlsx

Step 1 选取单元格。打开附书光盘\实例文件\第10章\原始文件\按多个关键字进行排序.xlsx工作簿，选择数据表中的任意单元格，如下图所示。

Step 2 选择排序。切换至"数据"选项卡，在"排序和筛选"组中单击"排序"按钮，如下图所示。

Step 3 设置主要关键字。弹出"排序"对话框，设置"主要关键字"为"一月""排序依据"为"数值""次序"为"降序"，再单击"添加条件"按钮，如下图所示。

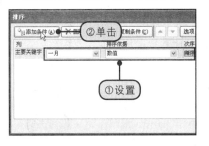

Step 4 设置次要关键字。此时添加了次要关键字的设置选项，设置"次要关键字"为"二月""排序依据"为"数值""次序"为"降序"，如下图所示，再单击"确定"按钮。

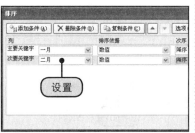

Step 5 显示排序效果。经过上述操作后，在数据表中先按主要关键字"一月"从高到低排序，遇到相同的数据时，再按照"二月"从高到低排序，如右图所示。

A	B 一月	C 二月
羊绒布料	￥ 51,000.00	￥ 21,000.00
杭州丝绸	￥ 41,000.00	￥ 39,000.00
纯棉布料	￥ 38,500.00	￥ 37,000.00
羊毛布料	￥ 37,000.00	￥ 42,500.00
雪纺面料	￥ 36,000.00	￥ 51,000.00
腈纶布料	￥ 36,000.00	￥ 39,000.00

显示排序效果

---

② 区分大小写

在对字母排序时，如果要区分大小写进行排序，可以按照下面的方法进行操作。

1 选择数据表中任意单元格，如下图所示。

2 切换至"数据"选项卡，单击"排序"按钮，如下图所示。

3 弹出"排序"对话框，单击"主要关键字"下三角按钮，在展开的下拉列表中单击"姓名"选项，如下图所示。

4 设置"次序"为"升序"，单击"选项"按钮，如下图所示。

（续上页）

② 区分大小写

5 弹出"排序选项"对话框，勾选"区分大小写"复选框，如下图所示，单击"确定"按钮。

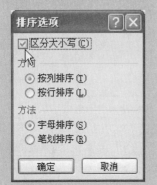

6 返回"排序"对话框，单击"确定"按钮，如下图所示。

7 此时会显示排序结果，如下图所示。

	A	B
1	姓名	工资
2	aaron	￥ 4,500.00
3	Adair	￥ 4,800.00
4	Ben	￥ 3,200.00
5	Dana	￥ 3,900.00
6	Gale	￥ 4,200.00
7	Kyle	￥ 3,600.00
8	Leo	￥ 3,800.00

10.1.2 按照特定的顺序排序

当把表格的数据按数字或字母顺序进行排序时，Excel 2010的排序功能能够很好地完成工作。但是如果用户希望把某些数据按照自己的想法来排序，在默认情况下Excel是无法完成任务的。例如，在"公司职工的津贴表"中，要根据员工的职务大小来排序整张表格，此时只能使用Excel的"自定义序列"功能完成这项工作。

原始文件　实例文件\第10章\原始文件\按照特定的顺序排序.xlsx
最终文件　实例文件\第10章\最终文件\按照特定的顺序排序.xlsx

Step 1 选取单元格。打开附书光盘\实例文件\第10章\原始文件\按照特定的顺序排序.xlsx工作簿，选择数据表中的任意单元格，如下图所示。

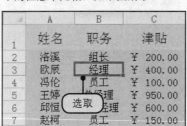

Step 2 选择排序。切换至"数据"选项卡，在"排序和筛选"组中单击"排序"按钮，如下图所示。

Step 3 设置主要关键字。弹出"排序"对话框，单击"主要关键字"的下三角按钮，在展开的下拉列表中单击"职务"选项，如下图所示。

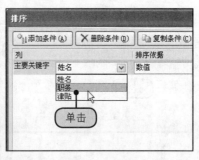

Step 4 选择自定义序列。单击"次序"的下三角按钮，在展开的下拉列表中单击"自定义序列"选项，如下图所示。

Step 5 输入序列。弹出"自定义序列"对话框，在"输入序列"文本框中输入需要的排序顺序，如右图所示，再单击"确定"按钮。

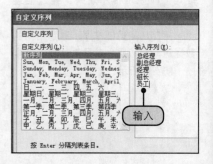

Step 6 确认序列。返回"排序"对话框，在"次序"选项中显示排序顺序，再单击"确定"按钮，如下图所示。

Step 7 显示排序效果。经过上述操作后，"职务"列会按照自定义的顺序进行排列，效果如下图所示。

姓名	职务	津贴
王婷	总经理	¥ 950.00
邱恒	副总经理	¥ 600.00
欧辰	经理	¥ 400.00
洛溪	组长	¥ 200.00
冯伦	员工	¥ 100.00
赵柯	员工	¥ 150.00

显示自定义排序效果

> **提示 ③ 不能设置单独的自定义次序**
>
> 在使用自定义排列次序进行排序时，次序将应用到"排序"对话框的3个关键字中，而无法为每个关键字设置单独的自定义次序。如果表格中每列都需要使用不同的自定义排列次序，则需要通过多次使用"排序"对话框，每次选择一种自定义排列次序。排序的顺序是先排序较次要（或者称为排序优先级较低）的列，后排序较重要（或者称为排序优先级最高）的列。

10.1.3　按笔画排序

从事文员工作的工作者经常需要将名称栏设置成按照笔画排序，但Excel 2010默认支持按字母对表格进行排序，那么如何通过设置实现按照笔画排序呢？具体的操作步骤如下。

> **原始文件**　实例文件\第10章\原始文件\按笔画排序.xlsx
> **最终文件**　实例文件\第10章\最终文件\按笔画排序.xlsx

Step 1 选取单元格。打开附书光盘\实例文件\第10章\原始文件\按笔画排序.xlsx工作簿，选择数据表中的任意单元格，如下图所示。

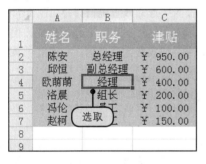

Step 2 选择排序。切换至"数据"选项卡，在"排序和筛选"组中单击"排序"按钮，如下图所示。

Step 3 设置主要关键字。弹出"排序"对话框，设置"主要关键字"为"姓名""排序依据"为"数值"，如下图所示。

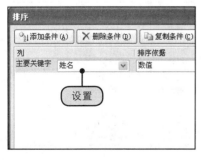

Step 4 选择选项。设置"次序"为"降序"，设置完毕后，单击"选项"按钮，如下图所示。

提示 ④ **按行来排序**

默认的排序方式是按列进行操作的。对特殊的数据来说，可以设置按"行"进行排序，具体的操作步骤如下。

1 选择数据表中任意单元格，切换至"数据"选项卡，单击"排序"按钮，如下图所示。

2 弹出"排序"对话框，单击"选项"按钮，如下图所示。

3 弹出"排序选项"对话框，在"方向"组中选中"按行排序"单选按钮，如下图所示，再单击"确定"按钮。

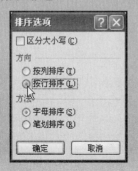

Step 5 设置笔画排序。弹出"排序选项"对话框，选中"笔画排序"单选按钮，如下图所示，再单击"确定"按钮。

Step 7 显示笔画排序效果。经过上述操作后，"姓名"列已经按照笔画顺序从高到低地进行了排列，如右图所示。

Step 6 确认排序。返回"排序"对话框，确认设置完成后，单击"确定"按钮，如下图所示。

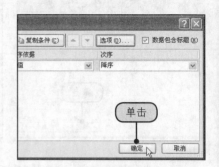

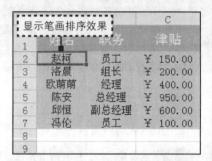

10.1.4 按字符数量排序

在实际工作中，用户有时候需要按照字符的数量进行排序。例如，在制作一份歌曲清单时，人们习惯按照歌曲名称的字数来分门别类。但是，Excel 2010并不能直接按字数排序，如果要达到目的，需要先计算出每首歌曲名称的字数，然后再进行排序。

原始文件 实例文件\第10章\原始文件\按字符数量排序.xlsx
最终文件 实例文件\第10章\最终文件\按字符数量排序.xlsx

Step 1 输入公式。打开附书光盘实例文件\第10章\原始文件\按字符数量排序.xlsx工作簿，选择单元格C2，输入公式"=LEN(B2)"，如下图所示。

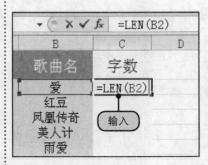

Step 2 完善表格。按Enter键，即可在单元格C2中显示单元格B2中歌曲名的字数。按照同样的方法，计算其他歌曲名的字数，选择单元格C3，如下图所示。

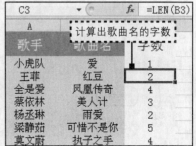

Step 3 升序排序。切换至"数据"选项卡，在"排序和筛选"组中单击"升序"按钮，如下图所示。

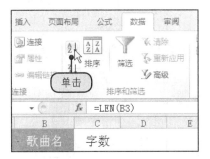

Step 4 显示排序效果。经过上述操作后，就完成了按字数排列歌曲名的效果，如下图所示。

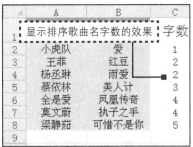

（续上页）

提示 ④ **按行来排序**

4 返回"排序"对话框，在"主要关键字"下拉列表中单击"行3"选项，如下图所示。

5 单击"次序"的下三角按钮，在展开的下拉列表中单击"降序"选项，如下图所示，再单击"确定"按钮。

6 经过上述操作后，行3中的数据显示降序效果，如下图所示。

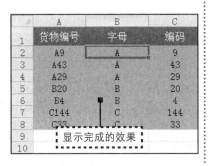

10.1.5　排序字母与数字的混合内容

在日常生活中，用户的表格中经常会包含由字母和数字混合的数据。在对这样的数据排序时，结果总是令人头疼。因为通常情况下，用户希望的规则是先比较字母的大小，然后再比较数字的大小，但Excel是按照对字符进行逐位比较来排序的。下面将介绍具体的操作方法。

> 原始文件　实例文件\第10章\原始文件\排序字母与数字的混合内容.xlsx
>
> 最终文件　实例文件\第10章\最终文件\排序字母与数字的混合内容.xlsx

Step 1 计算最左边的字符。打开附书光盘\实例文件\第10章\原始文件\排序字母与数字的混合内容.xlsx工作簿，在单元格B2中输入公式"=LEFT(A2,1)"，如下图所示。

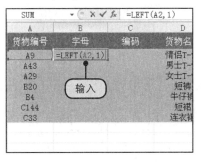

Step 2 返回特定字符。按Enter键显示单元格A2中最左边的字符，继续在单元格C2中输入公式"=MID(A2,2, LEN(A2)-1)*1"，如下图所示。

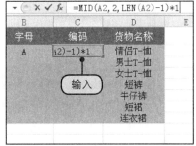

Step 3 显示完成的计算效果。按Enter键，即可显示单元格A2中字符"A"右边的字符。按照同样的方法，计算其他"货物编号"，如右图所示。

Step 4 排序货物编号。选择数据表中任意单元格，切换至"数据"选项卡，单击"排序"按钮，如下图所示。

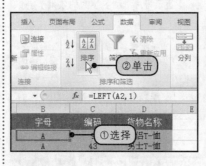

Step 5 设置关键字。弹出"排序"对话框，设置"主要关键字"为"字母""排序依据"为"数值"，在"次要关键字"下拉列表中单击"编码"选项，如下图所示。

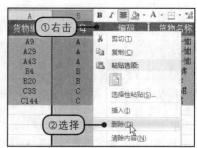

对员工销售名次的排序，不仅可以按"数字大小"排名，还可以按"颜色"对数据进行排序，从而能简化数据分析，帮助用户一眼看出重点和数据趋势。这里将按"颜色"排列员工销售单的顺序，具体的操作步骤如下。

原始文件 按颜色排列名次.xlsx
最终文件 按颜色排列名次.xlsx

1 打开原始文件\按颜色排列名次.xlsx工作簿，在数据表中选择任意单元格，如下图所示。

2 切换至"数据"选项卡，单击"排序"按钮，如下图所示。

Step 6 设置次序。分别设置"主要关键字"和"次要关键字"的"次序"为"升序"，设置完毕后，单击"确定"按钮，如下图所示。

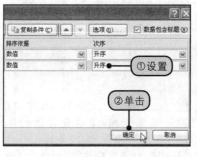

Step 7 删除多余列。此时数据表中的"货物编号"列已经按照要求进行了排列，右击B列和C列，在弹出的快捷菜单中选择"删除"命令，如下图所示。

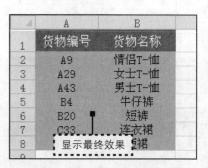

Step 8 显示最终效果。经过上述操作后，用户便完成了先比较字母大小，然后再比较数字大小的操作，如右图所示。

	A	B
1	货物编号	货物名称
2	A9	情侣T-恤
3	A29	女士T-恤
4	A43	男士T-恤
5	B4	牛仔裤
6	B20	短裤
7	C33	连衣裙
8	显示最终效果 裙

10.2 筛选出有用的数据

"筛选"功能是指将数据按照特定条件筛选并只显示符合条件的数据。在日常工作中，经常需要查看某些特定数据，通过筛选可以更加直观地查看数据。本节将介绍几种筛选方法，其中包括自动筛选及自定义筛选、高级筛选等。

（续上页）

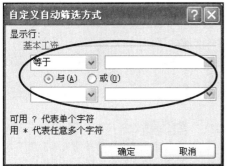

当应用了"筛选"功能后，会在"列"标题中显示下三角按钮，单击该按钮后，可以在展开的下拉列表中选择筛选项

在弹出的"自定义自动筛选方式"对话框中，设置自定义筛选项

办公应用
按颜色排列员工销售名次

3 弹出"排序"对话框，在"主要关键字"下拉列表中单击"销售排名"选项，如下图所示。

4 在"排序依据"下拉列表中单击"单元格颜色"选项，如下图所示。

5 单击"次序"的下三角按钮，在展开的下拉列表中选择首行颜色，例如"红色"，如下图所示。

10.2.1 自动筛选

"自动筛选"是指按照单个条件对数据进行筛选。在日常工作中，可以使用该方法筛选简单的数据，例如要筛选职称"管理人员"的数据信息。

原始文件 实例文件\第10章\原始文件\自动筛选.xlsx
最终文件 实例文件\第10章\最终文件\自动筛选.xlsx

Step 1 选择筛选。打开附书光盘\实例文件\第10章\原始文件\自动筛选.xlsx工作簿，选择数据表中的任意单元格，单击"筛选"按钮，如下图所示。

Step 2 选择筛选字段。此时在表头处自动生成下三角按钮，单击"职称"的下三角按钮，如下图所示。

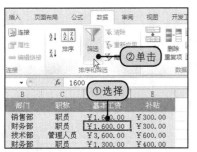

（续上页）

6 设置完毕后，单击"添加条件"按钮，在展开的"次要关键字"选项组中同样设置"排序依据"为"单元格颜色"，并且设置颜色的次序，如下图所示，然后单击"确定"按钮。

7 显示根据颜色排序名次的效果，如下图所示。

A	B
销售员	销售排名
陈燕	
洛溪	1
	2
王心灵	3
丁琴	4
赵柯	5

Step 3 选择筛选项。在展开的下拉列表中，勾选需要筛选的项，如"管理人员"，如下图所示，设置完毕后单击"确定"按钮。

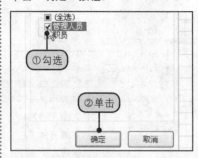

Step 4 显示自动筛选结果。经过上述操作后，在工作表中显示以前选择的筛选数据，如下图所示。

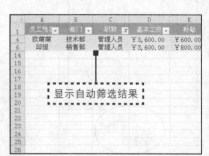

10.2.2 自定义筛选

"自定义筛选"是指根据实际的需要自行定义筛选的条件，从而使筛选结果更加精确。例如，要在数据表中将工资在"1500元~2000元"之间的数据筛选出来，具体的操作步骤如下。

原始文件　实例文件\第10章\原始文件\自定义筛选.xlsx
最终文件　实例文件\第10章\最终文件\自定义筛选.xlsx

Step 1 选择筛选。打开附书光盘\实例文件\第10章\原始文件\自定义筛选.xlsx工作簿，选择数据表中的任意单元格，单击"筛选"按钮，如下图所示。

Step 2 选择筛选字段。此时在表头处自动生成下三角按钮，单击"基本工资"的下三角按钮，如下图所示。

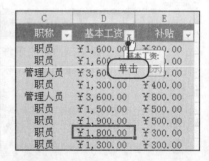

Step 3 选择自定义筛选。在展开的下拉列表中单击"数字筛选>自定义筛选"选项，如下图所示。

Step 4 设置基本工资下限。在弹出的对话框中设置"基本工资"为"大于""1500"，选中"与"单选按钮，如下图所示。

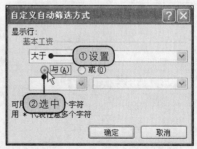

Step 5 设置基本工资上限。在"基本工资"区域下方的下拉列表中单击"小于"选项，在右侧文本框中输入"2000"，再单击"确定"按钮，如下图所示。

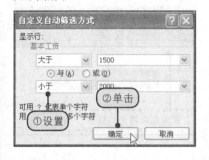

Step 6 完成自定义筛选。经过上述操作后，表格中的"基本工资"只会显示"1500元"~"2000元"的数据，如下图所示。

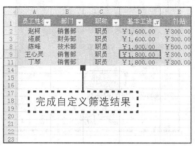

完成自定义筛选结果

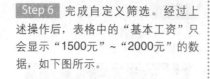

⑤ 筛选通配符

在设置"自动筛选"的自定义条件时，可以使用通配符，其中问号（？）代表任意单个字符，星号（*）代表任意一组字符，具体的操作步骤如下。

1 在数据表中选择任意单元格，如下图所示。

2 切换至"数据"选项卡，单击"筛选"按钮，如下图所示。

10.2.3 高级筛选

"高级筛选"是指通过复杂的条件对数据进行筛选，可以同时筛选符合多个条件的数据。例如，同时要筛选出基本工资在2000元以上，补贴在500元以上的记录，具体的操作步骤如下。

原始文件 实例文件\第10章\原始文件\高级筛选.xlsx
最终文件 实例文件\第10章\最终文件\高级筛选.xlsx

Step 1 选择高级筛选。打开附书光盘\实例文件\第10章\原始文件\高级筛选.xlsx工作簿，选择数据表中的任意单元格，切换至"数据"选项卡，单击"高级"按钮，如下图所示。

Step 2 设置筛选方式。弹出"高级筛选"对话框，选中"在原有区域显示筛选结果"单选按钮，单击"条件区域"右侧的按钮，如下图所示。

Step 3 选择单元格区域。返回工作表，继续选择条件单元格区域C16:D17，如右图所示，再单击按钮。

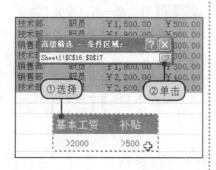

3 此时在表头处自动生成下三角按钮，单击"姓名"的下三角按钮，如下图所示。

（续上页）

⑤ 筛选通配符
提示

4 在展开的下拉列表中单击"文本筛选>自定义筛选"选项，如下图所示。

5 弹出"自定义自动筛选方式"对话框，设置"姓名"为"等于"，在右侧文本框中输入"A*"，再单击"确定"按钮，如下图所示。

6 经过上述操作后，数据表中显示筛选以字符A开头的姓名，如下图所示。

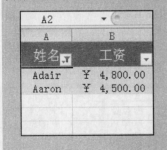

Step 4 确认设置。返回"高级筛选"对话框，确认设置后，单击"确定"按钮，如下图所示。

Step 5 完成高级筛选。通过前面的操作后，在工作表中只显示基本工资在2000元以上，同时补贴在500元以上的数据，如下图所示。

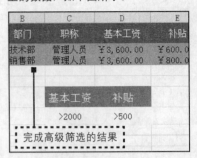

10.2.4 删除重复值

重复值是一行中的所有值与另一个行中的所有值完全匹配的值。例如，如果不同的单元格中有相同的日期值，一个格式为"2010-3-8"，另一个的格式为"08-Mar-10"，则值是唯一的。最好先筛选唯一值，以便在删除重复值之前确认结果是所需的。

⊙ 原始文件　实例文件\第10章\原始文件\删除重复值.xlsx
　最终文件　实例文件\第10章\最终文件\删除重复值.xlsx

Step 1 选择高级筛选。打开附书光盘\ 实例文件\第10章\原始文件\删除重复值.xlsx工作簿，选择数据表中任意单元格，如下图所示。

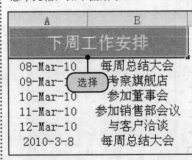

Step 2 选择高级筛选。切换至"数据"选项卡，在"排序和筛选"组中单击"高级"按钮，如下图所示。

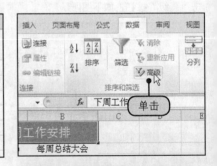

Step 3 筛选唯一值。弹出"高级筛选"对话框，选中"在原有区域显示筛选结果"单选按钮，在"列表区域"文本框中输入"A1:B7"，勾选"选择不重复的记录"复选框，再单击"确定"按钮，如右图所示。

Step 4 显示筛选的唯一值。经过上述操作后，所选区域中的唯一值将重新显示在原始单元格区域中，如下图所示。

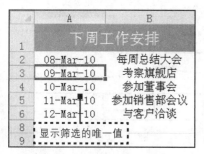

Step 5 使用删除重复项功能。切换至"数据"选项卡，在"数据工具"组中单击"删除重复项"按钮，如下图所示。

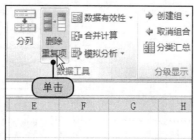

Step 6 设置包含重复值的列。弹出"删除重复项"对话框，在其列表框中勾选"（列B）"复选框，如下图所示，再单击"确定"按钮。

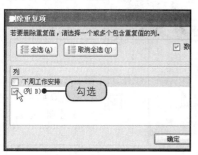

Step 7 提示删除重复值。此时将弹出提示框，提示"发现了1个重复值，已将其删除，保留了5个唯一值"，单击"确定"按钮，如下图所示。

办公应用

筛选大于平均值的销售数据

在日常工作中经常需要对销售数据进行分析，通过自动自定义筛选，用户可以筛选大于"平均值"的销售数据。

原始文件 大于平均值的数据.xlsx
最终文件 大于平均值的数据.xlsx

1 打开原始文件\大于平均值的数据.xlsx工作簿，在数据表中选择任意单元格，如下图所示。

Step 8 显示删除重复值效果。经过上述操作后，之前的重复值已经被删除了，效果如右图所示。

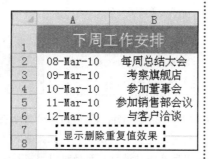

2 切换至"数据"选项卡，单击"筛选"按钮，如下图所示。

10.3 单元格的引用方式

引用的作用在于标识工作表上的单元格或单元格区域，并告知 Excel 在何处查找要在公式中使用的值或数据。利用该功能，您可以在一个公式中使用工作表不同部分中包含的数据，或者在多个公式中使用同一个单元格的值，还可以引用同一个工作簿中其他工作表上的单元格和其他工作簿中的数据。

（续上页）

办公应用

筛选大于平均值的销售数据

3 此时在表头处自动生成下三角按钮，单击"1月"下三角按钮，如下图所示。

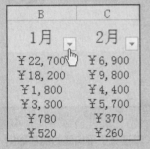

4 在展开的下拉列表中单击"数字筛选>高于平均值"选项，如下图所示。

5 经过上述操作后，数据表中显示高于平均值的数据，如下图所示。

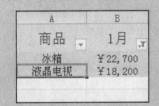

通常，在使用"自动填充"功能填充公式时，就应用了"相对引用"功能。

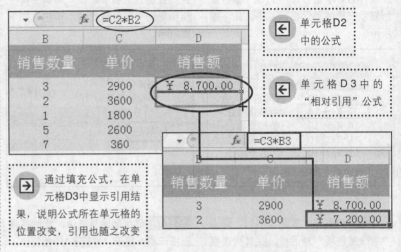

单元格D2中的公式

单元格D3中的"相对引用"公式

通过填充公式，在单元格D3中显示引用结果，说明公式所在单元格的位置改变，引用也随之改变

"绝对引用"是指在公式中引用单元格的精确地址，与包含公式的单元格位置无关，"绝对引用"采用的形式是$A$1。

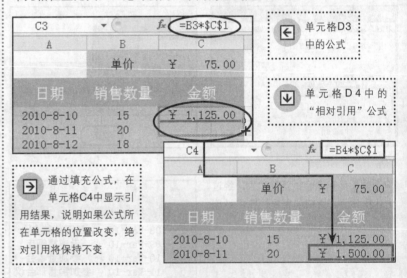

单元格D3中的公式

单元格D4中的"相对引用"公式

通过填充公式，在单元格C4中显示引用结果，说明如果公式所在单元格的位置改变，绝对引用将保持不变

"混合引用"是指如果公式所在单元格的位置改变，则相对引用将改变，而绝对引用不变。如果多行（或多列）地复制或填充公式，相对引用将自动调整，而绝对引用将不做调整。

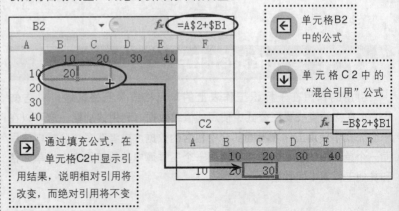

单元格B2中的公式

单元格C2中的"混合引用"公式

通过填充公式，在单元格C2中显示引用结果，说明相对引用将改变，而绝对引用将不变

"三维引用样式"是指在同一工作簿中引用其他工作表中的单元格。

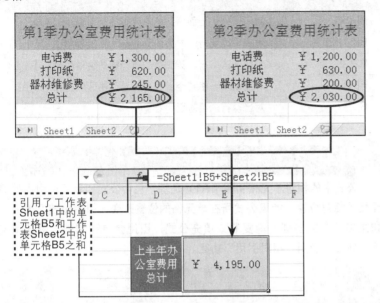

10.3.1 A1引用方式

默认情况下，Excel使用A1引用样式，此样式引用字母标识列（从A到XFD，共16384列）及数字标识行（从1~1048576）。这些字母和数字被称为"行号"和"列标"。若要引用某个单元格，请输入列标和行号。例如，B2引用列B和行2交叉处的单元格，A1引用样式的含义如表10-1所示。

表10-1　A1引用样式的含义

引　　用	含　　　义
A15	列A和行15交叉处的单元格
A10:A20	在列A和行10到行20之间的单元格区域
B15:E15	在行15和列B到列E之间的单元格区域
5:5	行5中的全部单元格
5:10	行5到行10之间的全部单元格
H:H	列H中的全部单元格
H:J	列H到列J之间的全部单元格
A10:E20	列A到列E和行10到行20之间的单元格区域

10.3.2 R1C1引用方式

R1C1引用样式对于计算位于宏内的行和列的位置很有用。在R1C1样式中，Excel指出了行号在R后而列号在C后的单元格位置，R1C1引用方式的含义如表10-2所示。

提示 ⑥ 在数据表中应用 A1引用方式

A1引用样式是Excel默认的引用格式。下面以实例，介绍A1引用方式的操作方法。

1 在数据表中选择单元格E2，输入"="，如下图所示。

D	E
扣发	实发工资
￥　　55	＝
￥　108	
￥　　75	
￥　　55	
￥　110	

2 选择引用的单元格B2，如下图所示。

B	C
基本工资	奖金
￥1,800	￥　600
￥2,100	￥　600
￥1,800	￥　600
￥1,800	￥　500
￥2,100	￥　500

3 继续引用完整的公式"=B2+C2-D2"，如下图所示。

✕ ✔ ƒx =B2+C2-D2

C	D	E
奖金	扣发	实发工资
￥　600	￥　　55	=B2+C2-D2
￥　600	￥　108	
￥　600	￥　　75	
￥　500	￥　　55	
￥　500	￥　110	

4 按Enter键，即可在单元格E2中显示计算的实发工资结果，如下图所示。

ƒx =B2+C2-D2

C	D	E
奖金	扣发	实发工资
￥　600	￥　　55	￥2,345
￥　600	￥　108	
￥　600	￥　　75	
￥　500	￥　　55	
￥　500	￥　110	

表10-2　R1C1引用方式的含义

引　用	含　义
R[-2]C	对同一列中上面两行的单元格的相对引用
R[2]C[2]	对在下面两行、右面两列的单元格的相对引用
R2C2	对位于第二行、第二列的单元格的绝对引用
R[-1]	对活动单元格整个上面一行单元格区域的相对引用
R	对当前行的绝对引用

10.3.3　相对引用

公式中的相对单元格引用（A1）是基于包含公式和单元格引用的单元格的相对位置。如果公式所在单元格的位置改变，引用也随之改变。如果多行（或多列）地复制或填充公式，引用会自动调整。默认情况下，新公式使用"相对引用"功能。

> **原始文件**　实例文件\第10章\原始文件\相对引用.xlsx
> **最终文件**　实例文件\第10章\最终文件\相对引用.xlsx

Step 1 输入公式。打开附书光盘\实例文件\第10章\原始文件\相对引用.xlsx工作簿，在单元格D2中输入公式 "=B2*C2"，如下图所示。

B	C	D
销售数量	单价	销售额
3	2900	=B2*C2
2	3600	
1	1800	
5	2600	
7	360	

输入

Step 2 显示计算结果。按Enter键，即可在所选单元格中显示计算的结果，也就是销售3台冰箱的总价格为 "8700" 元，如下图所示。

C	D
单价	销售额
2900	￥ 8,700.00
3600	
1800	按Enter键后
2600	
360	

Step 3 复制公式。将鼠标指针指向单元格D2右下角呈➕状时，按住鼠标左键不放，向下拖动至单元格D6，如下图所示。

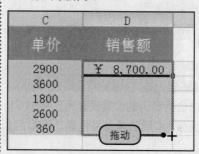

C	D
单价	销售额
2900	￥ 8,700.00
3600	
1800	
2600	
360	

拖动

Step 4 显示相对引用的结果。释放鼠标后，再选中单元格D4。此时编辑栏中显示的公式为 "=B4*C4"，列标发生了变化，行标不变，如下图所示。

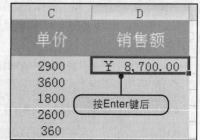

	fx	=B4*C4	
B		C	D
销售数量		单价	销售额
3		2900	￥ 8,700.00
2		3600	￥ 7,200.00
1		1800	￥ 1,800.00
5		2600	￥ 13,000.00
7		360	￥ 2,520.00

显示"相对引用"的结果

10.3.4　绝对引用

公式中的绝对单元格引用（如$A$1）总是在特定位置引用单元格。如果公式所在单元格的位置改变，绝对引用将保持不变。如果多行（或多列）地复制或填充公式，绝对引用将不做调整。

🔘 **原始文件**　实例文件\第10章\原始文件\绝对引用.xlsx
最终文件　实例文件\第10章\最终文件\绝对引用.xlsx

Step 1 输入公式。打开附书光盘\实例文件\第10章\原始文件\绝对引用.xlsx工作簿，在单元格C3中输入公式"=B3*$C$1"，如下图所示。

SUM		✗ ✓ fx	=B3*$C$1
	A	B	C
1		单价	¥ 75.00
2	日期	销售数量	金额
3	2010-8-10	15	=B3*$C$1
4	2010-8-11	20	
5	2010-8-12	18	输入
6	2010-8-13	13	
7	2010-8-14	19	
8			

Step 2 显示计算结果。按Enter键，即可在所选单元格中显示计算的结果，也就是销售15件商品的总价格为"1125"元，如下图所示。

C3		fx	=B3*$C$1
	A	B	C
1		单价	¥ 75.00
2	日期	销售数量	金额
3	2010-8-10	15	¥ 1,125.00
4	2010-8-11	20	
5	2010-8-12	18	
6	2010-8-13	13	按Enter键后
7	2010-8-14	19	
8			
9			

❓ 提示 ⑧ **绝对引用与相对引用的区别**

绝对引用与相对引用的区别：在复制公式时，若公式中使用"相对引用"，则单元格引用会自动随着移动的位置发生变化；若公式中使用"绝对引用"，则单元格引用不会发生变化。

Step 3 复制公式。将鼠标指针指向单元格C3右下角呈╋状时，按住鼠标左键不放，向下拖动至单元格C7，如下图所示。

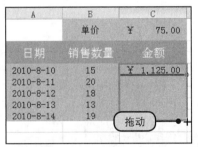

	A	B	C
		单价	¥ 75.00
	日期	销售数量	金额
	2010-8-10	15	¥ 1,125.00
	2010-8-11	20	
	2010-8-12	18	
	2010-8-13	13	
	2010-8-14	19	拖动

Step 4 显示绝对引用的结果。释放鼠标后，再选中单元格C5。此时编辑栏中显示的公式为"=B5*$C$1"，绝对引用的单元格地址不变，如下图所示。

C5		fx	=B5*$C$1
	A	B	C
		单价	¥ 75.00
	日期	销售数量	金额
20	显示"绝对引用"的结果		1,125.00
	2010-8-11	20	¥ 1,500.00
	2010-8-12	18	¥ 1,350.00
	2010-8-13	13	¥ 975.00
	2010-8-14	19	¥ 1,425.00

💡 提示 ⑨ **在相对引用、绝对引用和混合引用间切换**

为了让用户更好地在相对引用、绝对引用和混合引用间切换，可以选择该单元格，在编辑栏中选择要更改的引用，再按F4键即可。

10.3.5　混合单元格引用

混合引用具有绝对列和相对行（或绝对行和相对列）。绝对引用列采用$A1、$B1等形式，绝对引用行采用A$1、B$1等形式。如果公式所在单元格的位置改变，则相对引用将改变，而绝对引用将不变。如果多行（或多列）地复制或填充公式，相对引用将自动调整，而绝对引用将不做调整。

🔘 **原始文件**　实例文件\第10章\原始文件\混合单元格引用.xlsx
最终文件　实例文件\第10章\最终文件\混合单元格引用.xlsx

Step 1 输入公式。打开附书光盘\实例文件\第10章\原始文件\混合单元格引用.xlsx工作簿，在单元格中输入公式"=A$2+$B1"，如下图所示。

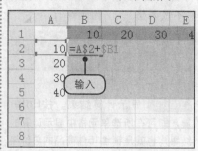

Step 2 显示计算结果。按Enter键，即可在所选单元格中显示计算的结果，如下图所示。

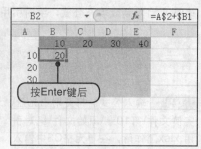

如果要引用相同工作簿中的其他工作表的单元格区域，最重要的是定位引用区域的所在工作表，如下图所示。

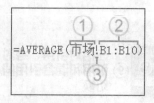

其具体分析如下。

（1）对工作表名为"市场"的引用。

（2）对单元格B1和B10之间（含B1和B10）单元格区域的引用。

（3）用感叹号"!"将工作表引用与单元格区域引用分开。

Step 3 复制公式。按Enter键，即可在单元格B2中显示单元格B1与单元格A2的和"20"，将鼠标指针指向单元格B2右下角，呈✚状时，按住鼠标左键不放，向右拖动至单元格E2，如下图所示。

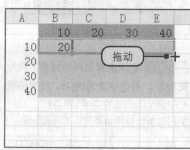

Step 4 第二次复制公式。此时在单元格C2、D2、E2中显示对应的结果，选择单元格区域B2:E2。将鼠标指针指向单元格E2右下角，呈✚状时，按住鼠标左键不放，向下拖动至单元格E5，如下图所示。

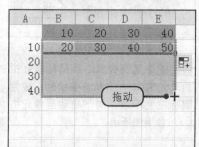

Step 5 混合引用效果。经过上述操作后，选中单元格区域中的任意单元格，例如C4，此时在编辑栏中显示的公式为"=B$2+$B3"，相对引用单元格地址发生变化，绝对引用单元格地址不变，如右图所示。

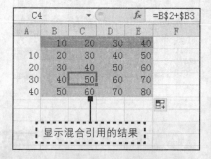

显示混合引用的结果

10.3.6 在同一工作簿中引用其他工作表中的单元格

如果要分析同一工作簿中多个工作表上相同单元格或单元格区域中的数据，可以使用"三维引用"功能。三维引用包含单元格或区域引用，前面加上工作表名称的范围。在Excel 2010中，可以使用存储在引用开始名和结束名之间的任何工作表。

原始文件　实例文件\第10章\原始文件\三维引用样式.xlsx
最终文件　实例文件\第10章\最终文件\三维引用样式.xlsx

Step 1　输入"="。打开附书光盘\实例文件\第10章\原始文件\三维引用样式.xlsx工作簿，切换至工作表Sheet2，在单元格E2中输入"="，如下图所示。

Step 2　引用工作表Sheet1。切换至工作表Sheet1，选择单元格B5，如下图所示。

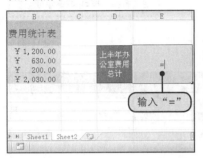

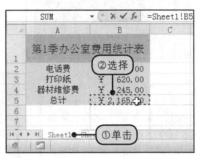

Step 3　输入"+"。在编辑栏中显示引用公式，继续输入"+"，如下图所示。

Step 4　引用工作表Sheet2。切换至工作表Sheet2，选择单元格B5，如下图所示。

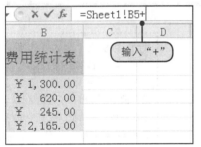

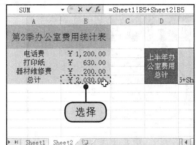

Step 5　显示计算结果。按Enter键，即可在工作表Sheet2的单元格E2中，显示引用工作表Sheet1和Sheet2中单元格的和，如右图所示。

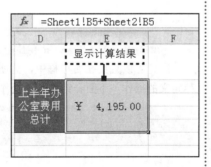

⑪ 引用其他工作簿中的单元格

在Excel 2010中进行公式运算时，可以引用不同工作簿中的单元格。下面将介绍具体的操作方法。

1 打开原始文件\统计表.xlsx工作簿，在单元格B2中输入"="，如下图所示。

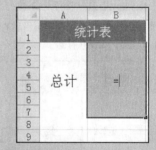

2 打开原始文件\销售报告单.xlsx工作簿，切换至工作表Sheet1，选择单元格B8，如下图所示。

10.4 定义名称

使用名称可使公式更加容易理解和维护。用户可以创建已定义名称来代表单元格、单元格区域、公式、常量或 Excel表格。名称是一种有意义的简写形式，更便于用户了解单元格引用、常量、公式或表格的用途。

（续上页）

提示 ⑪ **引用其他工作簿中的单元格**

3 输入"+"，再切换至工作表Sheet2，选择单元格B8，如下图所示。

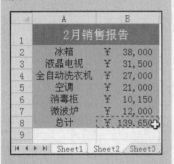

	A	B
1	2月销售报告	
2	冰箱	￥ 38,000
3	液晶电视	￥ 31,500
4	全自动洗衣机	￥ 27,000
5	空调	￥ 21,000
6	消毒柜	￥ 10,150
7	微波炉	￥ 12,000
8	总计	￥ 139,650
9		

4 返回工作簿"统计表.xlsx"，在单元格B2中显示引用的单元格，如下图所示。

	A	B	C
		统计表	
	=[销售报告单.xlsx]Sheet1!$B$8+[销售报告单.xlsx]Sheet2!$B$8		

5 按Enter键，即可显示引用后的计算结果，如下图所示。

	A	B
1		统计表
	总计	￥ 243,550

一旦采用了在工作簿中使用名称的做法，便可轻松地更新、审核和管理这些名称。本节将介绍几种定义名称的方法及在公式中应用名称的相关操作。

奖金

	A	B
1	姓名	金额
2	冯伟	￥ 100.00
3	王紫	￥ 100.00
4	薛碧	￥ 300.00
5	陈霞	￥ 200.00
6	吴娜	￥ 200.00

⬅ 在工作表中选择需要定义名称的单元格或单元格区域，在名称框中直接输入定义名称，按Enter键即可

➡ 切换至"公式"选项卡，在"定义的名称"组中单击"定义名称"按钮，弹出"新建名称"对话框，在其中设定名称即可

新建名称

名称(N)：冯伟
范围(S)：工作簿
备注(O)：

引用位置(R)：=Sheet1!$B$3

确定　取消

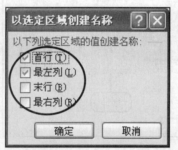

以选定区域创建名称

以下列选定区域的值创建名称：
☑ 首行(T)
☑ 最左列(L)
☐ 末行(B)
☐ 最右列(R)

确定　取消

⬅ 切换至"公式"选项卡，在"定义的名称"组中单击"根据所选内容创建"按钮，弹出"以选定区域创建名称"对话框，在其中设定区域名称即可

🔍 10.4.1 在名称框中定义名称

用户可以直接在名称框中，为所选择的单元格或单元格区域进行名称定义的操作。下面介绍具体的操作方法。

原始文件 实例文件\第10章\原始文件\在名称框中定义名称.xlsx
最终文件 实例文件\第10章\最终文件\在名称框中定义名称.xlsx

Step 1 输入名称。打开附书光盘\实例文件\第10章\原始文件\在名称框中定义名称.xlsx工作簿，选择单元格区域A2:A6，在"名称框"中输入定义的名称"姓名"，如右图所示。

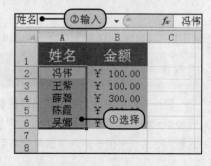

姓名 ②输入 f_x 冯伟

	A	B	C
1	姓名	金额	
2	冯伟	￥ 100.00	
3	王紫	￥ 100.00	
4	薛碧	￥ 300.00	
5	陈霞	￥	
6	吴娜	￥ ①选择	
7			
8			

Step 2　完成定义名称的操作。按 Enter键，此时当用户再选择单元格 区域A2:A6，会在"名称框"中显示 定义的名称"姓名"，如右图所示。

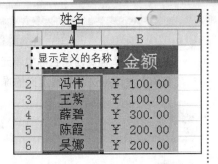

10.4.2　通过"新建名称"对话框定义名称

为了更详细的定义名称，用户可以在"新建名称"对话框中完成名 称定义的操作。具体的操作步骤如下。

| 原始文件 | 实例文件\第10章\原始文件\通过"新建名称"对话 框定义名称.xlsx |
| 最终文件 | 实例文件\第10章\最终文件\通过"新建名称"对话 框定义名称.xlsx |

Step 1　选择区域。打开实例文件\ 第10章\原始文件\通过"新建名称" 对话框定义名称.xlsx工作簿，选择单 元格区域A3:C3，如下图所示。

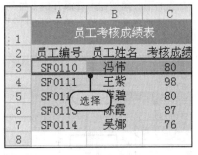

Step 2　单击"定义名称"按钮。切 换至"公式"选项卡，在"定义的名 称"组中单击"定义名称"按钮，如 下图所示。

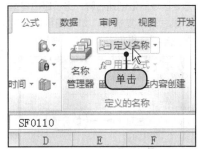

Step 3　新建名称。弹出"新建名 称"对话框，在"名称"文本框中输 入"冯伟"，如下图所示，设置完毕 后单击"确定"按钮。

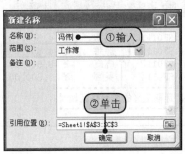

Step 4　显示定义名称的效果。经过 上述操作后，当用户再选取单元格区 域A3:C3，会在"名称框"中显示定 义的名称"冯伟"，如下图所示。

Excel在定义名称 时有哪些规则限制

Excel定义名称时有如下限制。

（1）须以字母或下画线开头， 区域名称中可用的符号只有两个， 就是点 (.) 和下画线 (_)。

（2）直接定义名称不能包含空 格或其他无效字符。如果使用"根 据所选内容创建"来创建区域名 称，并且名称中包含空格，Excel 会插入下画线"_"来填充空格。 例如，名称 Product 1 将被创建成 Product_1。

（3）定义的名称，不能与 Excel 内部名称或工作簿中其他名 称冲突。

（4）Excel 不允许使用字母 r 和 c 作为区域名称。

（5）区域名称不能以数字开始 并且不能像单元格引用。例如，32 和 A4 都不能作为区域名称，由于 软件 Excel 2007 可以超过 16000 列，不能使用 cat1 之类的区域名称， 因为存在一个 CAT1 单元格。如果 试图将一个单元格命名为 CAT1， Excel 会提示是无效名称，也许你 所能做的也就是把单元格命名为 cat1_。

10.4.3 根据所选内容定义名称

当用户选择需要创建名称的单元格区域后，可以通过"以选定区域创建名称"对话框进行名称定义的操作。具体的操作步骤如下。

原始文件 实例文件\第10章\原始文件\根据所选内容定义名称.xlsx
最终文件 实例文件\第10章\最终文件\根据所选内容定义名称.xlsx

在"名称管理器"对话框中用户可以重新编辑名称，具体的操作步骤如下。

1 切换至"公式"选项卡，在"定义的名称"组中单击"名称管理器"按钮，如下图所示。

2 弹出"名称管理器"对话框，选择要编辑的名称，单击"编辑"按钮，如下图所示。

3 弹出"编辑名称"对话框，在"名称"文本框中重新输入定义的名称，再单击"确定"按钮，如下图所示。

Step 1 选择区域。打开附书光盘\实例文件\第10章\原始文件\根据所选内容定义名称.xlsx工作簿，选择单元格区域A1:C6，如下图所示。

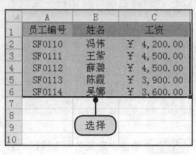

Step 3 设置创建名称。弹出"以选定区域创建名称"对话框，在"以下列选定区域的值创建名称"选项组中勾选"最左列"复选框，如下图所示，设置完毕后，再单击"确定"按钮。

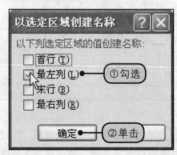

Step 5 显示选取定义的单元格区域。经过上述操作后，此时会选中SF0112_的相关数据，如右图所示。

Step 2 根据所选内容创建。切换至"公式"选项卡，在"定义的名称"组中单击"根据所选内容创建"按钮，如下图所示。

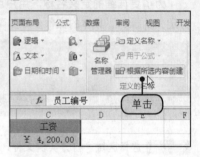

Step 4 显示定义名称效果。经过上述操作后，用户可以单击"名称框"右侧的下三角按钮，在展开的下拉列表中显示定义的名称，单击SF0112_选项，如下图所示。

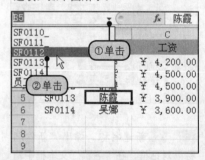

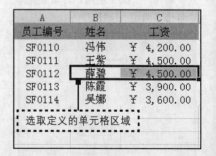

（续上页）

10.4.4 将名称用于公式

当用户为单元格或单元格区域定义名称后，就可以在公式中运用了。本例中，已经分别为单元格区域B3:B7定义了名称，为单元格C1定义了名称为"单价"，具体的操作步骤如下。

原始文件 实例文件\第10章\原始文件\将名称用于公式.xlsx
最终文件 实例文件\第10章\最终文件\将名称用于公式.xlsx

Step 1 定义的销售数量。打开附书光盘\实例文件\第10章\原始文件\将名称用于公式.xlsx工作簿，选择单元格B3，在名称框中显示已经定义的名称，如下图所示。

Step 2 定义的单价。再选择单元格C1，在名称框中显示已经定义的单价，如下图所示。

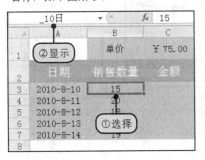

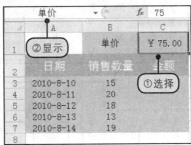

Step 3 选择名称。在单元格C3中输入公式"=单价*_"，此时会展开下拉列表，并显示以下画线"_"开头的所有名称，选择"_10日"名称，如下图所示。

Step 4 显示完整的公式。此时在单元格C3中显示完整的公式"=单价*_10日"，如下图所示，再按Enter键。

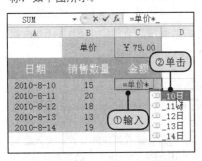

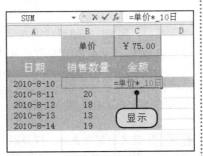

Step 5 显示计算结果。经过上述操作后，在所选的单元格中显示8月10日销售数量的总额，如右图所示。

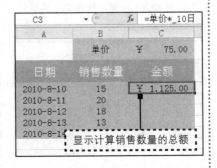

提示 ⑬ 编辑名称

4 返回"名称管理器"对话框，在"名称"列表框中显示重新定义的名称，如下图所示，再单击"确定"按钮。

5 经过上述操作后，当用户再选择单元格区域B2:C2时，会在"名称框"中显示重新定义的名称，如下图所示。

_1组10号		fx	冯伟
A	B		C
员工编号	姓名		工资
SF0110	冯伟	¥	4,200.00
SF0111	王紫	¥	4,500.00
SF0112	薛碧	¥	3,500.00
SF0113	陈霞	¥	3,900.00
SF0114	吴娜	¥	3,600.00

10.5 输入并编辑数组

数组公式可以执行多项计算并返回一个或多个结果。数组公式对两组或多组名为数组参数的值执行运算，每个数组参数都必须有相同数量的行和列。除了用组合键Ctrl+Shift+Enter输入公式外，创建数组公式的方法与创建其他公式的方法相同。某些内置函数是数组公式，并且必须作为数组输入才能获得正确的结果。

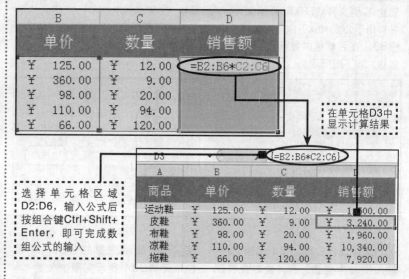

选择单元格区域D2:D6，输入公式后按组合键Ctrl+Shift+Enter，即可完成数组公式的输入

在单元格D3中显示计算结果

10.5.1 输入数组

输入数组公式必须先选择用来存放结果的单元格区域（可以是一个单元格）。例如，在编辑栏输入公式，然后按组合键Ctrl+Shift+Enter锁定数组公式，Excel 2010将在公式两边自动加上"{}"。

> 原始文件　实例文件\第10章\原始文件\输入数组.xlsx
> 最终文件　实例文件\第10章\最终文件\输入数组.xlsx

Step 1 定义的销售数量。打开附书光盘\实例文件\第10章\原始文件\输入数组.xlsx工作簿，选择单元格区域D2:D6，如下图所示。

Step 2 输入相应的公式。输入公式"=B2:B6*C2:C6"，如下图所示。

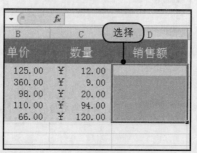

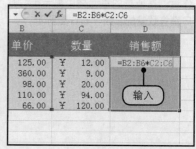

⑭ 删除名称

对于不需要的名称，用户可以将其删除。只需要切换至"公式"选项卡，在"定义的名称"组中单击"名称管理器"按钮，在弹出的"名称管理器"对话框中选择不需要的名称，再单击"删除"按钮即可，如下图所示。

Step 3 显示数组公式。按组合键 Ctrl+ Shift+Enter，即可完成数组公式的计算。选择单元格D3，会在编辑栏中显示数据公式，如右图所示。

fx {=B2:B6*C2:C6}

	B	C	D
	单价	数量	销售额
	¥ 125.00	¥ 12.00	¥ 1,500.00
	¥ 360.00	¥ 9.00	¥ 3,240.00
	¥ 98.00	¥ 20.00	¥ 1,960.00
	¥ 110.00	¥ 94.00	¥ 10,340.00
	¥ 66.00	¥ 120.00	¥ 7,920.00

显示数组公式结果

10.5.2 复制数组

当用户为公式输入数组后，可以将数组复制到其他需要的单元格，以免进行重复操作。具体的操作步骤如下。

原始文件 实例文件\第10章\原始文件\复制数组.xlsx
最终文件 实例文件\第10章\最终文件\复制数组.xlsx

Step 1 选择单元格。打开附书光盘\实例文件\第10章\原始文件\复制数组.xlsx工作簿，选择单元格D2，按住Ctrl键，将鼠标指针放置于单元格右下角，会呈状，如下图所示。

fx {=B2:B6*C2:C6}

	B	C	D
	单价	数量	销售额
	¥ 125.00	¥ 12.00	¥ 1,500.00
	¥ 360.00	¥ 9.00	
	¥ 98.00	¥ 20.00	
	¥ 110.00	¥ 94.00	
	¥ 66.00	¥ 120.00	

按Ctrl键定位

Step 2 复制数组。按住鼠标左键不放，拖动鼠标至单元格D3，如下图所示。

	B	C	D
	单价	数量	销售额
	¥ 125.00	¥ 12.00	¥ 1,500.00
	¥ 360.00	¥ 9.00	
	¥ 98.00	¥ 20.00	
	¥ 110.00	¥ 94.00	
	¥ 66.00	¥ 120.00	

拖动

D3

Step 3 显示复制数组结果。释放鼠标后，此时会在单元格D3中显示复制的数组公式，如右图所示。

fx {=B3:B7*C3:C7}

	B	C	D
	单价	数量	销售额
	¥ 125.00	¥ 12.00	¥ 1,500.00
	¥ 360.00	¥ 9.00	¥ 3,240.00
	¥ 98.00	¥ 20.00	
	¥ 110.00	¥ 94.00	
	¥ 66.00		

显示复制的数组结果

提示 ⑮ 删除数组

在数据表中应用数组公式后，如果不需要改数组或要重新输入，可以先将其删除。下面介绍两种操作方法。

方法一：按Delete键删除。首先选中要删除的所有单元格，再按Delete键即可。

方法二：按组合键Ctrl+Shift+Enter。

1 选择要删除的单元格区域D2:D6，按删除键，如下图所示。

	C	D
	数量	销售额
	¥ 12.00	
	¥ 9.00	¥ 3,240.00
	¥ 20.00	¥ 1,960.00
	¥ 94.00	¥ 10,340.00
	¥ 120.00	¥ 7,920.00

2 按组合键Ctrl+Shift+Enter，即可清除所有数组，如下图所示。

	C	D
	数量	销售额
	¥ 12.00	
	¥ 9.00	
	¥ 20.00	
	¥ 94.00	
	¥ 120.00	

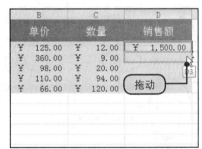

10.6 函数的使用

在企业中，管理人员需要对员工信息进行统计，以便了解员工的整体情况，还需要对复杂的财务数据进行计算等，如果使用前面所学的公式进行计算，那么会很烦琐且很复杂。此时可以使用Excel 2010的函数功能帮助用户解决相关的计算难题。

函数是预定义的特殊公式，使用参数进行计算，然后返回一个计算值。函数参数是函数进行计算所必需的初始值。用户使用函数时，把函数参数传递给函数，而函数按照特定的程序对参数进行计算，再把计算结果返回给用户。

用户可以直接输入函数或者通过对话框插入函数。

数组常数是一组数，可以当做数组参数使用，一维数组就是一行或一列数。具体的操作步骤如下。

1 在打开的工作簿中，选择单元格区域A1:C1，如下图所示。

2 输入公式"={10,20,30}"，如下图所示。

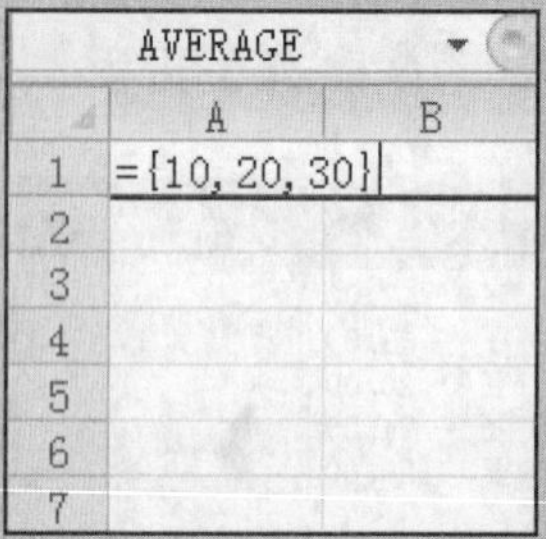

```
AVERAGE
    A        B
1  ={10,20,30}
2
3
4
5
6
7
```

3 按组合键Ctrl+Shift+Enter，即可显示数组结果，如下图所示。

在单元格或编辑栏中输入函数后按Enter键，即可在单元格中显示计算结果

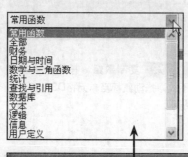

在"插入函数"对话框中，单击"选择类别"的下三角按钮，在展开的下拉列表中用户可以选择不同类别的函数，例如财务、日期与时间、数学与三角函数、统计、查找与引用、数据库、文本等

在"插入函数"对话框中选择函数类别，并双击需要的函数

弹出"函数参数"对话框，设置函数参数后，单击"确定"按钮即可

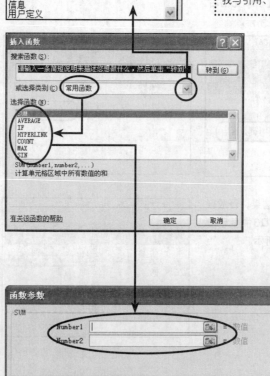

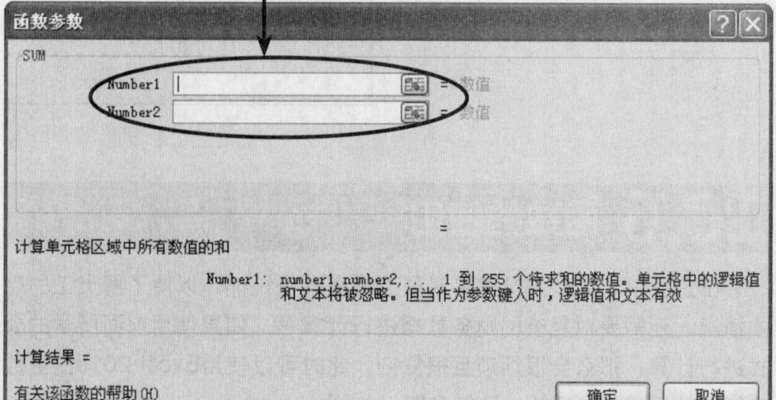

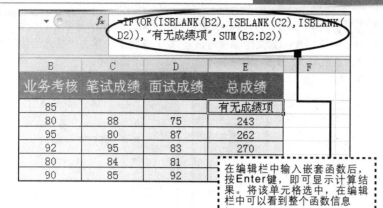

```
=IF(OR(ISBLANK(B2),ISBLANK(C2),ISBLANK(
D2)),"有无成绩项",SUM(B2:D2))
```

B	C	D	E	F
业务考核	笔试成绩	面试成绩	总成绩	
85			有无成绩项	
80	88	75	243	
95	80	87	262	
92	95	83	270	
80	84	81		
90	85	92		

在编辑栏中输入嵌套函数后，按Enter键，即可显示计算结果。将该单元格选中，在编辑栏中可以看到整个函数信息

10.6.1 输入函数

在使用函数功能时，用户可以通过两种方式插入函数，一种是直接输入函数，另一种是通过对话框插入函数。下面分别进行介绍。

1 直接输入函数

如果对需要插入的函数很熟悉，用户可以直接在编辑栏或单元格中输入该函数。

○ 原始文件 实例文件\第10章\原始文件\直接输入函数.xlsx
— 最终文件 实例文件\第10章\最终文件\直接输入函数.xlsx

Step 1 选择单元格。打开附书光盘\实例文件\第10章\原始文件\直接输入函数.xlsx工作簿，在单元格B3中输入函数"=DAYS360(B1,B2)"，如下图所示。

Step 2 显示计算结果。按Enter键，即可在单元格B3中显示从2010年3月7日到2011年4月5日一共有388天，如下图所示。

2 通过对话框插入函数

Excel 2010中提供了几百个函数，很难熟练掌握所有函数。对于不熟悉的函数，可以通过对话框插入函数。

○ 原始文件 实例文件\第10章\原始文件\通过对话框插入函数.xlsx
— 最终文件 实例文件\第10章\最终文件\通过对话框插入函数.xlsx

? 提示 ⑰ 输入二维数组

二维数组就是指某单元格区域，包含多行和多列。下面介绍输入二维数组的操作方法。

1 在打开的工作簿中，选择单元格区域A1:C2，如下图所示。

2 输入公式"={10,20,30;50,60,70}"，如下图所示。

3 按组合键Ctrl+Shift+Enter，即可显示输入二维数组结果，如下图所示。

DAYS360按照一年360天的算法（每个月以30天计，一年共计12个月），返回两日期间相差的天数，这在一些会计计算中将会用到。如果会计系统是基于一年12个月，每月30天，则可用此函数帮助计算支付款项。

语法：

DAYS360(start_date,end_date,[method])

参数：

start_date, end_date　必需项，用于计算期间天数的起止日期。如果start_date在end_date之后，则DAYS360将返回一个负数。应使用DATE函数来输入日期，或者将日期作为其他公式或函数的结果输入。例如，使用函数DATE(2008,5,23)可返回2008-5-23。如果日期以文本形式输入，则会出现问题。

method可选。一个逻辑值，它指定在计算中是采用欧洲方法还是美国方法。

Step 1 选择单元格。打开附书光盘\实例文件\第10章\原始文件\通过对话框插入函数.xlsx工作簿，选择单元格C13，如下图所示。

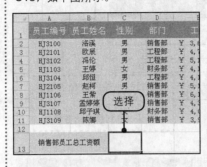

Step 2 选择插入函数。切换至"公式"选项卡，单击"插入函数"按钮，如下图所示。

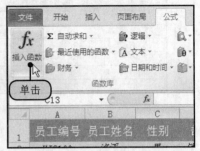

Step 3 选择函数类型。弹出"插入函数"对话框，在"或选择类别"下拉列表中单击"数学与三角函数"选项，如下图所示。

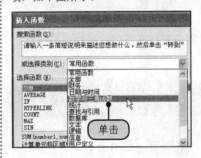

Step 4 选择函数。在"选择函数"列表框中双击SUMIF选项，如下图所示。

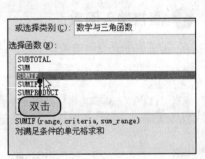

Step 5 设置Range参数。弹出"函数参数"对话框，在Range文本框中输入D2:D11，如下图所示。

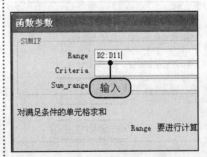

Step 6 设置其他参数。继续设置Criteria为"销售部"、Sum_range为"E2:E11"，如下图所示，再单击"确定"按钮。

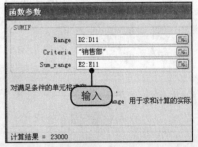

Step 7 显示计算结果。返回工作表，此时在单元格C13中显示销售部员工总工资额为"23000"元，如右图所示。

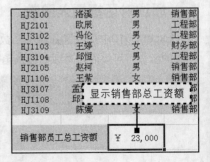

10.6.2 使用嵌套函数

嵌套函数是指一个公式使用了一个函数，再将该函数的结果用在另一个函数中。为了让Excel 2010的数据处理更加人性化，可以在其他函数中嵌套信息函数。

在本例中，某公司进行了一次员工晋升考核，其中分为3项考核，各项成绩满分均为"100分"，现在要对各项考核项目的总成绩进行统计，由于某些原因，其中一些员工的成绩并未进行评分，因此在统计"总成绩"的时候需要在有未评分的项目栏中注明"有无成绩项"。

原始文件 实例文件\第10章\原始文件\使用嵌套函数.xlsx
最终文件 实例文件\第10章\最终文件\使用嵌套函数.xlsx

Step 1 选择单元格。打开附书光盘\实例文件\第10章\原始文件\使用嵌套函数.xlsx工作簿，选择单元格E2，如下图所示。

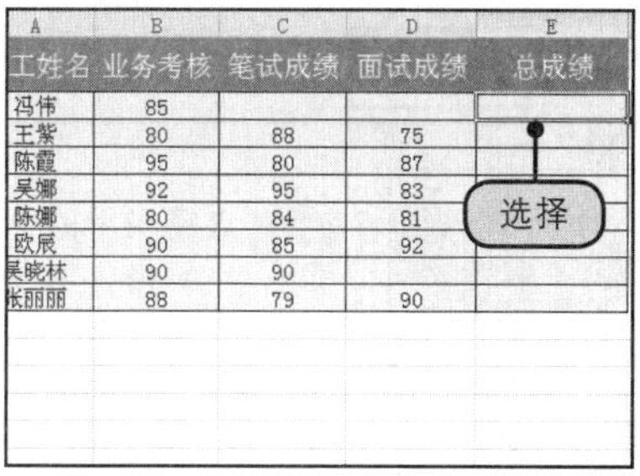

Step 2 输入嵌套函数。在单元格中输入嵌套函数"=IF(OR(ISBLANK(B2),ISBLANK(C2),ISBLANK(D2)),"有无成绩项",SUM(B2:D2))"，如下图所示。

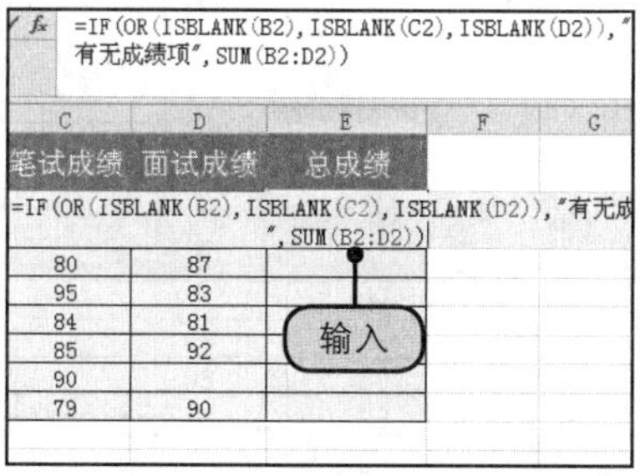

Step 3 显示嵌套函数结果。按Enter键，即可在单元格E2中显示计算的结果，如下图所示。

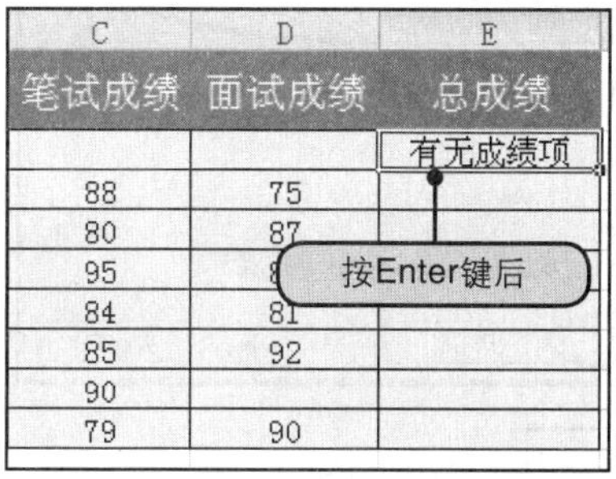

Step 4 填充函数。将鼠标指针指向单元格E2右下角，呈 ✚ 状时，按住鼠标左键不放，向下拖动至单元格E9，如下图所示。

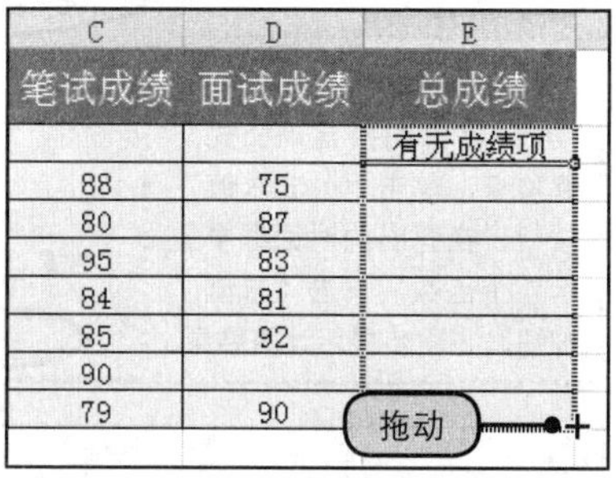

Step 5 显示完整效果。释放鼠标后，可以看到在单元格区域E2:E9中显示填充的效果，如右图所示。

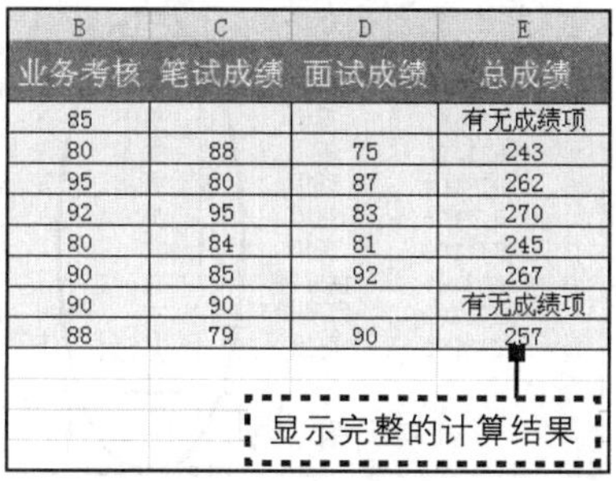

⑲ SUMIF函数解析

使用SUMIF函数可以对区域中符合指定条件的值求和。

语法：
SUMIF(range, criteria, [sum_range])

参数：

range必需项，用于条件计算的单元格区域。每个区域中的单元格都必须是数字或名称、数组或包含数字的引用。空值和文本值将被忽略。

criteria必需项，用于确定对哪些单元格求和的条件，其形式可以为数字、表达式、单元格引用、文本或函数。例如，条件可以表示为32、">32"、B5、32、"32"、"苹果"或TODAY()。

sum_range可选，要求和的实际单元格（如果要对未在range参数中指定的单元格求和）。如果sum_range参数被省略，Excel会对在range参数中指定的单元格（即应用条件的单元格）求和。

● IF函数的用途：如果指定条件的计算结果为TRUE，IF函数将返回某个值；如果该条件的计算结果为FALSE，则返回另一个值。例如，如果A1大于10，公式=IF(A1>10,"大于 10","不大于10")将返回"大于10"；如果A1小于等于10，则返回"不大于10"。

● OR函数的用途：是对多个逻辑值进行并集计算，其返回值为逻辑值。

● ISBLANK函数的用途：判断单元格是否为空。

● SUM函数的用途：SUM将您指定为参数的所有数字相加。

10.7 使用公式时产生的错误及解决方法

在使用Excel输入公式时，难免会发生错误，为了能轻松查找并改正这些错误，Excel 2010为大家提供了多种审核方式供用户选择。本节将介绍公式中返回的错误值、显示与隐藏公式及如何使用追踪箭头标识公式等。

→ 选择有函数的单元格，切换至"公式"选项卡，单击"追踪引用单元格"按钮，即可显示追踪引用单元格的箭头

← 选择引用的单元格，切换"公式"选项卡，单击"追踪从属单元格"按钮，即可显示追踪从属单元格的箭头

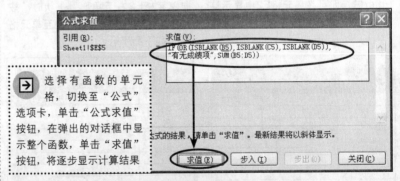

→ 选择有函数的单元格，切换至"公式"选项卡，单击"公式求值"按钮，在弹出的对话框中显示整个函数，单击"求值"按钮，将逐步显示计算结果

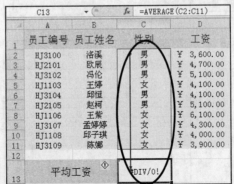

← 如果出现错误提示，将该单元格选中，再切换至"公式"选项卡，单击"错误检查>追踪错误"选项，即可显示追踪错误的引用单元格箭头

10.7.1　使用公式时出现的错误提示

如果公式无法正确计算结果，Excel将会显示错误值，例如#####、#DIV/0!、#N/A、#NAME?、#NULL!、#NUM!、#REF!和#VALUE!。每种错误类型都有不同的原因和不同的解决方法，常见的错误类型如表10-3所示。

表10-3　常见的错误类型

错误值	产生原因
#####	列宽不足以显示单元格中内容或者日期和时间为负数
#DIV/0!	除数为0或者空白单元格
#N/A	使用了不适合的参数或者遗漏了必要的参数
#NAME?	使用不存在的公式名称或者拼写错误，漏掉区域引用中的冒号
#NULL!	对两个没有重叠区域的单元区域进行交集运算
#REF!	引用错误，公式引用的单元格被删除，或者公式引用了不存在的单元格地址
#VALUE!	使用数据类型错误，需要输入数字或者逻辑值时输入了文本

10.7.2　追踪引用单元格

引用单元格是指被其他单元格中的公式引用的单元格。例如，如果单元格A1包含公式"=B1"，那么单元格B1就是单元格A1的引用单元格。

原始文件　实例文件\第10章\原始文件\追踪引用单元格.xlsx

Step 1　选择单元格。打开附书光盘\实例文件\第10章\原始文件\追踪引用单元格.xlsx工作簿，选择单元格C13，可以在编辑栏中看到该单元格包含的公式，如下图所示。

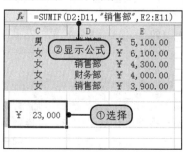

Step 2　选择追踪引用单元格。切换至"公式"选项卡，在"公式审核"组中单击"追踪引用单元格"按钮，如下图所示。

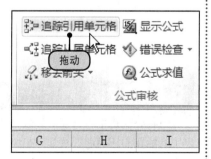

办公应用

使用CLEAN函数删除表格中所有非打印字符

CLEAN函数可以删除文本中不能打印的字符。对从其他应用程序中输入的文本使用CLEAN函数，将删除其中含有的当前操作系统无法打印的字符。例如，可以删除通常出现在数据文件头部或尾部、无法打印的低级计算机代码。

语法：CLEAN(text)

参数：text，用于要从中删除非打印字符的任何工作表信息。

原始文件　使用CLEAN函数.xlsx
最终文件　使用CLEAN函数.xlsx

1　打开原始文件\使用CLEAN函数.xlsx工作簿，选择单元格B6，如下图所示。

2　切换至"公式"选项卡，单击"文本"按钮，在展开的下拉列表中单击CLEAN选项，如下图所示。

（续上页）

（续上页）

办公应用

使用CLEAN函数删除表格中所有非打印字符

3 弹出"函数参数"对话框，在Text文本框中输入"A2"，如下图所示，再单击"确定"按钮。

函数参数

CLEAN

Text A2

删除文本中的所有非打印字符

计算结果 = 割割

4 返回工作表，即可在单元格B6中显示非打印的字符，如下图所示。

	A	B
1	数据	
2	割割	
3	1	
4	2	
5		
6	非打印字符	割割
7		
8		

Step 3 显示追踪单元格效果。经过上述操作后，此时会从引用数据指向单元格C13中的公式，如右图所示。

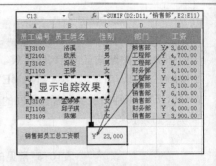

10.7.3 追踪从属单元格

追踪从属单元格用于指示受当前所选单元格值影响的公式单元格，具体的操作步骤如下。

原始文件 实例文件\第10章\原始文件\追踪从属单元格.xlsx

Step 1 选择单元格。打开附书光盘\实例文件\第10章\原始文件\追踪从属单元格.xlsx工作簿，选择单元格C5，如下图所示。

B	C	D	E
业务考核	笔试成绩	面试成绩	总成绩
85			有无成绩项
80	88	75	243
95	80	87	262
92	95	83	270
80		81	245
90	85	92	267
90	选择		有无成绩项
88		90	257

Step 2 选择追踪从属单元格。切换至"公式"选项卡，在"公式审核"组中单击"追踪从属单元格"按钮，如下图所示。

E	F	G	H	I
总成绩				
有无成绩项				
243				
262				
270				

Step 3 显示追踪单元格效果。经过上述操作后，会显示箭头指向受当前所选单元格影响的单元格，如右图所示。

C	D	E
笔试成绩	面试成绩	总成绩
		成绩项
88	75	243
80	87	262
95	83	270
84	81	245
85	92	267
90		有无成绩项
79	90	257

10.7.4 隐藏公式

隐藏公式是指将当前工作表中的公式不显示在编辑栏中。这样就满足了有的用户不想将公式显示出来，从而提高数据的安全性。具体的操作步骤如下。

原始文件 实例文件\第10章\原始文件\隐藏公式.xlsx
最终文件 实例文件\第10章\最终文件\隐藏公式.xlsx

Step 1 选择单元格。打开附书光盘\实例文件\第10章\原始文件\隐藏公式.xlsx工作簿，选择单元格区域E2:E9，如下图所示。

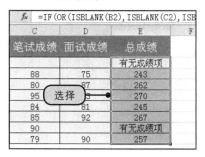

Step 2 设置单元格格式。右击鼠标，在弹出的快捷菜单中单击"设置单元格格式"命令，如下图所示。

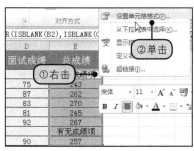

Step 3 设置保护。弹出"设置单元格格式"对话框，切换至"保护"选项卡，勾选"隐藏"复选框，如下图所示，再单击"确定"按钮。

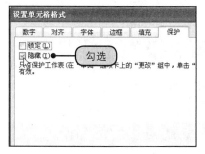

Step 4 保护工作表。切换至"审阅"选项卡，单击"保护工作表"按钮，如下图所示。

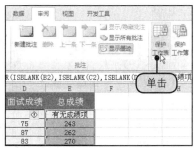

Step 5 确认保护工作表。弹出"保护工作表"对话框，确认后单击"确定"按钮，如下图所示。

Step 6 显示隐藏公式的效果。经过上述操作后，当用户再次选择隐藏后的单元格或单元格区域时，在编辑栏中不会显示该公式，如下图所示。

	C	D	E
显示隐藏的公式		绩	总成绩
			有无成绩项
	88	75	243
	80	87	262
	95	83	270
	84	81	245
	85	92	267
	90		有无成绩项
	79	90	257

10.7.5 错误检查

错误检查是指对工作表中的错误单元格进行检查，并用对话框显示出错误的原因。

原始文件　实例文件\第10章\原始文件\错误检查.xlsx

提示 ㉑ 公式求值

有时，理解嵌套公式如何计算最终结果是很困难的，因为存在若干个中间计算和逻辑测试。但是，通过使用"公式求值"对话框，可以按计算公式的顺序查看嵌套公式的不同求值部分。例如，如果您能够查看下列中间结果，那么公式=IF(OR(ISBLANK(B2),ISBLANK(C2),ISBLANK(D2)),"有无成绩项",SUM(B2:D2))就更容易理解了。

1 选择含有嵌套函数的单元格，切换至"公式"选项卡，单击"公式求值"按钮，如下图所示。

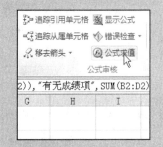

2 弹出"公式求值"对话框，在"求值"文本框中显示公式内容，带下画线的部分为下次计算结果的部分，单击"求值"按钮，如下图所示。

（续上页）

（续上页）

提示 ㉑ 公式求值

3 此时会显示计算结果，求值结果将以斜体显示，继续单击"求值"按钮，如下图所示，直到公式的每一部分都已求值完毕。

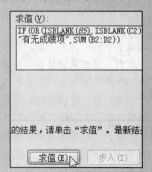

4 当完成整个嵌套函数的求值过程后，会在"求值"文本框中显示最终结果，如下图所示。如果要再次查看计算过程，可以单击"重新启动"按钮。如果退出，则单击"关闭"按钮。

Step 1 打开工作簿。打开附书光盘\实例文件\第10章\原始文件\错误检查.xlsx工作簿，选择任意单元格，如下图所示。

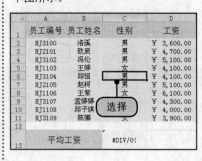

Step 2 错误检查。切换至"公式"选项卡，单击"错误检查"按钮，如下图所示。

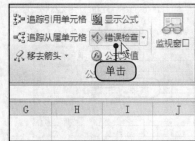

Step 3 显示结果。经过上述操作后，即可显示"错误检查"对话框，对话框中显示错误信息，如右图所示。

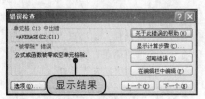

10.7.6 追踪错误

追踪错误是指显示箭头，用于指向影响当前所选单元格数值的单元格。

原始文件 实例文件\第10章\原始文件\错误检查.xlsx

Step 1 打开工作簿。打开附书光盘\实例文件\第10章\原始文件\错误检查.xlsx工作簿，选择单元格C13，如下图所示。

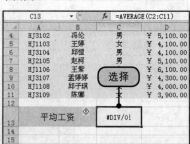

Step 2 追踪错误。切换至"公式"选项卡，单击"错误检查"的下三角按钮，在展开的下拉列表中单击"追踪错误"选项，如下图所示。

Step 3 显示追踪结果。经过上述操作后，即可显示追踪结果。可以看到工作表中显示蓝色箭头，箭头上用蓝色圆点标识公式中产生错误的单元格，如右图所示。

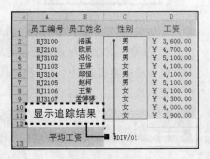

Chapter

高级办公人员必备——数据的高级分析及安全管理

学习要点

- 加载规划求解工具
- 规划求解
- 使用宏自动操作工作表
- 保护工作簿
- 保护工作表
- 设置数据签名

本章结构

1 创建规划求解

2 加载"开发工具"选项卡

3 运行宏

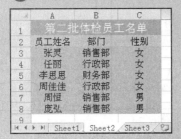

4 使用数字签名保护工作簿

Chapter 11

高级办公人员必备——数据的高级分析及安全管理

Excel 2010拥有强大的数据运算及分析工具，其中"规划求解"是最重要的一种。在分析数据的同时，保护工作簿的安全也非常重要，因此本章在介绍数据分析的同时，还介绍了保护工作簿、保护工作表、设置数据签名的操作，从而实现数据的预测和优化管理。

11.1 加载规划求解工具

Excel 2010中的分析工具库是以插件的形式被加载的，因此在使用分析工具库前，用户必须要先安装该插件。

提示 ① 规划求解的作用

规划求解一般用于解决以下问题。

（1）产品比例。给定生产产品的优先资源，求在产品上的最大回报。

（2）人员调度。用最小成本使职工业务达到公司制订的水平。

（3）调配材料。用最小成本调配材料达到指定的质量水平。

（4）优化线路。在制造地和销售地之间求最小运输成本。

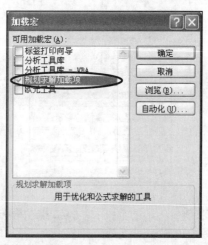

在工作簿中单击"文件"按钮，从下拉菜单中选择"选项"命令，在弹出的"Excel选项"对话框中选择加载项，弹出"加载宏"对话框，勾选"规划求解加载项"复选框，单击"确定"按钮即可

Step 1 打开对话框。在打开的工作簿中单击"文件"按钮，在左侧选择"选项"命令，如下图所示。

Step 2 选择加载项。弹出"Excel选项"对话框，在左侧单击"加载项"标签，如下图所示，切换至"加载项"选项卡。

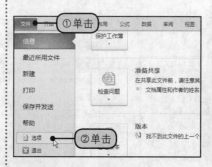

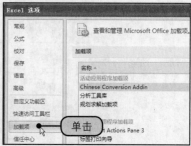

Step 3 转到加载项。在右侧界面中单击"管理"的下三角按钮，在展开的下拉列表中单击"Excel加载项"选项，再单击"转到"按钮，如下图所示。

Step 4 选择规划求解加载项。弹出"加载宏"对话框，在"可用加载宏"列表框中勾选"规划求解加载项"复选框，如下图所示，再单击"确定"按钮。

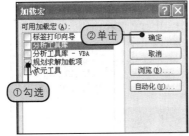

Step 5 显示加载规划求解的效果。经过上述操作后，在"数据"选项卡中显示"分析"组，在其中会显示"规划求解"按钮，如右图所示。

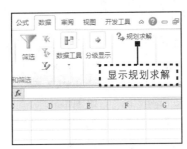

11.2 规划求解

"规划求解"是一组命令的组成部分。借助"规划求解"功能，用户可求得工作表上某个单元格中公式值，并受工作表上其他公式单元格的值的约束或限制。"规划求解"将对参与计算目标单元格和约束单元格中的公式的一组单元格进行处理，以便调整决策变量单元格中的值以符合约束条件单元格上的限制，并在目标单元格中产生想要的结果。

11.2.1 创建规划求解

本例中要求每公斤原材料所能生产的男球鞋正好为160g，男皮鞋为100g，女皮鞋不超过530g，并要求所选配的各种原材料的数量既能满足生产需求，又能使总成本最少。

原始文件　实例文件\第11章\原始文件\创建规划求解.xlsx
最终文件　实例文件\第11章\最终文件\创建规划求解.xlsx

Step 1 选取单元格区域。打开附书光盘\实例文件\第11章\原始文件\创建规划求解.xlsx工作簿，选择单元格C9，如右图所示，切换至"数据"选项卡，单击"规划求解"按钮。

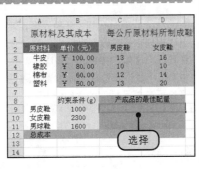

提示 ② 更改约束

在进行规划求解的过程中，如果无法得到满意的求解值，或需要更改约束时，可以对已经设置的约束进行编辑。下面介绍具体的操作方法。

1 选择有规划求解值的单元格，切换至"数据"选项卡，单击"规划求解"按钮，如下图所示。

2 弹出"规划求解参数"对话框，在"遵守约束"列表框中选择需要更改的约束，如下图所示。

（续上页）

② 更改约束

3 单击右侧的"更改"按钮，如下图所示。

4 弹出"改变约束"对话框，此时用户便可以重新设置规划求解的约束条件，如下图所示。

Step 2 输入计算男皮鞋的最佳配量公式。将光标定位在单元格C9中，在编辑栏中输入公式"=F3*C3+F4*C4+F5*C5+F6*C6"，如下图所示，输入完毕后按Enter键。

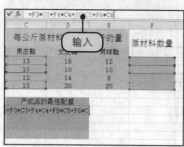

Step 4 输入计算男球鞋的最佳配量公式。在单元格C11中输入计算男球鞋最佳配量的公式"=F3*E3+F4*E4+F5*E5+F6*E6"，如下图所示。

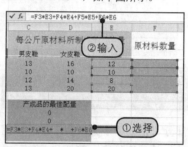

Step 6 显示计算结果。设置完毕后按Enter键，即可在单元格B12中显示当前的计算结果，并将其选中，如下图所示。

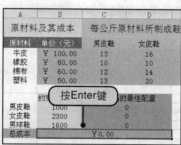

Step 8 设置目标和可变单元格。弹出"规划求解参数"对话框，在"设置目标"文本框中输入"B12"，选中"最小值"单选按钮，设置"通过更改可变单元格"为"F3:F6"，如右图所示。

Step 3 输入计算女皮鞋的最佳配量公式。在单元格C10中输入计算女皮鞋最佳配量的公式"=F3*D3+F4*D4+F5*D5+F6*D6"，输入完毕后按Enter键，如下图所示。

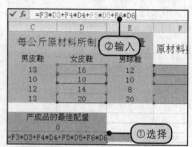

Step 5 输入计算总成本的公式。输入完毕后按Enter键，在单元格B12中输入计算总成本的公式"=F3*B3+F4*B4+F5*B5+F6*B6"，如下图所示。

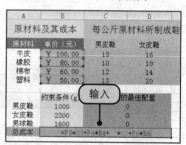

Step 7 选择规划求解。切换至"数据"选项卡，在"分析"组中单击"规划求解"按钮，如下图所示。

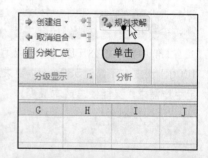

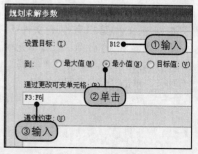

Step 9 添加约束。设置可变单元格后，单击右侧的"添加"按钮，如下图所示。

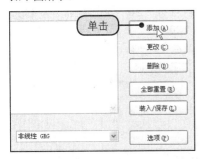

Step 10 添加第一个约束。弹出"添加约束"对话框，在"单元格引用"文本框中输入"C9"，再设置">="，在"约束"文本框中输入"B9"，再单击"添加"按钮，如下图所示。

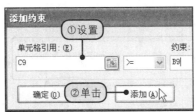

Step 11 添加第二个约束。弹出"添加约束"对话框，在"单元格引用"文本框中输入"C10"，再设置">="，在"约束"文本框中输入"B10"，再单击"添加"按钮，如下图所示。

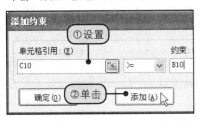

Step 12 添加第三个约束。弹出"添加约束"对话框，在"单元格引用"文本框中输入"C11"，再设置">="，在"约束"文本框中输入"B11"，再单击"添加"按钮，如下图所示。

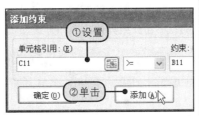

Step 13 添加第四个约束。弹出"添加约束"对话框，在"单元格引用"文本框中输入"F3:F6"，再设置">="，在"约束"文本框中输入"20"，再单击"确定"按钮，如下图所示。

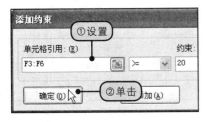

Step 14 显示设置约束。返回"规划求解参数"对话框，在"遵守约束"列表框中显示设置的约束，如下图所示。

Step 15 求解。确认无误后，单击"求解"按钮，如右图所示。

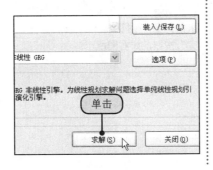

② 提示 ③ 创建规划求解的结果报告

除了能在数据表中显示求解结果，还能将结果创建为报告。下面介绍具体的操作方法。

1 弹出"规划求解参数"对话框，单击"求解"按钮，如下图所示。

2 弹出"规划求解结果"对话框，在"报告"列表框中单击"运算结果报告"选项，如下图所示，再单击"确定"按钮。

3 返回工作簿，此时添加了工作表"运算结果报告1"，在其中显示创建的结果报告，如下图所示。

	A	B	C
16		$B$12	总成本 约束条件(
17			
18			
19	可变单元格		
20		单元格	名称
21		$F$3	牛皮 原材料数量
22		$F$4	橡胶 原材料数量
23		$F$5	棉布 原材料数量
24		$F$6	塑料 原材料数量

运算结果报告 1 ／ Sheet1

企业目标利润规划是现代企业科学管理方法之一。它通过对企业未来一段期间内，经过努力应达到的最优化利润（即目标利润）进行科学的预测，控制、规划、掌握其影响因素及变化规律为管理者提供决策信息的活动。

例如：某公司每销售一台空调的利润为700元，销售一台冰箱的利润为1000元，规定每月进货空调不超过60台，冰箱不超过45台，但是两者的总数不超过100台，需要求出每月销售多少台空调和冰箱才有更高的利润，具体步骤如下。

原始文件　产品利润规划表.xlsx
最终文件　产品利润规划表.xlsx

1 打开原始文件\产品利润规划表.xlsx工作簿，在单元格D3中输入公式"=B3+C3"，如下图所示，再按Enter键。

2 在单元格B5中输入公式"=B3*B4+C3*C4"，如下图所示，再按Enter键，将该单元格选中。

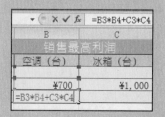

Step 16 确认求解。弹出"规划求解结果"对话框，选中"保留规划求解的解"单选按钮，再单击"确定"按钮，如下图所示。

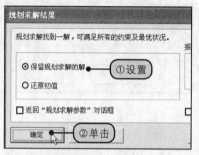
①设置
②单击

Step 17 显示规划求解结果。经过上述操作后，在工作表中显示计算出"牛皮"材料为"20"，"橡胶"材料为"20"，"棉布"材料为"20"，"塑料"材料为"75"时成本最低，如下图所示。

显示规划求解结果

11.2.2 保存规划求解方案

对于求解出的方案，用户可以将其进行保存，以节省下次计算的时间。下面介绍具体的操作方法。

原始文件　实例文件\第11章\原始文件\保存规划求解方案.xlsx
最终文件　实例文件\第11章\最终文件\保存规划求解方案.xlsx

Step 1 选取单元格区域。打开附书光盘\实例文件\第11章\原始文件\保存规划求解方案.xlsx工作簿，选择单元格B12，再切换至"数据"选项卡，单击"规划求解"按钮，如下图所示。

单击

Step 2 求解。弹出"规划求解参数"对话框，单击"求解"按钮，如下图所示。

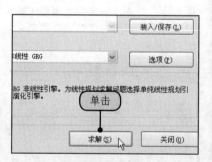
单击
单击

Step 3 保存方案。弹出"规划求解结果"对话框，单击"保存方案"按钮，如右图所示。

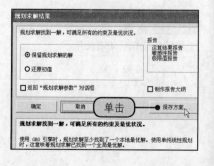
单击

（续上页）

Step 4 输入方案名。弹出"保存方案"对话框，在其文本框中输入需要的名称，再单击"确定"按钮即可，如右图所示。

办公应用

制作产品利润规划表

11.3 使用宏自动操作工作表

如果您要在Microsoft Excel 2010中需重复执行多个类似任务，则可以录制一个宏来自动执行。宏是可运行任意次数的一个操作或一组操作。创建宏就是录制鼠标单击和键盘输入操作的。在创建一个宏后，可以编辑宏，对其工作方式进行轻微更改。

3 切换至"数据"选项卡，单击"规划求解"按钮，如下图所示。

4 弹出"规划求解参数"对话框，在"设置目标"文本框中输入"B5"，选中"最大值"单选按钮，设置"通过更改可变单元格"为"B3,C3"，如下图所示。

在加载的"开发工具"选项卡中单击"录制宏"按钮，弹出"录制新宏"对话框，设置宏名称后，单击"确定"按钮

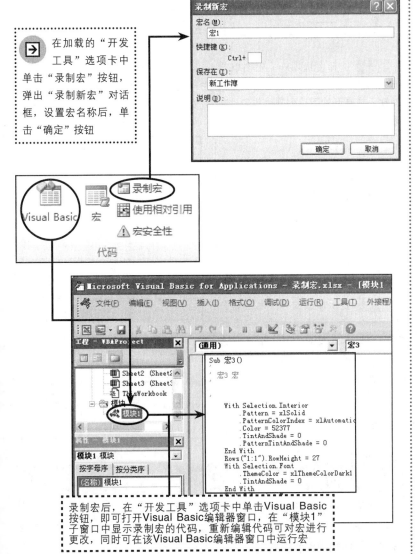

录制宏后，在"开发工具"选项卡中单击Visual Basic按钮，即可打开Visual Basic编辑器窗口，在"模块1"子窗口中显示录制宏的代码，重新编辑代码可对宏进行更改，同时可在该Visual Basic编辑器窗口中运行宏

5 设置完毕后，单击"添加"按钮，如下图所示。

6 弹出"添加约束"对话框，设置第一个约束为"B3<=60"，再单击"添加"按钮，如下图所示。

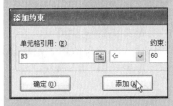

（续上页）

办公应用
制作产品利润规划表

7 在新的对话框中设置第二个约束为"B3>=0"，再单击"添加"按钮，如下图所示。

8 在新的对话框中设置第三个约束为"C3<=45"，再单击"添加"按钮，如下图所示。

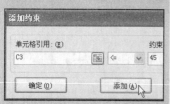

9 在新的对话框中设置第四个约束为"C3>=0"，再单击"添加"按钮，如下图所示。

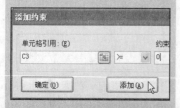

10 在新的对话框中设置第五个约束为"D3<=100"，再单击"确定"按钮，如下图所示。

11 返回"规划求解参数"对话框，单击"求解"按钮，弹出"规划求解结果"对话框，选中"保留规划求解的解"单选按钮，再单击"确定"按钮，如下页图所示。

11.3.1 加载"开发工具"选项卡

在使用宏之前，要确保功能区中显示有"开发工具"选项卡。默认情况下，工作簿中不会显示"开发工具"选项卡，因此要执行以下操作。

Step 1 打开对话框。在打开的工作簿中单击"文件"按钮，在下拉菜单的左侧选择"选项"命令，如下图所示。

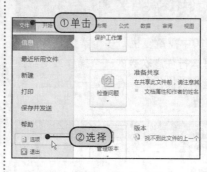

Step 2 选择自定义功能区。弹出"Excel选项"对话框，在左侧单击"自定义功能区"标签，如下图所示，切换至"自定义功能区"选项卡。

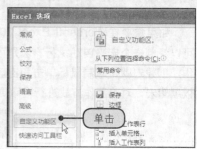

Step 3 选择主选项卡。在右侧界面中单击"自定义功能区"的下三角按钮，在展开的下拉列表中单击"主选项卡"，如下图所示。

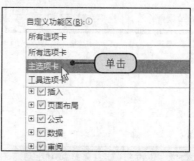

Step 4 加载"开发工具"。选项卡在"主选项卡"列表框中勾选"开发工具"复选框，如下图所示，再单击"确定"按钮。

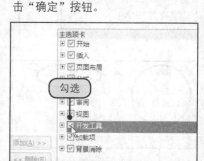

Step 5 显示加载的"开发工具"选项卡。经过上述操作后，在工作簿中会显示加载的"开发工具"选项卡，如右图所示，其中包含了宏的相关选项。

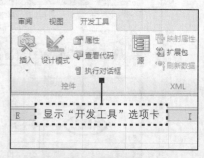

11.3.2 录制宏

在工作中经常遇到需要设置相同格式的表格，也许您以前只会一次次重复设置，那么现在可以通过宏录制每一步操作，以方便下次应用该设置。具体的操作步骤如下。

原始文件 实例文件\第11章\原始文件\录制宏.xlsx
最终文件 实例文件\第11章\最终文件\录制宏.xlsx

（续上页）

Step 1 录制宏。打开附书光盘\实例文件\第11章\原始文件\录制宏.xlsx工作簿，切换至"开发工具"选项卡，单击"录制宏"按钮，如下图所示。

Step 2 设置宏名称。弹出"录制新宏"对话框，在"宏名"文本框中输入名称"体检名单"，如下图所示，再单击"确定"按钮。

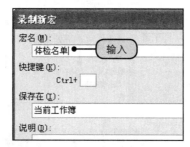

办公应用

制作产品利润规划表

Step 3 设置标题字号。选择单元格A1，切换至"开始"选项卡，在"字号"下拉列表中单击"14"选项，如下图所示。

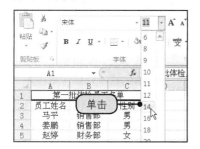

Step 4 设置标题填充颜色。单击"填充颜色"的下三角按钮，在展开的下拉列表中单击"其他颜色"选项，如下图所示。

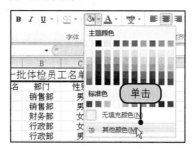

12 经过上述操作后，在工作表中显示销售空调和冰箱的销售台数，该值是该产品的最佳销售总额，如下图所示。

Step 5 选择颜色。弹出"颜色"对话框，切换至"标准"选项卡，在其界面中选择需要的颜色图标，如下图所示。

Step 6 设置标题字体颜色。单击"字体颜色"按钮的下三角按钮，在展开的下拉列表中单击"白色，背景1"图标，如下图所示。

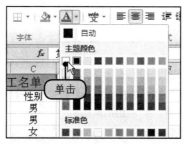

Step 7 设置行标题填充颜色。选择单元格区域A2:C2，单击"填充颜色"按钮的下三角按钮，在展开的下拉列表中单击"橙色"图标，如右图所示。

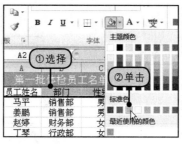

Step 8 设置数据的填充颜色。选择单元格区域A3:C8，单击"填充颜色"按钮的下三角按钮，在展开的下拉列表中单击"浅绿"图标，如下图所示。

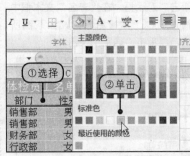

Step 9 停止录制。此时数据表应用了设置的格式效果，切换至"开发工具"选项卡，单击"停止宏"按钮，如下图所示。

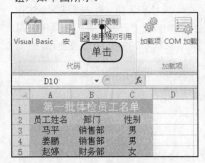

11.3.3 运行宏

当宏录制完成后，就可以为其他工作表或单元格运行宏了。下面介绍运行宏的具体方法。

原始文件　实例文件\第11章\原始文件\运行宏.xlsx
最终文件　实例文件\第11章\最终文件\运行宏.xlsx

提示④ 通过Visual Basic 编辑器窗口运行宏

除了在对话框中运行宏，用户还可以在Visual Basic编辑器窗口中运行宏，以方便用户编辑或调试代码。

1 选择要应用宏的单元格，切换至"开发工具"选项卡，单击Visual Basic按钮，如下图所示。

2 打开Visual Basic编辑器窗口，在菜单栏中选择"运行>运行宏"命令，如下图所示。

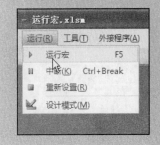

Step 1 录制宏。打开附书光盘\实例文件\第11章\原始文件\运行宏.xlsx工作簿，切换至工作表Sheet2，选择单元格A1，如下图所示。

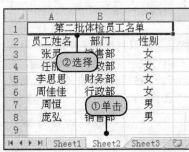

Step 3 执行宏。弹出"宏"对话框，选择需要的宏，再单击"执行"按钮，如下图所示。

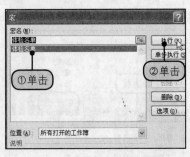

Step 2 选择宏。切换至"开发工具"选项卡，在"代码"组中单击"宏"按钮，如下图所示。

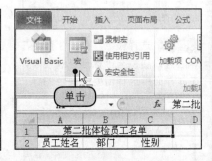

Step 4 运行宏的效果。经过上述操作后，工作表Sheet2中已经应用了录制宏的格式，效果如下图所示。

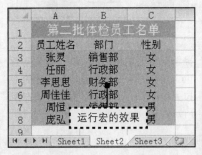

11.3.4 编辑宏

对于运行宏的效果，如果要对某些格式进行更改，可以在Visual Basic编辑器窗口中对代码进行设置。具体的操作步骤如下。

原始文件 实例文件\第11章\原始文件\编辑宏.xlsx
最终文件 实例文件\第11章\最终文件\编辑宏.xlsx

Step 1 录制宏。打开附书光盘\实例文件\第11章\原始文件\编辑宏.xlsx工作簿，切换至工作表Sheet2，选择单元格A1，单击Visual Basic按钮，如下图所示。

Step 2 单击"模块1"选项。打开Visual Basic编辑器窗口，在"工程"任务窗口中双击"模块>模块1"选项，如下图所示。

Step 3 打开代码窗口。打开Visual Basic编辑器窗口，并显示"模块1（代码）"窗口，选择要更改的"宋体"文本，如下图所示。

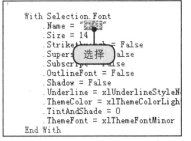

Step 4 更改代码。在代码窗口中，将"Name = "宋体""更改为"Name = "黑体""，如下图所示。

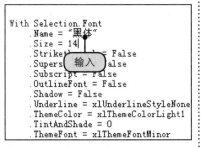

Step 5 运行到光标处。在菜单栏中单击"调试"按钮，在展开的下拉列表中单击"运行到光标处"命令，如下图所示。

Step 6 显示应用编辑后的宏格式。此时单元格A1中已经应用了编辑宏的格式，效果如下图所示。

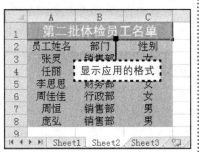

（续上页）

④ 通过Visual Basic编辑器窗口运行宏

3 弹出"宏"对话框，在"宏名称"列表框中选择录制的宏，如下图所示，单击"运行"按钮。

4 此时所选的工作表应用了录制宏的所有格式，如下图所示。

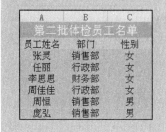

⑤ 设置宏安全

为了保护宏数据的安全，可以对其进行安全设置，以便控制打开有宏的工作簿时在什么情况下运行宏。

1 切换至"开发工具"选项卡，在"代码"组中单击"宏安全性"按钮，如下图所示。

2 弹出"信任中心"对话框，切换至"宏设置"选项卡，在右侧界面中选中"禁用所有宏，并发出通知"单选按钮，如下图所示，再单击"确定"按钮即可。

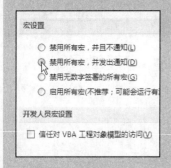

11.4 保护工作簿

若要防止用户从工作簿中意外或故意更改、移动或删除重要数据，可以保护工作簿元素。保护时可以使用，也可以不使用密码。本节将介绍打开和修改密码、保护工作簿结构、自动保存工作簿及修复破坏的工作簿等内容。

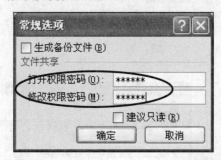

← 在"另存为"对话框中单击"工具"的下三角按钮，在展开的下拉列表中单击"常规选项"选项，即可在弹出的对话框中设置打开权限密码和修改权限密码

→ 切换至"审阅"选项卡，单击"保护工作簿"按钮，弹出"保护结构和窗口"对话框，在其中设置保护工作簿结构，并且输入需要的密码，单击"确定"按钮即可

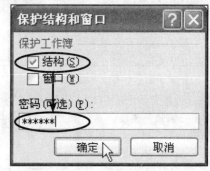

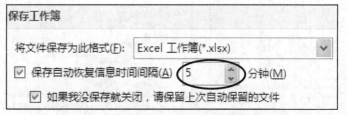

↑ 在"Excel选项"对话框中，切换至"保存"选项卡，即可在右侧界面中设置保存自动恢复信息时间间隔的分钟数

11.4.1 设置打开和修改密码

在日常工作中，有的工作簿不想别人打开，用户可以对该工作簿设置打开密码，同时设置修改密码能让除自己以外的其他使用者无法更改数据内容。

● 原始文件　实例文件\第11章\原始文件\设置打开和修改密码.xlsx
最终文件　实例文件\第11章\最终文件\设置打开和修改密码.xlsx

Step 1 另存为工作簿。打开附书光盘\实例文件\第11章\原始文件\设置打开和修改密码.xlsx工作簿，单击"文件"按钮，在左侧选择"另存为"命令，如下图所示。

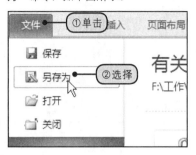

Step 2 选择常规选项。弹出"另存为"对话框，单击"工具"按钮，在展开的下拉列表中单击"常规选项"选项，如下图所示。

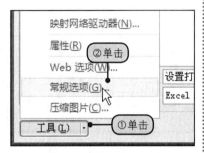

Step 3 设置打开和修改权限密码。弹出"常规选项"对话框，在"打开权限密码"和"修改权限密码"文本框中输入密码，这里都为"111111"，再单击"确定"按钮，如下图所示。

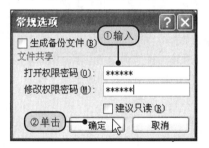

Step 4 确认打开密码。弹出"确认密码"对话框，在"重新输入密码"文本框中再次输入前面设置的打开密码，单击"确定"按钮，如下图所示。

Step 5 确认修改密码。弹出"确认密码"对话框，在其文本框中再次输入前面设置的修改密码，单击"确定"按钮，如下图所示。

Step 6 保存设置。返回"另存为"对话框，设置文件的保存路径后，单击"保存"按钮，如下图所示。

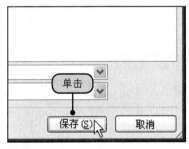

Step 7 打开工作簿。在之前保存工作簿的文件夹中双击该文件，如右图所示。

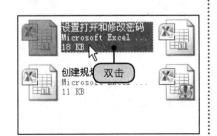

---

⑥ 密码提示

在Excel中用户不能取回丢失或忘记的密码，因此应将您的密码和相应文件名的列表存放在安全的地方。

⑦ 通过密码加密文档

在日常工作中，有很多工作簿非常重要，此时为了增强文档的安全性，用户可以对工作簿添加密码。具体的操作步骤如下。

1 单击"文件"按钮，在左侧选择"信息"命令，在右侧"权限"选项面板中，单击"保护工作表>用密码进行加密"选项，如下图所示。

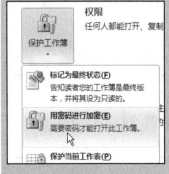

（续上页）

⑦ 通过密码加密文档

2 弹出"加密文档"对话框，在文本框中输入设置的密码，再单击"确定"按钮，如下图所示。

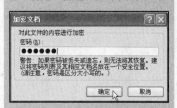

3 弹出"确认密码"对话框，在文本框中再次输入前面设置的密码后，单击"确定"按钮，如下图所示。

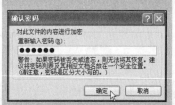

4 经过上述操作后，当用户再次打开该文档时，会弹出"密码"对话框，要求用户输入设置的密码，如下图所示。

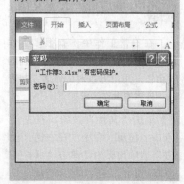

Step 8 输入打开密码。弹出"密码"对话框，在其文本框中输入之前设置的打开密码，如下图所示，再单击"确定"按钮。

Step 10 显示打开的工作簿。经过上述操作后，用户便重新打开了设置密码的工作簿，如右图所示。

Step 9 输入权限密码。弹出"密码"对话框，在其文本框中输入设置的修改密码，如下图所示，否则只能以只读方式打开，再单击"确定"按钮。

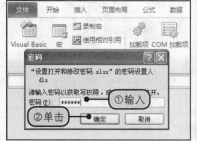

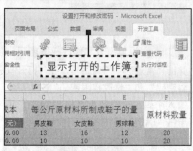

11.4.2 保护工作簿结构

用户可以锁定工作簿的结构，以禁止其他用户添加或删除工作表，或显示隐藏的工作表。下面介绍具体的操作方法。

> 原始文件　实例文件\第11章\原始文件\保护工作簿结构.xlsx
> 最终文件　实例文件\第11章\最终文件\保护工作簿结构.xlsx

Step 1 保护工作簿。打开附书光盘\实例文件\第11章\原始文件\保护工作簿结构.xlsx工作簿，切换至"审阅"选项卡，单击"保护工作簿"按钮，如下图所示。

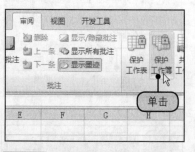

Step 3 确认密码。弹出"确认密码"对话框，在"重新输入密码"文本框中再次输入设置的密码，输入完毕后单击"确定"按钮，如右图所示。

Step 2 设置保护结构密码。弹出"保护结构和窗口"对话框，勾选"结构"复选框，在"密码"文本框中输入"111111"，单击"确定"按钮，如下图所示。

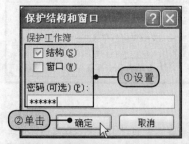

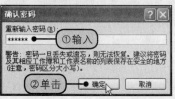

Step 4 显示保护结构的工作簿效果。经过上述操作后，发现工作簿中所有原来对工作表可执行的功能都不能使用了。例如，右击工作表Sheet1，在弹出的快捷菜单中相关功能呈灰色状态，如右图所示。

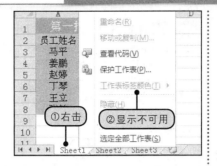

11.4.3 自动保存工作簿

默认情况下，Excel具有自动保存工作簿的功能，并且其间隔时间为"10"分钟。用户也可以根据自己的实际情况，调整自动保存的时间。下面介绍具体的操作方法。

原始文件 实例文件\第11章\原始文件\自动保存工作簿.xlsx
最终文件 实例文件\第11章\最终文件\自动保存工作簿.xlsx

Step 1 单击"选项"命令。打开附书光盘\实例文件\第11章\原始文件\自动保存工作簿.xlsx工作簿，单击"文件"按钮，在左侧选择"选项"命令，如下图所示。

Step 2 选择"保存"选项卡。弹出"Excel选项"对话框，在左侧单击"保存"标签，如下图所示，即可切换至"保存"选项卡。

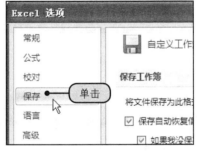

Step 3 设置自动保存时间。在"保存工作簿"界面中设置"保存自动恢复信息时间间隔"为"5"分钟，如右图所示，设置完毕后，单击"确定"按钮即可。此后，每5分钟Excel将为用户自动保存一次工作簿。

11.4.4 修复破坏的工作簿

在日常工作的时候，使用Excel 2010难免会因为操作失误，导致工作簿损坏。下面为大家介绍具体的修复操作方法。

最终文件 实例文件\第11章\最终文件\修复破坏工作簿.xlsx

"标记为最终状态"功能有助于用户防止审阅者或读者无意中更改工作表。下面介绍具体的操作方法。

1 单击"文件"按钮，在左侧选择"信息"命令，在右侧"权限"选项面板中，单击"保护工作表>标记为最终状态"选项，如下图所示。

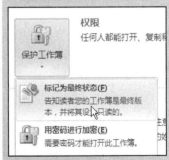

2 弹出警告对话框，单击"确定"按钮，如下图所示。

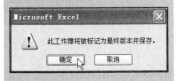

（续上页）

⑧ 将工作簿标记为
最终状态

3 弹出提示对话框，提示用户当前文件已被标记为最终状态了，单击"确定"按钮，如下图所示。

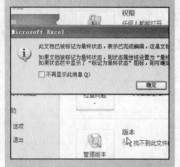

4 此时工作表已经设置了权限，如下图所示，并且为只读效果。

Step 1 单击"打开"命令。在打开的工作簿中单击"文件"按钮，在左侧选择"打开"命令，如下图所示。

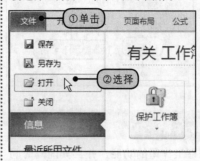

Step 3 打开并修复。单击"打开"下三角按钮，在展开的下拉列表中单击"打开并修复"选项，如下图所示。

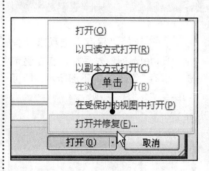

Step 2 选择打开的工作簿。弹出"打开"对话框，选择要打开的损坏工作簿，如下图所示。

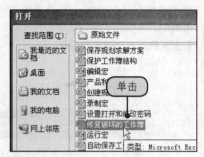

Step 4 修复工作簿。此时弹出警告对话框，如果用户要尽量多恢复工作簿数据，可以单击"修复"按钮，如下图所示。

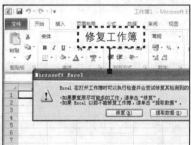

11.5 保护工作表

　　在我们的日常工作中，尤其是在公共办公场所，经常是几个人共用一台电脑，为了不让别的用户偷看你的重要数据资料，或者需要限定其他人可编辑工作表的区域，本节将为大家介绍两种保护工作表的方法。

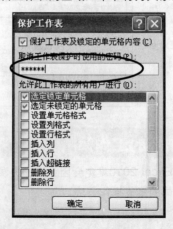

⬅ 在"审阅"选项卡中单击"保护工作表"按钮，在弹出的"保护工作表"对话框中设置工作表的操作密码，单击"确定"按钮即可

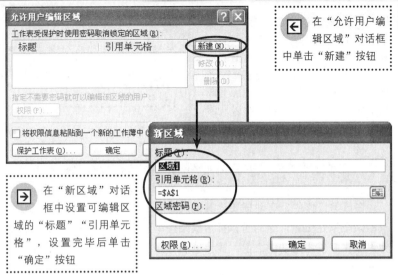

在"允许用户编辑区域"对话框中单击"新建"按钮

在"新区域"对话框中设置可编辑区域的"标题""引用单元格",设置完毕后单击"确定"按钮

办公应用
不让他人更改工作簿窗口

用户还可禁止其他人更改工作表窗口的大小或位置。当执行"保护工作簿"的操作后，当前工作簿的窗口最大化、还原窗口等功能将无法使用。

原始文件 保护工作簿窗口.xlsx
最终文件 保护工作簿窗口.xlsx

1 打开原始文件\保护工作簿窗口.xlsx工作簿，切换至"审阅"选项卡，单击"保护工作簿"按钮，如下图所示。

11.5.1 设置工作表的操作密码

用户可以对工作表设置操作密码，当其他人想要编辑工作表时，首先要输入用户设置的密码，否则只能以"只读"模式查看数据信息。

原始文件 实例文件\第11章\原始文件\设置工作表的操作密码.xlsx
最终文件 实例文件\第11章\最终文件\设置工作表的操作密码.xlsx

Step 1 保护工作表。打开附书光盘\实例文件\第11章\原始文件\设置工作表的操作密码.xlsx工作簿，切换至"审阅"选项卡，单击"保护工作表"按钮，如下图所示。

Step 2 设置保护密码。弹出"保护工作表"对话框，在其文本框中输入需要的密码，这里为"111111"，如下图所示，设置完毕后，单击"确定"按钮。

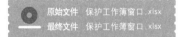

2 弹出"保护结构和窗口"对话框，在"保护工作簿"选项组中勾选"窗口"复选框，在"密码"文本框中输入密码，单击"确定"按钮，如下图所示。

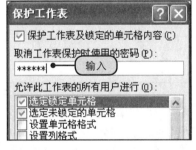

Step 3 确认密码。弹出"确认密码"对话框，在该文本框中再次输入之前设置的密码，再单击"确定"按钮，如右图所示。

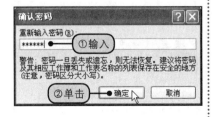

3 弹出"确认密码"对话框，在其文本框中重复输入密码，再单击"确定"按钮即可，如下图所示。

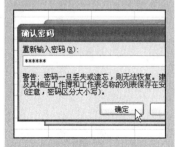

Step 4 显示设置保护密码的效果。经过上述操作后，当用户再次打开该工作簿时，会弹出如右图所示的提示框，提示用户"若要修改受保护单元格或图表，请先使用"撤销工作表保护"，否则只能以只读状态打开。

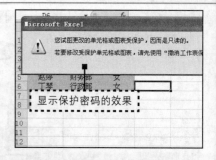

11.5.2 设置其他用户可编辑区域

在日常工作中，有时需要让其他人更改工作表数据，但又不想让他改动某个指定位置，这时可以指定仅某些单元格或单元格区域允许被其他人编辑。使用此功能之前，需要使用"保护工作表"命令设置工作表的安全性。

原始文件	实例文件\第11章\原始文件\设置其他用户可编辑区域.xlsx
最终文件	实例文件\第11章\最终文件\设置其他用户可编辑区域.xlsx

提示 **⑨ 设置强密码**

强密码是指同时包含大小写字母、数字和符号的密码；弱密码是指不同时包含这些元素的密码。例如，"FRIS!100"是强密码，而"QWE111"是弱密码，用户应使用容易记住的强密码，这样就不用另外记下来了。

Step 1 允许用户编辑区域。打开附书光盘\实例文件\第11章\原始文件\设置其他用户可编辑区域.xlsx工作簿，切换至"审阅"选项卡，单击"允许用户编辑区域"按钮，如下图所示。

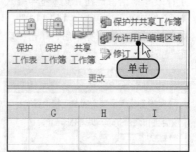

Step 2 新建可编辑区域。弹出"允许用户编辑区域"对话框，单击"新建"按钮，如下图所示。

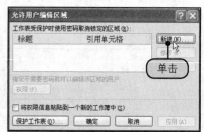

Step 3 设置新区域。弹出"新区域"对话框，设置"标题"为"可编辑区域""引用单元格"为"=E2:E11"，单击"确定"按钮，如下图所示。

Step 4 选择保护工作表。返回"允许用户编辑区域"对话框，在其中显示设置的可编辑区域，单击"保护工作表"按钮，如下图所示。

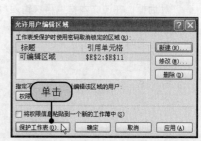

Step 5 允许用户进行的操作。弹出"保护工作表"对话框，在其列表框中勾选允许所有用户进行操作的复选框，例如"设置单元格格式""设置列格式"等，如下图所示。

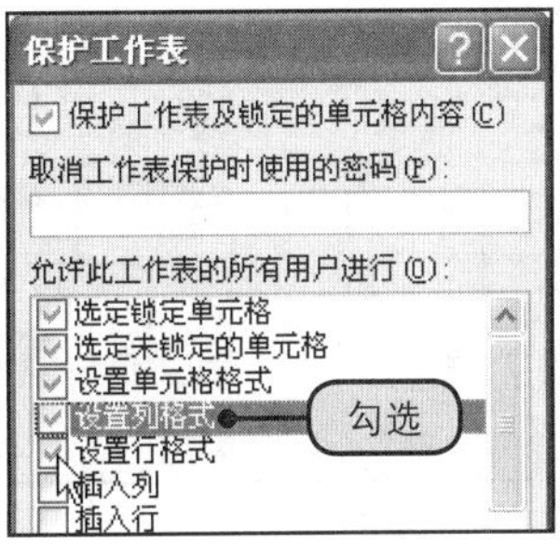

Step 6 显示设置后的工作簿。经过上述操作后，对于所设置的单元格区域E2:E11，其他用户便可以更改其中的数据信息，如下图所示。

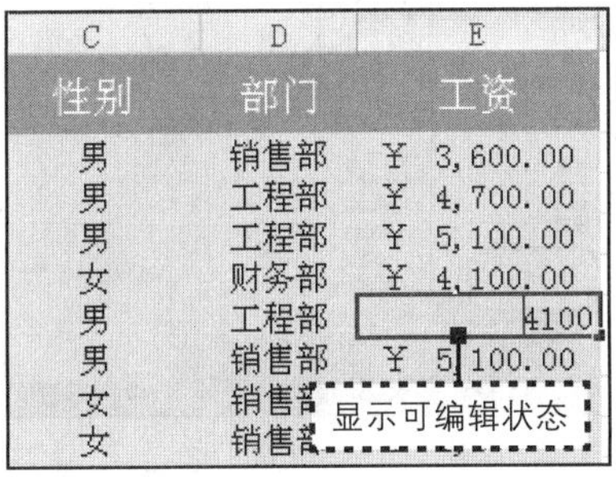

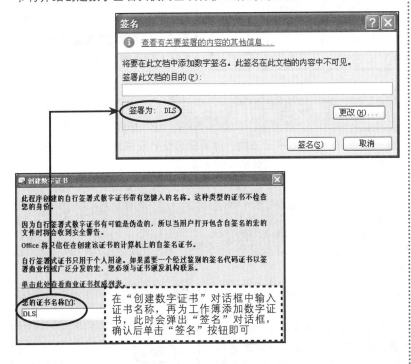

11.6 设置数字签名

数字签名是电子邮件、宏或电子文档等数字信息上的一种经过加密的电子身份验证戳。签名用于确认宏或文档来自签名人且未经更改。本节将介绍创建数字签名及使用签名保护工作簿的方法。

在"创建数字证书"对话框中输入证书名称，再为工作簿添加数字证书，此时会弹出"签名"对话框，确认后单击"签名"按钮即可

11.6.1 创建数字签名

若要创建数字签名，您需要具有用于证实身份的签名证书。当您发送经过数字签名的宏或文档时，证书和公钥也会随之一起发送。

提示 ⑩ 取消工作表的保护状态

如果不需要保护工作表了，用户可以对其进行取消保护工作表的操作。

1 在应用了工作表保护的工作簿中，切换至"审阅"选项卡，单击"撤销工作表保护"按钮，如下图所示。

2 弹出"撤销工作表保护"对话框，输入设置的保护密码后单击"确定"按钮，如下图所示。

Step 1 从"开始"菜单选择。在桌面任务栏上单击"开始"按钮，在展开的下拉菜单中依次指向"所有程序>Microsoft Office"，如下图所示。

Step 2 选择VBA工程的数字证书。在展开的子菜单中单击"Microsoft Office 2010工具>VBA工程的数字证书"选项，如下图所示。

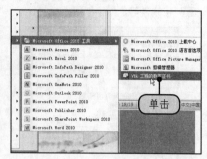

Step 3 输入证书名称。弹出"创建数字证书"对话框，在"您的证书名称"文本框中输入需要的内容，这里为DLS，单击"确定"按钮，如下图所示。

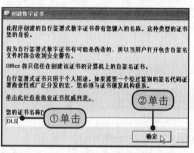

Step 4 创建成功。弹出"SelfCert成功"对话框，提示"已为DLS成功地新建了一个证书"，如下图所示，单击"确定"按钮。

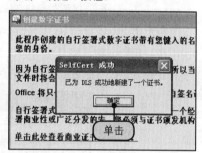

提示⑪ 检查文档的隐私信息

使用"检查问题"功能，可以检查工作簿中是否有隐藏的属性或个人信息。

1 单击"文件"按钮，在左侧选择"信息"命令，在右侧单击"检查问题>检查文档"选项，如下图所示。

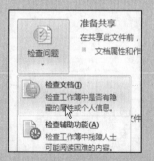

2 弹出"文档检查器"对话框，在其列表框中勾选需要检查的内容复选框，如下图所示，再单击"检查"按钮。

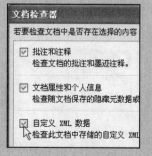

11.6.2 使用数字签名保护工作簿

当用户创建了数字签名后，就需要将签名应用到工作簿中，从而达到保护工作簿的目的。具体的操作步骤如下。

原始文件　实例文件\第11章\原始文件\使用数字签名保护工作簿.xlsx

最终文件　实例文件\第11章\最终文件\使用数字签名保护工作簿.xlsx

Step 1 允许用户编辑区域。打开附书光盘\实例文件\第11章\原始文件\使用数字签名保护工作簿.xlsx工作簿，单击"文件"按钮，在下拉菜单的左侧选择"信息"命令，如右图所示。

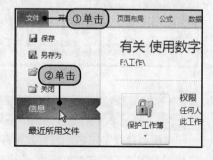

（续上页）

Step 2 选择添加数字签名。在右侧的"权限"选项板面中单击"保护工作表"按钮，在展开的下拉列表中单击"添加数字签名"选项，如下图所示。

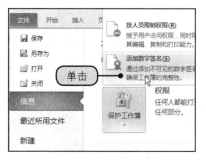

Step 3 输入签名。在弹出的对话框中单击"确定"按钮，弹出"签名"对话框，在其中会自动显示之前设置的证书名称，再单击"签名"按钮，如下图所示。

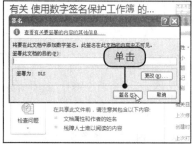

 ⑪ 检查文档的隐私信息

3 切换至"审阅检查结果"列表框，此时显示根据所选内容检查的结果，如下图所示。

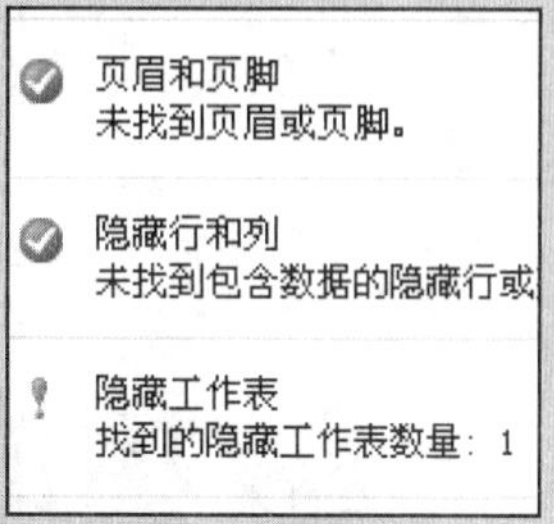

Step 4 确认签名。弹出"签名确认"对话框，在此会提示用户"已成功将您的签名与文档一起保存"。单击"确定"按钮，如下图所示。

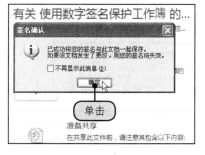

Step 5 显示数字签名效果。经过上述操作后，工作簿已经添加了数字签名，工作簿自动标记为最新版本，如下图所示。

4 在"隐藏工作表"选项组中单击"全部删除"按钮即可，如下图所示。

读书笔记

Chapter

数据的直观展现——图表、数据透视表、数据透视图

学习要点

- 使用迷你图分析数据
- 创建专业统计图表
- 预测数据趋势
- 创建动态的图表
- 交互报表数据透视表的创建与设置
- 使用数据透视图

本章结构

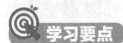

1 使用迷你图

2 创建专业统计图表

3 创建动态图表

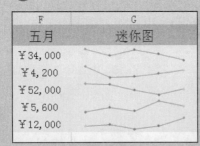

4 使用数据透视图

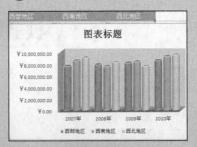

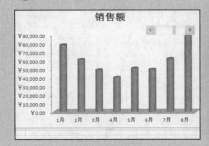

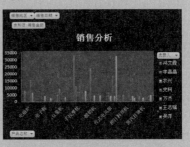

数据的直观展现——图表、数据透视表、数据透视图

在日常工作中，用户可以使用Excel图表更加直观、形象地表现出需要的分析数据；使用数据透视表则可以对数据清单中的值进行多种比较；而数据透视图则以可视化表现透视表中的数据。在本章中，除了介绍这3种功能以外，还介绍了两种Excel 2010的新增功能：迷你图与切片器。

12.1 使用迷你图分析数据

迷你图是Excel 2010 中的一个新功能，它是工作表单元格中的一个微型图表，可提供数据的直观表示。使用迷你图可以显示一系列数值的趋势，或者可以突出显示最大值和最小值。在数据旁边放置迷你图可达到最佳效果。本节将介绍迷你图的相关操作，包括插入、编辑、更改、设置迷你图等。

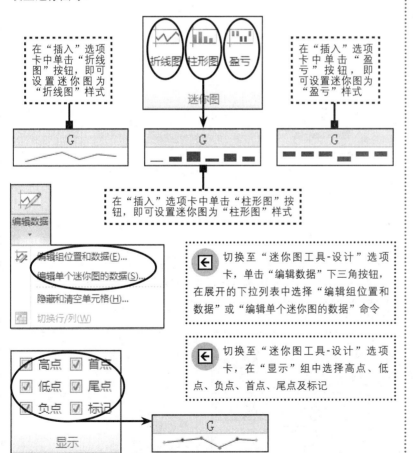

在"插入"选项卡中单击"折线图"按钮，即可设置迷你图为"折线图"样式

在"插入"选项卡中单击"盈亏"按钮，即可设置迷你图为"盈亏"样式

在"插入"选项卡中单击"柱形图"按钮，即可设置迷你图为"柱形图"样式

切换至"迷你图工具-设计"选项卡，单击"编辑数据"下三角按钮，在展开的下拉列表中选择"编辑组位置和数据"或"编辑单个迷你图的数据"命令

切换至"迷你图工具-设计"选项卡，在"显示"组中选择高点、低点、负点、首点、尾点及标记

① 更改迷你图颜色

除了为迷你图设置样式，还可以对迷你图设置颜色。下面介绍具体的操作方法。

1 选择包含迷你图的单元格区域，如下图所示。

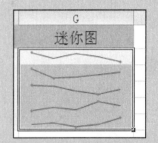

2 切换至"迷你图工具-设计"选项卡，单击"迷你图颜色"按钮，在展开的下拉列表中选择需要的颜色，如下图所示。

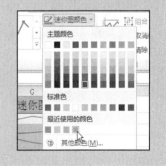

（续上页）

① 更改迷你图颜色
提示

3 经过上述操作后，即为所选的迷你图应用了设置的颜色效果，如下图所示。

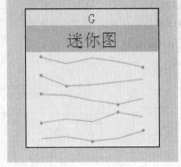

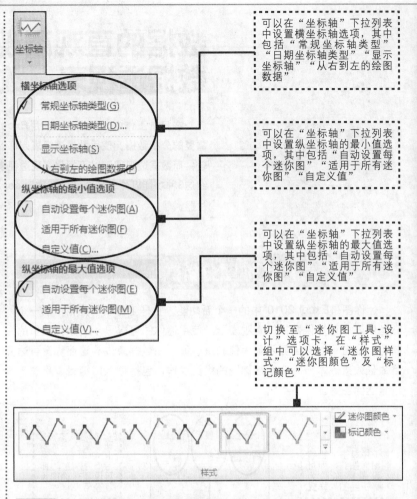

可以在"坐标轴"下拉列表中设置横坐标轴选项，其中包括"常规坐标轴类型""日期坐标轴类型""显示坐标轴""从右到左的绘图数据"

可以在"坐标轴"下拉列表中设置纵坐标轴的最小值选项，其中包括"自动设置每个迷你图""适用于所有迷你图""自定义值"

可以在"坐标轴"下拉列表中设置纵坐标轴的最大值选项，其中包括"自动设置每个迷你图""适用于所有迷你图""自定义值"

切换至"迷你图工具-设计"选项卡，在"样式"组中可以选择"迷你图样式""迷你图颜色"及"标记颜色"

12.1.1 插入迷你图

与Excel工作表上的图表不同，迷你图不是对象，它实际上是单元格背景中的一个微型图表。下面介绍插入迷你图的操作方法。

原始文件　实例文件\第12章\原始文件\插入迷你图.xlsx
最终文件　实例文件\第12章\最终文件\插入迷你图.xlsx

Step 1 选择单元格区域。打开附书光盘\实例文件\第12章\原始文件\插入迷你图.xlsx工作簿，选择单元格区域B3:F4，如下图所示。

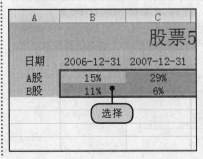

Step 2 选择迷你图类型。切换至"插入"选项卡，单击"盈亏"按钮，如下图所示。

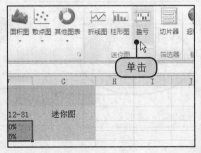

Step 3 设置迷你图位置。弹出"创建迷你图"对话框,保留数据范围,设置"位置范围"为G3:G4,单击"确定"按钮,如下图所示。

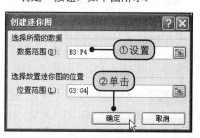

Step 4 显示插入的迷你图。经过上述操作后,在单元格G3和单元格G4中分别插入了A股和B股的迷你图,如下图所示。

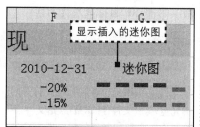

12.1.2 编辑迷你图数据

对于插入的迷你图,如果需要以不同的数据值来显示迷你图,可以重新编辑迷你图数据。

原始文件 实例文件\第12章\原始文件\编辑迷你图数据.xlsx
最终文件 实例文件\第12章\最终文件\编辑迷你图数据.xlsx

Step 1 编辑组位置和数据。打开\实例文件\第12章\原始文件\编辑迷你图数据.xlsx工作簿,选择要编辑的迷你图单元格,切换至"迷你图工具-设计"选项卡,单击"编辑数据>编辑组位置和数据"选项,如下图所示。

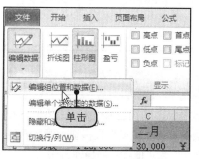

Step 2 重新编辑迷你图。弹出"编辑迷你图"对话框,设置"数据范围"为B2:B6、"位置范围"为B7,单击"确定"按钮,如下图所示。

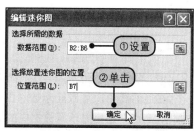

Step 3 显示更改数据的迷你图。经过上述操作后,在单元格B7中显示更改数据后的迷你图,如右图所示。

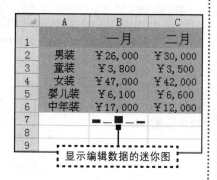

② 编辑单个迷你图的数据

除了能编辑迷你图组的数据外,用户还可以编辑某一个迷你图的数据。下面介绍具体的操作方法。

1 选择需要更改数据的迷你图单元格C2,如下图所示。

2 切换至"迷你图工具-设计"选项卡,单击"编辑数据>编辑单个迷你图的数据"选项,如下图所示。

（续上页）

（续上页）

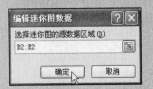

提示 ② 编辑单个迷你图的数据

3 弹出"编辑迷你图数据"对话框，在其文本框中输入重新应用的单元格区域"B2:E2"，单击"确定"按钮，如下图所示。

4 经过上述操作后，即为所选的单元格重新应用了更改数据的迷你图，如下图所示。

12.1.3 更改迷你图类型

前面已经介绍了迷你图的类型有3种，分别是："折线图""柱形图"和"盈亏图"，如果对插入的迷你图类型不满意，可以对其进行更改。下面介绍具体的操作方法。

原始文件 实例文件\第12章\原始文件\更改迷你图类型.xlsx
最终文件 实例文件\第12章\最终文件\更改迷你图类型.xlsx

Step 1 编辑组位置和数据。打开附书光盘\实例文件\第12章\原始文件\更改迷你图类型.xlsx工作簿，选择含有迷你图的单元格区域，如下图所示。

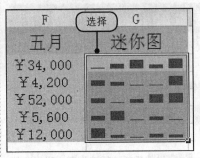

Step 2 更改折线图类型。切换至"迷你图工具-设计"选项卡，在"类型"组中单击"折线图"按钮，如下图所示。

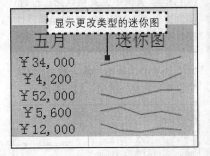

Step 3 显示更改类型后的迷你图。经过上述操作后，工作表中的迷你图类型从"柱形图"更改为"折线图"了，如右图所示。

12.1.4 显示迷你图数据点

在迷你图中，可以显示迷你图数据点，前面已经介绍了有6种，其中，"高点"是指显示源数据中的最高值；"低点"是指显示源数据中的最低值。这里为大家介绍显示"高点"和"低点"的操作方法。

原始文件 实例文件\第12章\原始文件\显示数据点.xlsx
最终文件 实例文件\第12章\最终文件\显示数据点.xlsx

Step 1 选择迷你图。打开附书光盘\实例文件\第12章\原始文件\显示数据点.xlsx工作簿，选择含有迷你图的单元格区域，如右图所示。

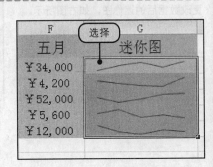

Step 2 选择高点。切换至"迷你图工具-设计"选项卡，在"显示"组中勾选"高点"复选框，如下图所示。

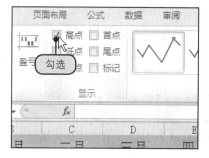

Step 3 在迷你图中显示最高点。经过上述操作后，迷你图中的最高数据点被显示出来了，如下图所示。

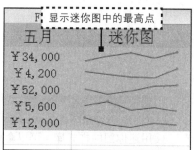

Step 4 选择低点。在"显示"组中勾选"低点"复选框，如下图所示。

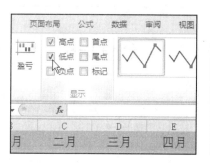

Step 5 在迷你图中显示最低点。经过上述操作后，迷你图中的最低数据点被显示出来了，如下图所示。

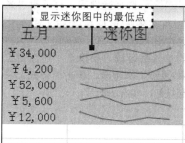

12.1.5 设置迷你图坐标轴

使用坐标轴选项可以为迷你图或迷你图组的垂直轴设置最小值和最大值。明确地设置这些值可帮助您控制比例，以便以一种更有意义的方式显示这些值之间的关系。此外，还可以使用"从右到左的绘图数据"选项来更改在迷你图或迷你图组中绘制数据的方向。

原始文件　实例文件\第12章\原始文件\设置迷你图坐标轴.xlsx
最终文件　实例文件\第12章\最终文件\设置迷你图坐标轴.xlsx

Step 1 选择迷你图。打开附书光盘\实例文件\第12章\原始文件\设置迷你图坐标轴.xlsx工作簿，选择含有迷你图的单元格区域，切换至"迷你图工具-设计"选项卡，单击"坐标轴>从右到左的绘图数据"选项，如右图所示。

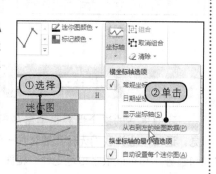

③ 添加迷你图负点

负点是指迷你图中的数据值为负数。用户可以为迷你图设置显示负点的操作，具体的操作步骤如下。

1 选择需要设置数据点的迷你图单元格，如下图所示。

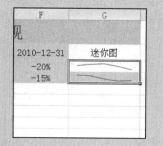

2 切换至"迷你图工具-设计"选项卡，勾选"负点"复选框，如下图所示。

3 经过操作后，在所选的迷你图中显示添加的数据点"负点"，如下图所示。

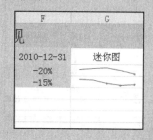

提示 ④ 为迷你图设置标记颜色

除了能为迷你图设置颜色外，用户还可以重新设置迷你图的标记颜色，标记包括：高点、低点、负点、首点、尾点及标记。下面以设置高点和负点为例，进行该功能的介绍。

1 选择迷你图后，切换至"迷你图工具-设计"选项卡，单击"标记颜色>高点"选项，在其子菜单中选择"红色"，如下图所示。

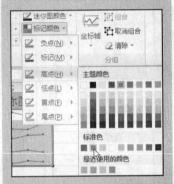

2 继续单击"标记颜色>低点"选项，在其子菜单中选择"绿色"，如下图所示。

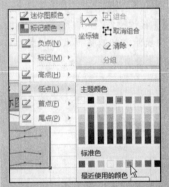

3 经过上述操作后，在所选的迷你图中，最高值显示为"红色"，最低值显示为"绿色"，如下图所示。

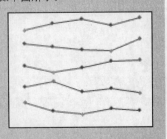

Step 2 显示设置坐标轴的效果。经过上述操作后，单元格中的迷你图从右到左的显示数据，如右图所示。

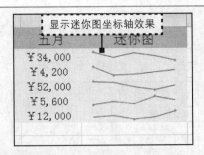

显示迷你图坐标轴效果

五月	迷你图
￥34,000	
￥4,200	
￥52,000	
￥5,600	
￥12,000	

12.1.6 美化迷你图

使用迷你图的样式库，可以套用Excel 2010为大家提供的内置预设样式，具体的操作步骤如下。

原始文件　实例文件\第12章\原始文件\美化迷你图.xlsx
最终文件　实例文件\第12章\最终文件\美化迷你图.xlsx

Step 1 选择迷你图。打开附书光盘\实例文件\第12章\原始文件\美化迷你图.xlsx工作簿，选择含有迷你图的单元格区域，切换至"迷你图工具-设计"选项卡，单击"样式"快翻按钮，如右图所示。

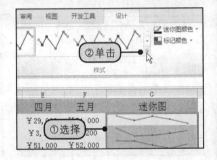

Step 2 选择样式。在展开的"库"中选择"迷你图样式彩色#4"样式，如下图所示。

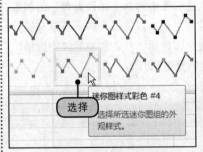

Step 3 显示设置迷你图的效果。经过上述操作后，所选的迷你图应用了设置后的样式，效果如下图所示。

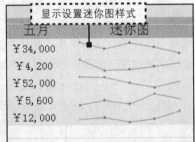

显示设置迷你图样式

五月	迷你图
￥34,000	
￥4,200	
￥52,000	
￥5,600	
￥12,000	

12.2 创建专业统计图表

我们生活的这个世界是丰富多彩的，几乎所有的知识都来自于视觉。通常，也许我们无法迅速记住一连串的数字，以及它们之间的关系和趋势，却可以很轻松地记住一幅图画或者一条曲线。因此，使用"图表"，会使工作表数据更易于理解和交流。本节将介绍插入图表，设置图表标题、数据系列和数据标签，以及显示模拟运算表。

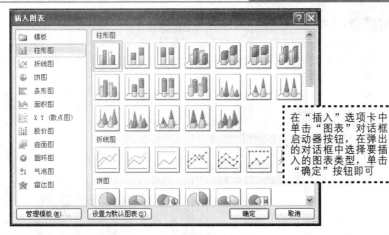

在"插入"选项卡中单击"图表"对话框启动器按钮，在弹出的对话框中选择要插入的图表类型，单击"确定"按钮即可

切换至"图表工具-设计"选项卡，在"数据"组中单击"选择数据"按钮，弹出"选择数据源"对话框，在此可以重新选择图表数据区域，以及切换行/列

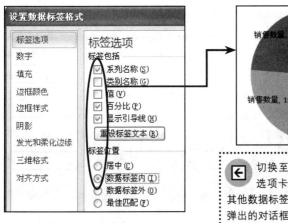

切换至"图表工具-布局"选项卡，单击"数据标签>其他数据标签选项"选项，即可在弹出的对话框中设置标签选项

12.2.1 插入图表

插入图表可以通过对话框进行操作，如在对话框中根据需要选择适合的图表的类型等。下面介绍具体的操作方法。

原始文件 实例文件\第12章\原始文件\插入图表.xlsx
最终文件 实例文件\第12章\最终文件\插入图表.xlsx

办公应用

使用迷你图查看区域销售量的波动

在日常工作中，通常是以普通图表查看区域销售量的波动情况，为了让用户更好地分析数据信息，可以在指定的单元格中使用迷你图。下面介绍具体的操作方法。

原始文件 查看区域销售量.xlsx
最终文件 查看区域销售量.xlsx

1 打开原始文件\查看区域销售量.xlsx工作簿，选择单元格区域B2:E5，如下图所示。

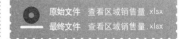

2 切换至"插入"选项卡，在"迷你图"组中单击"柱形图"按钮，如下图所示。

3 弹出"创建迷你图"对话框，设置"位置范围"为"F2:F5"，再单击"确定"按钮，如下图所示。

（续上页）

4 此时在单元格区域F2:F5中显示插入的迷你图效果，如下图所示。

5 切换至"迷你图工具-设计"选项卡，单击"标记颜色"按钮，在展开的下拉列表中单击"高点"，在其子列表框中单击"红色"图标，如下图所示。

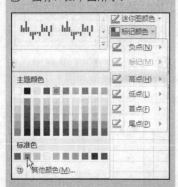

6 切换至"迷你图工具-设计"选项卡，单击"标记颜色"按钮，在展开的下拉列表中单击"低点"，在其子列表框中单击"浅蓝"图标，如下图所示。

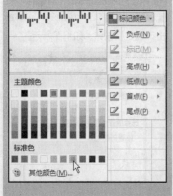

Step 1 选择单元格区域。打开附书光盘\实例文件\第12章\原始文件\插入图表.xlsx工作簿，选择单元格区域A2:D6，如下图所示。

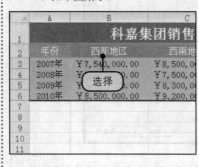

Step 3 选择图表类型。弹出"插入图表"对话框，切换至"柱形图"选项卡，在右侧界面中选择"簇状圆柱图"图标，如下图所示，再单击"确定"按钮。

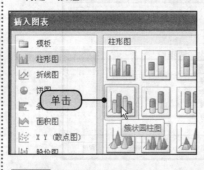

Step 2 打开"插入图表"对话框。切换至"插入"选项卡，单击"图表"对话框启动器按钮，如下图所示。

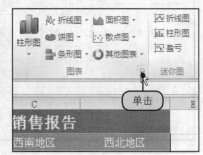

Step 4 显示插入的图表效果。经过上述操作后，所选的单元格区域被应用了插入的图表，效果如下图所示。

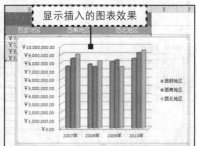

12.2.2 设置图表标题与单元格相连

在输入图表标题时，一般会通过手动输入标题内容。但如果表格中的数据发生更改后，那么就得再次重新更改图表标题。如此反复地操作会很麻烦，此时用户可以设置图表标题与单元格相连，这样图表标题就可以跟随单元格的变化而变化。

原始文件	实例文件\第12章\原始文件\设置图表标题与单元格相连.xlsx
最终文件	实例文件\第12章\最终文件\设置图表标题与单元格相连.xlsx

Step 1 显示图表标题。打开附书光盘\ 实例文件\第12章\原始文件\设置图表标题与单元格相连.xlsx工作簿，选择图表任意数据，切换至"图表工具-布局"选项卡，单击"图表标题>居中覆盖标题"选项，如右图所示。

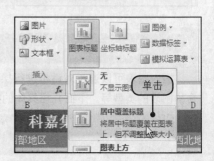

Step 2 输入引用公式。在编辑栏中输入公式"=Sheet!A1"，如下图所示。

Step 3 显示插入的图表标题效果。按Enter键，此时在图表中显示引用单元格A1的标题内容，如下图所示。

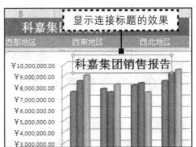

（续上页）

办公应用
使用迷你图查看区域销售量的波动

7 经过上述操作后，即为单元格区域F2:F5中的迷你图应用了设置的标记效果，最大值是"红色"显示、最小值是"浅蓝色"显示，如下图所示。

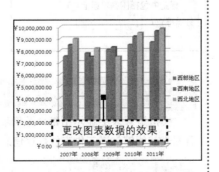

12.2.3 向图表追加数据系列

在日常工作中，一般会对数据表进行几种数据比较的分析，如果需要更改数据而重新分析图表，可以执行以下操作。

原始文件 实例文件\第12章\原始文件\向图表追加数据系列.xlsx
最终文件 实例文件\第12章\最终文件\向图表追加数据系列.xlsx

Step 1 选择数据。打开附书光盘\实例文件\第12章\原始文件\向图表追加数据系列.xlsx工作簿，选中图表，切换至"图表工具-设计"选项卡，单击"选择数据"按钮，如下图所示。

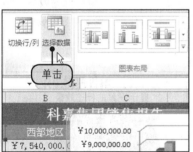

Step 2 重新输入图表数据区域。弹出"选择数据源"对话框，在"图表数据区域"文本框中重新输入引用区域"=Sheet1!A2:D7"，如下图所示。

Step 3 显示更改图表数据的效果。完成设置后，单击"确定"按钮，即可在工作表中显示添加数据系列的效果，如右图所示。

⑤ 通过组插入图表

除了可以使用对话框插入图表外，用户还可以直接在"插入"选项卡中通过"图表"组进行操作。具体的操作步骤如下。

1 选择单元格区域A2:D6，切换至"插入"选项卡，单击"柱形图"按钮，在展开的"库"中选择"三维簇状柱形图"样式，如下图所示。

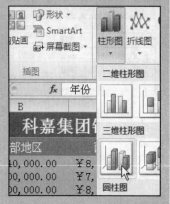

2 经过上述操作后，在工作表中插入了所选类型的图表，效果如下图所示。

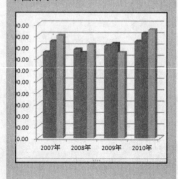

12.2.4 为图表设置数据标签

数据标签用于显示每个数据系列的数值。使用"数据标签"选项卡，可将数据标签添加到图表中。根据图表类型的不同，可选择的数据标签值及数据标签位置会稍有不同。

原始文件　实例文件\第12章\原始文件\为图表设置数据标签.xlsx
最终文件　实例文件\第12章\最终文件\为图表设置数据标签.xlsx

Step 1 选择数据标签。打开附书光盘\ 实例文件\第12章\原始文件\为图表设置数据标签.xlsx工作簿，选中图表，切换至"图表工具-设计"选项卡，单击"数据标签>其他数据标签选项"选项，如下图所示。

Step 2 设置百分比。弹出"设置数据标签格式"对话框，切换至"标签选项"选项卡，勾选"系列名称"复选框和"百分比"复选框，如下图所示。

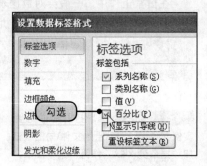

Step 3 设置标签位置。在"标签位置"选项组中选中"数据标签内"单选按钮，如下图所示，再单击"关闭"按钮。

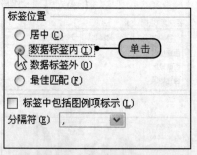

Step 4 显示设置的标签效果。经过上述操作后，图表中显示设置的标签效果，如下图所示。

12.2.5 显示模拟运算表

模拟运算表会显示出每个图例项对应的详细数据，让用户只需要查看图表就能够知道工作表的数据信息。具体的操作步骤如下。

原始文件　实例文件\第12章\原始文件\显示模拟运算表.xlsx
最终文件　实例文件\第12章\最终文件\显示模拟运算表.xlsx

Step 1　显示模拟运算表。打开附书光盘\实例文件\第12章\原始文件\显示模拟运算表.xlsx工作簿，切换至"图表工具-布局"选项卡，单击"模拟运算表>显示模拟运算表"选项，如下图所示。

Step 2　显示应用模拟运算表效果。经过上述操作后，在图表中显示与数据相关的模拟运算表效果，如下图所示。

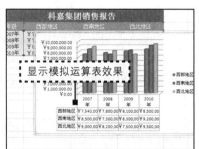

12.3 美化图表外观

　　插入图表后，为了让图表在专业的基础上又不失美观，可以对图表进行美化。本节将介绍几种美化图表的方法，其中包括设置图表布局、套用图表样式、设置背景墙和基底。

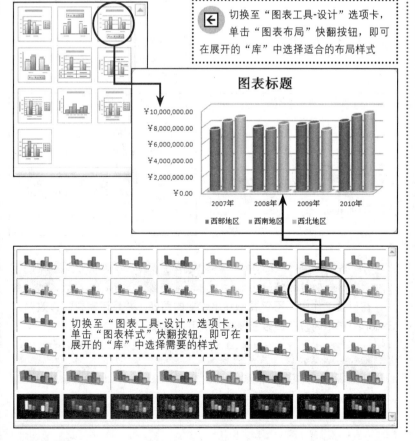

切换至"图表工具-设计"选项卡，单击"图表布局"快翻按钮，即可在展开的"库"中选择适合的布局样式

切换至"图表工具-设计"选项卡，单击"图表样式"快翻按钮，即可在展开的"库"中选择需要的样式

　　用户可以将图表移至工作簿中的其他工作表或新建的工作表中，具体的操作步骤如下。

1 切换至"图表工具-设计"选项卡，在"位置"组中单击"移动图表"按钮，如下图所示。

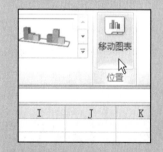

2 弹出"移动图表"对话框，选中"新工作表"单选按钮，在右侧的文本框中输入工作表名称"图表"，如下图所示，再单击"确定"按钮。

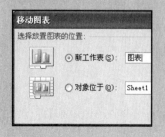

（续上页）

（续上页）

⑥ 移动图表

3 经过上述操作后，在工作簿中新建了工作表"图表"，并在其中显示移动的图表，如下图所示。

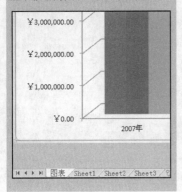

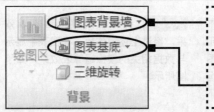

切换至"图表工具-布局"选项卡，在"背景"组中单击"图表背景墙"按钮，即可设置背景墙

切换至"图表工具-布局"选项卡，在"背景"组中单击"图表基底"按钮，即可设置基底效果

12.3.1 套用图表布局样式

创建图表后，可以更改它的外观。为了避免手动进行大量的格式设置，Excel 2010提供了多种实用的预定义布局，可以快速将其应用于图表中。

原始文件 实例文件\第12章\原始文件\套用图表布局样式.xlsx
最终文件 实例文件\第12章\最终文件\套用图表布局样式.xlsx

Step 1 展开布局库。打开附书光盘\实例文件\第12章\原始文件\套用图表布局样式.xlsx工作簿，切换至"图表工具-设计"选项卡，单击"图表布局"快翻按钮，如右图所示。

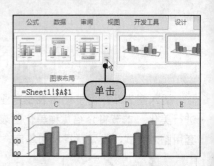

Step 2 选择布局样式。在展开的"库"中选择"布局3"样式，如下图所示。

Step 3 显示设置的布局效果。经过上述操作后，在图表中显示应用"布局3"的效果，如下图所示。

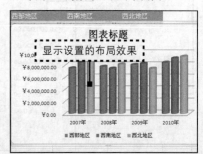

12.3.2 套用图表样式

在日常工作中，不仅要制作出专业的图表，并且还需要制作效率，Excel 2010中内置了许多图表样式供用户选择。

原始文件 实例文件\第12章\原始文件\套用图表样式.xlsx
最终文件 实例文件\第12章\最终文件\套用图表样式.xlsx

Step 1　展开样式库。打开附书光盘\实例文件\第12章\原始文件\套用图表样式.xlsx工作簿，单击"图表样式"快翻按钮，如下图所示。

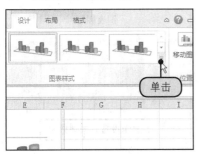

Step 2　选择图表样式。在展开的"库"中选择"样式15"样式，如下图所示。

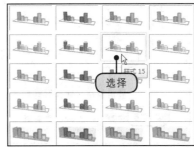

Step 3　显示应用图表样式的效果。经过上述操作后，在图表中会显示应用所选样式的效果，如右图所示。

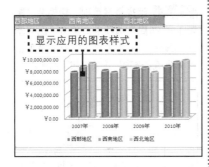

12.3.3　设置背景墙和基底

为了增强三维图表的立体效果，用户可以设置图表的背景墙和基底。下面介绍具体的操作方法。

原始文件　实例文件\第12章\原始文件\设置背景墙和基底.xlsx
最终文件　实例文件\第12章\最终文件\设置背景墙和基底.xlsx

Step 1　选择背景墙选项。打开附书光盘\实例文件\第12章\原始文件\设置背景墙和基底.xlsx工作簿，切换至"图表工具-布局"选项卡，单击"图表背景墙"按钮，在展开的下拉列表中单击"其他背景墙选项"选项，如下图所示。

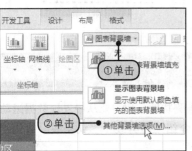

Step 2　选择纯色填充。弹出"设置背景墙格式"对话框，切换至"填充"选项卡，选中"纯色填充"单选按钮，如下图所示。

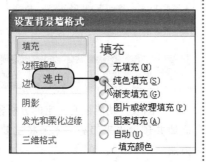

⑦ 隐藏主要横网格线

在默认情况下，插入的图表后（饼图除外），都会显示主要横网格线。有时为了增加图表的美观度，可以将其隐藏掉，具体的操作步骤如下。

1 切换至"图表工具-布局"选项卡，单击"网格线"按钮，在展开的下拉列表中单击"主要横网格线>无"选项，如下图所示。

2 经过上述操作后，图表中的网格线被隐藏了，效果如下图所示。

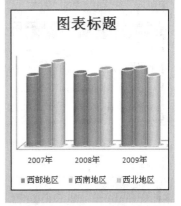

提示 ⑧ 设置三维效果

在创建图表时，可以选择三维图表，但有的用户会觉得该效果需要更进一步地设置，此时可以对其调整"三维旋转"。

1 切换至"图表工具-布局"选项卡，在"背景"组中单击"三维旋转"按钮，如下图所示。

2 弹出"设置图表区格式"对话框，切换至"三维旋转"选项卡，在右侧"旋转"组中设置X为"40°"、Y为"90°"，如下图所示，再单击"关闭"按钮。

3 经过上述操作后，图表应用了设置的三维效果，如下图所示。

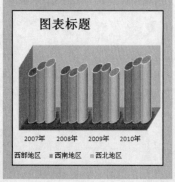

Step 3 设置填充颜色。在"填充颜色"选项组中单击"颜色"下三角按钮，在展开的下拉列表中单击"橙色"图标，如下图所示。

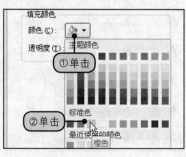

Step 5 选择基底选项。切换至"图表工具-布局"选项卡，单击"图表基底"按钮，在展开的下拉列表中单击"其他基底选项"选项，如下图所示。

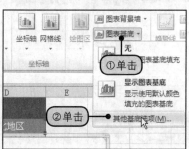

Step 7 选择预设颜色。单击"预设颜色"按钮，在展开的下拉列表中单击"碧海青天"图标，如下图所示，确认后单击"关闭"按钮。

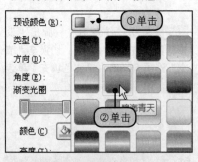

Step 4 显示设置背景墙效果。经过上述操作后，在所选的图表中显示应用背景墙的效果，如下图所示。

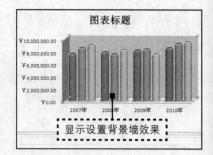

Step 6 选择渐变填充。弹出"设置基底格式"对话框，切换至"填充"选项卡，选中"渐变填充"单选按钮，如下图所示。

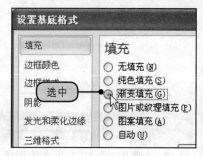

Step 8 显示设置基底效果。经过上述操作后，在所选的图表中显示应用基底的效果，如下图所示。

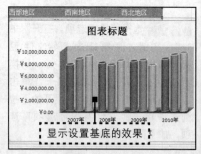

12.4 预测数据趋势

"图表"功能还有一定的分析预测功能，用户能从中发现数据运动规律并预测未来趋势。本节将主要介绍"趋势线""误差线"的使用方法。

切换至"图表工具-布局"选项卡，在"分析"组中单击"趋势线>其他趋势线选项"选项，即可在弹出的对话框中设置"趋势预测/回归分析类型""趋势线名称""趋势预测"及"显示公式"等

切换至"图表工具-布局"选项卡，在"分析"组中单击"趋势线>其他误差线选项"选项，即可在弹出的对话框中设置误差线显示"方向""末端样式"及"误差量"

12.4.1 添加与设置趋势线

趋势线始终与某数据系列关联，但趋势线不表示该数据系列的数据。相反，趋势线用于描述现有数据的趋势或对未来数据的预测。

原始文件 实例文件\第12章\原始文件\添加与设置趋势线.xlsx
最终文件 实例文件\第12章\最终文件\添加与设置趋势线.xlsx

Step 1 添加趋势线。打开附书光盘\实例文件\第12章\原始文件\添加与设置趋势线.xlsx工作簿，右击需要添加趋势线的系列，在弹出的快捷菜单中选择"添加趋势线"命令，如下图所示。

Step 2 设置趋势线类型。弹出"设置趋势线格式"对话框，在"趋势线选项"选项卡中选中"线性"单选按钮，如下图所示。

提示 ⑨ 添加趋势线的图表要求

用户只能向非堆积图、二维图、面积图、条形图、柱形图、折线图、股价图、xy（散点）图或气泡图中的任何数据系列添加趋势线。

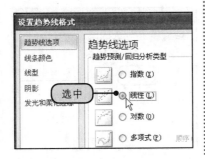

Step 3 显示公式。继续在右侧界面中勾选"显示公式"复选框和"显示R平方值"复选框，如下图所示，再单击"关闭"按钮。

Step 4 显示趋势线效果。经过上述操作后，在所选的数据系列上添加了趋势线及对应的公式，效果如下图所示。

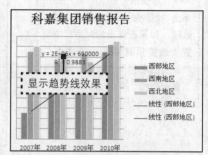

显示趋势线效果

科嘉集团销售报告

$y = 2E+06x + 690000$
$R^2 = 0.9883$

西部地区
西南地区
西北地区
线性（西部地区）
线性（西部地区）

2007年 2008年 2009年 2010年

提示 ⑩ 添加与设置涨/跌柱线

涨跌柱线适用于具有多个数据系列的折线图，涨跌柱线指示第一个数据系列与最后一个数据系列的数据点之间的差异。默认情况下，这些柱线还会添加到股价图中，例如开盘-盘高-盘低-收盘图。

1 在工作表中选中图表，如下图所示。

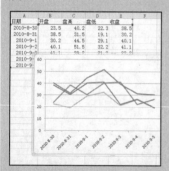

2 切换至"图表工具-布局"选项卡，在"分析"组中单击"涨/跌柱线"按钮，在展开的下拉列表中单击"涨/跌柱线"选项，如下图所示。

12.4.2 添加与设置误差线

误差线表示图形上相对于数据系列中每个数据点或数据标记的潜在误差量。

> 原始文件　实例文件\第12章\原始文件\添加与设置误差线.xlsx
> 最终文件　实例文件\第12章\最终文件\添加与设置误差线.xlsx

Step 1 选择数据点。打开附书光盘\实例文件\第12章\原始文件\添加与设置误差线.xlsx工作簿，选择图表中的数据点，如下图所示。

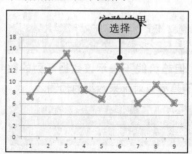

Step 2 选择其他误差线选项。切换至"图表工具-布局"选项卡，单击"误差线>其他误差线选项"选项，如下图所示。

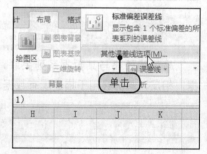

Step 3 设置误差线方向。弹出"设置误差线格式"对话框，切换至"垂直误差线"选项卡，选中"正负偏差"单选按钮，如下图所示。

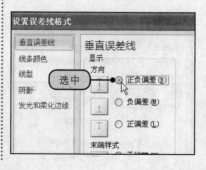

Step 4 设置误差量。在"末端样式"选项组中选中"线端"单选按钮，在"误差量"选项组中设置"百分比"为"10.0%"，如下图所示，再单击"关闭"按钮。

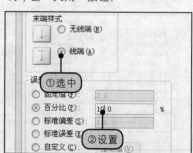

Step 5 显示误差量的效果。经过上述操作后，在图表中添加了正负10%的误差线，效果如右图所示。

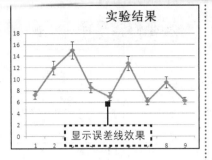

实验结果

显示误差线效果

（续上页）

提示 ⑩ 添加与设置涨/跌柱线

3 经过上述操作后，在图表中显示添加的"涨/跌柱线"效果，如下图所示。

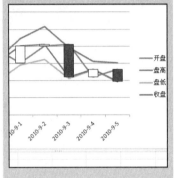

12.5 如何创建动态的图表

在Excel 2010中，用户无须使用VBA代码即可创建许多表单。使用表单及可向其中添加的许多控件和对象，就可以显著地增强工作表中的数据项和改善工作表的显示方式。

◀ 切换至"开发工具"选项卡，在"控件"组中单击"插入"按钮，在展开的下拉列表中可以选择需要的控件，例如按钮、组合框、复选框、数字调节按钮、列表框、选项按钮、分组框、滚动条及标签等

12.5.1 什么是控件

控件分为表单控件和ActiveX控件，这里主要讲解表单控件的相关信息。如果您希望在不使用VBA代码的情况下轻松引用单元格数据并与其进行交互，或者希望向图表或工作表中添加控件，这时就可以使用表单控件。如表12-1所示，便是常用的表单控件功能概述。

表12-1　常用表单控件功能概述

按钮名称	示　例	说　明
复选框	告知我： ☐ 欧洲 ☑ 远东 ☑ 南美 ☐ 北美 ☑ 非洲 ☐ 俄罗斯	用于启用或禁用指示一个相反且明确的选项的值。您可以一次选中工作表或分组框中的多个复选框。复选框具有3种状态：选中、清除或多项选择

（续表）

提示⑪ **加载"开发工具"选项卡**

在使用控件之前，首先要加载"开发工具"选项卡，其操作方法与第11章加载宏的"开发工具"选项卡的方法相同。

按钮名称	示例	说明
按钮	计算 检查信用	用于运行程序时，用户单击它而开始执行相应的操作。命令按钮还称为"下压"按钮
列表框	选择口味： 巧克力 草莓 香草 山核桃 花生酱、奶油和果酱组合 奶油软糖 树莓 薄荷	用于显示用户可从中进行选择的、含有一个或多个文本项的列表。使用列表框可显示大量在编号或内容上有所不同的选项
单选按钮	付款： ○ 核对所附帐单 ◉ 稍后给我寄账单	用于从一组有限的互斥选项中选择一个选项。选项按钮可以具有以下两种状态：选中或清除
数值调节按钮	年龄： 8 ▲▼	用于增大或减小值，例如某个数字增量、时间或日期。若要增大值，可单击向上箭头；若要减小值，可单击向下箭头
滚动滑块	利率：8.90% ◀ ▶ 滚动可调整利率	单击滚动箭头或拖动滑块，可以滚动浏览一系列值
标签	标签 电话 住宅 公司 电话	用于标识单元格或文本框的功能，显示说明性文本（如标题、题注、图片）或提供简要说明

提示⑫ **什么是ActiveX控件**

ActiveX控件包括复选框或按钮等，向用户提供选项或运行使任务自动化的宏或脚本。可在VBA中编写控件的宏或在Microsoft脚本编辑器中编写脚本；可用于工作表表单和VBA用户表单。通常，如果相对于表单控件所提供的灵活性，您的设计需要更大的灵活性，则使用ActiveX控件。ActiveX控件具有大量可用于自定义其外观、行为、字体及其他特性的属性。

12.5.2 窗体按钮与图表的灵活结合

为了能够直观地浏览一年中每个月的销售额，用户可以为图表设置一个滚动条控件。这样，只需要拖动滚动条，即可查看1月~12月的数据信息。

原始文件	实例文件\第12章\原始文件\窗体按钮与图表的灵活结合.xlsx
最终文件	实例文件\第12章\最终文件\窗体按钮与图表的灵活结合.xlsx

Step 1 打开工作簿。打开附书光盘\实例文件\第12章\原始文件\窗体按钮与图表的灵活结合.xlsx工作簿，如下图所示。

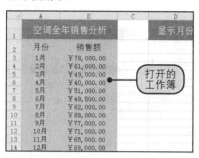

Step 2 选择名称管理器。切换至"公式"选项卡，单击"名称管理器"按钮，如下图所示。

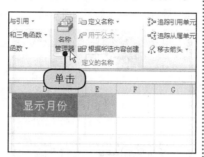

（续上页）

什么是ActiveX控件

您还可以控制与ActiveX控件进行交互时发生的不同事件。例如，您可以执行不同的操作，具体取决于用户从列表框控件中所选择的选项；还可以查询数据库以在用户单击某个按钮时用项目重新填充组合框，也可以编写宏来响应与ActiveX控件关联的事件。表单用户与控件进行交互时，VBA代码会随之运行以处理针对该控件发生的任何事件。

Step 3 新建名称。弹出"名称管理器"对话框，单击"新建"按钮，如下图所示。

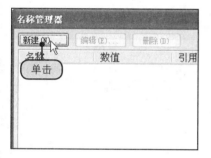

Step 4 设置名称。弹出"新建名称"对话框，在"名称"文本框中输入Nummonths，设置"引用位置"为"=Sheet1!$E$1"，单击"确定"按钮，如下图所示。

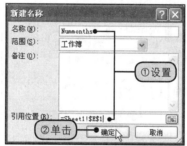

Step 5 新建第二个名称。返回"名称管理器"，在其列表框中显示新建的名称，再单击"新建"按钮，如下图所示。

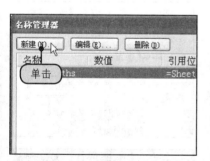

Step 6 设置第二个名称。在弹出的对话框中设置"名称"为Months，设置"引用位置"为"=OFFSET(Sheet1!$A$3,0,0,Nummonths)"，单击"确定"按钮，如下图所示。

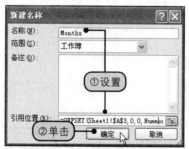

Step 7 新建第三个名称。返回"名称管理器"，在其列表框中显示新建的第二个名称，再单击"新建"按钮，如右图所示。

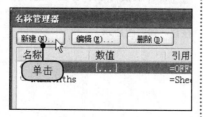

⑬ OFFSET函数解析

OFFSET函数以指定的引用为参照系，通过给定偏移量得到新的引用。返回的引用可以为一个单元格或单元格区域，并可以指定返回的行数或列数。

语法：

```
OFFSET(reference, rows,
cols, [height], [width])
```

参数：

reference作为偏移量参照系的引用区域。reference必须为对单元格或相连单元格区域的引用；否则返回错误值#VALUE!。

rows相对于偏移量参照系的左上角单元格，上（下）偏移的行数。如果使用5作为参数rows，则说明目标引用区域的左上角单元格比reference低5行。行数可为正数（代表在起始引用的下方）或负数（代表在起始引用的上方）。

cols相对于偏移量参照系的左上角单元格，左（右）偏移的列数。如果使用5作为参数cols，则说明目标引用区域的左上角的单元格比reference靠右5列。列数可为正数（代表在起始引用的右边）或负数（代表在起始引用的左边）。

height（高度），即所要返回的引用区域的行数。height必须为正数。

width（宽度），即所要返回的引用区域的列数。width必须为正数。

Step 8 设置第三个名称。在弹出的对话框中设置"名称"为Expenses，设置"引用位置"为"=OFFSET(Sheet1!$B$3,0,0,Nummonths,1)"，单击"确定"按钮，如下图所示。

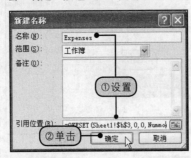

Step 10 选择单元格区域。返回工作表，选择要创建图表的单元格区域D1:E1，再切换至"插入"选项卡，单击"图表"对话框启动器按钮，如下图所示。

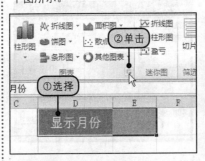

Step 12 显示插入的图表。返回工作表，此时可以看到插入的图表模型，因为图表中还没有数据，所以在图表中看不到数据系列，如下图所示。

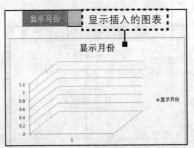

Step 14 切换行/列。弹出"选择数据源"对话框，单击"切换行/列"按钮，如右图所示。

Step 9 完成名称设置。返回"名称管理器"对话框，在其列表框中显示命名的所有名称，如下图所示，单击"关闭"按钮。

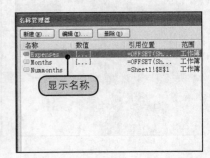

Step 11 选择图表类型。弹出"插入图表"对话框，切换至"柱形图"选项卡，单击"簇状圆柱图"图标，如下图所示，再单击"确定"按钮。

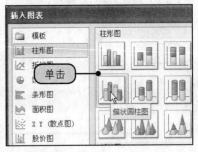

Step 13 选择数据。在单元格E1中输入1~12的任意数字，这里为"1"，再切换至"图表工具-设计"选项卡，单击"选择数据"按钮，如下图所示。

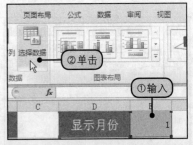

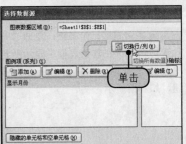

Step 15 编辑图例项。在"图例项"列表框中单击"编辑"按钮，如下图所示。

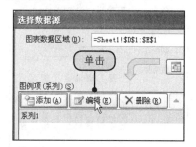

Step 16 编辑数据系列。在弹出的对话框中设置"系列名称"为"=Sheet1!$B$2""系列值"为"=Sheet1!Expenses"，再单击"确定"按钮，如下图所示。

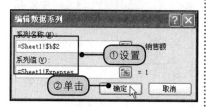

Step 17 编辑水平轴标签。返回"选择数据源"对话框，在"水平轴标签"列表框中单击"编辑"按钮，如下图所示。

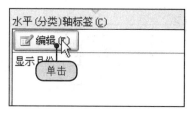

Step 18 编辑轴标签。弹出"轴标签"对话框，在"轴标签区域"文本框中输入"=Sheet1!Months"再单击"确定"按钮，如下图所示。

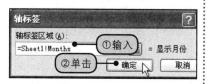

Step 19 确认编辑数据源。返回"选择数据源"对话框，在其中显示当前图例项和轴标签的内容，如下图所示。

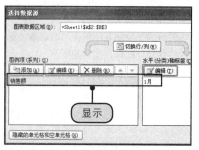

Step 20 显示图表效果。返回工作表，此时可以看到更改数据源的效果，如下图所示。

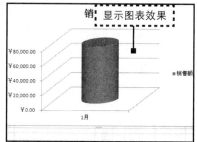

Step 21 删除背景墙。右击图表中的背景墙，在弹出的快捷菜单中选择"删除"命令，如下图所示。

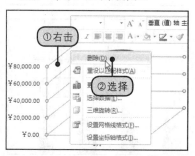

Step 22 选择设置基底。右击图表中的基底，在弹出的快捷菜单中选择"设置地板格式"命令，如下图所示。

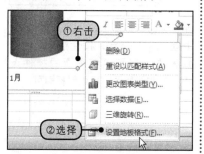

提示 ⑭ ActiveX控件按钮的作用

ActiveX控件有如下按钮。

（1）复选框。用于启用或禁用指示一个相反且明确的选项的值。您可以一次选中工作表或分组框中的多个复选框。复选框可以具有3种状态：选中、清除或混合（即同时具有启用状态和禁用状态，如多项选择）。

（2）文本框。可让您在矩形框中查看、输入或编辑绑定到某一单元格的文本（或数据）。文本框还可以是显示只读信息的静态文本字段。

（3）命令按钮。用于运行在用户单击它时执行相应操作的宏。命令按钮还称为"下压按钮"。

（4）选项按钮。用于从一组有限的互斥选项（通常包含在分组框或结构内）中选择一个选项。选项按钮可以具有3种状态：选中、清除或混合（即同时具有启用状态和禁用状态，如多项选择）。选项按钮还称为"单选按钮"。

（5）列表框。用于显示用户可从中进行选择的、含有一个或多个文本项的列表。使用列表框可显示大量在编号或内容上有所不同的选项。有3种类型的列表框。

● 单选列表框只启用一个选项。在这种情况下，列表框与一组选项按钮类似。不过，列表框可以更有效地处理大量项目。

● 多选列表框启用一个选项或多个相邻的选项。

● 扩展选择列表框启用一个选项、多个相邻的选项和多个非相邻的选项。

（续上页）

提示 ⑭ ActiveX控件按钮的作用

（6）组合框。结合文本框使用列表框可以创建下拉列表框。组合框比列表框更加紧凑，但需要用户单击向下箭头才能显示项目列表。使用组合框，用户可以输入条目，也可以从列表中只选择一个项目。该控件显示文本框中的当前值。

（7）切换按钮。用于指示一种状态（如是/否）或一种模式（如打开/关闭）。单击该按钮时会在启用和禁用状态之间交替。

（8）数值调节钮。用于增大或减小值，例如某个数字增量、时间或日期。若要增大值，请单击向上箭头；若要减小值，请单击向下箭头。通常情况下，用户还可以在关联单元格或文本框中输入文本值。

（9）滚动条。单击滚动箭头或拖动滚动框可以滚动浏览一系列值。另外，通过单击滚动框与任一滚动箭头之间的区域，可在每页值之间进行移动（预设的间隔）。通常情况下，用户还可以在关联单元格或文本框中直接输入文本值。

（10）标签。用于标识单元格或文本框的功能等，显示说明性文本（如标题、题注、图片）或提供简要说明。

（11）图像。用于嵌入图片，如位图、JPEG或GIF。

（12）结构控件。一个具有可选标签的矩形对象，用于将相关控件划分到一个可视单元中。通常情况下，选项按钮、复选框或紧密相关的内容会划分到结构控件中。

Step 23 选择纯色填充。弹出"设置基底格式"对话框，切换至"填充"选项卡，选中"纯色填充"单选按钮，如下图所示。

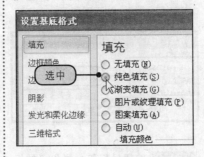

Step 25 取消图例。返回工作表，切换至"图表工具-布局"选项卡，单击"图例"按钮，在展开的下拉列表中单击"无"选项，如下图所示。

Step 27 显示5个月份的效果。经过前面操作后，在图表中显示5个月份的销售信息，如下图所示。如果要查看更多月份的数据，在单元格E1中输入1~12即可。

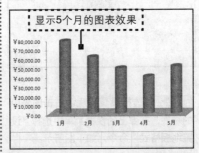

Step 24 选择填充颜色。在"填充颜色"选项组中单击"颜色"按钮，在展开的下拉列表中选择需要的颜色图标，如下图所示，再单击"关闭"按钮。

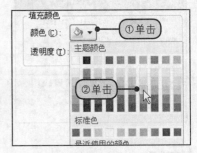

Step 26 显示设置后的图表。经过上述操作后，图表被应用了设置的效果，在单元格E1中输入数值"5"，如下图所示。

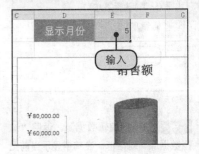

Step 28 插入表单控件。切换至"开发工具"选项卡，单击"插入"按钮，在展开的下拉列表中单击"滚动条（窗体控件）"图标，如下图所示。

Step 29 绘制控件。此时鼠标指针呈"十"字状，按住鼠标左键不放，拖动鼠标绘制需要的控件大小，如右图所示，释放鼠标即可。

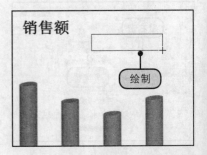

Step 30 选择设置控件格式。右击绘制的控件，在弹出的快捷菜单中选择"设置控件格式"命令，如下图所示。

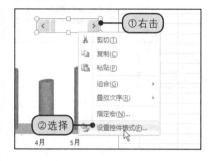

Step 31 设置最小值和最大值。弹出"设置控件格式"对话框，切换至"控制"选项卡，设置"最小值"为"1"，"最大值"为"12"，如下图所示。

Step 32 设置单元格链接。设置"步长"为"1"，"页步长"为"3"，在"单元格链接"文本框中输入Nummonths，如下图所示，再单击"确定"按钮。

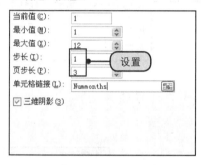

Step 33 拖动滚动条。返回工作表，按住鼠标左键不放，拖动滚动条滑块，此时会在单元格E1中显示拖动的数值，如下图所示。

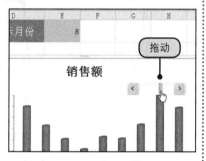

Step 34 显示调整效果。经过上述操作后，图表中会显示8个月份的数据效果，如右图所示。

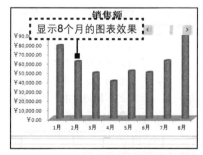

12.6 交互报表数据透视表的创建与设置

　　数据透视表是一种交互的、交叉制成的Excel报表，用于对多种来源的数据进行汇总和分析。若要深入分析数据及回答一些预料以外的工作表数据或外部数据源问题，可以使用数据透视表进行相关操作。本节将介绍创建数据透视表、修改值汇总方式、改变字段项的排列顺序及字段的显示方式等。

⑮ 不显示总计

一般的数据透视表都启用了总计功能，在数据透视表底部显示出来，如下图所示。

王志强	吴萍	总计
11100		22200
		7500
		7500
2100		2100
2100		2100
9000		9000
9000		9000
		3600

1 如果要重新隐藏，可以切换至"数据透视表工具-设计"选项卡，单击"总计>对行和列禁用"选项，如下图所示。

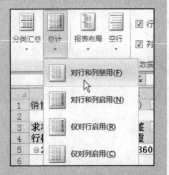

2 经过上述操作后，数据透视表中的总计被隐藏了，效果如下图所示。

万杰	王志强	吴萍	
	11100		
	2100		
	2100		
	9000		
	9000		
3600			
3600			

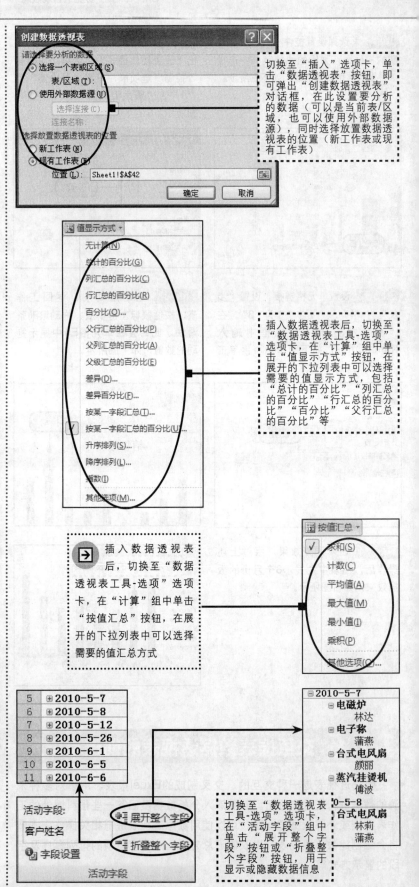

切换至"插入"选项卡，单击"数据透视表"按钮，即可弹出"创建数据透视表"对话框，在此设置要分析的数据（可以是当前表/区域，也可以使用外部数据源），同时选择放置数据透视表的位置（新工作表或现有工作表）

插入数据透视表后，切换至"数据透视表工具-选项"选项卡，在"计算"组中单击"值显示方式"按钮，在展开的下拉列表中可以选择需要的值显示方式，包括"总计的百分比""列汇总的百分比""行汇总的百分比""百分比""父行汇总的百分比"等

插入数据透视表后，切换至"数据透视表工具-选项"选项卡，在"计算"组中单击"按值汇总"按钮，在展开的下拉列表中可以选择需要的值汇总方式

切换至"数据透视表工具-选项"选项卡，在"活动字段"组中单击"展开整个字段"按钮或"折叠整个字段"按钮，用于显示或隐藏数据信息

12.6.1 创建数据透视表

为数据创建透视表，可以通过对数据不同的视角显示数据并对数据进行比较和分析。本节首先介绍创建透视表的操作方法。

原始文件 实例文件\第12章\原始文件\创建数据透视表.xlsx
最终文件 实例文件\第12章\最终文件\创建数据透视表.xlsx

Step 1 选择数据透视表。打开附书光盘\实例文件\第12章\原始文件\创建数据透视表.xlsx工作簿，切换至"插入"选项卡，单击"数据透视表"按钮，如下图所示。

Step 2 选择要分析的数据。弹出"创建数据透视表"对话框，选中"选择一个表或区域"单选按钮，在其文本框中输入"A1:G38"，再选中"新工作表"单选按钮，单击"确定"按钮，如下图所示。

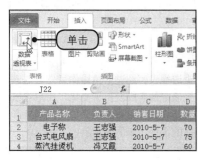

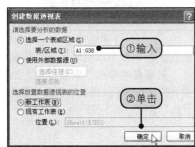

Step 3 添加字段。返回工作表，在"数据透视表字段列表"任务窗格中，勾选需要添加的字段，如下图所示。

Step 4 显示创建的数据透视表。经过上述操作后，在新建的工作表中显示创建的数据透视表，如下图所示。

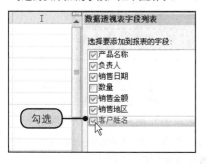

12.6.2 改变字段项的排列顺序

对于刚建立的数据透视表，用户可以通过调整字段的排列位置和顺序，从而更好地分析需要的数据信息。

原始文件 实例文件\第12章\原始文件\改变字段项的排列顺序.xlsx
最终文件 实例文件\第12章\最终文件\改变字段项的排列顺序.xlsx

提示 ⑯ **显示或隐藏明细数据**

用户可以"展开"或"折叠"要关注结果的数据级别，以查看感兴趣区域汇总数据的明细信息，具体步骤如下。

1 在数据透视表中选择任意字段，如下图所示。

2 切换至"数据透视表工具-选项"选项卡，在"活动字段"组中单击"折叠整个字段"按钮，如下图所示。

（续上页）

（续上页）

提示 ⑯ 显示或隐藏明细数据

3 此时所选的字段详细数据被隐藏起来了，如下图所示。

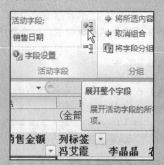

4 切换至"数据透视表工具-选项"选项卡，在"活动字段"组中单击"展开整个字段"按钮，如下图所示。

5 此时之前字段隐藏的明细数据，现在又重新显示出来了，如下图所示。

Step 1 移动到报表筛选。打开附书光盘\实例文件\第12章\原始文件\改变字段项的排列顺序.xlsx工作簿，在右侧"数据透视表字段列表"任务窗格中，单击"行标签"列表框中的"销售地区>移动到报表筛选"选项，如下图所示。

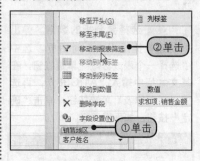

Step 3 设置字段顺序。在"行标签"列表框中单击"销售日期"选项，在展开的下拉列表中单击"移至开头"选项，如下图所示。

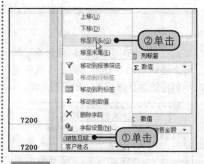

Step 2 移动到列表签。在右侧"数据透视表字段列表"任务窗格中，单击"行标签"列表框中的"负责人"按钮，在展开的下拉列表中单击"移动到列表签"选项，如下图所示。

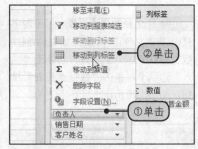

Step 4 显示调整字段顺序后的数据透视表。经过上述操作后，数据透视表中的字段发生了变化，用户可以在此看到某日期的各个负责人销售产品的情况，如下图所示。

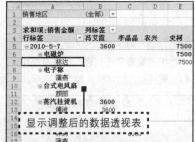

12.6.3 修改值汇总方式

默认的数据透视表是按"求和"汇总的。用户可以根据需要进行更改，例如平均值、计数、最大值及最小值等。本例将求某一天最大的销售情况，可以通过修改汇总方式为最大值进行操作。

原始文件　实例文件\第12章\原始文件\修改值汇总方式.xlsx
最终文件　实例文件\第12章\最终文件\修改值汇总方式.xlsx

Step 1 设置汇总值为最大值。打开附书光盘\实例文件\第12章\原始文件\ 修改值汇总方式.xlsx工作簿，选择汇总值单元格，切换至"数据透视表工具-选项"选项卡，单击"按值汇总>最大值"选项，如右图所示。

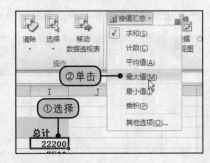

Step 2　显示最大值效果。经过上述操作后，在数据透视表中汇总方式更改为"最大值"，用户可以看到某日期最大销售额的情况，如右图所示。

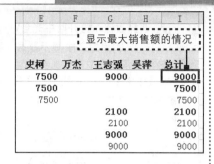

显示最大销售额的情况

史柯	万杰	王志强	吴萍	总计
7500		9000		9000
7500				7500
7500				7500
		2100		2100
		2100		2100
		9000		9000
		9000		9000

提示⑰　修改值汇总的其他方法

除了在组中可以修改值汇总方式，还可以使用右键菜单进行操作，具体的操作步骤如下。

1　在数据透视表中右击"求和项：销售金额"，在弹出的快捷菜单中单击"值汇总依据>最大值"命令，如下图所示。

12.6.4　改变字段的显示方式

通过更改字段的显示方式，可以显示与数据透视表中其他行和列相关的值。

原始文件　实例文件\第12章\原始文件\改变字段的显示方式.xlsx
最终文件　实例文件\第12章\最终文件\改变字段的显示方式.xlsx

Step 1　选择值显示方式。打开附书光盘\实例文件\第12章\原始文件\改变字段的显示方式.xlsx工作簿，选择单元格I5，切换至"数据透视表工具-选项"选项卡，单击"值显示方式>按某一字段汇总的百分比"选项，如右图所示。

按某一字段汇总(T)...
按某一字段汇总的百分比(U)...
升序排列(S)...
降序排列(L)...
指数(I)
其他选项(M)...

单击

2　经过上述操作后，数据透视表的汇总方式被更改为最大项了，如下图所示。

李晶晶	农兴	史柯	万杰	王志强	吴萍	总计
			7500		9000		9000
			7500				7500
			7500				7500
				2100		2100
				2100		2100
				9000		9000
				9000		9000
						3600
						3600
6000		3600				6000
6000		3600				6000
6000						6000
		3600				3600
	4000				2100	32400
						32400
						32400
	4000					4000
	4000					4000
					2100	2100
					2100	2100
10800	3600		2750		7200	19800

Step 2　设置基本字段。弹出"值显示方式（求和项:销售金额）"对话框，在"基本字段"下拉列表中单击"销售日期"选项，再单击"确定"按钮，如下图所示。

值显示方式（求和项:销售金额）

①单击
计算：按某一字段汇总的百分比
基本字段(F)：销售日期
②单击　确定　取消

Step 3　显示更改字段后的效果。经过上述操作后，即可显示按"销售金额"字段汇总的百分比效果，如下图所示。

史柯	万杰	王志强	吴萍	总计
16.45%	0.00%	26.81%	0.00%	9.75%
50.00%	0.00%			26.32%
100.00%	0.00%			100.00%
		显示百分比效果		36.84%
				63.64%
0.00%	0.00%	28.30%		14.29%
0.00%		100.00%		42.86%
0.00%			0.00%	30.00%
				100.00%
16.45%	29.15%	26.81%	0.00%	13.96%
0.00%	100.00%	28.30%		29.52%
0.00%				38.46%
		100.00%		100.00%
16.45%	29.15%	26.81%	15.56%	30.86%

12.6.5　显示数据来源

在数据透视表中，如果用户需要查看某数值的详细信息，可以通过下面的方法进行操作。

原始文件　实例文件\第12章\原始文件\显示数据来源.xlsx
最终文件　实例文件\第12章\最终文件\显示数据来源.xlsx

默认情况下，数据透视表中的数值都显示为数字格式。为了区分金额的数值，用户可以将其设置为货币或会计格式，具体的操作方法如下。

1 在数据透视表中选择需要设置数字格式的单元格区域，并右击鼠标，在弹出的快捷菜单中选择"数字格式"命令，如下图所示。

2 弹出"设置单元格格式"对话框，在"分类"列表框中单击"会计专用"选项，设置"小数位数"为"2"，如下图所示，再单击"确定"按钮。

Step 1 选择数值。打开附书光盘\实例文件\第12章\原始文件\显示数据来源.xlsx工作簿，在数据透视表中选择需要查看的数据，如下图所示。

Step 3 显示详细信息效果。经过上述操作后，在新建的工作表Sheet5中显示详细数据，如右图所示。

Step 2 选择详细信息。右击该单元格，在弹出的快捷菜单中选择"显示详细信息"命令，如下图所示。

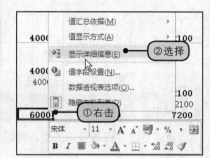

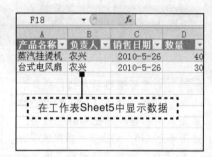

12.6.6 设置数据透视表样式

为了美化数据透视表，此时可以通过Excel内置的透视表样式快速进行设置。

> 原始文件 实例文件\第12章\原始文件\设置数据透视表样式.xlsx
> 最终文件 实例文件\第12章\最终文件\设置数据透视表样式.xlsx

Step 1 展开样式库。打开附书光盘\实例文件\第12章\原始文件\设置数据透视表样式.xlsx工作簿，单击"数据透视表样式"快翻按钮，如下图所示。

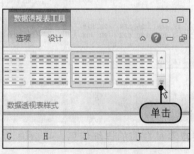

Step 2 选择样式。在展开的"库"中选择"数据透视表样式中等深浅10"样式，如下图所示。

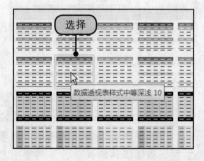

Step 3　显示应用样式的效果。经过上述操作后，即为数据透视表应用了选择的样式，效果如右图所示。

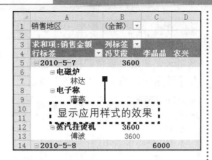

（续上页）

提示 ⑱ 设置数字格式

3 经过上述操作后，在所选的单元格区域中，即为"数字"格式应用了"会计专用"格式，如下图所示。

12.7 使用数据透视图

数据透视图是将数据透视表中的数据以图形形式表示出来。与数据透视表一样，数据透视图报告也是交互式的。创建数据透视图报表时，数据透视图报表筛选将显示在图表区中，以便您排序和筛选数据透视图报表的基本数据。数据透视表中的任何字段布局更改和数据更改，将立即在数据透视图报表中反映出来。

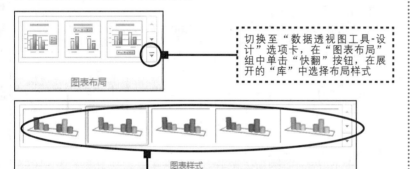

切换至"数据透视图工具-设计"选项卡，在"图表布局"组中单击"快翻"按钮，在展开的"库"中选择布局样式

切换至"数据透视图工具-设计"选项卡，在"图表样式"组中单击"快翻"按钮，在展开的"库"中选择图表样式

12.7.1 创建数据透视图

若要深入分析数值数据以便于让数据根据自己的需求进行组合查看，可以利用数据透视图实现。用户可以直接从数据透视表中创建数据透视图。

原始文件　实例文件\第12章\原始文件\创建数据透视图.xlsx
最终文件　实例文件\第12章\最终文件\创建数据透视图.xlsx

Step 1　选择数据透视图。打开附书光盘\实例文件\第12章\原始文件\创建数据透视图.xlsx工作簿，切换至"数据透视表工具-选项"选项卡，在"工具"组中单击"数据透视图"按钮，如右图所示。

办公应用

快速按照地区筛选销售信息

在数据透视表中用户可以在其中进行报表筛选，例如按照地区筛选销售信息，具体的操作步骤如下。

原始文件　按照地区筛选销售信息.xlsx
最终文件　按照地区筛选销售信息.xlsx

1 打开原始文件\按照地区筛选销售信息.xlsx工作簿，单击"销售地区（全部）"右侧的下三角按钮，如下图所示。

（续上页）

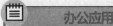

办公应用

快速按照地区筛选销售信息

2 在展开的下拉列表中勾选"选择多项"复选框，再勾选筛选地区"防城港"复选框，设置完毕后，单击"确定"按钮，如下图所示。

3 经过上述操作后，在数据透视表中只显示"防城港"地区的销售数据，如下图所示。

Step 2 选择图表类型。弹出"插入图表"对话框，切换至"柱形图"选项卡，单击"簇状圆柱图"图标，如下图所示，再单击"确定"按钮。

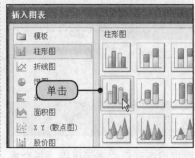

Step 4 设置字段顺序。将"销售地区"和"销售日期"字段调整到"报表筛选"列表框中，将"负责人"字段调整到"图例字段"列表框中，如下图所示。

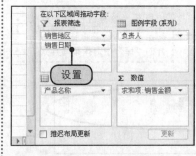

Step 3 选择字段。在右侧"数据透视表字段列表"任务窗格中勾选需要添加到报表的字段，如下图所示。

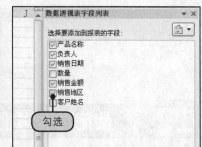

Step 5 显示插入的数据透视图。经过上述操作后，在数据透视表中显示插入的数据透视图，效果如下图所示。

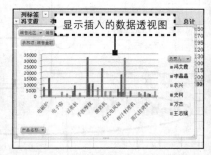

12.7.2 对图表进行快速布局

在数据透视图中同样可以为其应用内置的布局样式。下面介绍具体的操作方法。

原始文件　实例文件\第12章\原始文件\对图表进行快速布局.xlsx
最终文件　实例文件\第12章\最终文件\对图表进行快速布局.xlsx

Step 1 展开图表布局库。打开附书光盘\实例文件\第12章\原始文件\对图表进行快速布局.xlsx工作簿，切换至"数据透视图工具-设计"选项卡，单击"图表布局"中的"快翻"按钮，如右图所示。

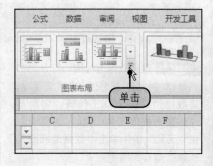

Step 2 选择布局样式。在展开的"库"中选择"布局1"样式，如下图所示。

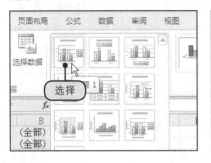

选择

Step 3 显示应用布局的效果。经过上述操作后，即为数据透视图应用了所选的布局效果，如下图所示。

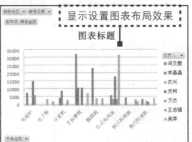

显示设置图表布局效果
图表标题

12.7.3 应用图表样式

为了能让用户快速制作出漂亮的数据透视图，可以通过内置的样式库进行设置。

> 原始文件 实例文件\第12章\原始文件\应用图表样式.xlsx
> 最终文件 实例文件\第12章\最终文件\应用图表样式.xlsx

Step 1 删除背景墙。打开附书光盘\实例文件\第12章\原始文件\应用图表样式.xlsx工作簿，右击数据透视图中的背景墙，在弹出的快捷菜单中选择"删除"命令，如下图所示。

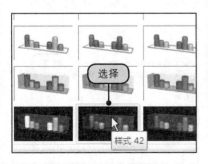

①右击
②选择

Step 2 展开图表样式库。切换至"数据透视图工具-设计"选项卡，单击"图表样式"中的"快翻"按钮，如下图所示。

单击

Step 3 选择样式。在展开的"库"中选择"样式42"样式，如下图所示。

选择
样式 42

Step 4 显示美化后的图表。经过上述操作后，即为数据透视图应用了所选的样式，效果如下图所示。

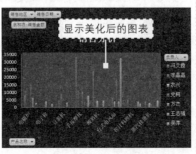

显示美化后的图表

提示 ⑲ 创建数据透视图的其他方法

除了在数据透视表中创建数据透视图，用户还可以使用原始数据创建透视图，具体的操作步骤如下。

1 切换至"插入"选项卡，单击"数据透视表"下三角按钮，在展开的下拉列表中单击"数据透视图"选项，如下图所示。

2 弹出"创建数据透视表及数据透视图"对话框，选中"选择一个表或区域"单选按钮，在其文本框中输入"A1:G38"，再选中"新工作表"单选按钮，再单击"确定"按钮，如下图所示。

（续上页）

提示⑲ 创建数据透视图的其他方法

3 此时在工作表右侧显示"数据透视表字段列表"任务窗格，在其列表框中勾选需要的字段复选框，如下图所示。

数据透视表字段列表

选择要添加到报表的字段：
- ☑ 产品名称
- ☑ 负责人
- ☑ 销售日期
- ☐ 数量
- ☑ 销售金额
- ☑ 销售地区
- ☐ 客户姓名

4 将"销售地区"和"销售日期"字段调整到"报表筛选"列表框中，将"负责人"字段调整到"图例字段"列表框中，如下图所示。

在以下区域间拖动字段：
▼ 报表筛选	Ⅲ 图例字段（系列）
销售地区 ▼	负责人 ▼
销售日期 ▼	

Ⅲ 轴字段（分类）	Σ 数值
产品名称 ▼	求和项:销售金额 ▼

☐ 推迟布局更新 　　　 更新

5 经过上述操作后，在数据透视表中显示插入的数据透视图，效果如下图所示。

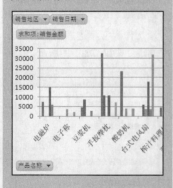

12.8 图表中新增筛选工具——切片器的使用

切片器是Excel 2010中的新增功能，它提供了一种可视性极强的筛选方法来筛选数据透视表中的数据。一旦插入切片器，您即可使用按钮对数据进行快速分段和筛选，以仅显示所需数据。本节将分别介绍在透视表和透视图中筛选数据的操作方法。

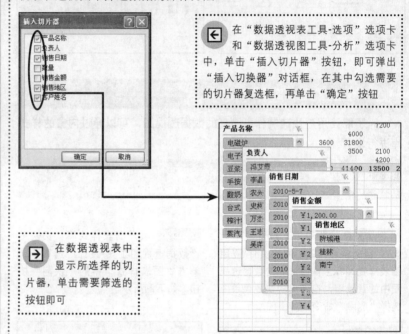

← 在"数据透视表工具-选项"选项卡和"数据透视图工具-分析"选项卡中，单击"插入切片器"按钮，即可弹出"插入切换器"对话框，在其中勾选需要的切片器复选框，再单击"确定"按钮

→ 在数据透视表中显示所选择的切片器，单击需要筛选的按钮即可

12.8.1 在透视表中轻松筛选指定数据

在早期版本的Excel中，可以使用报表筛选器来筛选数据透视表中的数据，但在对多个项目进行筛选时，很难看到当前的筛选状态。在Excel 2010中，用户可以选择使用切片器来筛选数据。例如，在数据透视表中筛选出"2010年5月16日，负责人为万杰"的销售数据。

原始文件 实例文件\第12章\原始文件\在透视表中轻松筛选指定数据.xlsx

最终文件 实例文件\第12章\最终文件\在透视表中轻松筛选指定数据.xlsx

Step 1 打开工作簿。打开附书光盘\实例文件\第12章\原始文件\在透视表中轻松筛选指定数据.xlsx工作簿，如右图所示。

	A	B	C	D	E
销售地区	(全部) ▼				
销售日期	(全部) ▼				
				打开	
求和项:销售金额	列标签 ▼				
行标签 ▼	冯艾霞	李晶晶	李冬	李柯	
电磁炉	7500			15000	
电子称		3600			
豆浆机	4400	8800			
手按摩枕	32400	10800		10800	
酸奶机	23300		4000		
台式电风扇		6000	3600	18000	
榨汁料理机	4550				
蒸汽挂烫机	3600		2400	1800	
总计	75750	25600	13600	45600	

Step 2 选择插入切片器。切换至"数据透视表工具-选项"选项卡，在"排序和筛选"组中单击"插入切片器"按钮，如下图所示。

Step 3 选择切片器。弹出"插入切片器"对话框，勾选要插入的切片器复选框，如下图所示，再单击"确定"按钮。

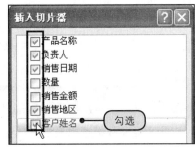

Step 4 显示插入的切片器。此时在数据透视表中插入了所选的切片器，选择切片器"销售日期"，如下图所示。

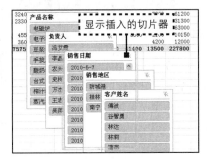

Step 5 上移一层。切换至"切片器工具-选项"选项卡，单击"上移一层"按钮，如下图所示。

Step 6 筛选销售日期。此时切片器"销售日期"被上移一层了，单击其中的"2010-5-26"按钮，如下图所示。

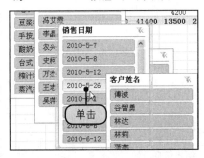

Step 7 显示筛选效果。经过上述操作后，在数据透视表中只显示"2010年5月26日"的数据信息，如下图所示。

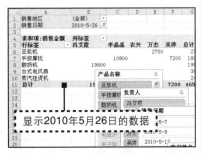

Step 8 筛选负责人。再在切片器"负责人"中单击"万杰"按钮，如右图所示。

提示 ⑳ 按总计值排序数据透视表

在数据透视表中，可以发现总计值的顺序都是凌乱的。为了让用户更好地观看数据值，可以对其进行排列，具体的操作步骤如下。

1 在数据透视表中选择"总计"字段的任意数据，如下图所示。

王志强	吴萍	总计
		28500
2100		5700
		15950
	7200	61200
4000		31300
31800		63000
3500	2100	10150
	4200	12000
41400	13500	227800

2 右击鼠标，在弹出的快捷菜单中选择"排序>降序"命令，如下图所示。

3 经过上述操作后，"总计"字段中的数据按照从高到低的顺序排列，如下图所示。

王志强	吴萍	总计
31800		63000
	7200	61200
4000		31300
		28500
		15950
	4200	12000
3500	2100	10150
2100		5700
41400	13500	227800

提示 ㉑ 数据透视图与标准图表之间的区别

如果您熟悉标准图表，就会发现数据透视图中的大多数操作和标准图表中的一样。但是两者之间也存在以下差别。

（1）行/列方向。与标准图表不同的是，不可使用"选择数据源"对话框来交换数据透视图报表的行/列方向。但是，可以旋转相关联的数据透视表的行标签和列标签来实现相同效果。

（2）图表类型。可以将数据透视图报表更改为除 XY 散点图、股价图或气泡图之外的任何其他图表类型。

（3）源数据标准图表直接链接到工作表单元格。数据透视图报表基于相关联的数据透视表的数据源。与标准图表不同的是，不可在数据透视图报表的"选择数据源"对话框中更改图表数据范围。

（4）格式刷新数据透视图报表时，大部分格式将得到保留。但是，不会保留趋势线、数据标签、误差线和对数据集所做的其他更改。标准图表在应用此格式后，不会失去该格式。

Step 9 显示筛选结果。经过上述操作后，在数据透视表中只显示 2010年5月26日，负责人"万杰"的销售数据，如右图所示。

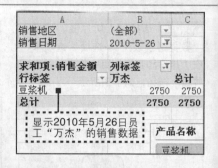

显示2010年5月26日员工"万杰"的销售数据

12.8.2 在透视图中准确显示指定的数据图表

除了能在数据透视表中完成相关的筛选操作以外，在数据透视图中同样可以对图表数据进行筛选。下面将筛选出"南宁"地区的所有信息。

原始文件　实例文件\第12章\原始文件\在透视图中准确显示指定的数据图表.xlsx

最终文件　实例文件\第12章\最终文件\在透视图中准确显示指定的数据图表.xlsx

Step 1 打开工作簿。打开附书光盘\实例文件\第12章\原始文件\在透视图中准确显示指定的数据图表.xlsx工作簿，切换至"数据透视图工具-分析"选项卡，单击"插入切片器"按钮，如下图所示。

Step 2 选择切片器。弹出"插入切片器"对话框，勾选要插入的切片器复选框，如下图所示，再单击"确定"按钮。

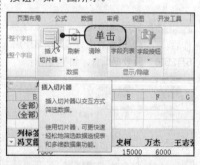

Step 3 筛选销售地区。此时，在数据透视表中插入了所选的切片器，在切片器"销售地区"中单击"南宁"按钮，如下图所示。

Step 4 显示南宁的销售数据。经过上述操作后，在图表中只显示南宁地区的销售信息，如下图所示。用户还可以按照前面的方法，继续筛选需要的数据。

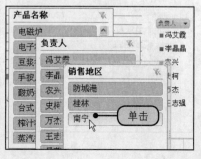

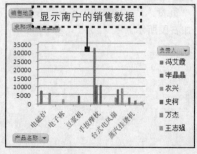

显示南宁的销售数据

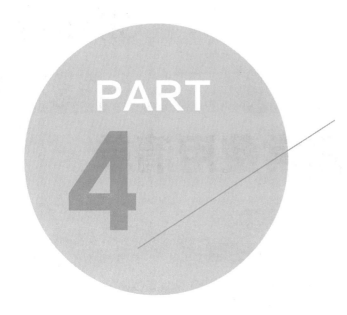

PART

4

Word Excel PPT 2010

Excel办公实战应用篇

Chapter

制作公司日常费用清单

学习要点

- 制作日常报销费用条例
- 制作日常费用清单表格
- 计算各报销费用的余额
- 按照日期筛选报销信息
- 设置保护措施
- 打印日常费用清单

本章结构

> **制作日常报销费用条例**
> - 合并单元格
> - 设置报销费用规范格式
> - 隐藏网格线
> - 确认公司报销费用条例
> - 移动报销费用条例位置
> - 重命名工作表
>
> **制作日常费用清单表格**
> - 输入清单数据
> - 设置数据对齐方式
> - 设置数据格式
> - 设置文本格式
> - 设置边框与颜色
> - 应用条件格式查看重复日期
>
> **计算公司日常费用金额**
> - 计算各报销费用的余额
> - 按照日期筛选报销信息
>
> **保护与打印报销单**
> - 设置保护措施
> - 打印日常费用清单

① 制作日常报销费用条例

日常报销费用

为了加强公司的财务管理，合理调度资金
根据国家有关法律、法规和各项财政政策，
定本规定。

一、关于报销标准的规定

（一）坐车船的规定：出差火车路途时间10
席、卧铺及轮船三等舱，超过10小时、并且
者，必须事先报请公司领导批准。

（二）出差人员的住宿规定：不应超过200元

（三）出差住勤补助：工作人员出差外地的

② 重命名工作表

36	
37	
38	
39	
40	
41	
42	
43	

报销费用条例 / Sheet2 / Shee

就绪

③ 设置表格与数据格式

日常费用清单表

费用类别	入额	出额	余额
备用金	¥ 5,000.00		
电话费		¥ 100.00	
差旅费		¥ 1,800.00	
办公费		¥ 60.00	
办公费		¥ 80.00	
电话费		¥ 150.00	
办公费		¥ 100.00	
备用金	¥ 5,000.00		
差旅费		¥ 2,300.00	

④ 在清单表格中筛选需要内容

公司日常费用清单表

员工姓名	所属部门	费用类别	入额	出额
李晶晶	推广部	差旅费		¥ 2,300.00
衣兴	推广部	差旅费		¥ 2,000.00
史柯	推广部	差旅费		¥ 1,800.00

制作公司日常费用清单

Chapter **13**

　　企业在日常运作中必然会产生一些费用，例如管理费用、常规费用等。为了确保账目清晰，制作一份日常费用统计表是非常有必要的。本章将通过Excel 2010制作日常报销费用公司条例和日常清单表格、计算公司日常费用金额及保护与打印报销单。

13.1　制作日常报销费用条例

　　为加强公司财务管理，控制费用开支，并本着精打细算、勤俭节约、有利工作的原则，根据公司实际情况可以特制一份报销费用条例。本节将首先完成一份报销费用条例的制作，其中运用了Excel的基础功能，包括合并单元格、输入文本、设置格式、隐藏网格线等。

最终文件　实例文件\第13章\最终文件\日常费用报销费用条例.xlsx

13.1.1　合并单元格

　　公司条例的文本内容是很多的，要在工作表中输入大量的数据，首先应用"合并单元格"功能将众多单元格合并为一个单元格，从而方便用户输入需要的文本内容。

Step 1　选择单元格区域。在打开的工作簿中选择单元格区域A1:H36，如下图所示。

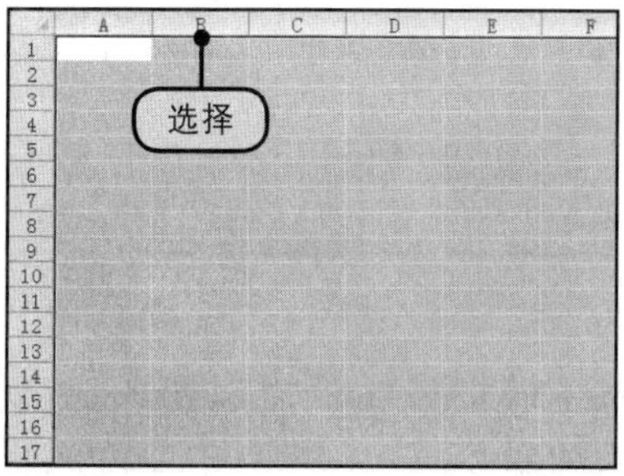

Step 2　合并单元格。切换至"开始"选项卡，单击"合并后居中"下三角按钮，在展开的下拉列表中单击"合并单元格"选项，如下图所示。

Step 3　显示合并后的效果。经过上述操作后，所选的单元格区域被合并成一个了，如右图所示。

> **提示**　**① 跨越合并**
>
> 　　跨越合并是指同时合并多行的多个列，下面以同时合并单元格区域A7:B7和单元格区域A8:B8为例进行介绍。
>
> **1**　在工作表中输入需要的数据信息，选择单元格区域A7:B7，再按住Ctrl键不放，选择单元格区域A8:B8，如下图所示。 
>
> | | A | B |
> |---|---|---|
> | 1 | 销售金额 | |
> | 2 | ￥ 1,000.00 | |
> | 3 | ￥ 2,000.00 | |
> | 4 | ￥ 1,500.00 | |
> | 5 | ￥ 3,000.00 | |
> | 6 | ￥ 2,500.00 | |
> | 7 | 总销售额 | |
> | 8 | 平均销售额 | |
> | 9 | | |
>
> **2**　切换至"开始"选项卡，在"对齐方式"组中单击"合并后居中>跨越合并"选项，如下图所示。

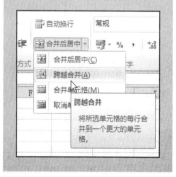

（续上页）

? 提示 **① 跨越合并**

3 经过上述操作后，即可分别合并单元格区域A7:B7和单元格区域A8:B8，如下图所示。

	A	B
1	销售金额	
2	￥ 1,000.00	
3	￥ 2,000.00	
4	￥ 1,500.00	
5	￥ 3,000.00	
6	￥ 2,500.00	
7	总销售额	
8	平均销售额	
9		

13.1.2 输入公司报销费用条例

　　在公司的费用报销条例中，通常会说明各种报销标准的规定、每个月的报销时间及报销方法。下面将在该单元格中输入相关的报销费用条例。

原始文件 实例文件\第13章\原始文件\日常费用报销费用条例.docx

Step 1 选择文本。打开附书光盘\实例文件\第13章\原始文件\日常费用报销费用条例.docx文档，按住快捷键Ctrl+A，即可选中文档中的所有文本，如下图所示。

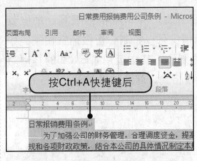

Step 2 复制文本。切换至"开始"选项卡，在"剪贴板"组中单击"复制"按钮，如下图所示。

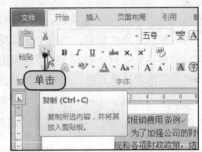

Step 3 粘贴文本。返回之前合并的Excel工作簿，右击该单元格，在弹出的快捷菜单中选择"粘贴"命令，如下图所示。

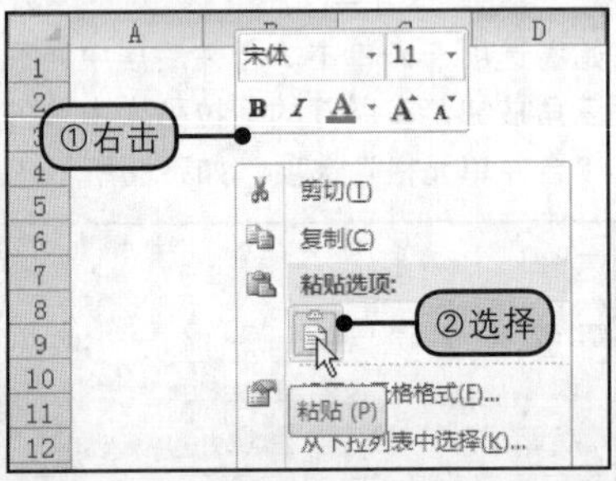

Step 4 显示完成效果。经过上述操作后，在合并的单元格中显示复制的"日常费用报销费用条例"文本，如下图所示。

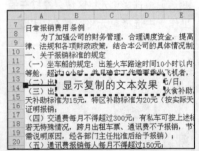

13.1.3 设置报销费用规范格式

　　当输入公司条例后，为了让其更加美观和整洁，可以对其设置格式，例如设置字体、字号、字体颜色及对齐方式等。下面介绍具体的操作方法。

Step 1 双击单元格。将鼠标指针指向单元格A1中的任意位置，如下图所示，双击鼠标左键，即可将该单元格呈编辑状态。

Step 2 选择标题文本。选择单元格中的标题文本"日常费用报销费用条例"，如下图所示。

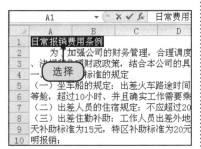

Step 3 设置标题字体。切换至"开始"选项卡，单击"字体"下三角按钮，在展开的下拉列表中单击"华文琥珀"选项，如下图所示。

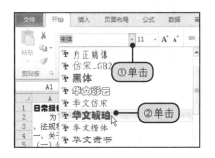

Step 4 设置标题字号。再单击"字号"下三角按钮，在展开的下拉列表中单击"24"选项，并按空格键将其设置"居中"，即可完成标题文本的设置，如下图所示。

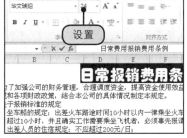

Step 5 选择文本。按住左键不放，拖动选择除标题外的所有文本内容，如下图所示。

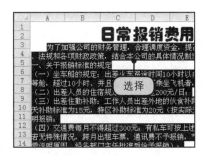

Step 6 设置文本字号。切换至"开始"选项卡，在"字体"组中单击"字号"下三角按钮，在展开的下拉列表中单击"14"选项，如下图所示。

Step 7 设置标题颜色。切换至"开始"选项卡，单击"字体颜色"下三角按钮，在展开的下拉列表中单击"红色"图标，如右图所示。

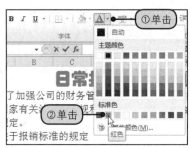

提示 ② 增大字号和减小字号

在工作表中，用户可以在"字体"组中通过"增大字号"按钮和"减小字号"按钮设置文字的字体大小，具体的操作步骤如下。

1 选择单元格A1，切换至"开始"选项卡，在"字体"组中单击"增大字号"按钮，如下图所示。

2 此时单元格A1中的数据增大了1个字号，也就是"12"号的效果，如下图所示。

3 继续单击"增大字号"按钮，将字号调整为"26"号，如下图所示，单元格A1即可显示26号字体。

（续上页）

提示 ② 增大字号和减小字号

4 继续选择单元格A1，在"字体"组中单击"减小字号"按钮，如下图所示。

5 经过上述操作后，所选的单元格A1中字号被减小为"24"了，如下图所示。

Step 8 设置顶端对齐。选择单元格A1，切换至"开始"选项卡，单击"顶端对齐"按钮，如下图所示。

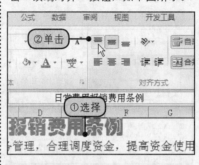

Step 9 显示设置后的效果。经过上述操作后，日常报销费用条例的格式已经设置好了，如下图所示。

13.1.4 移动报销费用条例位置

如果觉得创建的报销费用条例位置不合适，那么执行"删除"命令后再重新设置，是很麻烦的。此时可以直接移动其单元格位置。

Step 1 放置鼠标指针。将鼠标指针放置到A1单元格右侧呈状，如下图所示。

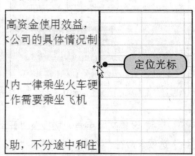

Step 2 拖动单元格。按住鼠标左键不放，将合并的单元格拖动至单元格区域I1:P36，如下图所示。

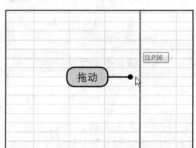

Step 3 显示移动后的单元格。经过上述操作后，之前单元格区域A1:H36的报销费用条例被移动到单元格区域I1:P36内，如右图所示。

13.1.5 隐藏网格线

网格线是显示工作表中行列间的线条，以方便用户进行编辑和阅读。但为了让报销费用条例更加美观整洁，可以将其隐藏掉。下面介绍具体的操作方法。

Step 1 选择全部单元格区域。在工作表中单击编辑区左上角的第一个按钮，如下图所示，即可将该工作表中的所有单元格全部选中。

Step 2 隐藏网格线。切换至"视图"选项卡，在"显示"组中取消勾选"网格线"复选框，如下图所示。

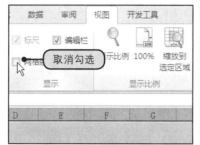

Step 3 显示隐藏后的效果。经过上述操作后，该工作表中的所有网格线被隐藏了，如右图所示。

显示隐藏网格线的效果

13.1.6 重命名工作表

为了让其他人更便于浏览或使用该工作表，可以对工作表进行重命名。

Step 1 选择重命名工作表。右击工作表标签Sheet1，在弹出的快捷菜单中选择"重命名"命令，如下图所示。

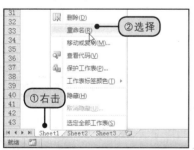

Step 2 重新输入名称。此时该工作表标签呈编辑状态，输入需要的名称，例如"报销费用条例"，如下图所示。

Step 3 设置工作表标签颜色。再右击该工作表标签，在弹出的快捷菜单中单击"工作表标签颜色>浅蓝"图标，如右图所示。

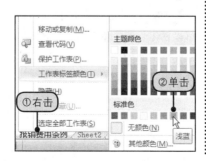

提示 ③ 使用剪切与粘贴方法移动报销费用条例位置

除了使用拖动法调整单元格位置，还可以使用"剪切"和"粘贴"功能进行操作，具体的操作方法如下。

1 选择单元格A1，切换至"开始"选项卡，在"剪贴板"组中单击"剪切"按钮，如下图所示。

2 右击单元格I1，在弹出的快捷菜单中选择"粘贴"命令，如下图所示。

3 经过上述操作后，之前单元格区域A1:H36的报销费用条例被移动到单元格区域I1:P36了，如下图所示。

Step 4 显示重命名工作表的效果。经过上述操作后，该工作表标签的名称被应用了重命名和蓝色的效果，如右图所示。

如果内置的3个工作表不够用，用户可以在工作簿中新建工作表，具体的操作步骤如下。

1 在工作表中，在工作表标签栏中单击"插入工作表"按钮，如下图所示。

2 经过上述操作后，在工作表标签栏中显示新插入的工作表Sheet1，如下图所示。

13.2 制作日常费用清单表格

每个公司都有日常费用，但统计表所包含的要素应该是相同的。本节将介绍编制日常清单表格，设置数字格式、对齐方式、边框与颜色及数字格式等的方法。

原始文件 实例文件\第13章\原始文件\制作日常清单表格.xlsx

13.2.1 输入清单数据

公司日常费用记录表中主要包括编号、日期、员工姓名、所属部门、费用类别、入额、出额及余额等内容。

Step 1 切换工作表。打开附书光盘\实例文件\第13章\原始文件\制作日常清单表格.xlsx工作簿，单击工作表标签Sheet2，如下图所示。

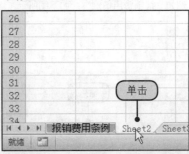

Step 2 重命名工作表。按照前面的方法，将工作表标签名称Sheet2更改为"日常费用清单"，并且设置为"黄色"，如下图所示。

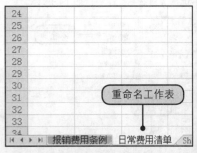

Step 3 输入清单数据。此时便可以在工作表中输入需要的数据内容，如右图所示。

13.2.2　设置文本格式

对于输入费用清单数据，用户可以设置其字体格式来美化工作表。具体的操作方法如下。

Step 1　选择单元格区域。选择单元格区域A1:I22，如下图所示。

Step 2　设置字体格式。切换至"开始"选项卡，单击"字体"下三角按钮，在展开的下拉列表中单击"微软雅黑"选项，如下图所示。

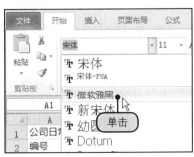

Step 3　设置标题字号。选择单元格A1，切换至"开始"选项卡，单击"字号"下三角按钮，在展开的下拉列表中单击"18"选项，如下图所示。

Step 4　显示设置字体格式的效果。经过上述操作后，数据清单中的字体格式已经设置完成了，效果如下图所示。

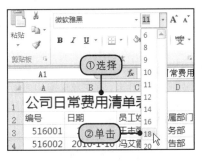

13.2.3　设置数据对齐方式

默认情况下，输入的文本数据以文本左对齐显示，数字数据以文本右对齐显示。为了让日常费用清单的数据更加整齐，用户可以对其设置统一的对齐方式。

Step 1　选择单元格区域。选择单元格区域A2:I22，如右图所示。

---

⑤ 设置字体字型

在Excel中用户可以设置字体字型，其中包括3种，分别为加粗、倾斜及下画线。下面介绍具体的操作方法。

1 选择单元格A1，如下图所示。

2 切换至"开始"选项卡，在"字体"组中依次单击"加粗"按钮、"倾斜"按钮、单击"下画线"下三角按钮，在展开的下拉列表中单击"双下画线"选项，如下图所示。

3 经过上述操作后，单元格A1中的文本应用了加粗、倾斜及双下画线的效果，如下图所示。

Step 2 设置数据居中对齐。切换至"开始"选项卡，在"对齐方式"组中单击"居中"按钮，如下图所示。

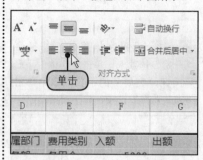

Step 3 选择格式设置。在"单元格"组中单击"格式"按钮，在展开的下拉列表中单击"列宽"选项，如下图所示。

Step 4 设置列宽。弹出"列宽"对话框，在其文本框中输入设置的列宽"11.5"，再单击"确定"按钮，如下图所示。

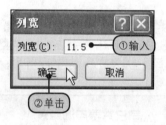

Step 5 选择单元格区域。此时所选的单元格区域应用了设置的列宽，再选择单元格区域A1:I1，如下图所示。

	A	B	C
1	公司日常费用清单表		
2	编号	日期	员工姓名
3	516000	2010-1-5	王志强
4	516002	2010-1-10	冯艾霞
5	516003	2010-1-10	史柯
6	516004	2010-1-10	万杰
7	516005	2010-1-20	李晶晶
8	516006	2010-1-20	吴萍
9	516007	2010-1-20	农兴
10	516008	2010-2-5	王志强

Step 6 设置合并后居中。切换至"开始"选项卡，在"对齐方式"组中单击"合并后居中"按钮，如下图所示。

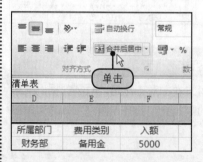

Step 7 显示设置对齐方式的效果。经过上述操作后，单元格区域A1:I1被合并成一个单元格了，并且其中的标题文本呈居中显示，如下图所示。

C	D	E	F	G
公司日常费用清单表				
员工姓名	所属部门	费用类别	入额	出额
王志强	财务部	备用金	5000	
冯艾				100
史柯	显示合并后居中效果			1800
万杰	宣传部	办公费		60
李晶晶	设计部	办公费		80
吴萍	广告部	电话费		150
农兴	设计部	办公费		100
王志强	财务部	备用金	5000	
李晶晶	推广部	差旅费		2300
吴萍	广告部	电话费		150
农兴	推广部	差旅费		2000

🔍 13.2.4 设置边框与颜色

　　设置表格的对齐方式后，接下来便可以更进一步美化数据表了。本节介绍如何通过设置表格的边框和底纹颜色，让表格焕然一新。

Step 1　设置单元格底纹。选择单元格区域A2:I2，在"字体"组中单击"填充颜色"下三角按钮，在展开的下拉列表中单击"橙色"图标，如下图所示。

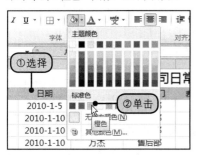

Step 3　选择其他边框。在"字体"组中单击"边框"下三角按钮，在展开的下拉列表中单击"其他边框"选项，如下图所示。

Step 5　设置边框颜色。单击"颜色"下三角按钮，在展开的下拉列表中单击"橙色"图标，如下图所示。

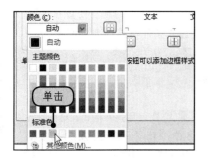

Step 7　显示设置后的效果。经过上述操作后，所选的单元格区域应用了设置的边框样式，如右图所示。

Step 2　选择单元格区域。此时所选的单元格区域应用了橙色底纹，再选择单元格区域A1:I22，如下图所示。

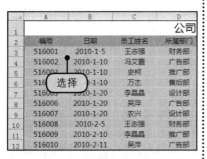

Step 4　选择线条样式。弹出"设置单元格格式"对话框，切换至"边框"选项卡，在"样式"列表框中单击需要的边框，如下图所示。

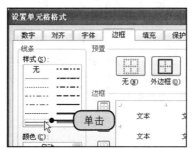

Step 6　选择边框。在"预置"选项组中分别单击"外边框"按钮和"内部"按钮，如下图所示，然后单击"确定"按钮。

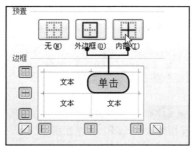

⑥ 设置文字方向

设置文字方向是指沿对角或垂直方向旋转文字，通常用于标记较窄的列。下面介绍具体的操作方法。

1　选择单元格A1:C1，如下图所示。

编号	员工姓名	所属部门
516001	王志强	财务部
516002	冯文霞	广告部
516003	史柯	推广部
516004	万杰	售后部
516005	李晶晶	设计部
516006	吴萍	广告部
516007	农兴	设计部
516008	王志强	财务部
516009	李晶晶	推广部
516010	吴萍	广告部

2　在"对齐方式"组中单击"方向"按钮，在展开的下拉列表中单击"设置单元格对齐方式"选项，如下图所示。

3 弹出"设置单元格格式"对话框，切换至"对齐"选项卡，在"方向"选项组中的文本框中输入"60"度，如下图所示，再单击"确定"按钮。

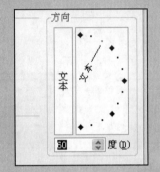

4 经过上述操作后，即为所选的单元格文本应用了设置的方向"60"度，如下图所示。

A	B	C
编号	员工姓名	所属部门
516001	王志强	财务部
516002	冯文霞	广告部
516003	史柯	推广部
516004	万杰	售后部
516005	李晶晶	设计部
516006	吴萍	广告部
516007	农兴	设计部
516008	王志强	财务部

13.2.5 设置数据格式

在默认情况下，当用户输入表示金额的数字时，其格式显示的是数值。用户可以为数值应用相应的会计专用格式，从而使金额数据更一目了然。具体的操作步骤如下。

Step 1 选择单元格区域。选择单元格区域F3:G22，如下图所示。

Step 2 选择会计专用格式。切换至"开始"选项卡，单击"会计数字格式"下三角按钮，在展开的下拉列表中单击"￥中文(中国)"选项，如下图所示。

Step 3 显示设置数字格式的效果。经过上述操作后，所选的单元格区域应用了选择的会计专用格式，效果如右图所示。

费用类别	入额	余额
备用金	￥ 5,000.00	
电话费	￥ 100.00	
差旅费	￥ 1,800.00	
办公费	￥ 60.00	
办公费	￥ 80.00	
电话费	￥ 150.00	
办公费	￥ 100.00	
备用金	￥ 5,000.00	
差旅费	￥ 2,300.00	
电话费	￥ 150.00	

13.2.6 应用条件格式查看重复日期

通常，费用报销清单都是按日期排列顺序的，若用户要查看某些日期是否有同一员工的报销费用，可以通过"条件格式"进行查看。

最终文件 实例文件\第13章\最终文件\应用条件格式查看重复日期.xlsx

Step 1 选择单元格区域。选择单元格区域B3:B22，如下图所示。

Step 2 使用条件格式。单击"条件格式>突出显示单元格规则>重复值"选项，如下图所示。

	A	B	C
1			
2	编号	日期	员工姓名
3	516001	2010-1-5	王志强
4	516002	2010-1-10	冯文霞
5	516003	2010-1-10	史柯
6	516004	2010-1-10	万杰
7	516005	2010-1-20	李晶晶
8	516006	2010-1-20	吴萍
9	516007	2010-1-20	农兴

Step 3 设置重复值。弹出"重复值"对话框，在"设置为"下拉列表中单击"绿填充色深绿色文本"选项，如下图所示，再单击"确定"按钮。

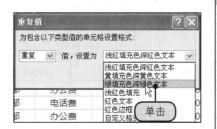

Step 5 修改日期。将单元格区域B15:B16的日期从"2010-1-20"修改成"2010-2-20"，如右图所示。

516010	2010-2-11	吴萍	广告部
516011	2010-2-13	农兴	推广部
516012	2010-2-14	冯艾霞	财务部
516013	2010-2-20	史柯	推广部
516014	2010-2-20	李晶晶	设计部
516015	2010-3-6	王志强	财务部
516016	2010-3-15	冯艾霞	广告部
516017	修改	史柯	推广部
516018	2010-3-14	万杰	售后部
516019	2010-3-15	李晶晶	设计部
516020	2010-3-16	吴萍	广告部

Step 4 显示重复值。在所选的单元格区域中显示重复的日期，如下图所示，可以发现在1月份中，员工"史柯"和"李晶晶"报销了两次费用，并且第二次的报销数据在2月份中，由此可以说明其日期填写错误。

编号	日期	员工姓名	所属部门	费用类别
516001	2010-1-5	王志强	财务部	备用金
516002	2010-1-10	冯艾霞	广告部	电话费
516003	2010-1-10	史柯	推广部	差旅费
516004	2010-1-10	万杰	售后部	办公费
516005	2010-1-20	李晶晶	设计部	办公费
516006	2010-1-20	吴萍	广告部	电话费
516007	2010-1-20	农兴	设计部	办公费
5160	突出显示重复值		财务部	备用金
5160			广告部	差旅费
5160			广告部	电话费
516011	2010-2-13	农兴	推广部	差旅费
516012	2010-2-14	冯艾霞	财务部	备用金
516013	2010-1-20	史柯	推广部	差旅费
516014	2010-1-20	李晶晶	设计部	办公费

经验分享：
控制费用开支的方法

　　如果不能合理地控制日常费用开支，这样会让收支不平衡，造成公司亏损，因此需要做到以下几点。
　　（1）建立完善的费用支出申报体系。
　　（2）强化费用预算约束。
　　（3）推行费用支出控制。
　　（4）实行费用支出定额管理。
　　（5）实行全员和全公司成本控制。

13.3 计算公司日常费用金额

　　通过前面的学习，可以制作出一份专业、美观的报销费用清单。本节将更进一步地对各费用进行计算分析，例如计算各报表费用的余额、按照日期筛选报销信息等。

　　原始文件　实例文件\第13章\原始文件\计算公司日常费用金额.xlsx
　　最终文件　实例文件\第13章\最终文件\计算公司日常费用金额.xlsx

13.3.1 计算各报销费用的余额

　　根据公司日常费用记录表，用户可以使用Excel进行报销余额的统计。下面介绍具体的操作方法。

Step 1 输入公式。打开附书光盘\实例文件\第13章\原始文件\计算公司日常费用金额.xlsx工作簿，在单元格H3中输入公式"=F3+G3"，如右图所示。

清单表

入额	出额	余额
￥ 5,000.00		=F3+G3
	￥ 100.00	
	￥ 1,800.00	输入
	￥ 60.00	
	￥ 80.00	
	￥ 150.00	
	￥ 100.00	

报销是公司财务制度的一部分，因此报销票据要符合正规、合法的制度。以下三点是较重要的部分。

（1）报销票据必须是印制有税务机关发票监制章的税务发票。

（2）内容必须据实填写完整。具体包括：单位名称、开票日期、物品名称、单位、数量、单价、金额（金额大小写须一致）、开票人、开票单位财务专用章或发票专用章等。

（3）报销票据背面要求有经办人签名。

Step 2 计算余额。按Enter键，即可在单元格H3中显示计算的余额，在单元格H4中输入公式"=H3-G4"，如下图所示。

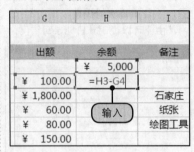

Step 4 继续输入公式。释放鼠标后，即可在填充的单元格区域中显示计算结果，在单元格H10中输入公式"=F10+H9"，如下图所示。

Step 6 显示计算的余额结果。按照同样的方法，重复计算剩下的余额，最终效果如右图所示。

Step 3 填充公式。按Enter键，将鼠标指针放置单元格H4右下角，呈"十"字状，按住鼠标左键不放，向下拖动至单元格G9，如下图所示。

Step 5 继续计算余额。按Enter键，即可在单元格H10中显示计算的余额，在单元格H11中输入公式"=H10-G11"，如下图所示，再按Enter键。

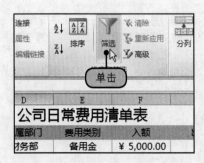

13.3.2 按照日期筛选报销信息

除了能计算备用金的余额外，用户还可以通过"筛选"功能分析某月的报销数据。具体的操作步骤如下。

Step 1 选择筛选。在数据表中选择任意单元格，切换至"数据"选项卡，单击"筛选"按钮，如右图所示。

Step 2　选择筛选日期。此时在表头处自动生成下三角按钮，单击"日期"下三角按钮，如下图所示。

Step 3　选择字段。在展开的下拉列表中，勾选需要筛选的内容"二月"，如下图所示，设置完毕后单击"确定"按钮。

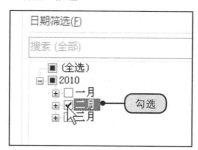

Step 4　显示筛选结果。经过上述操作后，在工作表中只显示二月份的报销数据，再单击"所属部门"下三角按钮，如下图所示。

Step 5　选择字段。在展开的下拉列表中，勾选需要筛选的内容"推广部"，如下图所示，设置完毕后单击"确定"按钮。

Step 6　显示筛选结果。经过上述操作后，数据表中只显示二月份"推广部"的报销数据，如右图所示。

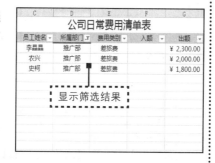

差旅费报销程序是什么

Q　不同的公司要求的报销程序会有所不同，但是主要程序是一致的。那么差旅费报销程序是什么呢？

A　通常，报销差旅费的程序大概有5点，具体说明如下。

（1）请款如需借款，须填写请款单，根据经费管理权限，由相关领导签字。

（2）回来后，整理取得的原始票据，填写出差旅费报销单，写明出差时间、地点、事由及车票或飞机票、住宿费金额。将有关票据粘贴在报销单后。

（3）签批由经费负责人审核后签字。

（4）财务会计审核。对车票、飞机票、住宿费发票等原始票据的真实性、合法性、合理性进行审核，确定出差人的伙食和公杂费补助金额。出差人如有借款，还需冲销原借款。

（5）财务出纳结清款项。根据财务审核人员填制的会计凭证付款，如果支出金额小于原借款金额，由借款人或经办人将差额交回。

13.4 保护与打印报销单

　　完成报销单的制作与计算后，有必要对其设置保护措施，以免数据被人篡改。本节最后还介绍打印工作簿的操作方法。

13.4.1 设置保护措施

　　因为"公司日常费用清单"工作簿中有两张工作表，所以可以将其中重要的工作表保护起来。通过"保护工作表"功能，用户可以有效地防止其他人编辑数据。

原始文件　实例文件\第13章\原始文件\设置保护措施.xlsx
最终文件　实例文件\第13章\最终文件\设置保护措施.xlsx

经验分享:
费用报销单的填写要求

报销原始单据时，需要根据有效的各类发票，认真填写"费用报销单"，并按行次简要地写明报销用途。

（1）填写报销单时，报销金额大小写一定要一致。同时也要规范大写用字，如：零、壹、贰、叁、肆、伍、陆、柒、捌、玖、拾。

（2）填写报销单据或签字时，一定要按财务规定，用蓝、黑色钢笔或签字笔填写。切不可用铅笔、圆珠笔等填写。

（3）报销单填好后，要按报销程序，由部门负责人签字，经财务审核签字无误后，再给公司领导签字，这样方可给予报销。

（4）报销单据粘贴，可按票面金额的大小或按单据票的大小，按顺序一排排，一行行，上下、左右、前后，整齐粘贴。做到干净、平整、排列整齐。切不可将单据胡乱以钉书针、胶带纸等用品横七竖八粘贴，以便造成不规范及财务装订的不便。

Step 1 选择保护工作表。打开附书光盘\ 实例文件\第13章\原始文件\设置保护措施.xlsx工作簿，切换到"审阅"选项卡，单击"保护工作表"按钮，如下图所示。

Step 3 确认密码。弹出"确认密码"对话框，在该文本框中再次输入之前设置的密码，再单击"确定"按钮，如下图所示。

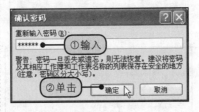

Step 2 设置保护密码。弹出"保护工作表"对话框，在其文本框中输入需要的密码后，在下面的列表框中取消勾选所有复选框，如下图所示，单击"确定"按钮。

Step 4 显示保护效果。经过上述操作后，该工作表中应用了设置的保护措施。当用户单击或双击所有单元格时都无法进行选中或编辑操作，如下图所示。

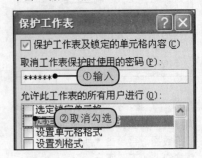

🔍 **13.4.2 打印日常费用清单**

通常，公司报销费用单每月或每季度都会打印出来给员工们查看。下面将介绍打印工作表的操作方法。

💿 **原始文件**　实例文件\第13章\原始文件\打印日常费用清单.xlsx

Step 1 选择单元格区域。打开附书光盘\实例文件\第13章\原始文件\打印日常费用清单.xlsx工作簿，选择单元格区域B2:I22，如右图所示。

Step 2 选择打印。单击"文件"按钮，在左侧选择"打印"命令，如下图所示。

Step 3 选择打印区域。在右侧"打印"界面中单击"打印活动工作表"按钮，在展开的下拉列表中单击"打印选定区域"选项，如下图所示。

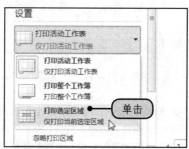

Step 4 设置纸张方向。单击"纵向"按钮，在展开的下拉列表中单击"横向"选项，如下图所示。

Step 5 选择页面设置。在右侧"打印"界面中单击"页面设置"按钮，如下图所示。

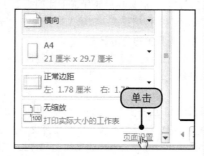

Step 6 设置页边距。弹出"页面设置"对话框，切换至"页边距"选项卡，设置"上"和"下"分别为"1.9""左"和"右"分别为"1.8"，勾选"水平"和"垂直"复选框，如右图所示。

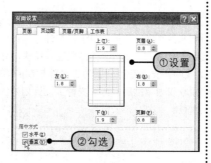

Step 7 显示打印预览。单击"确定"按钮后，即可在"打印"预览界面中显示打印效果，如下图所示。

Step 8 开始打印。确认打印的效果后，单击"打印"按钮，如下图所示，即可开始打印日常费用清单。

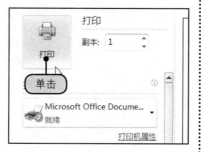

 经验分享：
报销的程序

　　每个公司都有自己的报销程序，其大致不外乎5点，具体说明如下。

　　（1）应粘贴正规的发票，在报销单后面。

　　（2）填写报销单，其中包括姓名、金额、用途、日期、领款人。

　　（3）财务部门进行票据、金额、内容和报销人的审核。

　　（4）让部门领导或直属领导签字。

　　（5）出纳核对金额后结清款项。

专家点拨：管理公司日常开支的方法和技巧

管理公司日常开支是每个公司最基本的财务工作之一。公司为加强经营管理、明确职责、理顺关系、完善成本控制机制、提高整体效益意识、严格财务开支、有效地降低成本，都会有一套自己的管理方式。在这里，我们介绍几种有效的方法和技巧。

一、费用管理的方法

为加强公司财务管理，控制费用开支，本着精打细算、勤俭节约、有利工作的原则，按照大多数公司的实际情况，为大家介绍费用管理的主要方法。

（1）各部门经理负责按本部门费用的预算数进行有效且合理的分配、控制、审核工作。

（2）费用会计负责各部门日常费用开支的审核、指导、监督、分析、跟踪及上报工作。

（3）财务经理负责完善公司费用制度及费用预算的组织、分析和通报工作。

二、费用控制的技巧

在了解费用管理的方法后，为了能对日常开销进行控制，应做到以下几点。

（1）计划管理：公司对各项费用开支实行计划管理，各项开支原则上必须先报计划，按批准的计划开支。各项费用开支都必须取得合法原始凭证，经办人必须在原始凭证上注明开支用途，财务部办理报销必须认真审核，保证开支凭证完整、准确、合法。公司的所有费用开支一律纳入计划管理，计划内用款按照授权体系进行签批，计划外的用款履行报批手续，严禁无计划、无报批的费用开支。

（2）总额或总费用率控制：财务部将核定后的各部门费用开支额度及各费用项目的开支额度下发。各部门使用时，当月结余额度可以调剂到下月使用，但未经批准当月不准预支下月或以后月份的额度，费用项目之间也不允许调剂额度使用。

（3）较大的费用开支实行"先报计划，后开支"，比如分两种情况：1000 元以上的费用开支，由有关部门提出计划报告（须说明用途和详细预算），报总经理、董事长批准后开支，凭批准的计划经财务部经理审核后报销。200~1000 元的费用开支，由有关部门提出计划报告（须说明用途和详细预算），报总经理批准后开支，凭批准的计划经财务部经理审核后报销。

（4）专人管理、监控：设立费用会计岗位，负责日常费用的审核、监控、分析等工作，每月根据部门费用进度，出具费用进度分析表，对各职能部门和总经理进行通报。对于计划外、超计划且未经授权人员审批的费用开支，费用会计必须拒绝签字；对于违反规定乱支乱用的，费用会计必须逐级反映，直至解决为止。

（5）授权管理：总部及各分部的费用开支。在计划管理、总额控制的前提下，实行授权管理的规定。凡计划内的用款，必须由相关各级领导按照授权权限审批后，方能支付；凡计划外的用款，必须报送总经理审批后方能支付。未经授权擅自签批的，追究相关责任。

Chapter

仓库进/出货核算表

学习要点

● 制作货物进/出库表
● 制作货物总账表
● 应用图表形式展示库存信息

本章结构

制作货物进、出库表
· 创建入库表　· 创建出库表

制作货物总账表
· 使用数据有效性录入货物名称
· 按货物名称计算进、出库金额
· 使用数组计算库存余额
· 应用VLOOKUP函数调用货物剩余库存

应用图表形式展示库存信息

---

① 创建出库表

出库表			
出货数量（箱）	退回数量	实际数量	负责人
45		45	刘秀兰
30		30	刘秀兰
60	10	50	刘秀兰
50		50	刘秀兰
60		60	刘秀兰
30		30	张庆
30		30	张庆

② 使用为单元格添加的下拉列表

	商品编码	货物名称	单价	入库
3	CY010		120.00	
4	CY011	茉莉	160.00	
5	FH010	洋甘菊	180.00	
6	FH011	乳香 檀香	120.00	
7	FH012	薰衣草 依兰	150.00	

③ 使用VLOOKUP计算货物剩余

货物名称	单价	入库数量（箱）	入库总金额
茉莉	¥ 120.00	180	¥ 21,600.00
洋甘菊	¥ 160.00	210	¥ 33,600.00
乳香	¥ 180.00	110	¥ 19,800.00
檀香	¥ 120.00	320	¥ 38,400.00
薰衣草	¥ 150.00	420	¥ 63,000.00
依兰	¥ 110.00	70	¥ 7,700.00
薄荷	¥ 120.00	270	¥ 32,400.00
茶树	¥ 140.00	210	¥ 29,400.00
柠檬	¥ 110.00	270	¥ 29,700.00

查找	货物名称	剩余库存(箱)
	薄荷	70

④ 应用图表形式展示库存信息

剩余库存(箱)

Chapter **14**

仓库进/出货核算表

仓库管理是企业管理中的一个重要组成部分。企业要在国内外市场取得一席之地，就必须使其仓库管理达到现代化水平。目前，大多数公司仓库管理已从原始的手工阶段走向方便快捷的计算机实现阶段。选择合理的仓库管理方法，不仅会促进销售，改善生产秩序，做到均衡生产，而且会降低库存的占用资金，最终使企业获得更好的经济效益。本章将应用Excel 2010制作一份仓库进出货核算表，其中包括制作货物进/出库表和货物总账表等。

提示 ① 手动填充等差序列

除了使用对话框填充数据外，用户还可以使用拖动方法来填充数据，具体的操作步骤如下。

1 在单元格区域A2:A3中分别输入"1"和"2"，再将其选中，将鼠标指针放置该单元格区域右下角，呈黑十字状，如下图所示。

2 按住鼠标左键向下填充至单元格A10，如下图所示。

3 释放鼠标后，即可在单元格区域中显示填充的效果，如下图所示。

14.1 制作货物进/出库表

仓库管理中最重要的便是记录好货品入库与出库的详细数据，以便于日后对货物进行统计与计算。本节为大家介绍仓库入库表与出库表的制作。

14.1.1 创建入库表

每当有货物存放到仓库时，都会记录到入库表中，因此入库表中应该包含编号、商品编码、货物名称、入库时间、入库数量及存放区域。在Excel 2010中，可利用数据填充、单元格合并、行高、列宽调整来实现绘制入库表，具体操作步骤如下。

最终文件 实例文件\第14章\最终文件\入库表.xlsx

Step 1 重命名工作表。在打开的工作簿中将工作表标签名称Sheet1重命名为"入库表"，如下图所示。

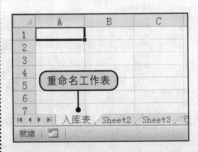

Step 2 填充编号。在工作表中输入需要的数据内容，在单元格A3中输入编号"1"，再选择单元格区域A3:A14，如下图所示。

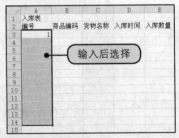

Step 3 选择填充系列。切换至"开始"选项卡，单击"填充"按钮，在展开的下拉列表中单击"系列"选项，如右图所示。

Step 4　设置序列。弹出"序列"对话框，在"类型"选项组中选中"等差序列"单选按钮，设置"步长值"为"1"，再单击"确定"按钮，如下图所示。

Step 6　设置居中对齐方式。选择单元格区域A2:F24，切换至"开始"选项卡，单击"居中"按钮，如下图所示。

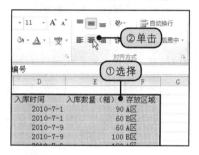

Step 8　美化表格。完成合并操作后，继续设置边框和底纹、字体颜色等格式，如右图所示。

Step 5　继续输入数据。返回工作表，此时在选择的单元格区域中显示填充的等差序列，继续输入其他数据，如下图所示。

Step 7　合并单元格。选择单元格区域A1:F1，再单击"合并后居中"按钮，如下图所示。

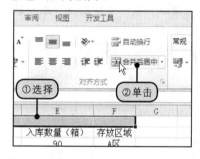

14.1.2　创建出库表

出库表与入库表类似，其包含的字段为出库日期、商品编码、货物名称、出货数量、退回数量、实际数量及负责人。创建出库表的具体操作步骤如下。

最终文件　实例文件\第14章\最终文件\出库表.xlsx

Step 1　重命名工作表。将工作表Sheet2重新命名为"出库表"，如右图所示。

提示 ② 选择整个工作表单元格的快捷键

为了让用户快速选中工作表中的所有单元格，只需要按快捷键Ctrl+A即可。

Step 2 输入数据。继续录入出库表的相关信息，例如出库日期、商品编号、货物名称、出货数量等，如下图所示。

	A	B	C	D
1	出库表			
2	出库日期	商品编号	货物名称	出货数量（箱）
3	2010-7-15	CY010	茉莉	45
4	2010-7-15	CY011	洋甘菊	30
5	2010-7-15	FH010	乳香	60
6	2010-7-15	FH011	檀香	50
7	2010-7-15	FH012	薰衣草	60
8	2010-7-16	FH011	檀香	30
9	2010-7-16	FH012	薰衣草	30
10	2010-7-16	FH013	依兰	40
11	2010-7-16	CY012	薄荷	30
12	2010-7-16	CY013	玫瑰	30
13	2010-7-16	CY014	柠檬	20
14	2010-8-5	CY014	柠檬	80

输入

Step 3 计算实际数量。输入相应的数据后，可以设置表格边框、底纹、字号等格式，再在单元格F3中输入公式"=D3-E3"，如下图所示。

出库表

出货数量（箱）	退回数量	实际数量
45		=D3-E3
30		
60	10	
50		
60		
30		
30		

输入

除了在单元格中直接输入公式外，用户还可以使用鼠标引用单元格，具体的操作步骤如下。

1 在单元格F3中输入"="，再引用选择单元格D3，如下图所示。

出库表

出货数量（箱）	退回数量	实际数量
45		=D3
30		
60	10	
50		
60		
30		
30		
40	10	
30		
20		

2 输入"-"号，再选择应用单元格E3，如下图所示。

出库表

出货数量（箱）	退回数量	实际数量
45		=D3-E3
30		
60	10	
50		
60		
30		
30		
40	10	
30		
30		

3 按Enter键，即可在单元格E3中显示计算的实际数量，如下图所示。

出库表

出货数量（箱）	退回数量	实际数量
45		45
30		
60	10	
50		
60		
30		
30		
40	10	
30		

Step 4 填充公式。按Enter键，即可在单元格F3中显示计算的结果，将该单元格的公式填充至单元格F30，如下图所示。

出货数量（箱）	退回数量	实际数量	负责人
45		45	刘秀兰
30			刘秀兰
60	10		刘秀兰
50			刘秀兰
60			刘秀兰
30			张庆
30			张庆
40	10		张庆
30			张庆
30			张庆
20			陈思思
80	20		陈思思
80	15		陈思思
80	15		陈思思
40			陈思思

填充

Step 5 显示计算的结果。经过上述操作，单元格区域F3:F30都会显示出各商品的出货实际数量，如下图所示。

出库表

出货数量（箱）	退回数量	实际数量	负责人
45		45	刘秀兰
30		30	刘秀兰
60	10	50	刘秀兰
50		50	刘秀兰
60		60	刘秀兰
30		30	张庆
30		30	张庆
40	10	30	张庆
30		30	张庆

显示计算的结果

14.2 制作货物总账表

仅创建仓库的入库表和出库表是完全不够的，为了能够在表格中清楚显示货物的剩余数量、入库金额、出库金额等信息，有必要制作货物总账表。本节将对这部分内容进行介绍。

14.2.1 使用数据有效性录入货物名称

对于有规律的文本数据，我们在制作表单时可考虑将其制作为下拉列表。这样，录入时只需从下拉列表中选择即可，以减少用户手工录入操作的烦琐与重复性。

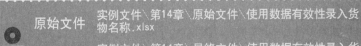

Step 1 选择单元格区域。打开附书光盘实例文件\第14章\原始文件\使用数据有效性录入货物名称.xlsx工作簿，选择单元格区域B3:B11，如下图所示。

Step 2 选择数据有效性。切换至"数据"选项卡，单击"数据有效性"按钮，如下图所示。

Step 3 设置有效性条件。弹出"数据有效性"对话框，切换至"设置"选项卡，在"允许"下拉列表中单击"序列"选项，如下图所示。

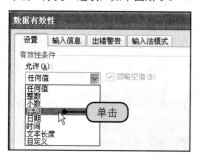

Step 4 选择来源。保留默认的"忽略空值"复选框和"提供下拉箭头"复选框，单击"来源"右侧的按钮，如下图所示。

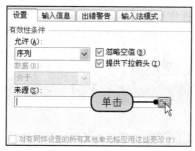

Step 5 引用单元格。切换至工作表"入库表"，选择单元格区域C3:C11，如下图所示，再单击对话框右侧的按钮。

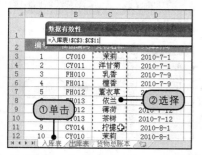

Step 6 确认设置。返回"数据有效性"对话框，在"来源"文本框中显示引用的单元格，再单击"确定"按钮，如下图所示。

Step 7 从列表中选择。此时，选中单元格区域B3:B11内的任意单元格，右侧都会有一个下三角按钮，单击该按钮将展开一个下拉列表，选择"茉莉"选项，如右图所示。

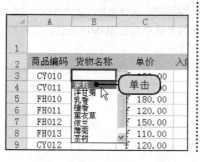

提示 ④ **手动设置有效性来源**

在"数据有效性"对话框中设置来源时，除了引用原有单元格区域外，用户还可以手动输入序列内容。具体的操作方法如下。

1 按照前面的方法，弹出"数据有效性"对话框，设置"允许"为"序列"，在"来源"文本框中依次输入序列内容，这里为"茉莉,洋甘菊,乳香,檀香,薰衣草"，各选项内容之间用半角逗号(,)分开，如下图所示，再单击"确定"按钮。

2 经过上述操作后，单击设置"数据有效性"右侧的下三角按钮，会在其中显示设置的选项，如下图所示。

Step 8 录入数据。选择"茉莉"后，货物"茉莉"会立即自动输入单元格B3中，如下图所示。

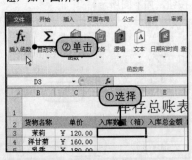

Step 9 显示完成录入的操作。按照同样的方法，为其他单元格区域自动输入信息到相应的单元格中，效果如下图所示。

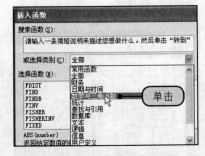

除了在功能区中弹出"插入函数"对话框，用户还可以在编辑栏中进行此操作，具体的操作步骤如下。

1 选择需要的单元格，再单击编辑栏左侧的"插入函数"按钮 *fx*，如下图所示。

2 弹出"插入函数"对话框，再按照前面介绍的方法，选择函数类别并进行具体函数选择，如下图所示。

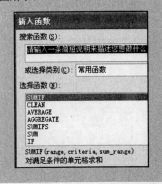

14.2.2 按货物名称计算进/出库金额

在计算货物的进/出库金额前，首先要计算货物的总入库数量和总出库数量，通过使用Excel 2010的SUMIF函数可以完成这项工作。具体的操作步骤如下。

原始文件 实例文件\第14章\原始文件\按货物名称计算进、出库金额.xlsx

最终文件 实例文件\第14章\最终文件\按货物名称计算进、出库金额.xlsx

Step 1 选择插入函数。打开附书光盘\实例文件\第14章\原始文件\按货物名称计算进、出库金额.xlsx工作簿，选择单元格D3，切换至"公式"选项卡，单击"插入函数"按钮，如下图所示。

Step 2 选择函数类别。弹出"插入函数"对话框，在"或选择类别"下拉列表中单击"数学与三角函数"选项，如下图所示。

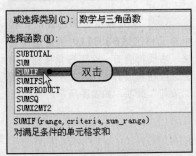

Step 3 选择函数。在"选择函数"列表框中双击SUMIF函数，如右图所示。

Step 4 选择引用按钮。弹出"函数参数"对话框,在SUMIF选项组中单击Range右侧的 按钮,如下图所示。

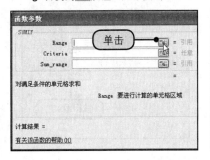

Step 5 选择单元格区域。切换至工作表"入库表",选择单元格区域C3:C24,如下图所示,再单击 按钮。

16	14	FH012	薰衣草	2010-8
17	15			
18				
19	17	FH012		2010-8-
20	18	CY013	茶树	2010-9
21	19	1	洋甘菊	2010-9
22	20	2	薄荷	2010-9
23	21	FH012	薰衣草	2010-9
24		FH011	檀香	2010-9

函数参数 入库表!C3:C24
②选择 ①单击

入库表 出库表 货物总账本

Step 6 设置Criteria参数。返回"函数参数"对话框,在Criteria文本框中输入B3,再单击Sum_range右侧的 按钮,如下图所示。

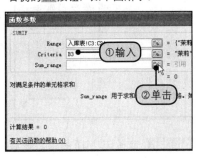

Step 7 选择单元格区域。切换至工作表"入库表",选择单元格区域E3:E24,如下图所示,再单击 按钮。

FH011	檀香	2010-8-1	120
CY012	薄荷	2010-8-1	60
CY013	茶树	2010-8-15	60
FH012	薰衣草	2010-8-15	150
CY011	洋甘菊		
CY014	柠檬		
FH010	乳香	2010-9-10	50
CY013	茶树	2010-9-10	50
CY011	洋甘菊	2010-9-10	70
			90
FH012	薰衣草		150
FH011	檀香	2010-9-10	100

函数参数 入库表!E3:E24
①单击 ②选择

入库表 出库表 货物总账本

Step 8 确认计算。返回"函数参数"对话框,在Sum_range文本框中显示引用的单元格区域,如下图所示,再单击"确定"按钮。

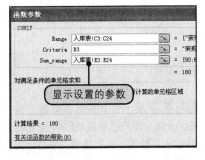

Step 9 显示计算结果。在单元格D3中显示入库表中所有"茉莉"入库量的总计,选择该单元格会在编辑栏中显示公式,如下图所示。

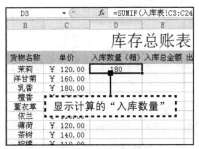

D3 =SUMIF(入库表!C3:C24

库存总账表

货物名称	单价	入库数量(箱)	入库总金额 出
茉莉	¥ 120.00	180	
洋甘菊	¥ 160.00		
乳香	¥ 180.00		
檀香		显示计算的"入库数量"	
薰衣草			
依兰			
薄荷	¥ 120.00		
茶树	¥ 140.00		
柠檬	¥ 110.00		

Step 10 完成计算结果。按照同样的方法,分别计算其他物品的入库数量,效果如右图所示。

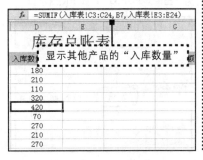

=SUMIF(入库表!C3:C24,B7,入库表!E3:E24)

库存总账表

入库数	显示其他产品的"入库数量"
180	
210	
110	
320	
420	
70	
270	
210	
270	

---

⑥ **SUMIF函数解析**

使用 SUMIF 函数可以对区域中符合指定条件的值求和。例如,假设在含有数字的某一列中,需要让大于 5 的数值相加,请使用公式:SUMIF(B2:B25,">5")

语法:

SUMIF(range, criteria, [sum_range])

参数:

range用于条件计算的单元格区域。每个区域中的单元格都必须是数字或名称、数组或包含数字的引用。空值和文本值将被忽略。

criteria用于确定对哪些单元格求和的条件,其形式可以为数字、表达式、单元格引用、文本或函数。例如,条件可以表示为 32、">32"、B5、32、"32" "苹果" 或 TODAY()。

sum_range可选要求和的实际单元格。如果sum_range参数被省略,Excel 会对在range参数中指定的单元格求和。

经验分享：
现代化仓库的优点

先进的基础设施和自动化功能是实现仓储现代化的基础，比如高平台的立体仓库、可存放不同种类货物的货架、有效的作业平台、可进行射频扫码的叉车、自动化货物传送装置、温控装置、喷淋装置、监控装置等；信息网络平台的搭建是实现仓储现代化的有效手段，通过综合运用现代化科学管理方法和现代信息技术手段，合理有效地组织、指挥、调度、监督物资的入库、出库、存储、装卸、搬运、计量、保管、财务、安全保卫等各项活动，达到作业的高质量、高效率，取得较好的经济效益。

Step 11 计算入库总金额。在单元格E3中输入公式"=C3*D3"，如下图所示。

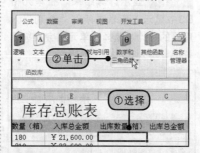

Step 13 填充公式。将鼠标指针指向单元格E3右下角呈黑"十"字状，按住鼠标左键不放，向下拖动至单元格E11，如下图所示。

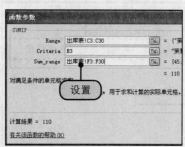

Step 15 选择三角函数。选择单元格F3，切换至"公式"选项卡，单击"数学和三角函数"按钮，如下图所示。

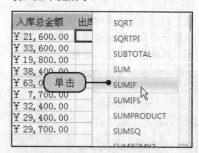

Step 17 设置函数参数。弹出"函数参数"对话框，设置Range为"出库表!C3:C30"、Criteria为"B3"、Sum_range为"出库表!F3:F30"，如下图所示。

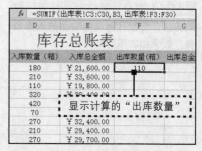

Step 12 显示结果。按Enter键，即可在单元格E3中显示计算的入库总金额，如下图所示。

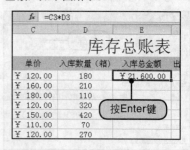

Step 14 显示计算结果。经过上述操作后，在填充的单元格中会显示计算的结果，如下图所示。

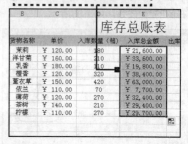

Step 16 选择SUMIF函数。在展开的下拉列表中单击SUMIF函数选项，如下图所示。

Step 18 显示计算的出库数量。按Enter键，即可在单元格F3中显示计算的出库数量，并在编辑栏中显示完整的公式，如下图所示。

Step 19 完成出库数量的计算。按照同样的方法，为其他商品计算出库数量，效果如下图所示。

	库存总账表		
入库数量（箱）	入库总金额	出库数量（箱）	出库总
180	￥21,600.00	110	
210	￥33,600.00	200	
110	￥19,800.00	100	
320	￥38,400.00	225	
420	￥63,000.00	325	
70	￥7,700.00	70	
270	￥32,400.00	200	
210	￥29,400.00	150	
270	￥29,700.00	92	

fx =SUMIF(出库表!C3:C30,B7,出库表!F3:F30)

Step 20 计算出库总金额。在单元格G3中输入公式"=C3*F3"，如下图所示。

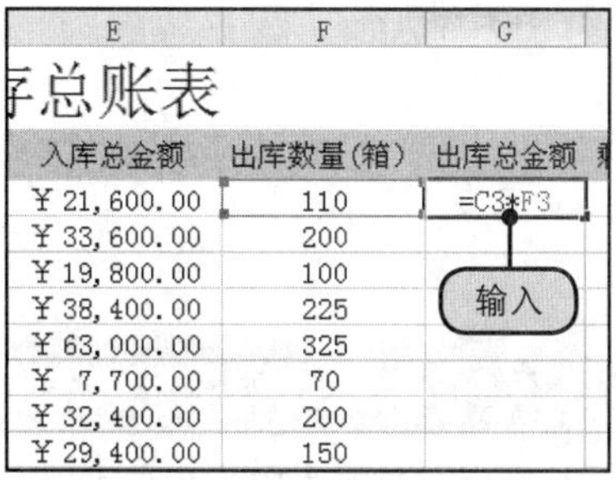

	存总账表	
入库总金额	出库数量（箱）	出库总金额
￥21,600.00	110	=C3*F3
￥33,600.00	200	
￥19,800.00	100	
￥38,400.00	225	
￥63,000.00	325	输入
￥7,700.00	70	
￥32,400.00	200	
￥29,400.00	150	

Step 21 填充公式。按Enter键，在单元格G3中显示计算结果，将鼠标指针指向该单元格右下角，呈黑"十"字状，按住鼠标左键不放，将其拖动至单元格G11，如下图所示。

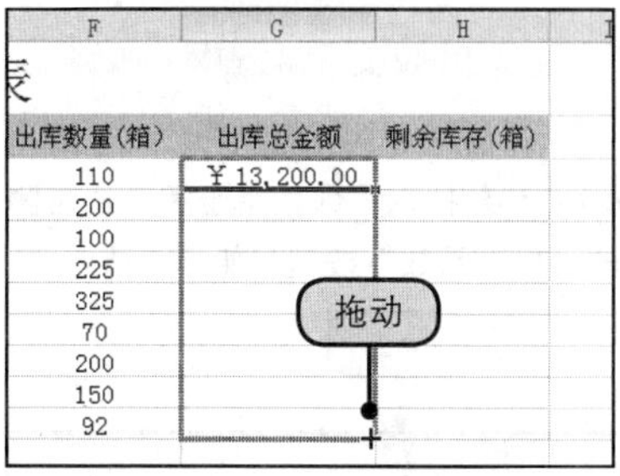

出库数量（箱）	出库总金额	剩余库存（箱）
110	￥13,200.00	
200		
100		
225		
325	拖动	
70		
200		
150		
92		

Step 22 显示计算结果。释放鼠标后，即可在填充的单元格中显示各商品的出库总金额，效果如下图所示。

显示各商品的"出库总金额"

出库数量（箱）	出库总金额	剩余库存（箱）
110	￥13,200.00	
200	￥32,000.00	
100	￥18,000.00	
225	￥27,000.00	
325	￥48,750.00	
70	￥7,700.00	
200	￥24,000.00	
150	￥21,000.00	
92	￥10,120.00	

14.2.3 使用数组计算库存余额

通过前面的操作，已经将入库数量和出库数量计算出来了。为了便于进行下一次补货，用户还需要计算库存余额。下面通过数组功能来完成这项工作。

> 原始文件 实例文件\第14章\原始文件\计算库存余额.xlsx
> 最终文件 实例文件\第14章\最终文件\计算库存余额.xlsx

Step 1 隐藏列。打开附书光盘\实例文件\第14章\原始文件\计算库存余额.xlsx工作簿，为了便于显示计算效果，这里将E列和G列隐藏，如下图所示。

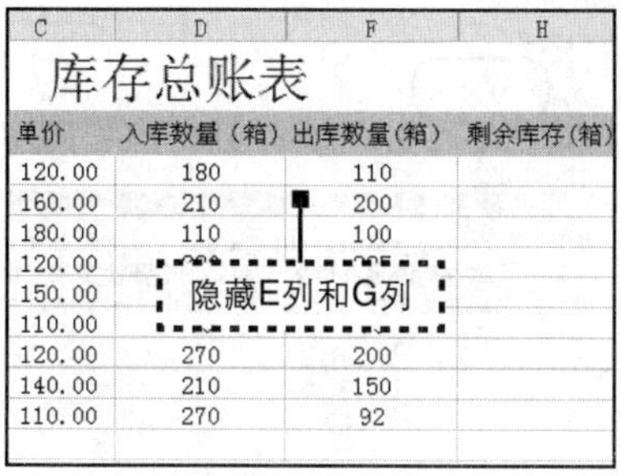

	库存总账表		
单价	入库数量（箱）	出库数量（箱）	剩余库存（箱）
120.00	180	110	
160.00	210	200	
180.00	110	100	
120.00			
150.00	隐藏E列和G列		
110.00			
120.00	270	200	
140.00	210	150	
110.00	270	92	

Step 2 输入数组公式。选择单元格区域H3:H11，输入公式"=D3:D11-F3:F11"，如下图所示。

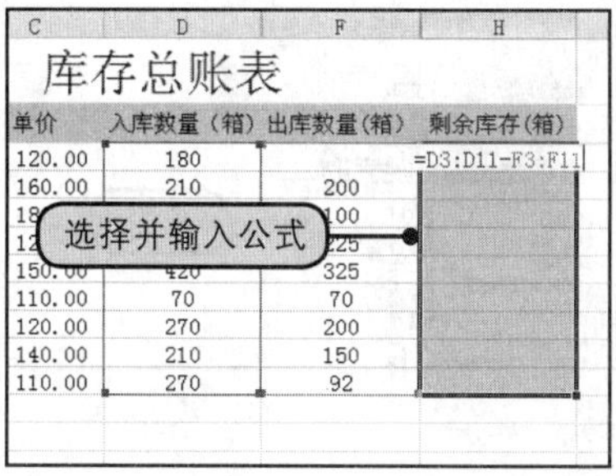

	库存总账表		
单价	入库数量（箱）	出库数量（箱）	剩余库存（箱）
120.00	180		=D3:D11-F3:F11
160.00	210	200	
18		.00	
1	选择并输入公式	25	
150.00	420	325	
110.00	70	70	
120.00	270	200	
140.00	210	150	
110.00	270	92	

？ 常见问题

怎样快速地盘点仓库货物

Q 仓库货物的数量是非常繁多的，那么如何有效地完成对货物的盘点操作呢？

A 仓储管理的信息化是现代化仓库管理的趋势，随着信息技术不断发展，尤其是信息网络化的应用，仓储信息处理越来越复杂，信息数据量也更为庞大，来源分布广而复杂。如果仍采用手工收集数据，会大大增加信息采集人员和信息输入人员，降低信息正确率和信息系统的执行效率。

在仓库管理中引入条码技术，对仓库的到货检验、入库、出库、调拨、移库移位、库存盘点等各个作业环节的数据进行自动化的数据采集，保证仓库管理各个作业环节数据输入的效率和准确性，确保企业及时准确地掌握库存的真实数据，合理保持和控制企业库存。通过科学的编码，还可方便地对物品的批次、保质期等进行管理。

仓库储存量可以根据需求量的变化、订货间隔期的变化及交货延误期的长短进行调整。

预期存货需求量变化越大，企业应保持的安全库存量也越大；同样，在其他因素相同的条件下，订货间隔期、订货提前期的不确定性越大，或预计订货间隔期越长，则存货的中断风险也就越高，安全库存量也应越大。

通常来讲，存货短缺成本的发生概率或可能的发生额越高，企业需要保持的安全库存量就越大。增加安全库存量，尽管能减少存货短缺成本，但会给企业带来存储成本的额外负担。

为有效地解决仓储安全存量的矛盾，需要新的运作理念并要求新的运作模式与其相匹配。从供应链管理的思想出发，有针对性地总结了以下8条重要解决措施。

（1）实施柔性化组织管理。
（2）建立联盟与合作。
（3）供应链间的协调尤为重要。
（4）提高信息沟通效率。
（5）建立渠道竞争优势。
（6）外包非核心业务可以使企业获得成本效率。
（7）施行接单制造的生产策略。
（8）加强存货管理。

Step 3 显示计算结果。按组合键Ctrl+Shift+Enter，在单元格H3:H11中分别显示每种商品的剩余库存量，如右图所示。

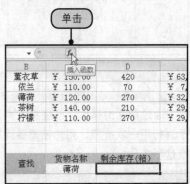

14.2.4 应用VLOOKUP函数调用货物剩余库存

在库存总账表中，用户可以应用VLOOKUP函数调出指定货物的剩余库存量，例如要查找"薄荷"的剩余库存信息。下面介绍具体的操作方法。

原始文件 实例文件\第14章\原始文件\应用VLOOKUP函数调用货物剩余库存.xlsx
最终文件 实例文件\第14章\最终文件\应用VLOOKUP函数调用货物剩余库存.xlsx

Step 1 选择单元格。打开附书光盘\实例文件\第14章\原始文件\应用VLOOKUP函数调用货物剩余库存.xlsx工作簿，选择单元格D16，如下图所示。

Step 2 插入函数。单击编辑栏左侧的"插入函数"按钮，如下图所示。

Step 3 选择函数类别。弹出"插入函数"对话框，单击"或选择类别"下三角按钮，在展开的下拉列表中单击"查找与引用"选项，如下图所示。

Step 4 选择函数。在下方的"选择函数"列表框中双击VLOOKUP选项，如下图所示。

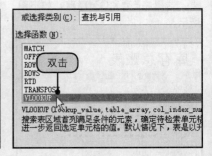

Step 5 选择引用按钮。弹出"函数参数"对话框，在SUMIF选项组中单击Lookup_value右侧的按钮，如下图所示。

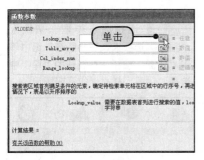

Step 6 引用单元格。返回工作表，选择单元格C16，如下图所示，再单击按钮。

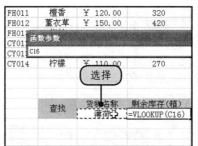

Step 7 设置下一个参数。返回"函数参数"对话框中，单击Table_array右侧的按钮，如下图所示。

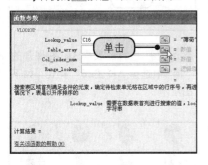

Step 8 引用单元格。返回工作表中，选择单元格区域B2:H11，如下图所示，再单击按钮。

Step 9 完成参数设置。返回"函数参数"对话框中，在Col_index_num文本框中输入"7"，在Range_lookup文本框中输入"FALSE"，如下图所示，再单击"确定"按钮。

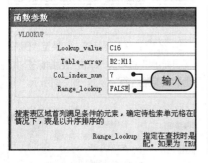

Step 10 显示计算的结果。经过上述操作后，在所选的单元格D16中显示薄荷的剩余库存量，如下图所示。

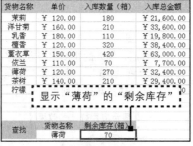

14.3 应用图表形式展示库存信息

在库存表中，用户还可以分析每种商品占库总量的百分比，通过这些数据能大概了解商品的畅销程度。而使用Excel的"图表"功能，更能让人一眼看出数据信息。下面介绍具体的操作方法。

经验分享：
仓库管理需要注意的问题

虽然现代化仓库管理的优点有很多，但还是需要注意以下几点，以免造成不必要的财务损失。

（1）库存商品要进行定位管理，其含义与商品配置图表的设计相似，即将不同的商品分类、分区管理的原则来存放，并用货架放置。仓库内至少要分为3个区域：第一，大量存储区，即以整箱或栈板方式存储；第二，小量存储区，即将拆零商品放置在陈列架上；第三，退货区，即将准备退换的商品放置在专门的货架上。

（2）区位确定后应制作一张配置图，贴在仓库入口处，以便于存取。小量存储区应尽量固定位置，整箱存储区则可弹性运用。若存储空间太小或属冷冻（藏）库，也可以不固定位置而弹性运用。

（3）存储商品不可直接与地面接触。理由：一是为了避免潮湿；二是为了堆放整齐。

（4）要注意仓储区的温湿度，保持通风良好，干燥、不潮湿。

（5）库内要设有防水、防火、防盗等设施，以保证商品安全。

（6）商品存储货架应设置存货卡，商品进出要注意先进先出的原则。也可采取色彩管理法，如每周或每月不同颜色的标签，以明显识别进货的日期。

（7）仓库管理人员要与订货人员及时进行沟通，以便到货的存放。此外，还要适时提出存货不足的预警通知，以防缺货。

（8）仓储存货原则上应随到随存、随需随取，但考虑到效率与安全，有必要制订作业时间规定。

（9）商品进出库要做好登记工作，以便明确保管责任。但有些商品（如冷冻、冷藏商品）为讲究时效，也采取卖场存货与库房存货合一的做法。

（10）仓库要注意门禁管理，不得随便入内。

原始文件 实例文件\第14章\原始文件\应用图表形式展示库存信息.xlsx

最终文件 实例文件\第14章\最终文件\应用图表形式展示库存信息.xlsx

Step 1 选择单元格。打开附书光盘\实例文件\第14章\原始文件\应用图表形式展示库存信息.xlsx工作簿，选择单元格区域C15:D24，如下图所示。

	B	C	D
13			
14			
15		货物名称	剩余库存(箱)
16		茉莉	70
17		洋甘菊	10
		乳香	10
选择		檀香	95
20		薰衣草	95
21		依兰	0
22		薄荷	70
23		茶树	60
24		柠檬	178

Step 2 选择图表类型。切换至"插入"选项卡，在"图表"组中单击"饼图"按钮，在展开的"库"中选择"饼图"样式，如下图所示。

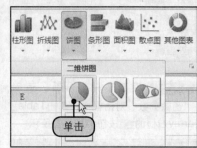

Step 3 展开图表样式库。此时在工作表中插入了选择的饼图，切换至"图表工具-设计"选项卡，单击"图表样式"中的"快翻"按钮，如下图所示。

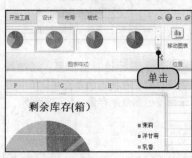

Step 4 选择图表样式。在展开的"库"中选择"样式26"样式，如下图所示。

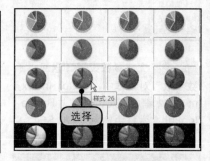

Step 5 显示应用样式效果。经过上述操作后，插入的饼图图表应用了选择的"样式26"，效果如下图所示，再选择饼图数据系列。

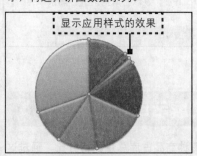

Step 6 选择数据标签。切换至"图表工具-布局"选项卡，单击"数据标签>其他数据标签选项"选项，如下图所示。

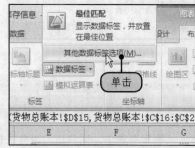

Step 7　设置标签选项。弹出"设置数据标签格式"对话框，在"标签选项"选项组中勾选"类别名称""值"及"百分比"复选框，如下图所示。

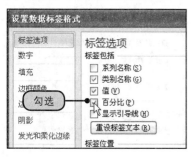

Step 8　设置标签位置。在"标签位置"选项组中选中"数据标签外"单选按钮，如下图所示。

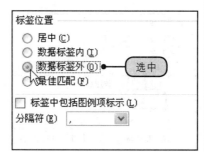

Step 9　设置边框颜色。切换至"边框颜色"选项卡，在右侧选中"实线"单选按钮，如下图所示。

Step 10　选择边框颜色。单击"颜色"按钮，在展开的下拉列表中单击"浅蓝"图标，如下图所示。

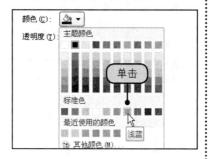

Step 11　显示设置的标签效果。返回工作表，此时为图表饼图应用了设置的标签格式及边框颜色，如下图所示。

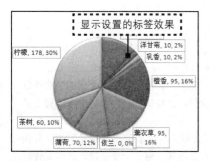

Step 12　选择设置图表区域格式。再右击图表中的图表区域，在弹出的快捷菜单中选择"设置图表区域格式"命令，如下图所示。

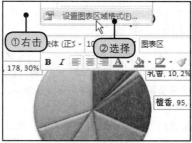

Step 13　选择填充图片。弹出"设置图表区格式"对话框，在"填充"界面中选中"图片或纹理填充"单选按钮，如右图所示。

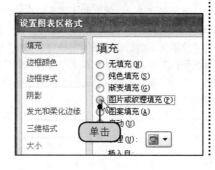

❓ **常见问题**

什么是仓库管理

Q 将商品放进仓库后还需要管理吗？管理仓库有什么作用呢？

A 仓库管理也叫仓储管理，指的是对仓储货物的收发、结存等活动的有效控制。其目的是为企业保证仓储货物的完好无损，确保生产经营活动的正常进行，并在此基础上对各类货物的活动状况进行分类记录，以明确的图表方式表达仓储货物在数量、品质方面的状况，以及目前所在的地理位置、部门、订单归属和仓储分散程度等情况的综合管理形式。

Step 14 插入文件。在"插入自"选项组中单击"文件"按钮，如下图所示。

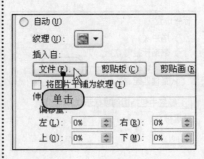

Step 15 选择图片。弹出"插入图片"对话框，在"查找范围"中选择图片所在路径，并将其选中，如下图所示，再单击"插入"按钮。

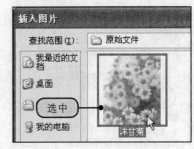

Step 16 设置图片偏移量。返回"设置图表区格式"对话框，在"偏移量"选项组中设置"左"为"–26%""右"为"–6%""上"为"–4%"，如下图所示，再单击"关闭"按钮。

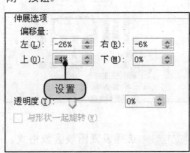

Step 17 显示完成的效果。经过上述操作后，为饼状图表区应用了设置的图片效果，如下图所示。

专家点拨：库存控制四大方法

　　"仓库管理"是供应链管理中的重要环节，而"供应链管理"的初衷是消除一切无效率的活动。据专业人士分析，这种无效率的活动会直接体现在"时间"和"库存"两方面的指标上。然而，许多企业却总是把视线放在缩减局部成本方面，甚至为了达到节省少许费用的目的，不惜花费大量时间。显然，这种举措已经背离供应链管理的初衷。

　　虽然"库存"不会记入月度损益，但它是资产负债表中不可缺少的组成元素。有很多关于"时间"的财务绩效参数和非财务性绩效参数，例如，及时客户订单交付、现金周转、库存持有天数等。对于企业来说，这些周转时间能反映出企业当前的经营状况。上述情况的改进，必然有助于提高供应链的整体竞争力。

　　在传统的观念中，"物流"就意味着运输费用，而"采购"就意味着产品价格，这种观念也导致企业忽视库存管理的重要性。有时，采购部门为了争取更多的折扣优惠不惜将订货数量加大，以获得免除运输费用、降低产品单价等优惠条件。虽然这样有助于降低采购成本，但是随之而来的库存持有成本、降价处理成本等潜在成本负担足以抵消先前所节省的采购成本。显然，运输费用和采购单价这两个因素已经阻碍了有效的库存管理。

　　下面介绍几种目前控制库存的常用方法。

（续上页）

专家点拨：库存控制四大方法

一、传统的库存控制方法——经济批量采购法

　　该方法的控制优化目标是对库存成本的控制，而库存成本是决策的主要考虑因素。通过平衡采购进货成本和保管仓储成本，确定一个最佳的订货数量来实现最低总库存成本。

二、20世纪60年代后出现的物料需求计划（MRP）控制法

　　物料需求计划(Material Requirements Planning, MRP)是根据市场需求预测和顾客订单制订产品生产计划，结合产品的物料清单和库存数据，通过计算机计算出所需物料的需求量和时间，从而确定物料加工进度的订货日程技术。与产生进度安排和库存控制两者密切相关。它既是一种精确的排产系统，又是一种有效的库存物料控制系统，并且当情况发生变化而需要修改计划时，它又是重新排产的手段。它能保证满足供应所需物料的同时，使库存保持在最低水平。

三、近代JIT运作模式下的"零库存"控制运作方法

　　"零库存"是一种通过降低库存、暴露问题、解决问题，再降低库存、再暴露问题、再解决问题的良性生产动作循环状态。采用订单驱动的方式，订单驱动使供应与需求双方都围绕订单运作，信息高度共享，也就实现了准时化、同步化运作，因此在降低库存、优化供应链运作成本上效果显著。

四、20世纪90年代出现的通过供应链管理库存的控制方法

　　该控制方法也称为"供应商管理库存法（VMI）"，VMI管理系统的原则如下。

　　（1）合作性原则。在实施该策略中，相互信任与信息透明是很重要的，供应商和用户（零售商）都要有较好的合作精神，才能够相互保持较好的合作关系。

　　（2）互惠原则。VMI不是关于成本如何分配或谁来支付的问题，而是关于减少成本的问题。通过该策略使双方的成本都获得减少。

　　（3）目标一致性原则。双方都明白各自的责任，观念上达成一致的目标，如库存放在哪里、什么时候支付、是否要管理费、要花费多少等问题都要回答，并且体现在框架协议中。

　　（4）连续改进原则。使供需双方能共享利益和消除浪费。

　　以上几种采购和库存管理方法适用于不同的情况。

读书笔记

15 Chapter

制作员工信息与晋升统计分析表

学习要点

- 制作员工信息数据表
- 使用SUMPRODUCT函数统计符合要求的数据
- 统计不同年龄段员工信息
- 用数据透视表分析员工学历水平
- 使用切片器筛选员工学历信息
- 制作员工晋升成绩单

本章结构

- 制作员工信息数据表
  - 输入数据并设置表格格式
  - 身份证号中提取生日、性别等有效信息
  - 应用DATEDIF函数计算员工年龄
  - 应用DATEDIF函数计算员工工龄
- 使用SUMPRODUCT函数统计符合要求的数据
- 统计不同年龄段员工信息
  - 应用COUNTIF函数统计分段信息

- 使用FREQUENCY数组公式法统计分段信息
- 用数据透视表分析员工学历水平
- 使用切片器筛选员工学历信息
- 制作员工晋升成绩单
  - 使用SUM函数计算各员工总成绩
  - 使用AVERAGE函数计算员工平均分数
  - 使用RANK函数计算排列员工成绩名次
  - 使用COUNTIF函数计算达到面试成绩的合格人数

① 从身份证号中提取生日等信息

	A	B	C	D	
1					员工信 表
2	姓名	性别	年龄	生日	身
3	赵柯	女		19870112	5*****
4	洛晨	女		19820222	4*****
5	欧萌萌	女		19870221	3*****
6	陈安	女		19850303	1*****
7	邱恒	女		19790101	2*****
8	冯伦	女		19761121	4*****
9	冯怖	男		19811201	6*****
10	王紫	男		19791030	7*****
11	薛碧	女		19820808	8*****
12	陈霞	男		19850909	5*****

② 使用DATEDIF函数计算工龄

F	G	H	I
学历	所属部门	入职时间	工龄
大专	财务部	2007-4-1	3
大专	财务部	2002-2-1	8
大专	财务部	2008-9-1	1
硕士	财务部	2005-1-1	5
大专	财务部	1999-12-1	10
大专	财务部	1999-7-1	11
研究生	销售部	2005-1-1	5
大专	销售部	2008-1-1	2

③ 使用切片器筛选员工学历信息

行标签	最大值项:工龄	平均值项:工资
硕士	11	￥8,900.00
技术部	11	￥9,800.00
张丽	11	￥9,800.00
行政部	11	￥8,000.00
陈翔	11	￥8,000.00
总计	11	￥8,900.00

④ 制作员工晋升成绩单

晋升成绩单				
业务考核	绩效考核	实践考核	英语成绩	总成绩
70	75	70	65	280
90	88	92	98	368
95	90	85	90	360
85	89	93	95	362
83	90	87	90	350
92	81	82	92	347
88	85	90	88	351
80	95	90	82	347
81	98	87	85	351
97	96	90	92	375

制作员工信息与晋升统计分析表

Chapter

15

一个企业除了要时常掌握公司的运作外，还需要时常关心自己的员工状况，因此员工信息数据表便是人力资源部最常用的表格。本章除了介绍员工信息表外，还介绍了晋升统计分析表。"晋升"顾名思义，是指员工向比前一个工作岗位挑战性更高、所需承担责任更大及享有职权更多的工作岗位流动的过程。通过本章的学习，用户可以掌握如何计算与统计考核成绩的相关操作。

15.1 制作员工信息数据表

员工信息数据表是指记录公司员工信息的真实性资料，例如姓名、性别、年龄、证件号、学历等信息。本节将介绍制作员工信息数据表的相关操作。

15.1.1 输入数据并设置表格格式

为了让员工信息数据表更加正式和美观，用户可以为其设置一些格式，例如设置字体格式、底纹格式及数字格式等。下面介绍具体的操作方法。

> **原始文件**　实例文件\第15章\原始文件\制作员工信息数据表.xlsx
> **最终文件**　实例文件\第15章\最终文件\制作员工信息数据表.xlsx

Step 1　选取单元格区域。打开附书光盘\ 实例文件\第15章\原始文件\制作员工信息数据表.xlsx工作簿，选择单元格区域E3:E31，如下图所示。

Step 2　选择"数字"选项。如果直接在单元格中输入长文本数据，会显示"科学计数"格式。为了能输入完整的身份证号码，可以切换至"开始"选项卡，单击"数字"组的对话框启动器按钮，如下图所示。

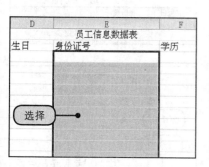

？ 常见问题

怎样才能管理好员工信息

Q 随着我国市场经济的快速发展和信息化水平的不断提高，如何利用先进的管理手段，提高企业员工信息管理的水平呢？

A 提高企业管理水平，必须全位地提高企业管理意识。只有高标准、高质量的管理，才能满足企业的发展需求。面对信息时代的挑战，利用高科技手段来提高企业员工信息管理无疑是一条行之有效的途径。在某种意义上，信息与科技在企业管理和现代化建设中显现出越来越重要的地位。员工管理方面的信息化与科学化，已成为现代化生活水平步入高台阶的重要标志。

（续上页）

? 常见问题

怎样才能管理好员工信息

利用计算机实现员工信息管理势在必行。对于企业来说，利用计算机支持企业高效率完成员工信息管理的日常事务，是适应现代企业制度要求、推动企业劳动型管理走向科学化、规范化的必要条件。而员工信息管理是一项琐碎、复杂而又十分细致的工作，员工信息录入、员工信息管理、信息查询、请假等管理，一般不允许出错，如果实行手工操作，需手工填制大量的表格，这就会耗费工作人员大量的时间和精力，计算机进行这项工作的管理，不仅能够保证各项信息准确无误、快速输出，同时计算机具有手工管理所无法比拟的优点。例如，检索迅速，查找方便，可靠性高，存储量大，保密性好，寿命长，成本低等。这些优点能够极大地提高企业管理的效率，也是企业的科学化、正规化管理，与世界接轨的重要条件。

经验分享：准确记录员工个人信息的重要性

员工个人信息表是每个公司都会统计的表格之一，该种表格的重要性不仅是利于员工资料的收集，其重要性还有以下几点。

（1）可以了解自己员工的长处和不足。

（2）可以充分发挥员工的优点。

（3）可以让员工的工作与个性相匹配。

（4）让员工具有内部调配合适岗位的机会。

（5）适时升迁，使有希望的员工更加努力，激励员工为企业更好地工作。

Step 3 选择分类。弹出"设置单元格格式"对话框，切换至"数字"选项卡，在"分类"列表框中单击"文本"选项，如下图所示。

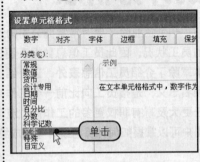

Step 4 输入身份证号。在单元格E3中输入完整的身份证号码，效果如下图所示。

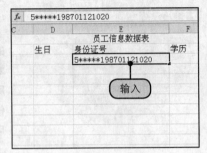

Step 5 显示输入身份证号的效果。按照同样的方法，在其他单元格区域中输入有效的身份证号码，效果如下图所示。

Step 6 完成基本信息的输入。继续输入学历、所属部门及入职时间等信息，如下图所示。

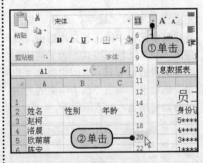

Step 7 设置标题字号。选择表格标题单元格，切换至"开始"选项卡，单击"字号"下三角按钮，在展开的下拉列表中单击"20"选项，如下图所示。

Step 8 设置居中对齐方式。再选择单元格区域A2:I31，切换至"开始"选项卡，在"对齐方式"组中单击"居中"按钮，如下图所示。

Step 9 选择"字体"选项。选择单元格区域A2:I2，切换至"开始"选项卡，单击"字体"组的对话框启动器按钮，如右图所示。

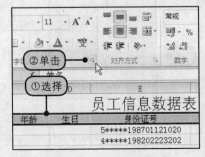

Step 10 设置填充格式。弹出"设置单元格格式"对话框，切换至"填充"选项卡，设置"图案颜色"为"橙色"，在"图案样式"下拉列表中单击"细 水平 剖面线"图标，如右图所示，再单击"确定"按钮。

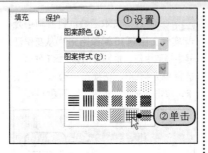

经验分享:
合理安排相对应学历的员工

适才适岗是企业用人的最高原则。何谓"适才适岗"，就是将合适的人才安排到合适的岗位中去。而实际情况是当用人者为企业的一些岗位物色人选时总是竭尽所能、左挑右选，最终还是免不了留下点遗憾。其实企业内并非所有的职位都得由优秀人才来担当，也不是学历越高就越好。应该说企业是为合适的岗位寻找合适的人才，也是寻找一种能位适合度。适才，就是成员智慧、才能或专业能力，都能胜任其所担任的工作。应当认识到，员工配合公司的能力和员工本身的专业能力一样重要，因为适才适所才会为企业创造竞争优势。

Step 11 选择边框。选择单元格区域A1: I31，切换至"开始"选项卡，单击"边框"下三角按钮，如下图所示。

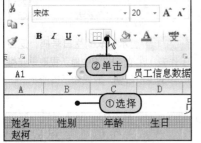

Step 12 设置线条颜色。在展开的下拉列表中单击"线条颜色"选项，在子菜单中单击"橙色"图标，如下图所示。

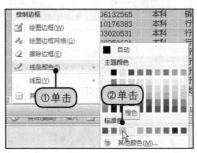

Step 13 设置边框。切换至"开始"选项卡，再单击"边框"下三角按钮，在展开的下拉列表中单击"所有边框"选项，如下图所示。

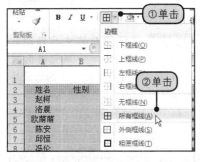

Step 14 显示设置的边框效果。经过上述操作后，即为所选的单元格区域应用了设置的边框效果，如下图所示。

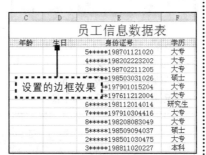

15.1.2 从身份证号中提取生日、性别等信息

在"员工信息表"中，员工的生日和性别是经常需要填写的。在Excel 2010中，用户只需要输入身份证号码，即可快速地根据身份证提取这些信息。因为众所周知，身份证号中从第7位数开始的8位数字号码都是每个人的出生日期，这时就可以按照此规律使用MID函数提取生日，而身份证号码的第17位数如果是奇数，该员工的性别便是男性；反之，如果第17位数是偶数，该员工的性别则是女性。

原始文件	实例文件\第15章\原始文件\从身份证号中提取生日、性别等信息.xlsx
最终文件	实例文件\第15章\最终文件\从身份证号中提取生日、性别等信息.xlsx

Step 1 选择文本函数。打开附书光盘\实例文件\第15章\原始文件\从身份证号中提取生日、性别等信息.xlsx工作簿，选择单元格D3，切换至"公式"选项卡，单击"文本"按钮，如下图所示。

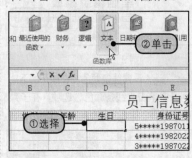

Step 2 选择MID函数。在展开的下拉列表中单击MID选项，如下图所示。

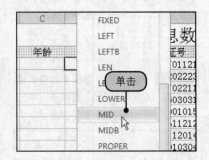

 ① MID函数解析

MID函数可用于统计从指定位置开始的特定数目的字符，该数目由用户指定。

语法：

MID(text, start_num, num_chars)

参数：

text包含要提取字符的文本字符串。

start_num用于指定文本中要提取的第一个字符的位置。文本中第一个字符的start_num为1，依此类推。

num_chars用于指定希望MID函数从文本中返回字符的个数。

Step 3 设置函数参数。弹出"函数参数"对话框，设置Text为"E3"、Start_num为"7"、Num_chars为"8"，如下图所示，再单击"确定"按钮。

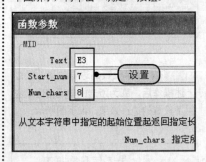

Step 4 显示提取的生日号码。返回工作表，在单元格D3中显示提取单元格E3中的生日日期，效果如下图所示。

Step 5 填充生日日期。将鼠标指针指向单元格D3右下角，呈黑"十"字状，按住鼠标左键不放，向下填充至单元格D31，如下图所示。

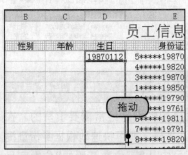

Step 6 显示填充的生日日期。经过上述操作后，在单元格区域D3:D31中显示从每个员工身份证号码提取的生日，如下图所示。

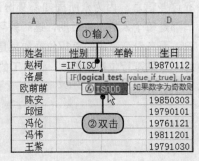

Step 7 输入公式。在单元格B3中输入"="，再输入"IF(ISO"，此时Excel会显示该函数的完整提示选项，例如双击ISODD选项，如右图所示。

Step 8 继续输入函数。再输入“RI”，在显示的提示框中双击RIGHT选项，如下图所示。

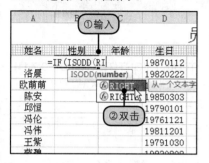

Step 9 继续选择函数。再输入“LE”，在显示的提示框中双击LEFT选项，如下图所示。

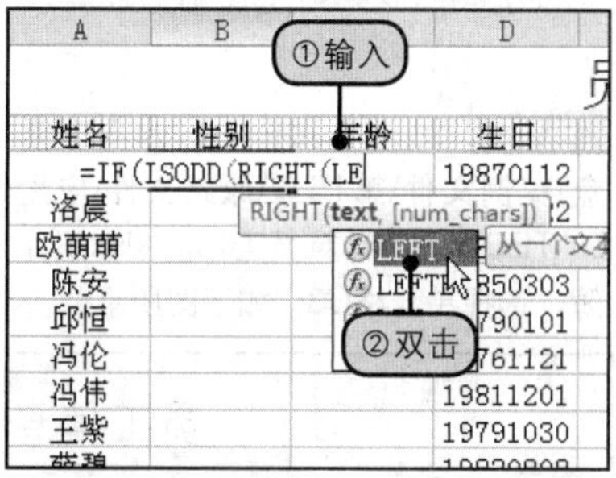

Step 10 完善函数。再完善公式“=IF(ISODD(RIGHT(LEFT(E3,17))),"男","女")”，如下图所示，再按Enter键。

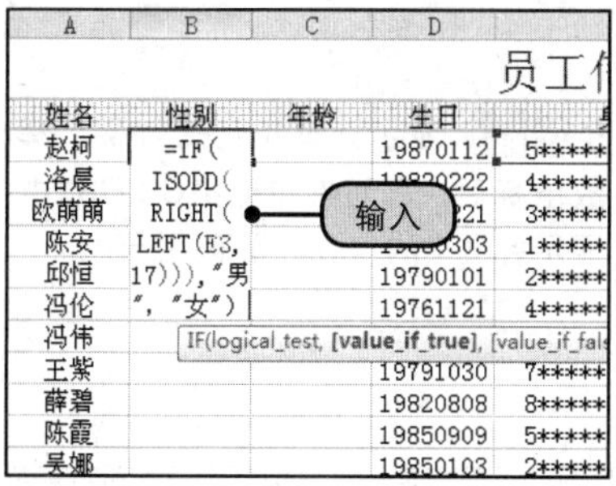

Step 11 显示提取的性别。在单元格B3中显示提取身份证中的性别，将鼠标指针指向单元格右下角，呈黑“十”字状，如下图所示。

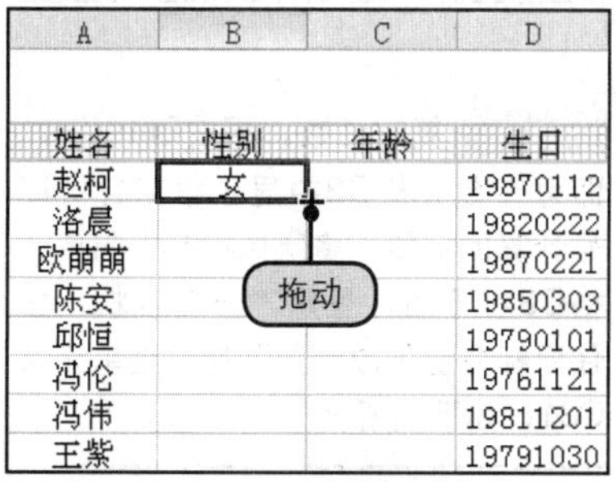

Step 12 填充公式。按住鼠标左键不放，向下填充至单 元格B31，如下图所示。

Step 13 显示提取出的性别效果。经过上述操作后，在单元格区域B3:B31中提取了各身份证中的性别信息，效果如下图所示。

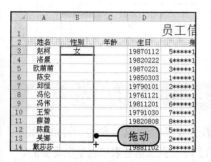

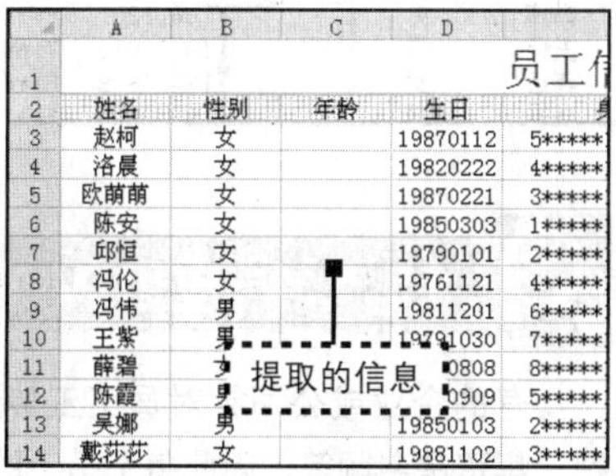

15.1.3 应用DATEDIF函数计算员工年龄

前面提取了员工的生日，同样可以在身份证号码中根据生日计算员工年龄。下面将使用DATEDIF函数完成这项工作。

提示 ② ISODD函数解析

ISODD函数是指如果参数number为奇数，返回TRUE，否则返回FALSE。

语法：

ISODD(number)

参数：

number为待检验的数值。如果number不是整数，则截尾取整。

提示 ③ RIGHT函数解析

RIGHT函数是指根据所指定的字符数返回文本字符串中最后一个或多个字符。

语法：

RIGHT(text,[num_chars])

参数：

text指定要提取字符的文本字符串。

num_chars用于指定要由RIGHT提取的字符的数量。

| 原始文件 | 实例文件\第15章\原始文件\应用DATEDIF函数计算员工年龄.xlsx |
| 最终文件 | 实例文件\第15章\最终文件\应用DATEDIF函数计算员工年龄.xlsx |

④ LEFT函数解析

LEFT函数是根据所指定的字符数，返回文本字符串中第一个字符或前几个字符。

语法：

`LEFT(text,[num_chars])`

参数：

text用于指定要提取的字符的文本字符串。

num_chars用于指定要由LEFT提取的字符的数量。num_chars必须大于或等于零。如果num_chars大于文本长度，则LEFT返回全部文本。如果省略num_chars，则假设其值为"1"。

Step 1 选择单元格。打开附书光盘\实例文件\第15章\原始文件\应用DATEDIF函数计算员工年龄.xlsx工作簿，选择单元格C3，如下图所示。

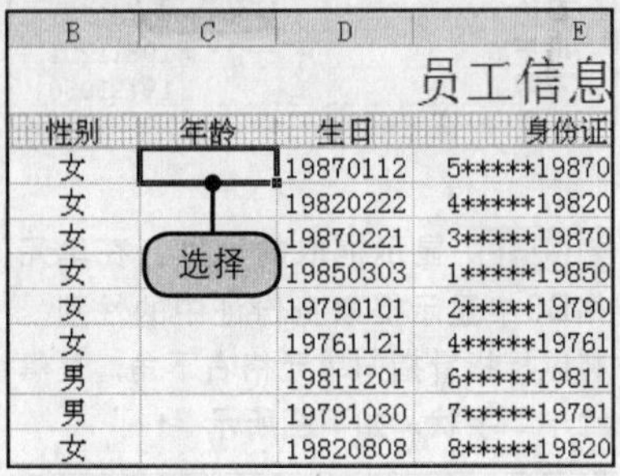

Step 2 输入函数。输入公式"=DATEDIF (RIGHT(TEXT(MID(E3,7,11)-500, "#-00-00,"),10),NOW,"Y")"，如下图所示。

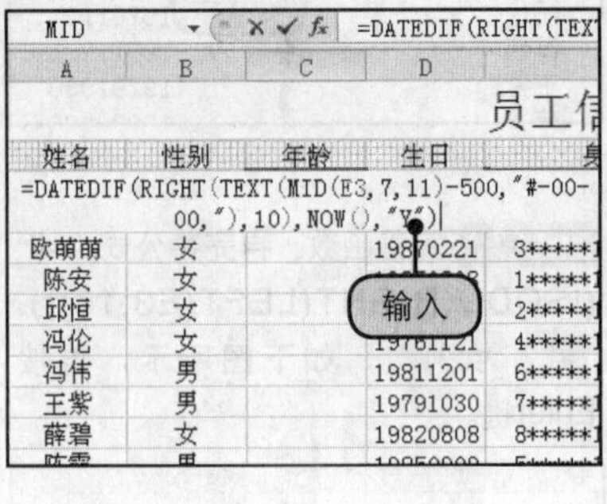

Step 3 复制函数。再按Enter键，即可在单元格C3中显示根据身份证号计算的年龄。将鼠标指针指向单元格C3右下角，呈黑"十"字状，按住鼠标左键不放，向下拖动至单元格C31，如下图所示。

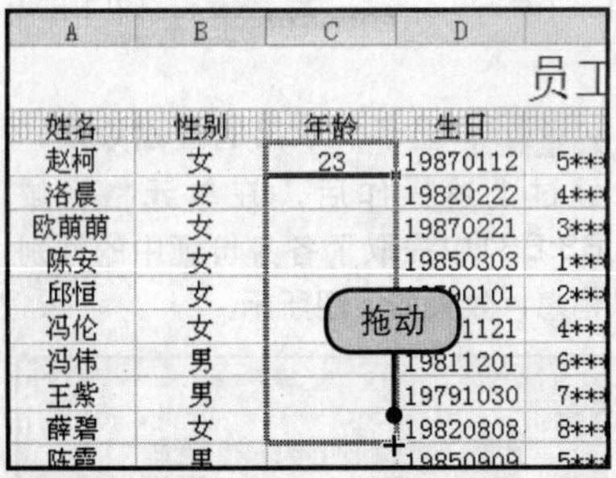

Step 4 显示计算年龄的效果。释放鼠标后，即可在单元格C3:C31中显示各员工的年龄，如下图所示。

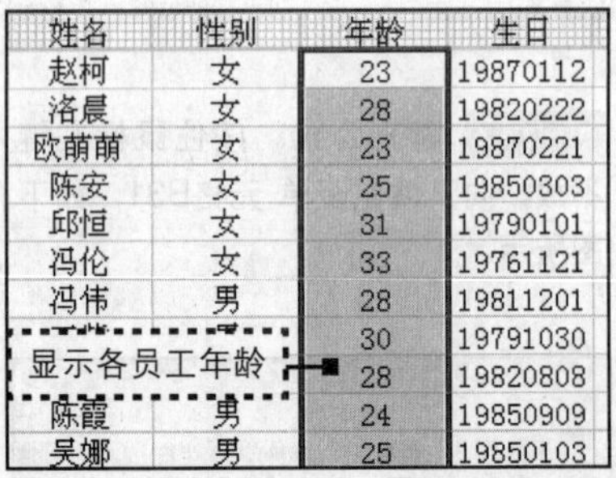

15.1.4 应用DATEDIF函数计算员工工龄

有的企业或公司针对员工工龄规定了不同的福利方式，例如工龄补贴、集资房名额等，因此每个员工的工龄在员工信息表中也是很重要的。

| 原始文件 | 实例文件\第15章\原始文件\应用DATEDIF函数计算员工工龄.xlsx |
| 最终文件 | 实例文件\第15章\最终文件\应用DATEDIF函数计算员工工龄.xlsx |

Step 1 输入公式。打开附书光盘\实例文件\第15章\原始文件\应用DATEDIF函数计算员工工龄.xlsx工作簿，在单元格I3中输入公式 "=DATEDIF(H3, TODAY(),"Y")"，如下图所示。

Step 2 复制公式。按Enter键，即可在单元格I3中显示根据入职时间计算的工龄。将鼠标指针指向单元格I3右下角，呈黑"十"字状，按住鼠标左键不放，向下拖动至单元格I31，如下图所示。

F	G	H	I	J
表				
学历	所属部门	入职时间	工龄	
大专	财务部	:	=DATEDIF(H3, TODAY(), "Y")	
大专	财务部	2002-2-1		
大专	财务部	2008-9-1	**输入**	
硕士	财务部	2005-1-1		
大专	财务部	1999-12-1		
大专	财务部	1999-7-1		
研究生	销售部	2005-1-1		
大专	销售部	2008-1-1		
大专	销售部	2008-2-1		
硕士	销售部	2007-12-1		
大专	销售部	2007-1-1		
本科	销售部	2009-4-1		

F	G	H	I
表			
学历	所属部门	入职时间	工龄
大专	财务部	2007-4-1	3
大专	财务部	2002-2-1	
大专	财务部	2008-9-1	
硕士	财务部	2005-1-1	
大专	财务部	1999-12-1	
大专	财务部	1999-7-1	
研究生	销售部	2005-1-1	
大专	销售部	2008-1-1	**拖动**
大专	销售部	2008-2-1	
硕士	销售部	2007-12	
大专	销售部	2007-1-1	

Step 3 显示计算年龄的效果。释放鼠标后，即可在单元格I3:I31中显示各员工的工龄，如右图所示。

F	G		I
表		显示各员工的工龄	
学历	所属部门	入职时间	工龄
大专	财务部	2007-4-1	3
大专	财务部	2002-2-1	8
大专	财务部	2008-9-1	1
硕士	财务部	2005-1-1	5
大专	财务部	1999-12-1	10
大专	财务部	1999-7-1	11
研究生	销售部	2005-1-1	5
大专	销售部	2008-1-1	2
大专	销售部	2008-2-1	2
硕士	销售部	2007-12-1	2

？常见问题

如何让员工从事合适的工作

Q 一个企业的员工少则几十名，多则几百甚至上千名，如何才能在众多员工中正确分配合适的职位呢？

A 要想最大限度地发挥员工的作用，首先必须知道员工的长处和不足，要量体裁衣、适才用人。领导者若想知道部门内每一位员工都有哪些能力，必须了解他们的特长，而初步印象就是通过他们的履历表获得。因此，要想清楚员工的特长，领导者应制订一份员工专长表。这样领导者就会了解他手下有什么样的可供利用的人力资源。一旦有了新的任务，领导者就能够很容易地决定谁是最合适的人选。

15.2 使用SUMPRODUCT函数统计符合要求的数据

在员工信息表中，用户还可以使用SUMPRODUCT函数分析满足多个条件的数据，例如快速计算技术部的研究生有几个。下面介绍具体的操作方法。

最终文件 实例文件\第15章\最终文件\使用SUMPRODUCT函数统计符合要求的数据.xlsx

Step 1 选择插入函数。继续上面的操作。在工作表中选择单元格C33，再单击编辑栏左侧的"插入函数"按钮，如下图所示。

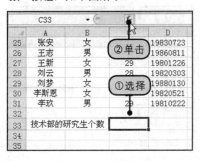

Step 2 选择函数。弹出"插入函数"对话框，设置"选择类别"为"数学与三角函数"，在其列表框中双击SUMPRODUCT选项，如下图所示。

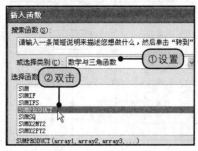

常见问题

如何了解员工每月工作成效

Q 每一个企业管理者都需要面对许多管理问题。例如在众多员工中，如何才能有效、便捷地了解员工的工作情况呢？

A 员工，尤其是基层员工，是企业中最大的群体，也承担了公司中最多的工作量，对他们失去关注，将会直接影响公司的长远发展。

一个优秀的管理者需要每隔一段时间出现在基层员工的身边，包括午餐，也或者是下午茶时间。每月或者每周都抽出一定的时间到基层员工身边去，进行一对多或者一对一沟通，关心他们的工作和生活。该关心的关心了，该了解的了解了，这样不仅员工的积极性上来了，说不定对工作还会有意想不到的贡献。那么，如何才能方便地了解员工的工作呢？

方法一：通过即时交流，可以在线即时了解员工的工作情况。它打破了企业层级，让管理者非常方便地跟任何一个员工进行实时沟通。当管理者需要与员工了解工作情况时，随时随地发起会话即可。

方法二：通过评阅日志，管理者随时随地查阅员工的工作日志，并且给予点评。管理者不仅可以了解员工的工作内容，而且可以发现现员工在不在状态，当前有没有困扰的问题等，并有针对性地指正；同时还可以起到对员工工作的督促和激励作用，从而能够提高员工的工作积极性。

Step 3 设置函数参数。弹出"函数参数"对话框，在Array1文本框中输入参数"(F3:F31=F26)*(G3:G31=G28)"，如下图所示，再单击"确定"按钮。

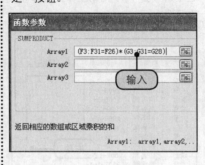

Step 4 显示统计的研究生个数。此时在单元格C33中显示技术部的研究生有"5"个，如下图所示。

23	陈翔	男	33	19770526
24	张丽	女	28	19820426
25	张安	女	27	19830723
26	王志	男	24	19860811
27	王新	女	29	19801226
28	刘云	男	28	19820303
29	刘梦	女	22	19880130
30	李斯恩	女	28	19820521
31	李玖	男	29	19810222
32				
33	技术部的研究生个数		5	
34				
35				

显示技术部研究生个数

15.3 统计不同年龄段员工信息

有的公司或企业需要统计各年龄段的员工信息，以方便统计各年龄层的比例，避免人员缺少、流失等情况发生。本节将通过COUNTIFS函数和FREQUENCY函数统计年龄分段信息。

15.3.1 应用COUNTIF函数统计分段信息

在员工信息表中，用户可以轻松地使用COUNTIF函数统计满足某年龄的员工数目。下面以统计满足28岁（包含28）以上的员工数目为例，为大家介绍COUNTIF函数的具体操作方法。

原始文件　实例文件\第15章\原始文件\应用COUNTIF函数统计分段信息.xlsx

最终文件　实例文件\第15章\最终文件\应用COUNTIF函数统计分段信息.xlsx

Step 1 选择插入函数。打开附书光盘\实例文件\第15章\原始文件\应用COUNTIF函数统计分段信息.xlsx工作簿，选择单元格C34，再单击编辑栏左侧的"插入函数"按钮，如下图所示。

	A	B		D
26	王志	男		19860811
27	王新	女		19801226
28	刘云	男	28	19820303
29	刘梦	女	22	19880130
30	李斯恩	女		19820521
31	李玖	男		19810222
32				
33	技术部的研究生个数			
34	28岁以上的员工数目			
35				
36				

Step 2 选择函数。弹出"插入函数"对话框，在"选择函数"列表框中双击COUNTIF选项，如下图所示。

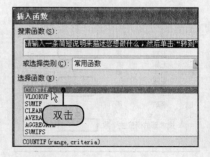

Step 3 设置函数参数。弹出"函数参数"对话框，在Range文本框中输入"C3:C31"，在Criteria文本框中输入">=28"，如下图所示，再单击"确定"按钮。

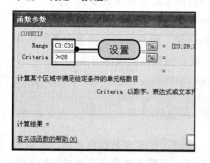

Step 4 显示统计的员工数目。此时在单元格C34中显示统计的28岁以上员工数为"14"个，如下图所示。

21	赵兖	女	24	19860122
22	陈飞	男	25	19850623
23	陈翔	男	33	19770526
24	张丽	女	28	19820426
25	张安	女	27	19830723
26	王志	男	24	19860811
27	王新	女	29	19801226
28	刘云	男	28	19820303
29	刘梦	女	22	19880130
30	李斯			0521
31	李	显示28岁以上员工数		0222
32				
33	技术部的研究生个数		5	
34	28岁以上的员工数目		14	

（续上页）

? 常见问题

如何了解员工每月工作成效

方法三：通过查看计划，管理者可以及时了解员工工作的方向，防止工作跑偏，并可以监督工作的落实情况。

方法四：通过关注项目，管理者可以了解布置给员工的任务、项目执行过程，以及成果体现等。管理者可以及时发现偏离目标的执行并给予纠正，还可以对员工的参与度和贡献度做出基于事实的客观评价。

不管是通过以上哪一种方法去了解员工的工作情况，管理者都可以做到对组织目标的时时关注，进行有效的执行管理，并且都可以留下工作轨迹，不会让企业资源流失。企业可以根据自身的需要，自由组合使用。

15.3.2　使用FREQUENCY数组公式法统计分段信息

使用FREQUENCY函数同样能统计各年龄段的员工信息。与COUNTIF函数相比，该函数可以使用数组一次性完成所有年龄段的统计，从而提高员工的工作效率。需要注意的是，必须在工作表中列出分段值（年龄），具体的操作步骤如下。

最终文件 实例文件\第15章\最终文件\使用FREQUENCY数组公式法统计分段信息.xlsx

Step 1 选择单元格区域。打开附书光盘\实例文件\第15章\原始文件\使用FREQUENCY数组公式法统计分段信息.xlsx工作簿，选择单元格区域C35:C38，如下图所示。

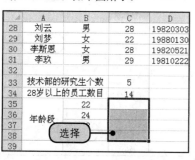

Step 2 输入公式。输入公式"=FREQUENCY(C3:C31,B35:B38)"，如下图所示。

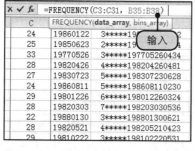

Step 3 显示计算的数组结果。按组合键Ctrl+Shift+Enter，即可在单元格区域C35:C38中显示各年龄分段的员工数目，如右图所示。

	A	B	C	D
30	李斯恩	女	28	19820521
31	李玖	男	29	19810222
32				
33	技术部的研究生个数		5	
34	28岁以上的员工数目		14	
35		22	2	
36	年龄段	24	6	
37		28	13	
38			8	
39				
40	显示各年龄分段的员工数			
41				

经验分享：
培训价值需以绩效改变为根本

销售培训和其他培训的重大差别在于，销售培训的成果必须在销售人员的行为改变和销售业绩的改善上得到体现，即销售培训必须是结果导向的，必须是可以通过绩效改变来体现培训价值的。

第一，培训和辅导结合。销售培训如果离开销售辅导，那培训的价值将大大降低。在很多时候，销售辅导的作用要远远大于销售培训。因此，企业在做销售培训的时候一定要结合销售辅导，通过辅导把培训的知识转化为实践经验。

第二，注重培训效果的转化。销售培训的目的在于提升销售业绩，因此培训后的效果转化才是关键。可以采用销售知识竞赛、销售技巧测试、模拟客户、销售游戏等方法，在培训后的1～3个月内，把知识点进行再次强化记忆和实战操练。

第三，不同阶段运用不同的培训方法。在销售人员的入职阶段，要提供专门的入职培训；在销售人员正式开拓业务之前，要提供销售专项训练；在销售团队的不同周期中，还要定期进行集体轮训，针对销售代表的具体问题，实施协同拜访。

15.4 用数据透视表分析员工学历水平

现今社会中，各企业或公司在聘请员工时都非常注重员工的学历。为了能在表格中快速查看整个公司中各员工的学历水平，可以使用数据透视表进行分析。通过透视表的分析结果，用户就可以快速根据学历、工龄等信息查看对应的工资情况。下面介绍具体的操作方法。

> 原始文件 实例文件\第15章\原始文件\编制员工学历透视表.xlsx
> 最终文件 实例文件\第15章\最终文件\编制员工学历透视表.xlsx

Step 1 选择数据透视表。打开附书光盘\实例文件\第15章\原始文件\编制员工学历透视表.xlsx工作簿，选择单元格C5，切换至"插入"选项卡，单击"数据透视表"按钮，如下图所示。

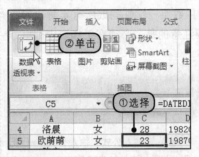

Step 2 设置数据透视表。在对话框中设置"选择一个表或区域"为"Sheet1!$A$2:$J$31"，再选中"现有工作表"单选按钮，设置"位置"为"Sheet1!$E$39"，单击"确定"按钮，如下图所示。

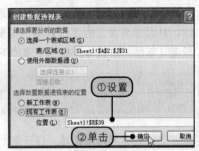

Step 3 选择字段。返回工作表，在右侧的"数据透视表字段列表"中勾选需要的字段，如下图所示。

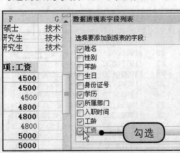

Step 4 更改字段位置。在任务窗格中，单击"行标签"列表框中的"姓名>移至末尾"选项，如下图所示。

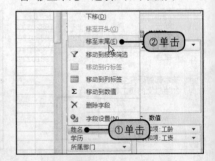

Step 5 更改值汇总方式。右击"求和项:工龄"，在弹出的快捷菜单中单击"值汇总依据>最大值"选项，如右图所示。

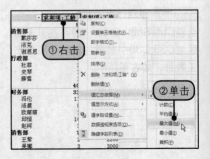

Step 6 更改数字格式。选择"求和项:工资"包含的所有单元格区域，在弹出的快捷菜单中选择"数字格式"命令，如下图所示。

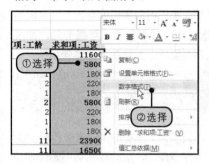

Step 8 查看各学历的平均工资。右击"求和项:工资"，在弹出的快捷菜单中选择"值汇总依据>平均值"命令，如下图所示。

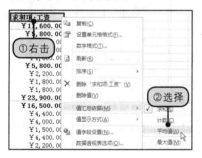

Step 10 选择透视表样式。切换至"数据透视表工具-设计"选项卡，单击"数据透视表样式"中的"快翻"按钮，如下图所示。

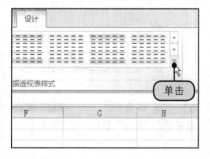

Step 12 显示应用的效果。经过上述操作后，即为数据透视表应用了选择样式效果，如右图所示。

Step 7 设置数字格式。弹出"设置单元格格式"对话框，在"分类"列表框中单击"货币"选项，如下图所示，再单击"确定"按钮。

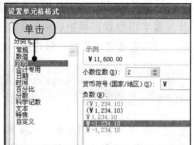

Step 9 显示平均值效果。经过上述操作后，在汇总项中显示各学历的工资平均值，效果如下图所示。

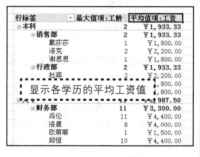

Step 11 选择样式。在展开的"库"中选择"数据透视表样式深色4"样式，如下图所示。

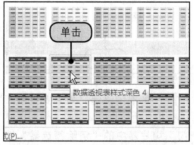

15.5 使用切片器筛选员工学历信息

如果在Excel 2010版本之前想要筛选某部门的学历信息,那么只能重新设置字段位置,再进行一系列筛选操作,其步骤烦琐可想而知。而现在,您只需要在切片器中就可以轻松筛选数据。具体的操作步骤如下。

● 最终文件 实例文件\第15章\最终文件\使用切片器筛选员工学历信息.xlsx

Step 1 选择插入切片器。切换至"数据透视表工具-选项"选项卡,单击"插入切片器"按钮,如下图所示。

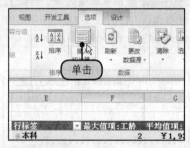

Step 2 选择切片器。弹出"插入切片器"对话框,勾选需要的切片器复选框,如下图所示,再单击"确定"按钮。

Step 3 筛选所属部门。此时在工作表中显示插入的切片器,在"所属部门"切片器中单击"销售部"按钮,如下图所示。

Step 4 显示筛选效果。经过上述操作后,数据透视表中只显示"销售部"的数据信息,如下图所示。

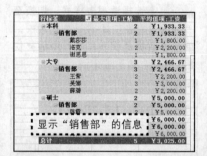

Step 5 取消筛选。如果要重新筛选分析其他切片器,要单击"所属部门"切片器中的"清除筛选器"按钮,如下图所示。

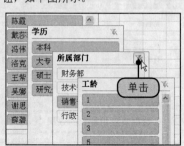

Step 6 筛选学历。在"学历"筛选器中单击"硕士"按钮,如下图所示。

? 常见问题

晋升的底线性错误有哪些

Q 在职场中,一些职场人几次是候选人却没有被晋升,那么到底他们犯了哪些晋升错误呢?

A 在职场晋升中存在着以下5个错误认识。

(1)人们应当知道我是名勤奋工作的员工。

(2)上司当然知道我想升迁。

(3)同事是我最好的朋友,(他)她不会和我竞争新职位。

(4)获知新职位的唯一途径是看人事公告。

(5)如果与别的经理接触过密,我的上司将会感到威胁。

职场中的行动底线是要做一个参与者,而不是旁观者。为了你自己的职场利益,不要只是观望着别人进步,应当马上采取积极行动。

Step 7 再筛选工龄。接着在"工龄"切片器中单击"11"按钮，如下图所示。

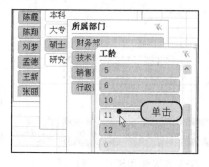

Step 8 显示筛选结果。经过上述操作后，在数据透视表中只显示工龄为11的硕士数据信息，如下图所示。

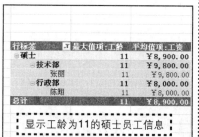

显示工龄为11的硕士员工信息

15.6 制作员工晋升成绩单

有的公司或企业会在每年的指定时间进行员工晋升考核，当然各公司所规定的晋升资格也不相同。在本例中，限定工龄满2~5年的员工才有资格参加考核，因此用户可以直接在之前的"信息表"中筛选工龄在2~5年的数据，再将其员工名字复制到"晋升考核表"，进行各成绩的计算和统计。

15.6.1 使用SUM函数计算各员工总成绩

若要计算某员工所有考核的总成绩，可以使用SUM函数进行计算。具体的操作步骤如下。

| 原始文件 | 实例文件\第15章\原始文件\使用SUM函数计算各员工总成绩.xlsx |
| 最终文件 | 实例文件\第15章\最终文件\使用SUM函数计算各员工总成绩.xlsx |

Step 1 输入公式。打开附书光盘\实例文件\第15章\原始文件\使用SUM函数计算各员工总成绩.xlsx工作簿，在单元格F3中输入公式"=SUM(B3:E3)"，如下图所示，再按Enter键。

Step 2 填充公式。此时在单元格F3中显示第一位员工的总成绩，将鼠标指针指向单元格F3右下角，呈"十"字状，按住鼠标左键不放，将其拖动至单元格F12，如下图所示。

杜拉拉虽然是影视作品里的虚拟人物，但她身上有许多职场人需要学习的地方，这些优点足以让大家在事业上有进一步的攀升。

（1）尽早确立正确的择业观。

（2）觅准适合本人的目标切入点。

（3）保持强烈的职业发展愿望。

（4）掌握SWOT法则理性抉择。

（5）改变自己，与上司保持一致性。

（6）对待工作永远尽职尽责。

（7）始终抱着学习心态。

（8）勇敢解决棘手问题脱颖而出。

（9）不断修炼自己的专业度。

（10）不卑不亢展现强者姿态。

Step 3 显示统计的总成绩。释放鼠标后，在单元格F3:F12中显示计算的总成绩，效果如右图所示。

B	C	D	E	F
晋升成绩单				
业务考核	绩效考核	实践考核	英语成绩	总成绩
70	75	70	65	280
90	88	92	98	368
95	90	85	90	360
85	89	93	95	362
83	90	87	90	350
92	81	82	92	347
88	85	90	88	351
80	95	90	82	347
81		显示计算的总成绩		351
97				375

 15.6.2 使用AVERAGE函数计算员工平均分数

若要计算某员工所有考核的总成绩，可以使用SUM函数进行计算。具体的操作步骤如下。

原始文件	实例文件\第15章\原始文件\使用AVERAGE函数计算员工平均分数.xlsx
最终文件	实例文件\第15章\最终文件\使用AVERAGE函数计算员工平均分数.xlsx

Step 1 选择单元格。打开附书光盘\实例文件\第15章\原始文件\使用AVERAGE函数计算员工平均分数.xlsx工作簿，选择单元格G3，如下图所示。

D	E	F	G
晋升成绩单			
实践考核	英语成绩	总成绩	平均分数
70	65	280	
92	98	368	
85	90	360	选择
93	95	362	
87	90	350	
82	92	347	
90	88	351	
90	82	347	
87	85	351	

Step 2 选择自动求和。切换至"公式"选项卡，单击"自动求和"下三角按钮，在展开的下拉列表中单击"平均值"选项，如下图所示。

文件	开始	插入	页面布局
插入函数	Σ 自动求和 ▾		①单击
	Σ 求和(S)		A 文本 ▾
	平均值(A)		②单击
	计数(C)		的数库
	最大值(M)		
	最小值(I)		C

考评结果强制分布无论是对企业，还是对员工都是利大于弊的。实施考评结果强制分布并非零和博弈，通过进行强制分布可以实现几方的共赢。

对于企业，通过绩效考评强制分布，树立起一种积极向上的绩效文化，建立起一个公正公平的管理机制，能够尽最大限度地调动员工的工作积极性，充分发挥人力资源的应有效用。

Step 3 确认公式。此时在单元格G3中显示默认的平均值公式，手动更改参数后的公式为"=AVERAGE(B3:E3)"，如下图所示。

fx	=AVERAGE(B3:E3)	修改	
	AVERAGE(number1, [number2], ...)		
C	晋升成绩单		G
效考核	实践考核	英语成绩	总成绩	平均分数
75	70	65	280	=E(B3:E3)
88	92	98	368	147.2
90	85	90	360	144
89	93	95	362	144.8
90	87	90	350	140
81	82	92	347	138.8
85	90	88	351	140.4
95	90	82	347	138.8
98	87	85	351	140.4

Step 4 显示计算结果。按Enter键，即可在单元格G3中显示第一位员工的平均成绩，如下图所示。

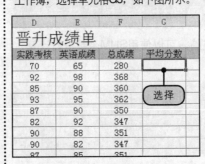

D	E	F	G
晋升成绩单			
实践考核	英语成绩	总成绩	平均分数
70	65	280	70
92	98	368	
85	90	360	
93	95	362	
87	90	350	
82	92	347	
显示第一位员工的平均分数			
97	95	351	

（续上页）

Step 5 复制公式。将鼠标指针指向单元格G3右下角，呈"十"字状，按住鼠标左键不放，向下拖动至单元格G12，如下图所示。

Step 6 显示完成的效果。释放鼠标后，即可在单元格区域G3:G12中显示各位员工的平均成绩，如下图所示。

晋升成绩单

实践考核	英语成绩	总成绩	平均分数	排名
70	65	280	70	
92	98	368		
85	90	360		
93	95	362		
87	90	350		
82	92	347	拖动
90	88	351		
90	82	347		
87	85	351		
90	92	375		

晋升成绩单

实践考核	英语成绩	总成绩	平均分数	排名
70	65	280	70	
92	98	368	92	
85	90	360	90	
93	95	362	90.5	
87	90	350	87.5	
82	92	347	86.75	
90	88	351	87.75	

显示各位员工的平均分数

对于优秀绩效者或认真努力工作员工，通过绩效考评的强制分布，能够体现他们的工作价值，促进他们进一步提高。

对于较差绩效者，通过绩效考评强制分布，可以促进这部分员工改进自身工作，适应企业发展需要；或者，被淘汰出企业，在其他企业找到适合这部分员工发展的平台。

15.6.3 使用RANK函数计算排列员工成绩名次

为了能快速计算出员工成绩单的名次，可以通过RANK函数进行计算。具体的操作步骤如下。

原始文件	实例文件\第15章\原始文件\使用RANK函数计算排列员工成绩名次.xlsx
最终文件	实例文件\第15章\最终文件\使用RANK函数计算排列员工成绩名次.xlsx

Step 1 输入公式。打开附书光盘\实例文件\第15章\原始文件\使用RANK函数计算排列员工成绩名次.xlsx工作簿，在单元格H3中输入公式 "=RANK(F3,F3:F12,0)"，如下图所示。

Step 2 完成排名的统计。按Enter键，即可在单元格H3中显示第一位员工的排名。按照前面的方法，填充公式至单元格H12，即可完成全部员工的排名统计，效果如下图所示。

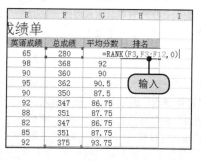

成绩单

英语成绩	总成绩	平均分数	排名
65	280	=RANK(F3,F3:F12,0)	
98	368	92	
90	360	90	输入
95	362	90.5	
90	350	87.5	
92	347	86.75	
88	351	87.75	
82	347	86.75	
85	351	87.75	
92	375	93.75	

fx =RANK(F5,F3:F12,0)

晋升成绩单

实践考核	英语成绩	总成绩	平均分数	排名
70	65	280	70	10
92	98	368	92	2
85	90	360	90	4
93	95	362	90.5	3
87	90	350	87.5	7
82	92	347	86.75	8
90	88	351	87.75	5
90	82	347	86.75	8
87	85	351	87.75	5

全部员工的排名

15.6.4 使用COUNTIF函数计算达到面试成绩的合格人数

通过COUNTIF函数，用户可以根据条件计算出达到面试成绩的合格人数。在本例中，一共有4项考核项目，如果总成绩大于或等于360分，则为达到面试成绩。下面介绍具体的操作方法。

事业单位是依法设立的从事教育、科技、文化、卫生等公益服务，不以营利为目的的社会组织。这一定位决定了事业单位的绩效考核与企业的绩效考核有着本质的区别，它不能简单地以利润和经济成本为目标，而是要衡量所提供的公共服务的社会转移价值。

事业单位启动绩效考核，不一定要求面面俱到、非常完美，但必须把握好"一个中心、两个基本点"，即：以绩效改进为中心，以程序公平与标准公平为基本点。

事业单位绩效考核的终极目标是要做到标准公平。所谓标准公平，体现在3个关键点。

（续上页）

经验分享：
单位绩效考核的理念、技术与方法

（1）一个绩效管理良好的组织，其绩效考核的整体指向必然是组织的战略或经营目标。

（2）需要有一套程序、一个部门或岗位负责分解上述目标，形成针对中层以上管理人员和科室的考核指标。

（3）需要建立分层分类的岗位考核指标库，以及针对科室负责人的绩效考核培训体系。

原始文件	实例文件\第15章\原始文件\使用COUNTIF函数计算达到面试成绩的合格人数.xlsx
最终文件	实例文件\第15章\最终文件\使用COUNTIF函数计算达到面试成绩的合格人数.xlsx

Step 1 输入公式。打开附书光盘\实例文件\第15章\原始文件\使用COUNTIF函数计算达到面试成绩的合格人数.xlsx工作簿，在单元格D14中输入公式"=COUNTIF(F3:F12,">=360")"，如下图所示。

95	90	85	90
85	89	93	95
83	90	87	90
92	81	82	92
88	85	90	88
80	95	90	82
81	98	87	85
97	96	90	92

| 面试合 | =COUNTIF（F3:F12,"">=360""） |

输入

Step 2 显示计算的结果。按Enter键，即可在单元格D14中显示根据总成绩计算的"面试合格人数"为"4"，效果如下图所示。

晋升成绩单

业务考核	绩效考核	实践考核	英语成绩	总成绩
70	75	70	65	280
90	88	92	98	368
95	90	85	90	360
85	89	93	95	362
83	90	87	90	350
92	81	82	92	347
88	85	90	82	351
80	95	90	82	347
81	98	87	85	351
97	96	90	92	375

| 面试合格人数 | 4 |

结果

专家点拨：知人善用的公司管理技巧

"商场如战场"，企业的竞争说到底就是人才的竞争，结构优化、种类齐全的人才群体无疑已成为企业实现生产力的源泉。而如何识才、选才、用才、育才是企业管理工作的重要内容。"哈佛"有句名言："只有无能的管理，没有无用的人才"。要实现"人尽其才，才尽其用"，企业领导层和人才资源管理部门必须努力成为善于开发人才资源的工程师。企业经营是个系统工程，岗位的多元化要求人才的多元化。正是由于人无完人，才要求企业为其安排岗位时尽量做到适才适位。如果才不适位，不仅不能发挥其特长，反而耽误了企业发展，造成隐性资源的浪费。用人之前先识人，企业应从能力、个性、兴趣、经验等几个指标全面考察拟用人才，在此基础上，因人定岗，合理安排人才的岗位。

一、要充分了解自己员工的优势

要想最大限度地发挥员工的作用，首先必须知道他们的长处和不足，要量体裁衣、适才用人。领导者若想知道部门内每一位员工都有哪些能力，必须了解他们的特长，而初步印象就是通过他们的履历表获得。因此，要想清楚员工的特长，领导者应制定一份员工专长表。这样，领导者就会了解手下有什么可供利用的人力资源。一旦有了新的任务，领导者就能够很容易地决定谁是最合适的人选。

二、要能高效地发挥员工的特长

为了提高执行的效率，在用人的时候要充分发挥一个人的长处和优势，避开不足和劣势。如果从人的长处着眼，为使用对象提供和创造良好的条件，让他的长处得以充分地发挥，那么这个人日益增长的优势就会抵消不足的影响，或者填补不足的缺陷，或者抑制不足的劣势。如果不从人的长处着眼，不能发挥人的长处优势，以长补短、抑短，而是反其道而行之，那就会使人的长处被不足所排斥和否定，不能充分发挥人的作用，出现用人的失误。

专家点拨：知人善用的公司管理技巧

三、要让员工的工作与个性相匹配

员工的个性千差万别，有的很外向，有的则很内向等。有证据表明，当员工的个性与职业相匹配时，员工是最快乐的，满意度最高，离职率最低。为了提高企业组织的执行力，因此在安排工作时必须使员工的个性与工作相匹配。

有人把人的个性分为6种类型：现实型、研究型、社会型、传统型、企业型和艺术型。

现实型的人喜欢从事技巧、力量和协调性的体力活动。

研究型的人喜欢从事思考、组织和理解的活动。

社会型的人喜欢从事帮助他人和提高他人的活动。

传统型的人喜欢规范、有序和清楚明了的活动。

企业型的人喜欢获得影响他人并获得权利的言语活动机会。

艺术型的人喜欢模糊不清的、非系统化的活动，他们可以进行创造性的表达。

四、要为员工提供内部调配的机会

在工作安排中，一种情况是，由于领导对员工并不是很了解，有时工作安排得不一定恰当，员工没有发挥自己的专长，造成了人才的浪费；另一种情况是，很多员工都有一种求新的心理，渴望新的尝试，希望能够经常变换自己的工作岗位。从心理学的角度来讲，如果一个人在一个岗位上干得太久，心理很容易产生厌烦情绪，进而对产生厌倦和抵触。改变一下工作岗位，为员工在组织内部提供调配的机会，会大大提高员工的兴趣，激发他们的工作热情，从而提高工作效率。

五、要让每位员工都觉得自己很重要

留住员工，最重要的是留住员工的心。在企业组织里，领导者应该让员工充分地享受到尊严，处处感受到被人尊重，员工就自然而然地产生一种这样的感觉：我很重要，对于企业是不可缺少的；领导既然这样尊重我，我就应该为企业努力工作。如果员工从内心增加了对企业的向心力，他就会把自己与企业紧紧地捆在一起。领导者应该研究人际关系学，尽力使每一个员工感到自己重要。个人接触是重要的手段之一。领导与员工的个人接触，能够激起员工的自尊，使员工感到温馨。当一个员工感到自己很重要，是企业不可或缺的一部分时，就会增加企业的主人翁感，因为他在这里得到了尊敬和关怀。

六、要给每个人一个积极上进的机会

适时地提升员工，最能激励士气，也将带动其他同仁的努力。提升员工职位，应以员工的才能高低作为主要标准，年资和考绩应列为辅助标准。在工作上必须造就更优秀的人才，应采取"因才适用"的晋升制度来配合工作。这种制度并不受年龄、性别的限制，完全依才干、品德、经验来衡量，是否可以胜任另一新的职务。但是，在实行这种职位提升的方法时，常会受传统观念的牵制与阻挠。

世上没有尽善尽美的人，每个人都有不足和优点，我们选用一个人，主要是使他发挥自己的优点；至于他的不足，只要不影响到工作，不影响到别人发挥积极性，就不要过严。管理人员的任务是寻找员工的优点，在使用过程中，要使人尽其所长。

Chapter

制作员工薪资福利管理表

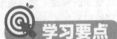 学习要点  本章结构

- 创建基本数据表
- 分析销售记录单
- 计算薪资数据
- 共享工作簿
- 设计工资条
- 打印工资条

创建基本数据表
·创建员工薪资表数据表
·创建销售记录表单
·创建销售营业额表

分析销售记录表单
·筛选数据 ·分类汇总功能

计算薪资数据
·导入销售奖金 ·计算请假扣除额
·计算代扣所得税 ·计算应付薪资

共享工作簿
·保护工作簿 ·启用共享工作簿功能

设计工资条
·为"薪资表"定义名称 ·输入工资条数据

打印工资条
·设置打印纸张方向和页边距
·设置打印份数

1 创建基本数据表

销售完成额	个人奖金	小组奖金
¥ 101,700.00	¥ 400.00	
¥ 59,500.00	¥ －	¥ －
¥ 62,200.00	¥ －	¥ 400.00
¥ 68,500.00	¥ －	¥ －
¥ 67,900.00	¥ －	¥ －
¥ 78,700.00	¥ 200.00	¥ －
¥ 77,900.00	¥ 200.00	¥ 400.00
¥ 77,600.00	¥ 200.00	¥ 400.00
¥ 81,400.00	¥ 400.00	¥ 400.00
¥ 82,300.00	¥ 400.00	¥ 400.00
¥ 82,300.00	¥ 400.00	

2 对数据表进行分类汇总

	C	D	E	F
	销售记录单			
	小组	旋转式剃须刀	往复式剃须刀	浮动式剃须刀
	A组	¥ 16,100.00	¥ 20,900.00	¥ 22,500.00
	A组	¥ 13,800.00	¥ 26,600.00	¥ 27,500.00
	A组	¥ 18,400.00	¥ 22,800.00	¥ 37,500.00
	A组	¥ 20,700.00	¥ 26,600.00	¥ 35,000.00
	A组	¥ 27,600.00	¥ 19,000.00	¥ 20,000.00
A组 汇总		¥ 96,600.00	¥ 115,900.00	¥ 142,500.00
	B组	¥ 27,600.00	¥ 17,100.00	¥ 17,500.00
	B组	¥ 20,700.00	¥ 24,700.00	¥ 32,500.00
	B组	¥ 23,000.00	¥ 17,100.00	¥ 37,500.00
	B组	¥ 23,000.00	¥ 20,900.00	¥ 37,500.00
	B组	¥ 27,600.00	¥ 24,700.00	¥ 30,000.00
B组 汇总		¥ 121,900.00	¥ 104,500.00	¥ 155,000.00

3 共享工作簿

4 制作工资条

月份	员工编号	姓名	所属部门	职位
2010年6月	XS010	邱恒	销售部	组长

月份	员工编号	姓名	所属部门	职位
2010年6月	XS011	冯伦	销售部	组长

月份	员工编号	姓名	所属部门	职位
2010年6月	XS254	王紫	销售部	职员

月份	员工编号	姓名	所属部门	职位
2010年6月	XS255	薛碧	销售部	职员

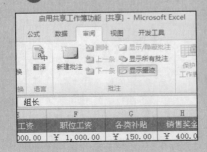

Chapter 16 制作员工薪资福利管理表

员工的薪资管理是工资账目管理中的一个重要项目，也是任何一个企业不可缺少的重要部分。以前，也许您还是手工做账，但是手动计算工资明细表是一项非常繁重的工作，大量数据加上复杂计算会让您忙得焦头烂额，且也很容易发生错误。在本章中，将为大家介绍如何利用Excel 2010的分析处理功能，轻松制作员工的薪资福利表，以便于减轻您的日常工作。

16.1 创建基本数据表

每个公司都有自己的管理方式，对于薪资的管理也会各不相同。在本例中，员工薪资管理表包括薪资数据单、考勤记录单、销售记录单及销售业绩单。本节将为大家介绍创建这些表单的创建方法。

16.1.1 创建员工薪资数据表

薪资表中一般会将某员工的所有工资、补贴、奖金、扣发等内容记录得很详细，例如根据部门的差别，各员工的基本工资、岗位工资会有所区别；根据职位不同，各员工的补贴金额也不相同；除此之外，还有请假扣发、代扣所得税、业务员的销售奖金等不同项目。

> **原始文件** 实例文件\第16章\原始文件\创建员工薪资数据表.xlsx
> **最终文件** 实例文件\第16章\最终文件\创建员工薪资数据表.xlsx

Step 1 输入公式。打开附书光盘\实例文件\第16章\原始文件\创建员工薪资数据表.xlsx工作簿，在单元格E3中输入公式 "=IF(C3="财务部",1200,IF(C3="销售部",1000,IF(C3="行政部", 1400,1500)))"，如下图所示。

Step 2 填充公式。按Enter键，即可在单元格E3中显示第一个员工的基本工资，将鼠标指针指向该单元格右下角，呈"十"字状，按住鼠标左键不放，向下拖动至单元格E31，如下图所示。

提示 ① **计算基本工资的公式说明**

薪资表中的第一个员工的基本工资公式为 "=IF(C3="财务部",1200,IF(C3="销售部",1000,IF(C3="行政部",1400,1500)))"，其含义为：如果单元格C3第一位员工所属部门是"销售部"，则"基本工资"为1000元；如果该员工属于"财务部"，则"基本工资"为1200元；如果该员工属于"行政部"，则"基本工资"为1400元，剩下部门（技术部）的"基本工资"为1500元。

薪资表中的第一个员工的职位工资公式为"=IF(D3="经理",1000,IF(D3="主管",800,IF(D3="组长",400,200)))",其含义为:如果单元格D3第一位员工的职位是"经理",则"职位工资"为1000元;如果该员工是"主管",则"职位工资"为800元;如果该员工是"组长",则"职位工资"为400元,剩下职位(职员)的"职位工资"为200元。

Step 3 显示填充的公式结果。释放鼠标后,在单元格区域E3:E31中显示计算出的各员工的基本工资,如下图所示。

显示计算的基本工资

Step 4 计算职位工资。在单元格F3中输入公式"=IF(D3="经理",1000,IF(D3="主管",800,IF(D3="组长",400,200)))",如下图所示。

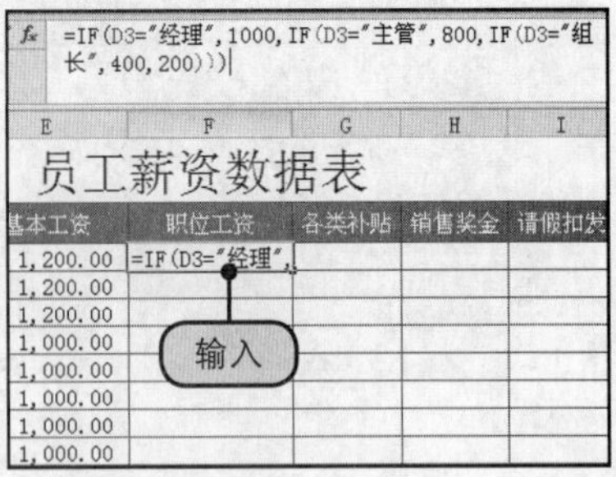

员工薪资数据表

Step 5 填充公式。按Enter键,即可在单元格F3中显示第一个员工的职位工资,将鼠标指针指向该单元格右下角,呈"十"字状,按住鼠标左键不放,向下拖动至单元格F31,如下图所示。

员工薪资数据表

拖动

Step 6 显示填充的公式结果。释放鼠标后,在单元格区域F3:F31中显示计算出的各员工的职位工资,如下图所示。

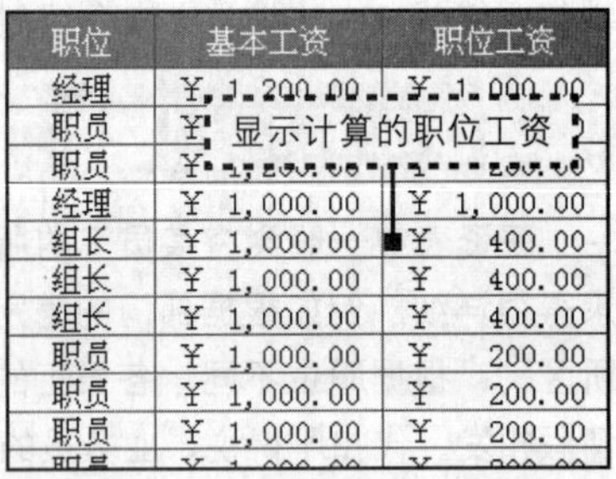

显示计算的职位工资

薪资表中的第一个员工的各类补贴公式为"=IF(C3="财务部",E3*8%,IF(C3="销售部",E3*15%,IF(C3="行政部",E3*9%,E3*8%)))",其含义为:如果单元格G3(第一位员工)属于"财务部",则各类补贴是其基本工资的8%;如果属于"销售部",则各类补贴是其基本工资的15%;如果属于"行政部",则各类补贴是其基本工资的9%;如果属于"技术部",则各类补贴是其基本工资的8%。

Step 7 计算各类补贴。在单元格G3中输入公式"=IF(C3="财务部",E3*8%,IF(C3="销售部",E3*15%,IF(C3="行政部",E3*9%,E3*8%)))",如下图所示。

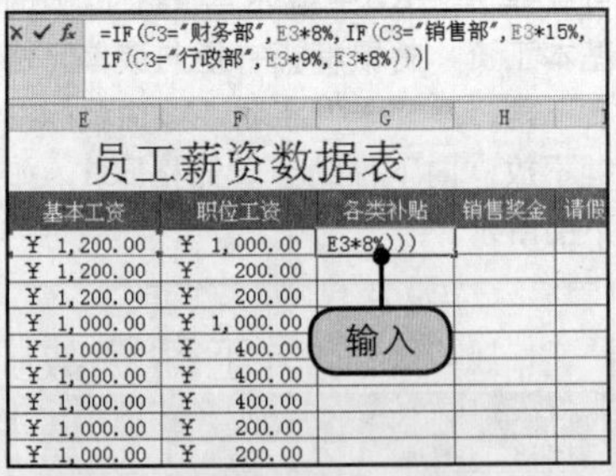

=IF(C3="财务部",E3*8%,IF(C3="销售部",E3*15%,IF(C3="行政部",E3*9%,E3*8%)))

员工薪资数据表

输入

Step 8 显示计算各类补贴的效果。按Enter键后,按照前面的方法,填充公式至单元格G31,单击任意单元格,即可在编辑栏中显示公式,如下图所示。

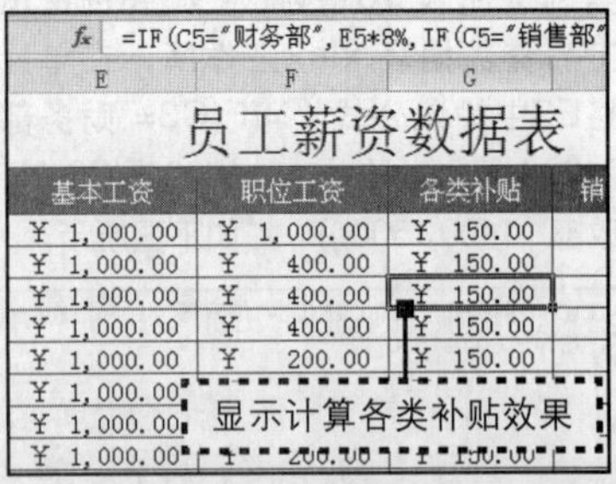

=IF(C5="财务部",E5*8%,IF(C5="销售部"

员工薪资数据表

显示计算各类补贴效果

🔍 16.1.2 创建销售记录单

销售记录单通常是记录业务员销售产品的记录表,该表格包括员工的基本信息和销售数据,例如姓名、所在小组及销售产品等。

Step 1 选择筛选。在之前创建的工作簿"创建员工薪资数据表"中，选择单元格C2，切换至"数据"选项卡，单击"筛选"按钮，如下图所示。

Step 2 选择筛选字段。单击"所属部门"下三角按钮，在展开的下拉列表框中勾选"销售部"复选框，再单击"确定"按钮，如下图所示。

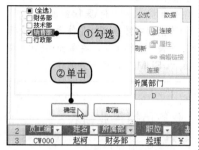

Step 3 复制筛选结果。此时在工作表中只显示销售部的相关数据，选择单元格A3:B31，并右击鼠标，在弹出的快捷菜单中选择"复制"命令，如下图所示。

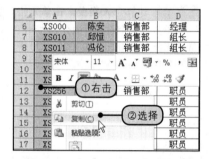

Step 4 粘贴数值。打开附书光盘\实例文件\第16章\原始文件\创建销售记录单.xlsx工作簿，选择单元格区域A4:B19，并右击鼠标，在弹出的快捷菜单中单击"值"选项，如下图所示。

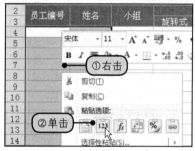

Step 5 显示复制的员工信息。此时在选择的单元格区域A4:B19中会显示粘贴的员工信息，如下图所示。

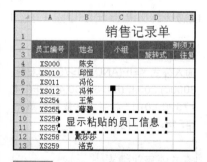

Step 6 完善数据。继续在单元格区域C4:F19中输入各员工的小组、销售各类商品的金额，并设置货币格式，如下图所示。

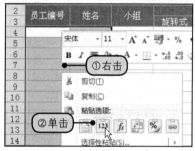

16.1.3 创建销售业绩单

　　有的公司每个月给业务员规定了一定的销售额，以保证公司的营业额。为此，在销售业绩单中会突出这部分信息，同时根据前面制作的销售记录单，还要计算完成销售额、个人奖金、小组完成额以及小组奖金。其中需要注意的是，"经理"不属于任何小组成员，因此不计算其小组奖金。

原始文件　实例文件\第16章\原始文件\创建销售业绩单.xlsx
最终文件　实例文件\第16章\最终文件\创建销售业绩单.xlsx

提示 ④ 计算经理个人奖金的公式说明

销售业绩表中经理（第一位员工）的个人奖金公式为"=IF(AND(E3>90000,E3<100000),200,IF (E3>100000,400))"，其含义为：如果单元格E3（第一位员工的销售完成额）大于90000元并且小于100000元，则个人奖金是200元；如果该员工的销售完成额大于100000元，则个人奖金是400元。

Step 1 输入销售完成额公式。打开附书光盘\实例文件\第16章\原始文件\创建销售业绩单.xlsx工作簿，切换至工作表"业绩单"，在单元格E3中输入"=SUM("，如下图所示。

Step 2 引用单元格区域。切换至工作表"销售记录单"，在其中选择单元格区域D4:F4，如下图所示。

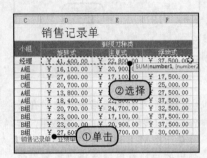

Step 3 填充公式。按Enter键后，即可在工作表"业绩单"的单元格E3中显示第一个员工的销售完成额。将鼠标指针指向单元格右下角，呈"十"字状，按住鼠标左键不放，向下拖动至单元格E18，如下图所示。

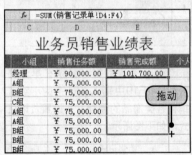

Step 4 计算个人奖金。在单元格F3中输入计算个人奖金的公式"=IF(AND(E3>90000,E3<100000),200,IF(E3>100000,400))"，如下图所示。

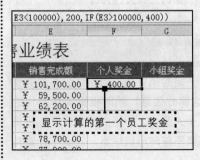

Step 5 显示计算的个人奖金。按Enter键，即可显示第一个员工的个人奖金，如下图所示。

Step 6 复制公式。在单元格F4中输入公式"=IF(AND(E4>75000,E4<80000),200,IF(E4>80000,400,IF(E4<75000,0)))"，并将其复制到单元格F18，如下图所示。

Step 7 个人奖金完成的效果。释放鼠标后，即可在单元格F4:F18中显示各员工的个人奖金，如下图所示。

Step 8 计算A组完成额。在单元格D20中输入公式"=SUMIF(C3:C18,"A组",E3:E18)"，如下图所示。

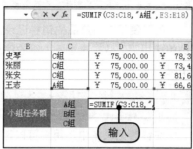

提示 ⑤ 计算组员个人奖金的公式说明

销售业绩表中第二个组员的个人奖金公式为"=IF(AND(E4>75000,E4<80000),200,IF(E4>80000,400,IF(E4<75000,0)))"，其含义如下：如果单元格E4（第二位员工的销售完成额）大于75000元并且小于80000元，则个人奖金是200元；如果该员工的销售完成额大于80000元，则个人奖金是400元。

Step 9 完成各小组的任务额。再按Enter键，在单元格C21和单元格C22中分别输入公式"=SUMIF(C3:C18,"B组",E3:E18)"和"=SUMIF(C3:C18,"C组",E3:E18)"，结果如下图所示。

Step 10 设置B组的奖金。在单元格G4中输入公式"=IF(C4="B组",400,0)"，如下图所示。

Step 11 复制公式。按Enter键，即可在单元格G4中显示B组员工的奖金，将鼠标指针指向单元格右下角，呈"十"字状，按住鼠标左键不放，向下拖动至单元格G18，如下图所示。

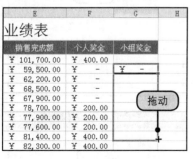

Step 12 显示计算效果。经过上述操作后，在单元格G4:G18中显示只要是B组员工都有400元，如下图所示。

销售完成额	个人奖金	小组奖金
¥ 101,700.00	¥ 400.00	
¥ 59,500.00		¥ －
显示计算的小组奖金		¥ 400.00
¥ 67,900.00	¥ －	¥ －
¥ 78,700.00	¥ 200.00	¥ －
¥ 77,900.00	¥ 200.00	¥ 400.00
¥ 77,600.00	¥ 200.00	¥ 400.00
¥ 81,400.00	¥ 400.00	¥ 400.00
¥ 82,300.00	¥ 400.00	¥ 400.00
¥ 82,300.00	¥ 400.00	¥ －
¥ 71,200.00		

16.2 分析销售记录单

为了便于查看产品的销售记录，用户可以对销售记录单进行分析，例如使用筛选数据查看各小组的信息；使用分类汇总查看各部门的销售情况。

16.2.1 筛选数据

在销售记录单中，用户可以筛选某小组的销售数据，例如筛选B组"旋转式剃须刀"大于"￥25000"的相关信息。

原始文件　实例文件\第16章\原始文件\筛选数据.xlsx
最终文件　实例文件\第16章\最终文件\筛选数据.xlsx

提示 ⑥ 计算小组奖金的公式说明

销售业绩表中职员（从第二个组员开始）的个人奖金公式为"=IF(C4="B组",400,0)"，其含义：如果单元格C4（第二位员工所在小组）是B组，则所得的小组奖金为"400"元。

Step 1 选择筛选。打开附书光盘\实例文件\第16章\筛选数据.xlsx工作簿，切换至"数据"选项卡，单击"筛选"按钮，如下图所示。

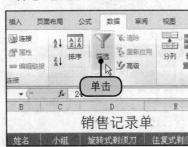

Step 2 筛选小组。单击"小组"按钮，在展开的下拉列表中勾选"B组"复选框，如下图所示，再单击"确定"按钮。

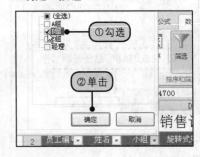

Step 3 再筛选产品型号。此时在数据表中只显示B组员工的销售信息，再单击"旋转式剃须刀"按钮，如下图所示。

Step 4 选择数字筛选。在展开的下拉列表中单击"数字筛选>大于"选项，如下图所示。

Step 5 设置筛选方式。弹出"自定义自动筛选方式"对话框，设置"显示行"为"大于""25000"，再单击"确定"按钮，如右图所示。

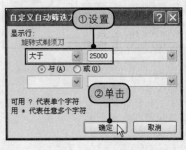

Step 6 显示筛选效果。经过上述操作后，在工作表中只会显示B组中的"旋转式剃须刀"数据，如右图所示。

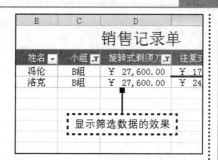

显示筛选数据的效果

16.2.2 分类汇总功能

使用"分类汇总"功能可以将各小组的销售金额统计汇总，以方便对各商品的销售情况进行对比。具体的操作步骤如下。

原始文件　实例文件\第16章\原始文件\分类汇总功能.xlsx
最终文件　实例文件\第16章\最终文件\分类汇总功能.xlsx

Step 1 选择分类汇总。打开附书光盘\实例文件\第16章\分类汇总功能.xlsx 工作簿，切换至"销售记录单"，单击"分类汇总"按钮，如下图所示。

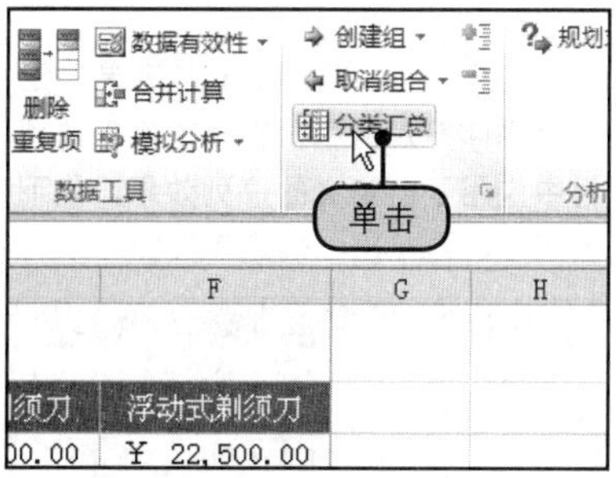

Step 2 设置分类汇总。弹出"分类汇总"对话框，设置"分类字段"为"小组""汇总方式"为"求和"，在其下方列表框中勾选汇总项，如下图所示。

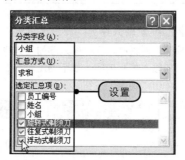

Step 3 显示汇总结果。再单击"确定"按钮，此时在"销售记录单"中，会显示各小组各产品型号的汇总，如右图所示。

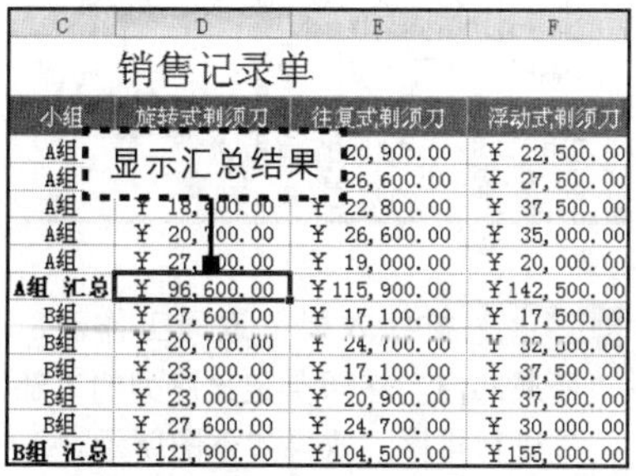

16.3 计算薪资数据

当完成销售记录表和业绩表后，便可以完善之前创建的薪资表了，其中包括销售奖金、请假扣发、代扣所得税及应付工资等。本节将对这部分内容进行介绍。

16.3.1 导入销售奖金

在本例中，只有业务员才有销售奖金，为了减轻统计工作的烦琐度，可以在"薪资表"中按"部门"排序，再进行销售奖金的导入。具体的操作步骤如下。

原始文件　实例文件\第16章\原始文件\导入销售奖金.xlsx
最终文件　实例文件\第16章\最终文件\导入销售奖金.xlsx

经验分享：
薪资激励机制设计的关键

激励机制的目标应着眼于最大限度地调动销售人员的积极性，促进其行为；奖励应基于可测量的数据和事实，而不能主观臆断；激励机制应易于理解、操作和监督，对大部分员工公平并能起到激励作用，而不必强求令每个人满意；激励组合应根据公司每年业务战略的需要而调整各组合要素的比例，激励机制初步完成后应对可能的情况进行模拟，并根据结果进行微调，以平衡激励所产生的效益及所需成本。

Step 1 选择排序。打开附书光盘\实例文件\第16章\导入销售奖金.xlsx工作簿，选择表格中的任意数据，切换至"数据"选项卡，单击"排序"按钮，如下图所示。

Step 2 设置次序。弹出"排序"对话框，设置"主要关键字"为"所属部门""排序依据"为"数值"，在"次序"下拉列表中单击"自定义序列"选项，如下图所示。

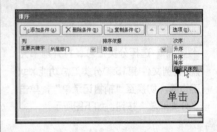

Step 3 输入序列。弹出"自定义序列"对话框，在"输入序列"列表框中输入序列内容，如下图所示，然后单击"确定"按钮。

Step 4 显示自定义序列效果。返回"排序"对话框，在"次序"选项组中应用了自定义的序列效果，如下图所示，再单击"确定"按钮。

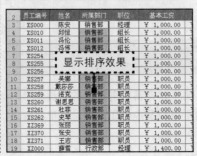

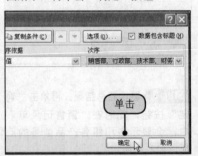

Step 5 排序效果。返回工作表，"所属部门"按照自定义序列的"部门"进行排序，效果如下图所示。

Step 6 输入公式。在单元格H3中输入公式"=VLOOKUP(A3,"，如下图所示。

Step 7 选择引用单元格。切换至工作表"业绩单",选择单元格区域A3:G18,如下图所示。

Step 8 完善公式。返回工作表"薪资表",继续完善公式,最终公式为"=VLOOKUP(A3,业绩单!A3:G18,6)",如下图所示。

=VLOOKUP(A3, 业绩单!A3:G18, 6)

C	D	E
C组	¥ 75,000.00	...00
A组	¥ 75,000.00	...00
A组	¥ 75,000.00	¥ 78,700.00
B组	¥ 75,000.00	¥ 77,900.00
B组	¥ 75,000.00	¥ 77,600.00

输入

Step 9 复制公式。按Enter键,此时单元格H3显示计算第一位员工的销售奖金,将鼠标指针指向单元格右下角,呈"十"字状,按住鼠标左键不放,向下拖动至单元格H18,如下图所示。

Step 10 显示计算结果。经过上述操作后,在单元格区域H3:H18中显示销售部员工的销售奖金,如下图所示。

基本工资	职位工资	各类补贴	销售奖金	请假扣发
¥ 1,000.00	¥ 1,000.00	¥ 150.00	¥ 400.00	¥ —
¥ 1,000.00	¥ 400.00	¥ 150.00	¥ —	
¥ 1,000.00	¥ 400.00	¥ 150.00	¥ —	
¥ 1,000.00	¥ 400.00	¥ 150.00	¥ —	
¥ 1,000.00	¥ 200.00	¥ 150.00	¥ —	
¥ 1,000.00	¥ 200.00	¥ 150.00	¥ 200.00	
¥ 1,000.00	¥ 200.00	¥ 150.00	¥ —	
¥ 1,000.00	¥ 200.00	¥ 150.00	¥ 200.00	
¥ 1,000.00	¥ 200.00	¥ 150.00	¥ 400.00	
		¥ 150.00	¥ —	
		¥ 150.00	¥ 200.00	
		¥ 150.00	¥ —	
		¥ 150.00	¥ 400.00	
¥ 1,000.00	¥ 200.00	¥ —		
¥ 1,400.00	¥ 1,000.00	¥ 126.00		
¥ 1,400.00	¥ 800.00	¥ 126.00		

显示计算结果

提示 ⑦ 所得税公式中的"25"是什么?

在公式中出现的"25"是个人所得税的速算扣除数,这是个人所得税率表中给定的,如税率为5%时,速算扣除数为"0";税率为10%时,速算扣除数为"25";税率为15%时,速算扣除数为"125"。其他数据用户可以上网搜索一下。

16.3.2 计算请假扣罚额

请假扣罚额是指根据员工在一个月内的请假次数,从而计算出的罚款额。在本例中,将用基本工资除以30天,以实际请假天数乘以请假一天的扣款额,得出实际扣发额。

原始文件 实例文件\第16章\原始文件\计算请假扣罚额.xlsx
最终文件 实例文件\第16章\最终文件\计算请假扣罚额.xlsx

Step 1 显示扣发记录单。打开附书光盘\实例文件\第16章\计算请假扣罚额.xlsx工作簿,切换至工作表"扣发记录单",如下图所示。

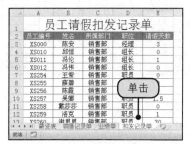

Step 2 输入公式。切换至工作表"薪资表",在单元格I3中输入"=扣发记录单!E3*ROUND(薪资表!E3/30,0)",如下图所示。

=扣发记录单!E3*ROUND(薪资表!E3/30, 0)

据表

G	H	I	J
各类补贴	销售奖金	请假扣发	代扣所得税
150.00	¥ 400.00	=扣发记录单!E	
150.00	¥ —		
150.00	¥ —		
150.00	¥ —		
150.00	¥ —		
150.00	¥ 200.00		
150.00	¥ 200.00		
150.00	¥ 200.00		
150.00	¥ 400.00		

输入

Step 3 显示计算的结果。按Enter键，即可在单元格I3中显示第一位员工的请假扣发金额。然后，将该公式复制到单元格I31，如下图所示。

G	H	I	
数据表			
各类补贴	销售奖金	请假扣发	代扣
¥ 150.00	¥ 400.00	¥ 99.00	
¥ 150.00	¥ –		
¥ 150.00	¥ –		
¥ 150.00	¥ –		
¥ 150.00	¥ –		
¥ 150.00	¥ –		
¥ 150.00	¥ 200.00		
¥ 150.00	¥ 200.00		
¥ 150.00	¥ 200.00		
¥ 150.00	¥ 400.00		

拖动

Step 4 显示计算的结果。释放鼠标后，即可在单元格I3:I31中显示各员工根据"扣发记录单"计算的请假扣发额，如下图所示。

各类补贴	销售奖金	请假扣发
¥ 150.00	¥ 400.00	¥ 99.00
¥ 150.00	¥ –	¥ –
¥ 150.00	¥ –	¥ 33.00
¥ 150.00	¥ –	¥ –
显示计算的请假扣发		¥ –
¥ 150.00	¥ 200.00	¥ –
¥ 150.00	¥ 200.00	¥ 49.50
¥ 150.00	¥ 400.00	¥ 33.00

16.3.3 计算代扣所得税

所谓"代扣所得税"，是指应该由个人负担的、由单位统一在其收入所得中扣减上缴税务机关的税。下面介绍具体的操作方法。

原始文件 实例文件\第16章\原始文件\计算代扣所得税.xlsx
最终文件 实例文件\第16章\最终文件\计算代扣所得税.xlsx

Step 1 输入公式。打开附书光盘\实例文件\第16章\计算代扣所得税.xlsx工作簿，在单元格G3中输入 "=IF(E3+F3+G3+H3>2000, (E3+F3+G3+H3-2000)*0.1+25, IF(E3+F3+G3+H3>1000, (E3+F3+G3+H3-1000)*0.05,0))"，如右图所示。

`=IF(E3+F3+G3+H3>2000,(E3+F3+G3+H3-2000)*0.1+25,IF(E3+F3+G3+H3>1000,(E3+F3+G3+H3-1000)*0.05,0))`

H	I	J	K	L
销售奖金	请假扣发	代扣所得税	应付工资	
¥ 400.00	¥ 99.00	*0.05,0))		
¥ –	¥ –			
¥ –	¥ 33.00			
¥ –	¥ –			
¥ 200.00	¥ –	输入		
¥ 200.00	¥ –			
¥ 200.00	¥ 49.50			
¥ 400.00	¥ –			

Step 2 复制公式。按Enter键，即可在单元格J3中显示计算第一位员工的代扣所得税。然后将该公式复制到单元格J31，如下图所示。

H	I	J	K
销售奖金	请假扣发	代扣所得税	应付工资
¥ 400.00	¥ 99.00	¥ 80.00	
¥ –	¥ –		
¥ –	¥ 33.00		
¥ –	¥ –		
¥ –	¥ –	拖动	
¥ 200.00	¥ –		
¥ 200.00	¥ –		
¥ 200.00	¥ 49.50		
¥ 400.00	¥ –		
¥ 400.00	¥ 33.00		

Step 3 显示计算的代扣所得税。释放鼠标后，在单元格区域A3:J31中显示所计算的各员工代扣所得税，效果如下图所示。

销售奖金	请假扣发	代扣所得税	应付工资
¥ 400.00	¥ 99.00	¥ 80.00	
¥ –	¥ –	¥ 27.50	
¥ –	¥ 33.00	¥ 27.50	
¥ –	¥ –	¥ 27.50	
¥ –	¥ –	¥ 17.50	
¥ 200.00	¥ –	¥ 27.50	
¥ 200.00	¥ –	¥ 27.50	
¥ 200.00	¥ 49.50	¥ 27.50	
¥ –	¥ –	¥ 37.50	
¥ 400.00	¥ 33.00	¥ 37.50	
¥ 400.00	¥ –	显示计算的代扣所得税	
¥ 200.00	¥ –	¥ 27.50	

16.3.4 计算应付薪资

应付工资是指所有工资加奖金再减去扣罚的金额。在本例中，应付工资包括基本工资+职位工资+各类补贴+销售奖金−请假扣罚−代扣所得税。具体的操作步骤如下。

○ **原始文件** 实例文件\第16章\原始文件\计算应付薪资.xlsx
— **最终文件** 实例文件\第16章\最终文件\计算应付薪资.xlsx

Step 1 输入公式。打开附书光盘\实例文件\第16章\计算应付薪资.xlsx工作簿，在单元格K3中输入公式"=E3+F3+G3+H3-I3-J3"，如下图所示。

	I		J		K
fx	=E3+F3+G3+H3-I3-J3				
	请假扣发		代扣所得税		应付工资
	￥	99.00	￥	80.00	=E3+F3+G3+H3-
	￥	−	￥	27.50	
	￥	33.00	￥	27.50	输入
	￥	−	￥	27.50	
	￥	−	￥	17.50	
	￥	−	￥	27.50	
	￥		￥		

Step 3 显示完成的应付工资。释放鼠标后，即可在单元格K3:K31中显示各员工的应付工资，如右图所示。

Step 2 复制公式。按Enter键，即可在单元格K3中显示计算第一位员工的应付工资。然后将该公式复制到单元格K31，如下图所示。

I		J		K	
请假扣发		代扣所得税		应付工资	
￥	99.00	￥	80.00	￥	2,371.00
￥	−	￥	27.50		
￥	33.00	￥	27.50		
￥	−	￥	27.50		
￥	−	￥	17.50		
￥	−	￥	27.50		
￥	−	￥	27.50	拖动	
￥	49.50	￥	27.50		

请假扣发		代扣所得税		应付工资	
￥	99.00	￥	80.00	￥	2,371.00
￥	−	￥	27.50	￥	1,522.50
￥	33.00	￥	27.50	￥	1,489.50
￥	−	￥	27.50	￥	1,522.50
￥	−	￥	17.50	￥	1,332.50
￥	−	￥	27.50	￥	1,522.50
￥	−	￥	27.50	￥	1,522.50
￥	49.50	￥	27.50	￥	1,473.00
￥	−				
￥	33.00	显示计算的应付工资			
￥	990.00	￥	37.50	￥	722.50

16.4 共享工作簿

通常情况下，薪资表是属于财务部的责任，而销售记录单及业绩单则是销售部的责任。为了让编辑表格的速度加快，此时可以使用Excel 2010的共享功能进行操作，其中包括保护工作簿及启用共享工作簿功能等。

16.4.1 保护工作簿

为了不让其他人随意添加或更改工作表，用户可以为员工薪资福利表设置结构保护。具体的操作步骤如下。

○ **原始文件** 实例文件\第16章\原始文件\保护工作簿.xlsx
— **最终文件** 实例文件\第16章\最终文件\保护工作簿.xlsx

常见问题

如何充分发挥奖金激励作用

Q 为什么有的企业在发放了奖金后并没有起到激励的作用呢？

A 如果不能充分发挥奖金作用，可以借鉴以下几点。

（1）掌握员工边际期望值，调整奖金刺激。在各企业奖金发放中，准确掌握员工边际期望强度值，并采取相应的奖励形式，是充分发挥和提高奖金激励功能的有效途径。

（2）科学地选择奖金发放时机。一般来说，员工创造超额劳动价值并被确认之后，奖金兑现越准时，兑现率越高，则奖金的刺激效率就越高；反之，则低。

（3）提倡集体奖励制度。在能够采用集体计奖的情况下，应尽量采用集体计奖，将个人奖励所得与集体完成的综合经济指标相结合。这样，既可保持奖金的激励作用，又可避免个人为追求数量指标而出现与他人不合作现象，从而促进员工之间互相合作关系的建立与发展，以达到提高企业经济效益的目的。

经验分享:
所得税的计算方式

征缴个人所得税的计算方法,个税起征点现在是3500元,使用超额累进税率的计算方法如下。

缴税＝全月应纳税所得额*税率－速算扣除数

全月应纳税所得额＝(应发工资－五险一金)－3500元

实发工资＝应发工资－五险一金－缴税

扣除标准：2011年9月起,个税按3500元/月的起征标准算

Step 1 保护工作簿。打开附书光盘\实例文件\第16章\保护工作簿.xlsx工作簿,切换至工作表"薪资表",在"审阅"选项卡中单击"保护工作簿"按钮,如下图所示。

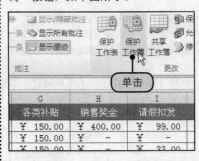

Step 3 确认密码。弹出"确认密码"对话框,重新输入密码设置的密码后,单击"确定"按钮,如右图所示。

Step 2 保护结构和窗口。弹出"保护结构和窗口"对话框,勾选"结构"复选框,并输入设置的密码,再单击"确定"按钮,如下图所示。

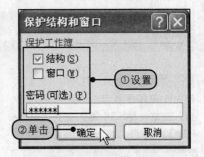

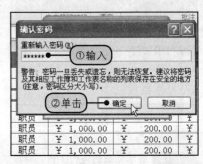

16.4.2 启用共享工作簿功能

共享是让多台计算机的用户同时使用一个文件,而当多个用户开始共同编辑一个工作簿时,Excel会随时自动保存信息,让数据不断更新。

原始文件 实例文件\第16章\原始文件\启用共享工作簿功能.xlsx
最终文件 实例文件\第16章\最终文件\启用共享工作簿功能.xlsx

Step 1 共享工作簿。打开附书光盘\实例文件\第16章\启用共享工作簿功能.xlsx工作簿,切换至"审阅"选项卡,单击"共享工作簿"按钮,如下图所示。

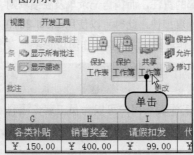

Step 2 允许多人编辑。弹出"共享工作簿"对话框,切换至"编辑"选项卡,勾选"允许多用户同时编辑,同时允许工作簿合并"复选框,如下图所示,再单击"确定"按钮。

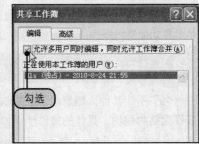

Step 3 保存文档。在弹出的对话框中提示用户"此操作将导致保存文档。是否继续",单击"确定"按钮,如下图所示。

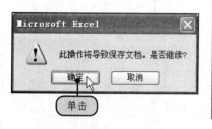

Step 4 完成共享。经过上述操作后,Excel工作簿的标题栏显示"[共享]"字样,如下图所示。

经验分享:
基于战略的宽带薪酬设计

在传统等级薪酬制度下,企业层级呈"金字塔"结构,基层的信息通过层层汇报,到负责该信息处理的部门或人员那里可能需要七八层审核,企业内部很容易出现层层推诿的官僚作风,严重降低了企业的效率,不利于企业为适应市场的瞬息万变而做出及时调整。宽带薪酬打破了传统薪酬结构所维护和强化的等级观念,减少了工作之间的等级差别,有利于企业提高效率及创造学习型的企业文化,同时有助于企业保持自身组织结构的灵活性和有效地适应外部环境的能力。

16.5 设计工资条

通常,在发放员工工资时,会将每个工资详细清单制作成工资条一并发送到员工手中。本节将介绍为"薪资表"定义名称及输入工资条数据的操作方法。

16.5.1 为"薪资表"定义名称

因为工资条中的数据要引用"薪资表"中的明细数据,所以可以为引用区域定义名称,从而方便用户的输入。

> **原始文件** 实例文件\第16章\原始文件\为"薪资表"定义名称.xlsx
> **最终文件** 实例文件\第16章\最终文件\为"薪资表"定义名称.xlsx

Step 1 选择单元格区域。打开附书光盘\实例文件\第16章\为"薪资表"定义名称.xlsx工作簿,选择单元格区域A2:K31,如下图所示。

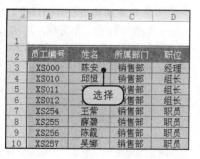

Step 2 定义名称。切换至"公式"选项卡,单击"定义名称"按钮,如下图所示。

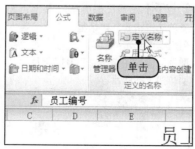

经验分享：

宽带薪酬有利于保留和吸引高业绩员工

　　企业一般有3个层次的薪酬水平：第一，能够保留适当员工所必须支付的薪酬水平；第二，有能力支付的能够吸引员工的薪酬水平；第三，能够激励员工实现企业战略目标所要求的较高薪酬水平。

　　一般来讲，企业员工的薪酬水平应当不高于市场薪酬水平，中高级员工的薪酬水平则应当不低于市场薪酬水平，特别是对企业发展有突出贡献的核心人才的薪酬水平应当大大高于市场薪酬水平。

　　不同薪酬等级的员工薪酬结构也应有所不同。如高级员工由于其工作的成果对企业影响较大，工作绩效自己基本可以控制，所以在其薪酬结构中浮动薪酬应占较大比重；而一般员工工作的成果对企业影响较小，其工作绩效并不能通过自己辛勤努力就能明显提高，所以在其薪酬结构中浮动薪酬应占较小比重。奖金等短期奖励和股票期权、虚拟股票等长期奖励都属于浮动薪酬，而且越是级别高的员工，其浮动薪酬所占的比重越大。所以高能力员工更希望宽带薪酬的模式，以便于更好地发挥其能力，和有一个更好地发展空间。

Step 3 新建名称。弹出"新建名称"对话框，设置"名称"为"薪资表"，然后单击"确定"按钮，如下图所示。

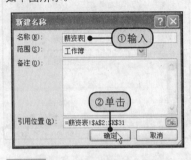

Step 4 显示定义的效果。返回工作表，选择单元格区域A2:K31后，在名称框中显示定义的"薪资表"，如下图所示。

16.5.2 输入工资条数据

　　在"工资条"工作表中，用户可以通过VLOOKUP函数快速输入工资条数据。具体的操作步骤如下。

最终文件 实例文件\第16章\最终文件\输入工资条数据.xlsx

Step 1 输入月份。切换至工作表"工资条"，在单元格A3中输入"2010-6"，按Enter键，即可在单元格A3中显示英文格式，再将其选中，如下图所示。

Step 2 选择数字格式。切换至"开始"选项卡，单击"数字"对话框启动器按钮，如下图所示。

Step 3 设置日期类型。弹出"设置单元格格式"对话框，在"分类"列表框中单击"日期"选项，在"类型"列表框中单击"2001年3月"选项，如下图所示。

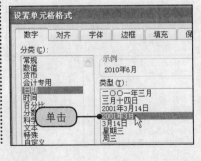

Step 4 显示调整格式后的月份。单击"确定"按钮，单元格A3中的"月份"显示设置的格式"2010年6月"，如下图所示。

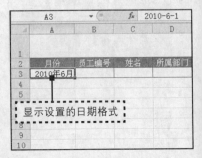

Step 5　选择函数。在单元格B3中输入员工编号，例如"XS000"，选择单元格C3，再单击编辑栏左侧的"插入函数"按钮，如下图所示。

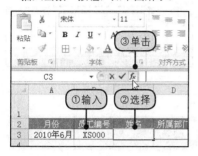

Step 7　输入参数。在对话框中设置Lookup_value为"B3"、Table_array为"薪资表"、Col_index_num为"2"、Range_lookup为FALSE，如下图所示，再单击"确定"按钮。

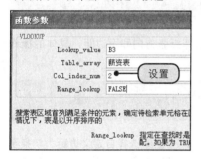

Step 9　显示提取的销售奖金。按照同样的方法，计算"员工编号"为"XS000"的其他信息，如下图所示。

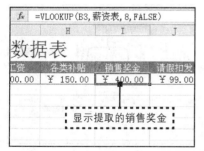

Step 11　更改复制工资条的公式。释放鼠标后，在复制的工资条中更改其他员工的"员工编号"，如右图所示，再按Enter键即可。

Step 6　选择函数。弹出"插入函数"对话框，在"选择函数"列表框中双击VLOOKUP选项，如下图所示。

Step 8　显示提取的姓名。返回工作表，此时在单元格C3中显示编号为"XS000"的员工姓名，如下图所示。

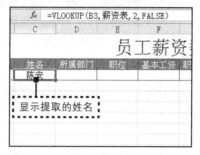

Step 10　复制公式。选择单元格区域A1:L3，向下拖动鼠标复制工资条格式，如下图所示。

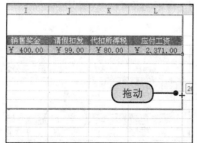

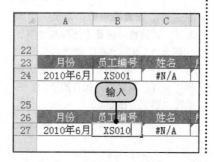

⑧ **工资条的其他公式**

在工资条中可能还有其他字段数据需要提取，例如员工姓名、所属部门、职位等字段，具体的公式如下。

（1）姓名。其公式是"=VLOOKUP(B3,薪资表,2,FALSE)"。

（2）所属部门。其公式是"=VLOOKUP(B3,薪资表,3,FALSE)"。

（3）职位。其公式是"=VLOOKUP(B3,薪资表,4,FALSE)"。

（4）职位工资。其公式是"=VLOOKUP(B3,薪资表,5,FALSE)"。

（5）各类补贴。其公式是"=VLOOKUP(B3,薪资表,6,FALSE)"。

（6）销售奖金。其公式是"=VLOOKUP(B3,薪资表,7,FALSE)"。

（7）请假扣发。其公式是"=VLOOKUP(B3,薪资表,8,FALSE)"。

（8）代扣所得税。其公式是"=VLOOKUP(B3,薪资表,9,FALSE)"。

（9）应付工资。其公式是"=VLOOKUP(B3,薪资表,10,FALSE)"。

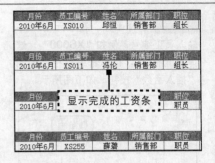

Step 12 显示设置完成的效果。经过上述操作后，会在工作表中显示各员工的工资条数据，如右图所示。

显示完成的工资条

16.6 打印工资条

工资条一般比较宽，如果直接这样打印工资条会导致有些数据不在同一页上，因此需要对页面格式进行设置。本节将介绍设置打印纸张大小、页边距和打印份数的相关操作。

16.6.1 设置打印纸张方向和页边距

如果使用默认的"纵向"排版，肯定无法完全打印。为了保证打印内容的完整性，用户可以重新设置打印纸张方向和页边距，具体的操作步骤如下。

原始文件 实例文件\第16章\原始文件\打印工资条.xlsx
最终文件 实例文件\第16章\最终文件\打印工资条.xlsx

Step 1 设置纸张方向。打开附书光盘\实例文件\第16章\打印工资条.xlsx工作簿，切换至工作表"工资条"，切换至"页面布局"选项卡，单击"纸张方向>横向"选项，如下图所示。

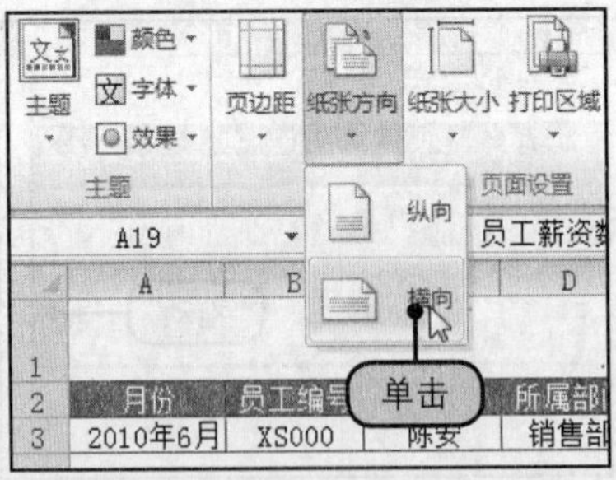

Step 2 选择自定义边距。切换至"页面布局"选项卡，单击"页边距"按钮，在展开的下拉列表中单击"自定义边距"选项，如下图所示。

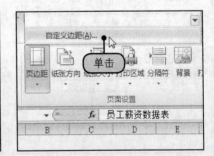

Step 3 设置页边距。弹出"页面设置"对话框，设置"上"和"下"分别为"1.9""左"和"右"分别为"1.1"，再勾选"水平"复选框和"垂直"复选框，如右图所示，再单击"确定"按钮。

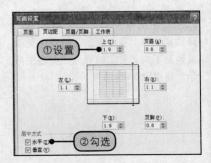

Step 4 选择打印。单击"文件"按钮，在左侧选择"打印"命令，如下图所示。

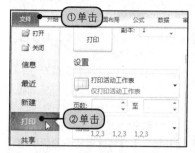

Step 5 显示打印效果。在右侧打印预览界面中显示工资条的打印效果，如下图所示。

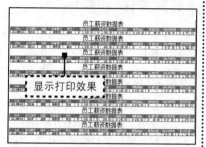

经验分享：
薪酬分级的依据

各公司员工薪酬的各类分级，需要指定类似以下的具体依据。

（1）按时间与按生产力付酬。企业可以根据员工花在工作上的时间来付酬，也可以根据工作总量来付酬。许多企业采取双轨制的付酬方法，即对一部分员工实行小时工资制，对另一部分员工实行薪水制。这两种分配方式是根据职务的性质而确定的。

（2）按知识付酬与按职责付酬。

（3）按以往贡献付酬与按发展潜能付酬。

另一种分配的依据是工作绩效或生产力。最直接以生产力为基础的薪酬制度是计件工资制，它是根据工作数量支付薪酬的。

16.6.2 设置打印份数

通常，财务人员会打印两份工资条，一份为发放给员工，另一份为备用，如果一份份打印是很浪费时间的，所以用户可以直接设置打印份数。下面介绍具体的操作方法。

Step 1 选择打印。单击"文件"按钮，在左侧选择"打印"命令，如下图所示。

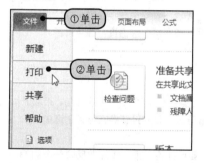

Step 2 设置打印份数。在右侧界面中设置"副本"为"2"，如下图所示，设置完毕后单击"打印"按钮。

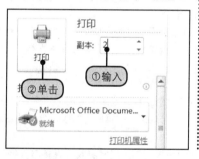

专家点拨：良好的薪资体系的重要性

构建良好的薪酬体系有其客观的现实背景与逻辑前提。人是知识与智慧的鲜活载体，是生产力各要素中最活跃的决定性力量，是知识经济条件下企业生存和可持续发展的基石，是股东投资回报的根本保证，因而直接创造财富的人得到实惠，既是手段，更是目的。

构建立体薪酬体系的基本思路：在法律、法规框架及社会综合环境允可前提下，综合考虑企业战略导向、行业竞争、自身效益和员工岗位职级、技术、训练水平、绩效表现、工作年限等，进行薪酬战略、制度和技术创新，不断向员工提供提高自己、创造业绩、增收致富的机会，建立企业、部门效益与员工业绩的联动反应机制，实现人员薪酬与企业发展同步增加，与效益提高同步增长，并重点向创富人员倾斜，探索公平和效率相结合、主渠道和多渠道相结合、成本性收入和效益性收入相结合、竞争性收入和非竞争性收入相结合、显性收入和隐性收入相结合、即期收入和中长期收入相结合等多种分配方法，逐步形成多维度、多模块、多机会、多通道，积少成多、细水长流的人员薪酬激励约束机制和杠杆。

（续上页）

专家点拨：良好的薪资体系的重要性

按岗位、技能、绩效等要素的不同，薪酬管理有各自不相同的模式。对应企业价值创造的不同层次，将薪酬大致分为基础保障、绩效激励、经营分享3个板块，其间互有交叉、重叠，并包含了很多个关键要素。

一、基础保障

（1）基本工资。基本工资是企业薪酬制度的基础和核心，具有相对稳定性。

（2）社会保险。社会保险具有社会性、强制性、互助性和福利性等特点，养老、医疗和失业保险是其核心内容。

（3）加班工资与津贴。加班工资是对超时、额外劳动的法定补偿。津贴是指补偿职工在特殊条件下的劳动消耗及生活费额外支出的工资补充形式。

（4）带薪休假。带薪休假是劳动法赋予劳动者一项法定休息权。

二、绩效激励

绩效激励是企业在做好基础保障的前提下，以考核为手段，以激励为导向，以员工进步和企业发展为目的的薪酬管理方式。绩效激励具有执行依据政策性强，设计标准弹性大，实施手段灵活，激励效果显著等特征。绩效薪酬是满足个人薪酬公平感的最好方式。考核标准的客观性、科学性是关键。

（1）奖金。奖金是绩效激励的重点，是员工及所在部门达到或超额完成工作任务而得到除基本工资之外的货币奖励，主要与公司绩效、部门绩效、分公司绩效、专项工作绩效、各岗位绩效直接挂钩，按月、季、年发给。奖金构成薪酬的可变部分，可覆盖上下、左右。

（2）效益分配。企业在实现或超额完成年度利润指标时，可在税前利润中提取部分额度，依据某一标准分配给完成（或超额完成）绩效目标的部门或个人。

（3）年底双薪。企业根据经营完成情况于年终时可加发一个月工资，也可以加发两个月工资，甚至更多。

（4）奖励旅游。奖励旅游是舶来品，近年来在国内逐渐接受并推行。

三、经营分享

经营分享，即让经营者直接参与到对企业经营成果的分配，是全面评价经营者企业管理、创新能力、市场开拓、经营业绩、持续发展等综合经营能力与成果，并据此进行收入分配的薪酬方式，是对经营者在财富创造中的价值肯定与回报。

（1）效益年薪。效益年薪以年度为考核周期，经营者收入直接与其经营业绩挂钩，可以较好地反映一个周期的经营成果与所有者权益的保值增值。效益年薪并不必然代表高薪制。效益年薪的多寡取决于"经营"在业务收入、业绩增长和利润贡献中的真实比重，经过严格的考核程序，依经营者责任目标的完成情况而定。

（2）股权激励。经营者股权激励与员工持股计划有相通之处。不同的是，无论在功能、效果、约束机制、规模还是具体方式上，两者均不可同日而语。经营者股权激励方式常见的有：股票期权、股份期权、期股奖励、虚拟股票期权、年薪奖励转股权及股票增值权等。

17

制作产品促销计划表

学习要点

- 创建促销计划表
- 促销项目安排
- 促销产品销售分析
- 销售数据的排序
- 使用分类汇总分析数据
- 制作三维饼图

本章结构

创建促销计划表

促销项目安排
- 完善促销项目安排表　　· 绘制甘特图

促销产品销售分析
- 完善促销产品销售表
- 应用图标集分析数据
- 销售数据的排序

产品销售占比分析
- 使用分类汇总分析数据
- 绘制三维饼图
- 设置三维饼图格式

❶ 创建促销计划表

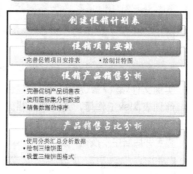

	促销编号	针对产品	促销方式	促销时间	负责人
3	CX411	粉饼	折扣	活动期间	尔清
4	CX412	彩色眼线笔	折扣+积分	活动期间	凤婷
5	CX413	睫毛膏	送小礼品	活动期间	凤婷
6	CX414	眼影	买一送一	活动期间	凤婷
7	CX415	彩妆套装	见说明	活动期间	凤婷
8	CX416	遮瑕膏	折扣	活动期间	尔清
9	CX417	蜜粉	折扣	活动期间	尔清
10	CX418	粉底液试用装	赠送	周末	尔清

11 说明：
12 1.产品"彩妆套装"是本次促销活动的主要推荐产品，因此在"五期
13 2.五期活动时间是
14 第一期：9月1日至9月10日
15 第二期：9月15日至9月22日
16 第三期：9月28日至10月8日
第四期：10月20日至11月5日

❷ 促销项目安排

❸ 促销产品销售分析

B	C	D	E
	产品销售分析		
单价	第一期	第二期	第三期
¥ 138	800	790	720
¥ 88	150	220	210
¥ 54	180	260	180
¥ 44	150	180	300
¥ 76	150	110	270
¥ 66	90	250	330
¥ 72	99	180	350

❹ 三维饼图分析促销计划表

产品销售分析表

第五期(份), 3092,21%　第一期(份), 2348,16%
第二期(份), 2763,19%
第四期(份), 3471,23%
第三期(份), 3113,21%

Chapter 17

制作产品促销计划表

促销就是企业或公司向消费者发出刺激消费的各种信息，吸引消费者购买其产品，以达到扩大销售量的目的。各公司在执行某个促销活动之前，都会详细地制作产品的促销计划表，以便让促销手段达到预期效果。本章将制作促销计划表、促销项目安排表、促销产品销售表、以及促销效果评估表等。

17.1 创建促销计划表

每个公司在执行促销活动的时候，都会按照实际情况将部分产品按照不同的促销方式进行限时限量出售，有时还会特定主要的促销商品。通过促销计划表就可以了解到具体的促销方法、促销时间等信息。

原始文件 实例文件\第17章\原始文件\创建促销计划表.xlsx
最终文件 实例文件\第17章\最终文件\创建促销计划表.xlsx

Step 1 合并单元格。打开附书光盘\实例文件\第17章\原始文件\创建促销计划表.xlsx工作簿，选择单元格区域F3:F10，切换至“开始”选项卡，单击“合并后居中”按钮，如下图所示。

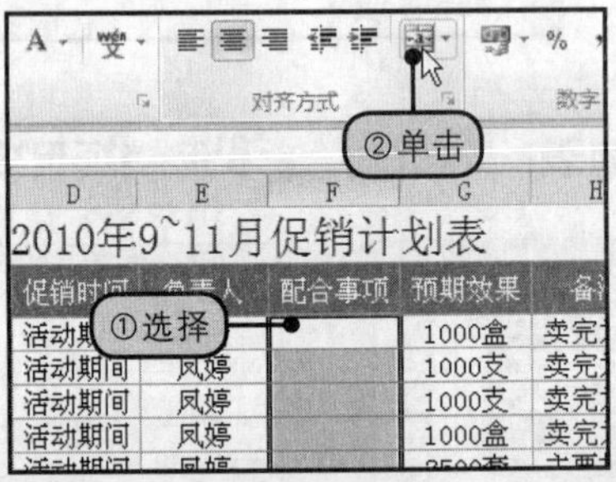

Step 2 设置自动换行。此时选择的单元格区域F3:F10被合并为一个单元格了，在“对齐方式”组中单击“自动换行”按钮，如下图所示。

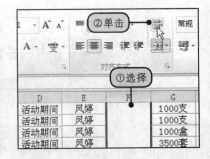

Step 3 选择单元格区域。在单元格F3中输入需要的内容后，选择单元格区域A2:H10，如下图所示。

Step 4 自动调整列宽。切换至“开始”选项卡，单击“格式”按钮，在展开的下拉列表中单击“自动调整列宽”选项，如下图所示。

常见问题

常见的促销方式有哪些

Q 促销是指企业利用各种有效的方法和手段，使消费者了解和注意企业的产品、激发消费者的购买欲望，并促使其实现最终的购买行为。那么促销商品的方式有哪些呢？

A 常见的促销方式有以下几种。

（1）反时令促销法。例如，在时值暑夏，市场上原本滞销冬令货物，如毛皮大衣、取暖电器、毛皮靴、羽绒服等，在某些城市销售看好。

（2）独次促销法。对所有的商品仅出售一次，就不再进货了，表面上商家损失了许多唾手可得的利润，但实际上商店因所有商品都十分抢手而加速了商品周转，实现了更大的利润。

（3）翻耕促销法。这是指以售后服务形式招徕老顾客的促销方法。

（4）轮翻降价促销法。分期分批地选择一些商品为特价商品。

（5）每日低价促销法。即商家每天推出低价商品，以吸引顾客的光顾。

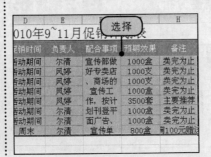

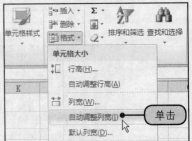

（续上页）

Step 5 选择单元格F2。此时Excel表格中的数据显示自动调整列宽的效果，选择单元格F2，如下图所示。

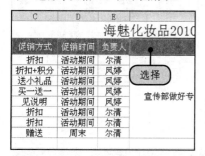

Step 6 选择列宽。单击"格式"按钮，在展开的下拉列表中单击"列宽"选项，如下图所示。

? 常见问题

常见的促销方式有哪些

　　（6）对比吸引促销法。以换季甩卖、换款式甩卖、大折价等优待顾客，同时把最新、最流行的商品摆在显眼的样品架上，标价则为同类而非流行商品的两三倍。

　　（7）拍卖式促销法。拍卖活动要写清楚本次拍卖活动的商品名称，拍卖底价。通过拍卖卖出的商品有的高于零售价，有的低于零售价，令消费者感到很富有戏剧性。

Step 7 设置列宽。弹出"列宽"对话框，在"列宽"文本框中输入"30"，再单击"确定"按钮，如下图所示。

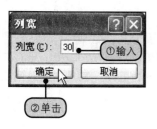

Step 8 显示调整列宽的效果。经过上述操作后，单元格F2所在的F列设置了列宽为"30"的效果，如下图所示。

Step 9 合并单元格。再选择单元格区域A11:H17，切换至"开始"选项卡，单击"合并后居中"按钮，如下图所示。

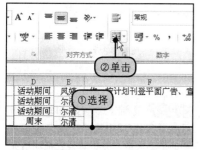

Step 10 输入说明内容。在单元格A11中输入需要的补充内容，如下图所示。

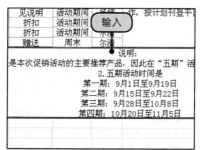

Step 11 设置对齐方式。在"对齐方式"组中单击"顶端对齐"按钮和"文本左对齐"按钮，如下图所示。

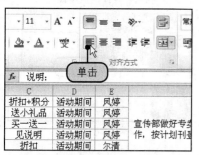

Step 12 设置减小字号。在"字体"组中单击"减小字号"按钮，如下图所示。

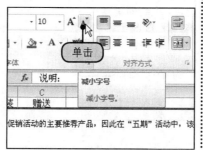

Step 13 显示设置的效果。经过上述操作后，单元格A11的内容设置了需要的格式效果，如右图所示。

	促销编号	针对产品	促销方式	促销时间	负责人
3	CX411	粉饼	折扣	活动期间	尔清
4	CX412	彩色眼线笔	折扣+积分	活动期间	凤婷
5	CX413	睫毛膏	送小礼品	活动期间	凤婷
6	CX414	眼影	买一送一	活动期间	尔清
7	CX415	彩妆套装	见说明	活动期间	尔清
8	CX416	遮眼膏	折扣	活动期间	尔清
9	CX417	蜜粉	折扣	活动期间	尔清
10	CX418	粉底液试用装	赠送	周末	尔清
11	说明：				
12	1.产品"彩妆套装"是本次促销活动的主要推荐产品，因此在"五期				
13	2.五期活动时间是				
14	第一期：9月1日至9月10日				
15	第二期：9月15日至9月22日				
16	第三期：9月28日至				
17	第四期：10月20日至				
	第五期：11月18日至				

显示设置的效果

17.2 促销项目安排

在本例中，主要促销的产品为"彩妆套装"，因此在制作计划表时要着重为该产品制作项目安排表。本节将介绍完善促销项目安排表及绘制甘特图的操作方法。

17.2.1 完善促销项目安排表

本次促销活动为期3个月，按时间分为五期，其具体的时间安排如下。

第一期：9月1日至9月10日。

第二期：9月15日至9月22日。

第三期：9月28日至10月8日。

第四期：10月20日至11月5日。

第五期：11月18日至11月30日。

根据设置的时间安排，首先要计算出活动天数，具体的操作步骤如下。

原始文件 实例文件\第17章\原始文件\创建促销项目安排表.xlsx
最终文件 实例文件\第17章\最终文件\创建促销项目安排表.xlsx

Step 1 输入公式。打开附书光盘\实例文件\第17章\原始文件\创建促销项目安排表.xlsx工作簿，在单元格C9中输入公式"=DAYS360(B10,C10)"，如下图所示。

Step 2 复制公式。按Enter键，即可在单元格C3中显示彩妆套装第一期的活动天数，并将其公式拖动填充至单元格C7，如下图所示。

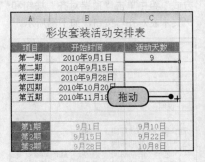

常见问题

哪些产品适合特价促销策略

Q 商家销售的产品不仅仅是一两样儿，那么如何在众多商品中选择适合特价促销的产品呢？

A 要选择适合特价促销的产品，因选择符合以下几个条件的。

（1）品牌成熟度高的产品。

（2）消耗量大，购买频率高的产品。

（3）季节性很强的产品。

（4）产品接近保质期的产品。

（5）技术／包装／产品形态已属于弱势的产品。

（6）同质化程度高的产品。

（7）有特点、利润高，尽管已销售较长时间，但尚未被顾客认可，仍需培育的产品。

Step 3 显示活动天数的计算。释放鼠标后，即可在单元格区域C3:C7中显示各期的活动天数，如右图所示。

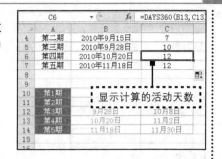

17.2.2　绘制甘特图

甘特图是通过条状图来显示项目随着时间进展的情况。其中，横轴表示时间；纵轴表示活动（项目），线条表示在整个期间上计划和实际的活动完成情况。甘特图可以直观地表明任务计划在什么时候进行及实际进展与计划要求的对比。

原始文件　实例文件\第17章\原始文件\绘制甘特图.xlsx
最终文件　实例文件\第17章\最终文件\绘制甘特图.xlsx

甘特图包括以下3个含义。

（1）以图形或表格的形式显示活动。

（2）一种通用的显示进度的方法。

（3）构造时应包括实际日历天和持续时间，并且不要将周末和节假日算在进度之内。

甘特图具有简单、醒目和便于编制等特点，在企业管理工作中被广泛应用。甘特图按反映的内容不同，可分为计划图表、负荷图表、机器闲置图表、人员闲置图表和进度表等5种形式。

Step 1 选择单元格区域。打开附书光盘\实例文件\第17章\原始文件\绘制甘特图.xlsx工作簿，选择单元格区域A2:C7，如下图所示。

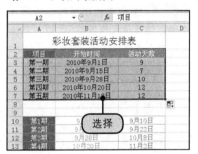

Step 2 插入图表。切换至"插入"选项卡，在"图表"组中单击"条形图"按钮，在展开的"库"中选择"堆积条形图"样式，如下图所示。

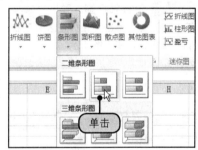

Step 3 选择数据。此时插入了条形图图表，切换至"图表工具-设计"选项卡，在"数据"组中单击"选择数据"按钮，如下图所示。

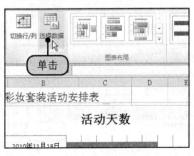

Step 4 添加图例项。弹出"选择数据源"对话框，在"图例项"列表框中单击"添加"按钮，如下图所示。

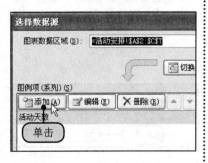

提示
② 甘特图的应用范围

用户不仅需要学会使用甘特图，还需要了解甘特图的应用范围，以免弄巧成拙。

（1）项目管理：在现代的项目管理里，该图被广泛地应用。这可能是最容易理解、最容易使用并最全面的一种。它可以让你预测时间、成本、数量及质量上的结果并回到开始，也可以帮助你考虑人力、资源、日期、项目中重复的要素和关键的部分，还允许把10张各方面的甘特图集成为一张总图。以甘特图的方式，可以直观地看到任务的进展情况，资源的利用率等。

（2）微软项目管理软件：在微软的Project软件里，微软公司把甘特图植入程序中，通过项目经理对项目任务的分配，就可直接形成甘特图。

（3）其他领域：如今，甘特图不单单被应用到生产管理领域，随着生产管理的发展、项目管理的扩展，它还被应用到了各个领域，如建筑、IT软件、汽车领域等。

（4）相关软件：由于软件业的飞速发展，甘特图这种广泛应用于项目管理的软件已可由其他项目管理软件替代。如basecamp、TeamOffice（SaaS型）、趣客、易度（SaaS型）等，都可对项目进行管理、安排任务及查看进度。其中，TeamOffice还有免费试用版，无须下载、不用安装，上网就能使用，同时也透视出项目管理软件日臻完善的前沿趋势。

Step 5 编辑系列名称。弹出"编辑数据系列"对话框，设置"系列名称"为"=活动安排!$B$2"，再单击"系列值"右侧的按钮，如下图所示。

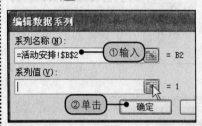

Step 7 确认编辑。返回"编辑数据系列"对话框，在文本框中显示引用的单元格区域，再单击"确定"按钮，如下图所示。

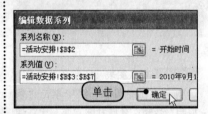

Step 9 设置轴标签。弹出"轴标签"对话框，单击"轴标签区域"右侧的按钮，如下图所示。

Step 11 确认设置。返回"轴标签"对话框，确认后单击"确定"按钮，如下图所示。

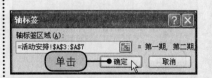

Step 6 引用单元格区域。返回工作表，选择单元格区域B3:B7，如下图所示，再单击按钮。

Step 8 编辑水平轴标签。返回"选择数据源"对话框，在"水平（分类）轴标签"列表框中单击"编辑"按钮，如下图所示。

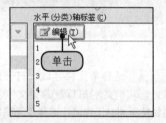

Step 10 引用单元格区域。返回工作表，选择单元格区域A3:A7，如下图所示，再单击按钮。

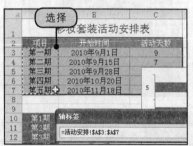

Step 12 移动图例项。返回"选择数据源"对话框，在"图例项"列表框中选择图例，再单击"下移"按钮，如下图所示。

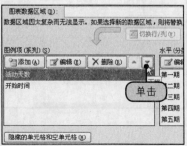

Step 13 选择当前所选内容。返回图表，切换至“图表工具-布局”选项卡，在“当前所选内容”组中单击下三角按钮，在展开的下拉列表中单击“水平（值）轴”选项，如下图所示。

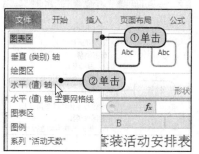

Step 14 设置所选内容。此时便选中了图表中的水平轴，在“当前所选内容”组中单击“设置所选内容格式”按钮，如下图所示。

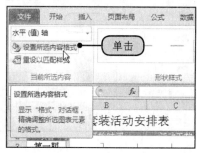

Step 15 选择日期格式。弹出“设置坐标轴格式”对话框，切换至“数字”选项卡，设置“类别”为“日期”，在“类型”列表框中单击“2001年3月14日”选项，如下图所示。

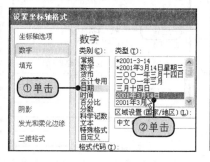

Step 16 设置坐标轴选项。单击“坐标轴选项”标签，切换至“坐标轴选项”选项卡，如下图所示。

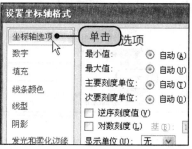

Step 17 设置固定值。设置“最小值”的“固定”值为“2010年9月1日”，“最大值”的“固定”值为“2010年11月30日”，“主要刻度单位”的“固定”值为“20.0”，如下图所示。

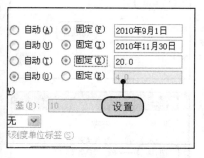

Step 18 显示设置的效果。再单击“关闭”按钮，经过上述操作后，所插入的条形图图表应用了设置“水平（值）轴”的格式，如下图所示。

提示 ③ 甘特图的优点

甘特图的优点有以下两点。

（1）图形化概要，通用技术，易于理解；甘特图中小型项目一般不超过30项活动。

（2）有专业软件支持，无须担心复杂计算和分析。

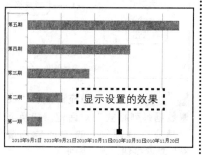

提示④ **甘特图的局限性**

事实上，甘特图仅部分地反映了项目管理的三重约束（如时间、成本和范围），因为它主要关注进程管理（时间）。

甘特图软件也有不足。尽管能够通过项目管理软件描绘出项目活动的内在关系，但是如果关系过多，纷繁芜杂的线图必将增加甘特图的阅读难度。

甘特图的项目管理方式可以用微软公司的Office Project来体现和实现。

Step 19 设置垂直轴。切换至"图表工具-布局"选项卡，设置"当前所选内容"为"垂直（类别）轴"，再单击"设置所选内容格式"按钮，如下图所示。

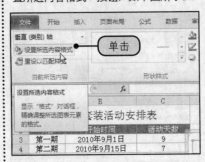

Step 21 选择开始时间系列。设置完毕后单击"关闭"按钮，返回工作表，在图表中选择开始时间的系列，并右击鼠标，在弹出的快捷菜单中选择"设置数据系列格式"命令，如下图所示。

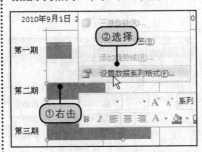

Step 23 删除图例。返回工作表中，在图表中右击图例，在弹出的快捷菜单中选择"删除"命令，如下图所示。

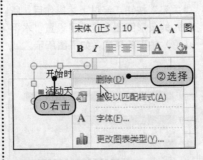

Step 25 选择纯色填充。弹出"设置数据系列格式"对话框，切换至"填充"选项卡，选中"纯色填充"单选按钮，如右图所示。

Step 20 设置坐标轴选项。弹出"设置坐标轴格式"对话框，切换至"坐标轴选项"选项卡，勾选"逆序类别"复选框，如下图所示。

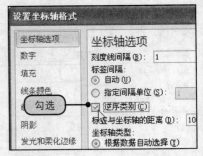

Step 22 设置无填充格式。弹出"设置数据系列格式"对话框，切换至"填充"选项卡，选中"无填充"单选按钮，如下图所示，再单击"关闭"按钮。

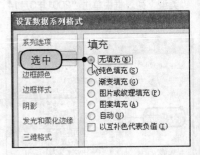

Step 24 设置数据系列格式。在图表中右击数据系列，在弹出的快捷菜单中选择"设置数据系列格式"命令，如下图所示。

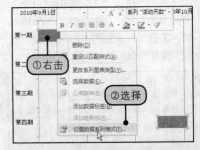

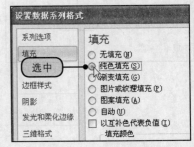

Step 26 选择填充颜色。在"填充颜色"选项组中单击"颜色"按钮，在展开的下拉列表中单击"深蓝，文字2，淡色40%"图标，如下图所示。

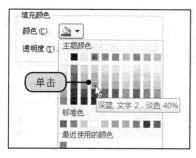

Step 27 设置三维格式。切换至"三维格式"选项卡，单击"顶端"按钮，在展开的"库"中选择"圆"样式，如下图所示，再单击"关闭"按钮。

Step 28 显示设置的甘特图效果。经过上述操作后，可见插入的条形图被设置为甘特图效果，如下图所示。

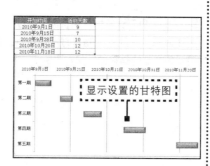

17.3 促销产品销售分析

除了促销产品的计划书外，用户还需要掌握对促销产品的销售表进行分析本节将介绍对促销产品销售表进行排序和筛选的操作。

17.3.1 完善促销产品销售表

在促销产品"销售表"中，记录了每种促销产品的价格及五期内销售的数量，此时用户需要根据这些数据计算各产品的总销售额。具体的操作步骤如下。

原始文件　实例文件\第17章\原始文件\创建促销产品销售分析表.xlsx
最终文件　实例文件\第17章\最终文件\完善促销产品销售表.xlsx

Step 1 打开工作簿。打开附书光盘\实例文件\第17章\原始文件\创建促销产品销售分析表.xlsx工作簿，切换至工作表"销售表"，如右图所示。

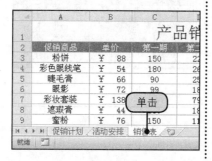

经验分享：
产品促销应注意的问题

对产品不能盲目地进行促销，应注意以下几点问题。

（1）降价要"师出有名"。巧立名目找出一个合适的降价理由来，不能让顾客认为是商品卖不出去，或质量不好才降价。现实中商家降价的名目、理由通常有：季节性降价、重大节日降价酬宾、商家庆典活动降价及特殊原因降价。

（2）率先降价要精心策划，高度保密，才能收到出奇制胜的效果。

（3）降价要取信于民。信誉好的商场降价顾客信得过，信誉不好的商场降价顾客信不过，所以在现实中不同的商家同样搞降价促销，效果会大不相同。

（4）根据以往的经验，降价幅度在10%以下时，几乎收不到什么促销效果。降价幅度至少要在15%~20%，才会产生明显的促销效果。但降价幅度超过50%以上时，必须说明大幅度降价的充分理由，否则顾客会怀疑这是假冒伪劣商品，反而不敢购买。

（5）一家商店少数几种商品大幅度降价，比很多种商品小幅度降价促销效果好。知名度高、市场占有率高的商品降价促销效果好；知名度低、市场占有率低的商品降价促销效果差。

(续上页)

经验分享:
产品促销应注意的问题

（6）向消费者传递降价信息有很多种办法，把降价标签直接挂在商品上，最能吸引消费者立刻购买。因为顾客不但一眼能看到降价金额、幅度，而且同时能看到降价商品。两相比较权衡，立刻就能做出买与不买的决定。

（7）在降价标签或降价广告上，应注明降价前后两种价格，或标明降价金额、幅度。最好把前后两种价格标签挂在商品上，以证明降价的真实性。

（8）对于耐用或大件商品，消费者购物心理有时候是"买涨不买落"。当价格下降时，他们还持币观望，等待更大幅度的降价；当价格上涨时，反而蜂涌购买，形成抢购风潮。商家要把握时机利用消费者这种"买涨不买落"的心理，促销自己的商品。

（9）争取卖场的全方位支持。要充分利用特价促销的筹码，争取卖场全方位支持，如免费上近期的卖场ＤＭ、免费的堆码支持、免费的场外促销位置、免费的POP，允许在卖场的较好位置布置特价促销的宣传物料、促销期间免费的卖场广播或广告和特价期间不允许同类竞争品牌进行促销等，并让卖场分担一部分特价的降价损失。此外，还可利用特价单品来推广本企业的系列产品，如要求在卖场里做现场促销。

Step 2 输入公式。在单元格H3中输入公式 "=SUM(C3:G3)*B3"，如下图所示，再按Enter键。

Step 3 复制公式。将鼠标指针指向单元格H3右下角。呈"十"字状，按住鼠标左键不放，向下拖动至单元格H9，如下图所示。

Step 4 显示计算的总销售额。经过上述操作后，在单元格区域H3:H9中显示各商品的销售额，如右图所示。

17.3.2 使用图标集分析数据

对于制作好的促销产品销售表，用户可以通过"条件格式"功能进行数据分析，例如使用图标集标记数据的高低值。具体的操作步骤如下。

原始文件　实例文件＼第17章＼原始文件＼使用图标集分析数据.xlsx
最终文件　实例文件＼第17章＼最终文件＼使用图标集分析数据.xlsx

Step 1 选择单元格区域。打开附书光盘\实例文件\第17章\原始文件\使用图标集分析数据.xlsx工作簿，选择单元格区域C3:G9，如下图所示。

Step 2 设置图标集。切换至"开始"选项卡，在"样式"组中单击"条件格式"按钮，在展开的下拉列表中单击"图标集>三色交通灯(无边框)"选项，如下图所示。

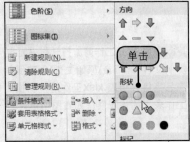

Step 3　管理规则。切换至"开始"选项卡，单击"条件格式"按钮，在展开的下拉列表中单击"管理规则"选项，如下图所示。

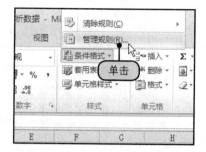

Step 5　更改图标样式。弹出"编辑格式规则"对话框，在"图标样式"下拉列表中单击"四向箭头（彩色）"选项，如下图所示。

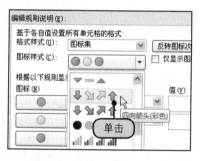

Step 7　确认设置。此时在"编辑格式规则"对话框中显示设置的格式效果，如下图所示，再单击"确定"按钮。

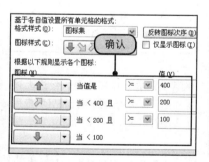

Step 9　显示设置的条件规则。返回工作表，所选的单元格区域C3:G9中显示更改规则的效果，如右图所示。

Step 4　编辑规则。弹出"条件格式规则管理器"对话框，选择要更改的条件格式选项，再单击"编辑规则"按钮，如下图所示。

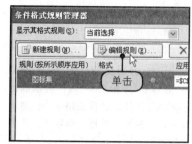

Step 6　设置图标的类型。在下方设置各图标类型为"数字"，并分别设置值为">=400"">=200"">=100"，如下图所示，再单击"确定"按钮。

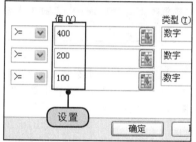

Step 8　显示设置效果。返回"条件格式规则管理器"对话框，在其列表框中显示设置的规则效果，如下图所示，再单击"确定"按钮。

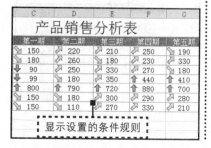

17.3.3 销售数据的排序

用户可以根据设置的图标集，进行单元格图标的排序操作。具体的操作步骤如下。

原始文件 实例文件\第17章\原始文件\销售数据的排序.xlsx
最终文件 实例文件\第17章\最终文件\销售数据的排序.xlsx

Step 1 选择排序。打开\实例文件\第17章\原始文件\销售数据的排序.xlsx工作簿，选择表格中的任意单元格，切换至"数据"选项卡，单击"排序"按钮，如下图所示。

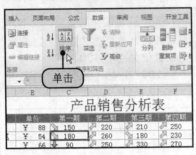

Step 2 设置排序依据。弹出"排序"对话框，设置"主要关键字"为"第一期"，在"排序依据"下拉列表中单击"单元格图标"选项，如下图所示。

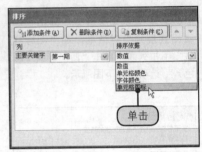

Step 3 设置排序次序。在"次序"下拉列表中单击"绿色上箭头"图标，如下图所示。

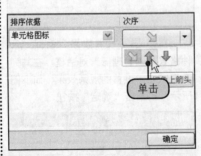

Step 4 添加条件。单击"添加条件"按钮，再设置两个"次要关键字"都为"第一期"，"排序依据"为"单元格图标"，如下图所示。

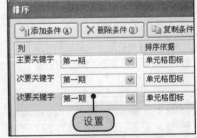

Step 5 设置次序。设置"次序"的图标依次为 ⬆、◩、⬇，并且设置为"在顶端"，如下图所示，再单击"确定"按钮。

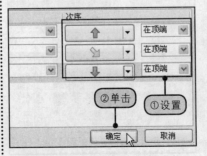

Step 6 显示排序效果。经过上述操作后，即为所选的单元格区域应用了排序的效果，如下图所示。

单价		第一期	第二期	第三期
¥	138 ⬆	800	790	720
¥	88 ◩	150	220	210
¥	54 ◩	180	260	180
¥	44 ◩	150	180	300
¥	76 ◩	150	110	270
¥	66 ⬇	90	250	330
¥	72 ⬇	99	180	350

17.4 产品销售占比分析

用户可以对产品销售数据进行分类汇总，再使用图表进行分析。本节将介绍使用分类汇总分析数据及对汇总后的数据创建饼图并进行格式设置。

17.4.1 使用分类汇总分析数据

制作的产品销售表，用户可以使用"分类汇总"功能统计销售数据，具体的操作步骤如下。

> **原始文件** 实例文件\第17章\原始文件\使用分类汇总分析数据.xlsx
> **最终文件** 实例文件\第17章\最终文件\使用分类汇总分析数据.xlsx

Step 1 设置数据排序。打开\实例文件\第17章\原始文件\使用分类汇总分析数据.xlsx工作簿，切换至"数据"选项卡，单击"降序"按钮，如下图所示。

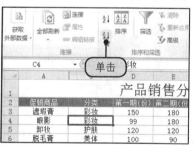

Step 2 选择分类汇总。切换至"数据"选项卡，在"分级显示"组中单击"分类汇总"按钮，如下图所示。

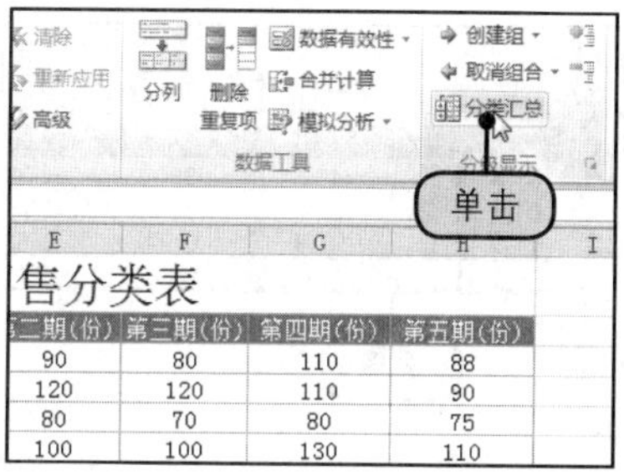

Step 3 选定汇总项。弹出"分类汇总"对话框，设置"分类字段"为"分类""汇总方式"为"求和"，并在"选定汇总项"列表框中勾选需要的复选框，如下图所示，再单击"确定"按钮。

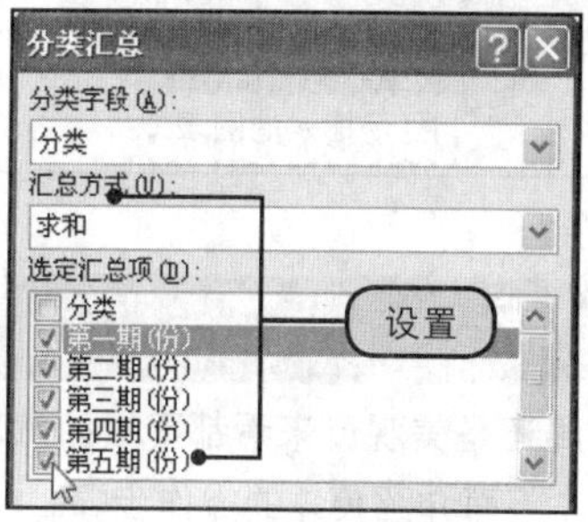

Step 4 隐藏分类汇总数据。返回工作表，每种商品按照第一期、第二期、第三期和第四期中的汇总项，在工作表的左侧单击级别符号②，如下图所示。

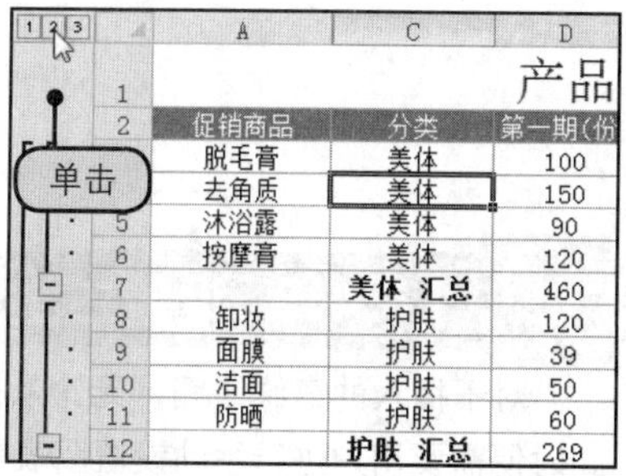

⑤ 删除分类汇总

分类汇总后的数据可以进行删除。例如，切换至"数据"选项卡，在"分级显示"组中单击"分类汇总"按钮，弹出"分类汇总"对话框，单击"全部删除"按钮，即可完成删除分类汇总的操作。

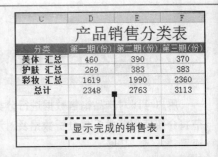

Step 5 显示完成效果。经过上述操作后，在工作表"销售表"中显示每种商品在各期的总销售额，如右图所示。

显示完成的销售表

经验分享：
促销的通用特征

虽然商品的品种数不胜数，但是对商品进行促销有许多相同特征，具体有以下几点。

（1）重要的促销策略和方式。

（2）针对性、时效性强。

（3）具有冲击力。

（4）转换现实长期目标。

（5）主动性。

（6）全面性。

（7）灵活性。

（8）抗争性。

（9）发展企业形象。

（10）整合营销。

17.4.2 绘制三维饼图

根据汇总的促销产品数量，用户可以直接使用该数据创建三维饼图，具体的操作步骤如下。

原始文件 实例文件\第17章\原始文件\绘制三维饼图.xlsx
最终文件 实例文件\第17章\最终文件\绘制三维饼图.xlsx

Step 1 选择汇总总计结果。打开\实例文件\第17章\原始文件\绘制三维饼图.xlsx工作簿，选择单元格区域C21:H21，如下图所示。

Step 2 选择图表。切换至"插入"选项卡，单击"饼图"按钮，在展开的"库"中选择"三维饼图"样式，如下图所示。

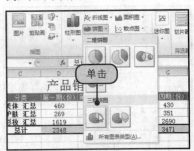

Step 3 显示插入的图表。经过操作后，根据所选的单元格区域显示插入的三维饼图图表，如右图所示。

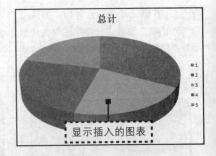

总计

显示插入的图表

17.4.3 设置三维饼图格式

对于插入的三维饼图，无论从是布局还是美观度来看都不很如意，此时便需要用户进行手动设置图表格式。下面介绍具体的操作步骤。

最终文件 实例文件\第17章\最终文件\设置三维饼图格式.xlsx

Step 1　选择数据。选择图表，切换至"图表工具-设计"选项卡，单击"选择数据"按钮，如下图所示。

Step 3　设置轴标签。弹出"轴标签"对话框，设置其区域为"=销售表!$C$2:$H$2"，再单击"确定"按钮，如下图所示。

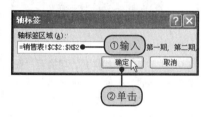

Step 5　展开图表布局库。切换至"图表工具-布局"选项卡，单击"图表布局"中的"快翻"按钮，如下图所示。

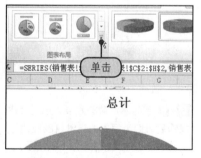

Step 7　设置数据标签格式。此时在图表中应用了布局效果，右击数据标签，在弹出的快捷菜单中选择"设置数据标签格式"命令，如右图所示。

Step 2　编辑水平轴。弹出"选择数据源"对话框，在"水平（分类）轴标签"列表框中单击"编辑"按钮，如下图所示。

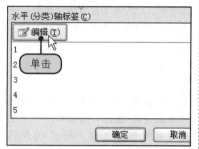

Step 4　显示设置的水平轴标签。返回"选择数据源"对话框，在"水平（分类）轴标签"列表框中显示更改后的效果，再单击"确定"按钮，如下图所示。

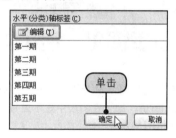

Step 6　选择布局样式。在展开的"库"中选择"布局5"样式，如下图所示。

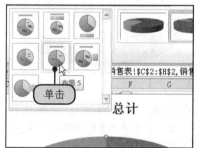

经验分享：
特价促销的操作技巧

特价促销不仅仅是降低商品的价格，还需要有促销技巧，具体技巧如下。

（1）选择正确的促销时机。

（2）活动的时间以 **2~3** 周为宜。要考虑消费者正常的购买周期，若时间太长，价格可能难以恢复到原位。

（3）特价的金额应占售价的 **10%~20%** 才具有吸引力。

（4）特价促销的广告简单、抢眼、准确、具备杀伤力，不要用花哨的形式。

（5）特价促销产品要选择那些成熟度高、消耗量大，购买频率高、季节性强、接近保质期、技术和包装处于弱势的产品。

Step 8 设置标签选项。弹出"设置数据标签格式"对话框，切换至"标签选项"选项卡，勾选"类型名称""值""百分比"复选框，如右图所示，设置标签位置为"数据标签内"，再单击"关闭"按钮。

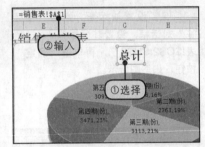

Step 9 选择图表样式。切换至"图表工具-设计"选项卡，在"图表样式"框中选择"样式10"样式，如下图所示。

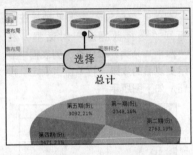

Step 10 将图表标题与单元格相连。选中图表标题，在编辑栏中输入"=销售表!$A$1"，如下图所示。

Step 11 显示设置的图表标题。按Enter键，即可在图表中显示连接单元格A1的效果，如下图所示。

Step 12 选择形状样式。切换至"图表工具-格式"选项卡，单击"形状样式"中的"快翻"按钮，如下图所示。

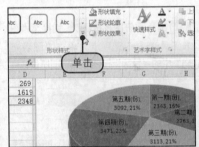

Step 13 选择样式。在展开的"库"中选择"强烈效果-橄榄色,强调颜色3"样式，如下图所示。

Step 14 显示设置的效果。经过上述操作后，即为插入的三维饼图应用了设置的形状样式，效果如下图所示。

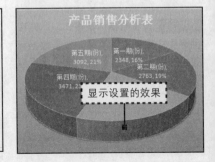

专家点拨：不同产品促销手段的优、缺点分析

产品促销策略是指为了促进产品的销售，针对消费者的消费行为、消费习惯而采取的促进产品快速实现从厂家到消费者手中转变的策略。在实际的市场终端操作中，产品促销的形式是多种多样的，不同的产品采取的促销策略是不一样的。

在实际的市场操作中，产品促销策略主要有以下6种策略表现，而这6种策略又各有优、缺点。

一、折价策略

所谓"折价"，就是指厂商通过降低产品的售价，以优惠消费者的方式进行销售。这种促销策略一般是适用于刚刚上市，急需打开市场销路或者博取消费者眼球和注意力的产品。

（1）优点：生效快、在短期内可以快速拉动销售，增加消费者的购买量，对消费者最具有冲击力和诱惑力。

（2）缺点：主要表现在不能解决根本的营销困境，只可能带来短期的销售提升，不能解决市场提升的深层次问题；同时，产品价格的下降将导致企业利润的下降，不利于企业和行业的长远发展。

二、附送赠品策略

附送赠品策略是指消费者在购买产品的同时可以得到一份非本产品的赠送。这种促销策略可以适用于不同状况的产品。

（1）优点：创造产品的差异化，增强对消费者的吸引力；细分市场，增加消费者尝试购买的几率；促使消费者增加产品的使用频率。

（2）缺点：赠品太差，会打击品牌和销售，有时会取得相反的效果。

三、凭证优惠策略

凭证优惠策略是指商家在促销过程中，采取的让消费者依据某种认可的凭证享受购买时的优惠。这种促销策略往往表现在联合促销活动中。

（1）优点：两个（或多个）厂家之间优势互补，实现各自产品销售的最大化。

（2）缺点：主要表现是兑换的过程比较难控制。在执行的过程中，如果因为执行不到位，可能会对品牌造成一定的伤害。另外，这种促销策略不适合于新的品牌，因为新的品牌对消费者的吸引力不大，消费者不是很信任，参与度比较低。

四、免费使用策略

免费使用策略是指将产品（一般都是新产品或者试用装）免费赠送给潜在消费者，供其使用或者尝试，并诱导消费者购买的一种促销方式。

（1）优点：有利于提高产品入市速度，能够有针对性地选择目标消费群体，吸引消费者购买，而且可以在消费者中形成传播效应，提高品牌知名度和品牌亲和力。

（2）缺点：促销费用成本相对较高，活动操作管理的难度较大；而且，对于同质性强（或者个性色彩较弱）的产品，其促销效果较差。

五、抽奖促销策略

抽奖促销是指利用消费者追求刺激和希望中奖的心理，以抽奖赢得现金、奖品或者商品，强化购买某种产品的欲望，达到促进产品销售的目的。

（1）优点：能够覆盖大范围的目标消费群体，对销售具有直接的拉动作用，可以吸引新顾客尝试购买，促使老顾客再次购买或者多次重复购买。

（2）缺点：主要表现在现在消费者已经比较理性，对抽奖促销这种把戏已经见多不怪，激发不起消费者的神经了。同时，采取抽奖促销，对品牌提升没有推动作用。

六、会员营销策略

会员营销是指以某项利益或者服务为主题，将潜在或现实消费者组成一个俱乐部形式的团队来开展宣传、销售、促销等活动，以促进产品销售的目的。

（1）优点：可以培养消费者的品牌忠诚度，同时，通过建立消费者的数据库加强了营销的竞争力，建立了不易被竞争对手知悉的固定消费群体。

（2）缺点：回报较慢，建立数据库的周期较长，需要经常性地维护；同时，效果也比较难评估。

PART

5

综合办公应用篇

18 Chapter

Word与Excel在办公中的协同应用

学习要点

● 在Word中使用Excel
● 从Excel中导出数据到Word
● 在Excel中嵌入Word文档
● 从Word中导出数据到Excel

本章结构

在Word中使用Excel	从Excel中导出数据到Word	从Word中导出数据到Excel
·在Word中插入电子表格 ·在Word中嵌入Excel图表 ·在Word中编辑Excel图表 ·Excel让Word表格的行列互换更简单	·将Excel图表复制到Word文档中 ·将Excel销售表数据链接到Word文档	·将Word中的SmartArt图形复制到Excel并显示为图片 ·将Word文档链接到Excel中
	在Excel中嵌入Word文档	

1 在Word中插入Excel表格

新产品推广活动时间

项目	开始时间	活动天数
第一期	2010年9月1日	9
第二期	2010年9月15日	7
第三期	2010年9月28日	10
第四期	2010年10月20日	12
第五期	2010年11月18日	12

2 将Excel销售表数据链接到Word文档

二、价格分析

　　尽管 12 月份销量整体增幅不高，排名前 1 个月累计同比增长也达到了 23.0%，显示整个通用和一汽大众…　月份的数据也出现近继 10 月…

　　尽管…

月销量超…　按住 Ctrl 并单击可访问链接

销售表.xlsx

3 在Excel中嵌入Word文档

	A	B	C	D
		10月	11月	12月
1	风天汽车	￥800,000	￥1,300,000	￥1,400,000
2	天本汽车	￥1,200,000	￥790,000	￥1,200,000
3	戈雅汽车	￥1,400,000	￥1,100,000	￥1,500,000
4	非度汽车	￥900,000	￥1,000,000	￥1,700,000

　　受油价上涨影响，12 月份的销量增长并不快。乘用车联席会的最新统计（批发数）显示，今年 12 月份实现乘用车销量 153.23 万辆，仅比 10 月份的 149.02 万辆增长了 8.6%。而同比去年增长了 14.4%。今年前 11 个月，乘用车累计实现销量 539.34 万辆，同比去年同期的 445.43 万辆增长了 21.1%。

4 Word中的SmartArt图形在Excel中显示为图片

年度服装销售统计表

	春装	夏装	冬装
销售量（件）	46000	57000	39000
销售金额	￥ 5,900,000	￥ 8,100,000	￥ 5,600,000
上涨率	5.5%	10.5%	3.8%

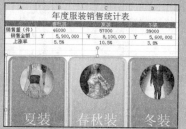

夏装　　春秋装　　冬装

Word与Excel在办公中的协同应用

Chapter 18

Office系列软件的一大优点就是能够互相协同工作,不同的应用程序之间可以方便地进行内容交换。在Excel中可以插入Word文档,Word中也能插入Excel表格,在日常办公中这个功能是非常有用的,能为用户节省很多不必要重复的工作时间。本章将介绍在Word中使用Excel、从Excel中导出数据到Word、在Excel中使用Word、从Word导出数据到Excel。

提示 ① 在文档中插入Excel工作表对象

除了在文档中可以插入Excel图表、PPT幻灯片以外,还可以插入Excel工作表对象,具体的操作步骤如下。

1 在文档中切换至"插入"选项卡,在"文本"组中单击"对象"按钮,弹出"对象"对话框,在"对象类型"列表框中单击"Microsoft Excel工作表"选项,如下图所示,再单击"确定"按钮。

2 此时在文档中潜入了Excel工作表,在工作表中输入需要的数据,如下图所示。

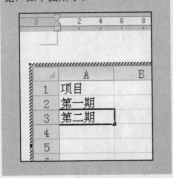

18.1 在Word中使用Excel

虽然在Word中可以插入表格,但是只能输入简单的数据、进行简单的分析。为了更便于进行数据分析,可以直接在Word中使用Excel。本节将介绍在Word中插入电子表格、嵌入Excel图表、编辑Excel图表等。

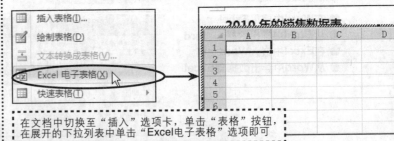

在文档中切换至"插入"选项卡,单击"表格"按钮,在展开的下拉列表中单击"Excel电子表格"选项即可

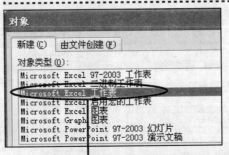

← 在文档中切换至"插入"选项卡,单击"对象"按钮,弹出"对象"对话框,在其列表框中选择"Microsoft Excel图表"选项,即可插入图表对象

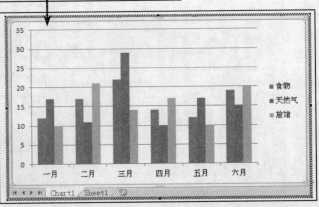

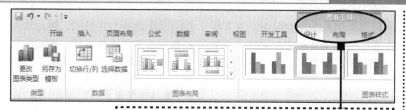

对于嵌入的Excel图表，用户可以在"图表工具"相关的"设计""布局""格式"选项卡中对图表进行编辑

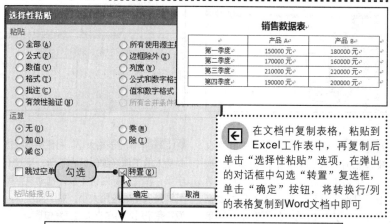

在文档中复制表格，粘贴到Excel工作表中，再复制后单击"选择性粘贴"选项，在弹出的对话框中勾选"转置"复选框，单击"确定"按钮，将转换行/列的表格复制到Word文档中即可

（续上页）

提示 ① 在文档中插入Excel工作表对象

3 继续输入完整的数据内容并设置单元格格式，再选择单元格区域B2:B6，切换至"开始"选项卡，单击"数字"对话框启动器按钮，如下图所示。

4 弹出"设置单元格格式"对话框，在"分类"组中单击"日期"选项，再在"类型"列表框中选择需要的日期格式，如下图所示，单击"确定"按钮。

5 单击文档任意处，即可在文档中显示插入的工作表对象，如下图所示。

18.1.1　在Word中插入电子表格

在使用Word 2010编辑文档时，可以直接插入Excel电子表格。下面介绍具体的操作方法。

原始文件　实例文件\第18章\原始文件\在Word中插入电子表格.docx
最终文件　实例文件\第18章\最终文件\在Word中插入电子表格.docx

Step 1 选择插入表格。打开\实例文件\第18章\原始文件\在Word中插入电子表格.docx文档，切换至"插入"选项卡，单击"表格"按钮，如下图所示。

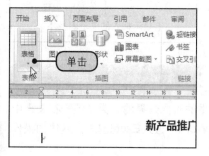

Step 2 选择电子表格。在展开的下拉列表中单击"Excel电子表格"选项，如下图所示。

Step 3 输入表格数据。此时在文档中插入了工作表编辑区域，在单元格中输入需要的表格数据，如下图所示。

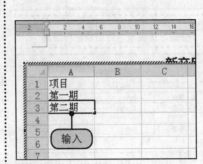

Step 4 选择数字格式。再对输入的数据设置单元格格式，选择单元格区域B2:B6，切换至"开始"选项卡，单击"数字"对话框启动器按钮，如下图所示。

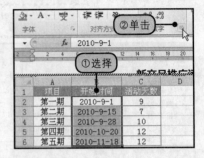

Step 5 设置日期格式。弹出"设置单元格格式"对话框，切换至"数字"选项卡，在"分类"列表框中单击"日期"选项，在"类型"列表框中单击需要的格式，如下图所示，单击"确定"按钮。

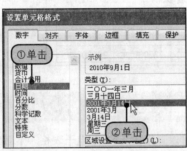

Step 6 调整表格大小。将鼠标指针指向插入的工作表编辑区右下角，呈双十字状，按住鼠标左键不放，拖动鼠标即可调整表格的应用大小，如下图所示，设置完毕后，再单击文档任意位置。

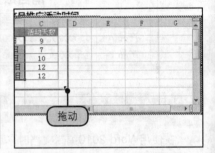

Step 7 设置表格居中对齐。选中插入的Excel电子表格，在"段落"组中单击"居中"按钮，如下图所示。

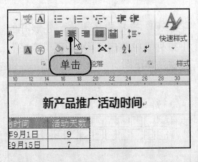

Step 8 显示插入电子表格的最终效果。经过上述操作后，插入的Excel电子表格显示居中对齐效果，如下图所示。

18.1.2 在Word中嵌入Excel图表

通常，图表是最能显示销售数据的对比效果的。为了便于在文档中分析需要的数据信息，用户可以在Word中嵌入Excel图表，具体的操作步骤如下。

原始文件　实例文件\第18章\原始文件\在Word中嵌入Excel图表.docx

Step 1 定位光标。打开\实例文件\第18章\原始文件\在Word中嵌入Excel图表.docx文档，将鼠标光标定位到需要的位置，如下图所示。

Step 2 选择对象。切换至"插入"选项卡，在"文本"组中单击"对象"按钮，如下图所示。

Step 3 选择对象类型。弹出"对象"对话框，在其列表框中单击"Micorosfot Excel图表"选项，如下图所示，再单击"确定"按钮。

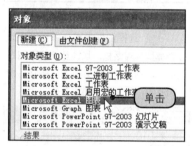

Step 4 选择工作表。此时在文档光标处嵌入了Excel图表并呈编辑状态，单击工作表标签Sheet1，如下图所示。

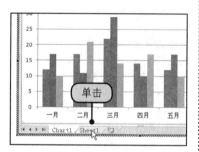

Step 5 显示图表数据源。切换至工作表Sheet1，在其中显示默认的图表数据源，如下图所示。

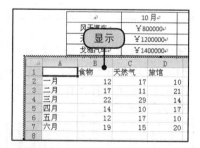

Step 6 输入新的数据。重新输入图表的新数据源，将多余的单元格区域删除，再对表格进行简单的设置，如下图所示。

Step 7 显示嵌入的图表效果。单击工作表标签Chart1，如右图所示，此时在该工作表中显示嵌入的图表效果，再单击文档的任意位置，即可完成整个嵌入操作。

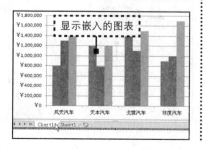

提示② 重新打开插入的对象

如果有的用户觉得在Word中编辑图表对象很不习惯，可以使用"打开"功能在Excel工作簿中进行编辑，具体的操作步骤如下。

1 在插入的Excel图表中右击鼠标，在弹出的快捷菜单中选择"'工作表'对象>打开"命令，如下图所示。

2 此时，打开了Microsoft Excel工作簿，用户可以在此对图表进行编辑，如下图所示。

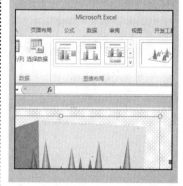

?提示 ③ 转换插入的对象

对于插入的工作表对象，用户还可以对其进行转换。例如，将嵌入默认的Excel 2003转换为Excel 2010，具体的操作步骤如下。

1 在插入的Excel图表中右击鼠标，在弹出的快捷菜单中选择"'工作表'对象>转换"命令，如下图所示。

2 弹出"转换"对话框，在此显示当前的工作表类型，在"对象类型"列表框中单击"Microsoft Excel工作表"选项，如下图所示，再单击"确定"按钮即可。

🔍 18.1.3 在Word中编辑Excel图表

在Word中，不仅可以很方便地嵌入Excel图表，还可以对图表数据进行修改和格式化设置。具体的操作步骤如下。

最终文件 实例文件\第18章\最终文件\在Word中编辑Excel图表.docx

Step 1 编辑图表对象。在文档中右击嵌入的图表，在弹出的快捷菜单中选择"图表对象>编辑"命令，如下图所示。

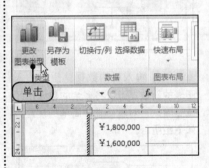

Step 2 进入编辑状态。此时嵌入的图表重新呈编辑状态，如下图所示。

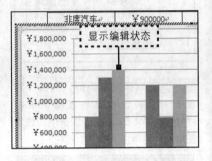

Step 3 更改图表类型。切换至"图表工具-设计"选项卡，单击"更改图表类型"按钮，如下图所示。

Step 4 选择图表类型。弹出"更改图表类型"对话框，切换至"柱形图"选项卡，单击"三维圆锥图"图标，如下图所示，再单击"确定"按钮。

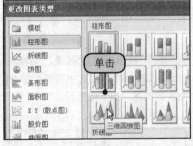

Step 5 删除主要横网格线。返回图表中，在背景墙中右击主要横网格线，在弹出的快捷菜单中选择"删除"命令，如下图所示。

Step 6 选择图表样式。切换至"图表工具-设计"选项卡，在"图表样式"框中选择"样式14"样式，如下图所示。

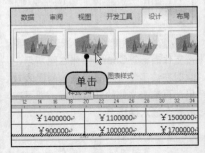

Step 7 选择设置图表区。切换至"图表工具-格式"选项卡，设置"图表元素"为"图表区"选项，再单击"设置所选内容格式"按钮，如下图所示。

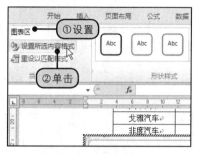

Step 8 选择图案填充。弹出"设置图表区格式"对话框，切换至"填充"选项卡，选中"图案填充"单选按钮，如下图所示。

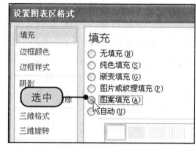

Step 9 设置前景色。单击"前景色"按钮，在展开的下拉列表框中单击"白色，背景色，深色50%"图标，如下图所示。

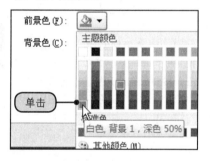

Step 10 选择图案样式。在其列表框中单击"点式菱形"图标，如下图所示，再单击"关闭"按钮。

Step 11 显示设置的图表效果。此时图表区应用了设置的图案填充，效果如下图所示。

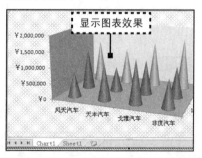

显示图表效果

Step 12 显示文档效果。单击Word文档的任意空白处，即可在文档中显示嵌入的图表效果，如下图所示。

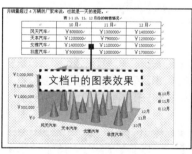

文档中的图表效果

18.1.4 Excel让Word表格的行列互换更简单

有时我们需要将表格的行与列进行交换（也称为表格转置），但Word本身并没有提供现成的功能可供使用，如果按照传统的方法手动转换，是很费时间的。为此可以使用一些技巧进行操作，具体的操作步骤如下。

提示④ 在Word中插入Excel对象并且为图标

除了在文档中可以插入Excel对象外，还可以将该对象创建为图标形式，具体的操作步骤如下。

1 在文档中切换至"插入"选项卡，单击"对象"按钮，如下图所示。

2 弹出"对象"对话框，在"对象类型"列表框中单击"Microsoft Excel工作表"选项，如下图所示。

3 在右侧勾选"显示为图标"复选框，再单击"更改图标"按钮，如下图所示。

4 弹出"更改图标"对话框，在"图标"列表框中选择需要的图标类型，如下图所示，再单击"确定"按钮。

（续上页）

	原始文件	实例文件\第18章\原始文件\Excel让Word表格的行列互换更简单.docx
	最终文件	实例文件\第18章\最终文件\Excel让Word表格的行列互换更简单.docx

④ 在Word中插入Excel对象并且为图标

5 返回"对象"对话框，确认更改的图标后单击"确定"按钮，如下图所示。

6 此时打开一个空白工作簿，在工作表中输入需要的表格数据后，单击快速访问栏中的"保存"按钮，如下图所示，再关闭该工作簿。

7 返回文档中，此时显示插入的工作表图标，如果要重新编辑或打开数据信息，可以右击该图标，在弹出的快捷菜单中选择"'工作表'对象>编辑"或"'工作表'对象>打开"命令，如下图所示。

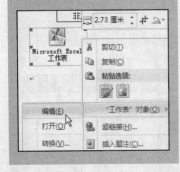

Step 1 复制表格。打开\实例文件\第18章\原始文件\Excel让Word表格的行列互换更简单.docx文档，选择表格后并右击鼠标，在弹出的快捷菜单中选择"复制"命令，如下图所示。

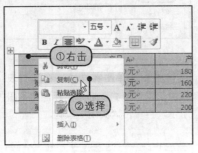

Step 3 复制/粘贴的数据表。此时所选的表格被复制到Excel表格中，再单击"复制"按钮，如下图所示。

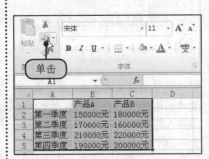

Step 5 设置转置。弹出"选择性粘贴"对话框，勾选"转置"复选框，如下图所示，再单击"确定"按钮。

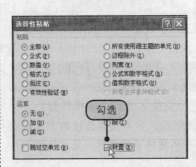

Step 2 粘贴选项。在打开的新工作簿中右击任意空白单元格，在弹出的快捷菜单中选择"匹配目标格式"命令，如下图所示。

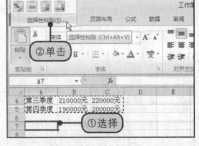

Step 4 选择粘贴性。在工作表中选择空白单元格，再单击"粘贴"下三角按钮，在展开的下拉列表中单击"选择性粘贴"选项，如下图所示。

Step 6 显示转置的数据。此时在所选的单元格中显示切换行/列的效果，将其选中后按快捷键Ctrl+C，如下图所示。

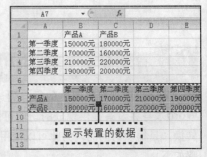

Step 7 在文档中粘贴。返回"Excel让Word表格的行列互换更简单.docx"文档，定位光标位置后，在"剪贴板"组中单击"粘贴"下三角按钮，如右图所示。

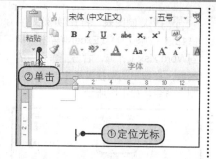

Step 8 使用目标样式。在展开的下拉列表中单击"使用目标样式"选项，如下图所示。

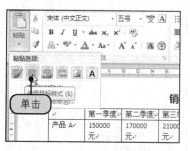

Step 9 显示切换行/列的效果。经过上述操作后，在文档中显示更改切换行/列的效果，如下图所示。

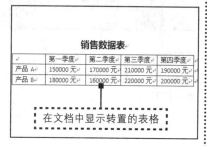

⑤ 将Excel表格移动到文档中

在Word文档中，除了复制Excel表格外，用户可以很轻松地将Excel表格数据移动到文档中。下面介绍具体的操作方法。

1 在空白文档中单击"对象"按钮，弹出"对象"对话框，切换至"由文件创建"选项卡，如下图所示，再单击"浏览"按钮。

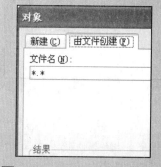

18.2 从Excel中导出数据到Word

为了让文档的数据分析更加专业，用户可以将Excel图表复制到Word文档中，同时还可以将Excel单元格数据链接到Word文档中。

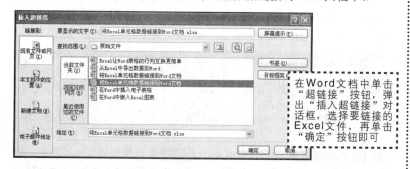

在Word文档中单击"超链接"按钮，弹出"插入超链接"对话框，选择要链接的Excel文件，再单击"确定"按钮即可

2 弹出"浏览"对话框，选择Excel文件的所在路径，并将其选中，如下图所示，再单击"插入"按钮。

18.2.1 将Excel图表复制到Word文档中

在日常办公中，经常需要将某个图表放到文档中，以增添文档内容的说服力。虽然前面介绍了在Word中嵌入图表的方法，但其操作起来还是很麻烦。那么用户将Excel中创建的图表复制到文档中，即可满足操作需求。

原始文件 实例文件\第18章\原始文件\从Excel中导出数据到Word.xlsx

最终文件 实例文件\第18章\最终文件\将Excel图表复制到Word文档中.docx

（续上页）

提示 ⑤ 将Excel表格移动到文档中

3 返回"对象"对话框，显示Excel文件所在路径及文件名称，设置完毕后单击"确定"按钮，如下图所示。

4 此时在Word文档中插入了所选的Excel表格内容，效果如下图所示。

Step 1 复制图表。打开\实例文件\第18章\原始文件\从Excel中导出数据到Word.xlsx工作簿，右击工作表中的图表，在弹出的快捷菜单中选择"复制"命令，如下图所示。

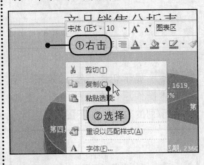

Step 3 显示复制的图表。经过上述操作后，在文档中显示复制的图表，如右图所示。

Step 2 在文档中粘贴图表。在打开的文档中右击任意位置，在弹出的快捷菜单中选择"保留源格式和嵌入工作簿"命令，如下图所示。

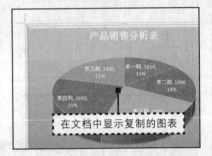

在文档中显示复制的图表

18.2.2 将Excel销售表数据链接到Word文档

有时需要让文档简洁，但又需要详细的内容，此时可以在文档中创建超链接，例如将分析好的Excel表格链接到文档中。具体的操作步骤如下。

原始文件　实例文件\第18章\原始文件\将Excel单元格数据链接到Word文档.docx、销售表.xlsx

最终文件　实例文件\第18章\最终文件\将Excel单元格数据链接到Word文档.docx

Step 1 选择超链接。打开\实例文件\第18章\原始文件\将Excel单元格数据链接到Word文档.docx文档，切换至"插入"选项卡，单击"超链接"按钮，如下图所示。

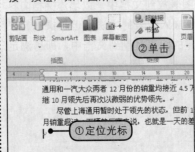

Step 2 选择现有文件或网页。弹出"插入超链接"对话框，在"链接到"列表框中单击"现有文件或网页"按钮，在右侧单击"当前文件夹"按钮，如下图所示。

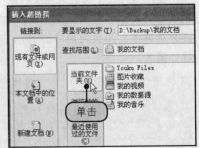

Step 3 选择链接的文件。在右侧列表框中选择需要链接的Excel工作表，如下图所示，再单击"确定"按钮。

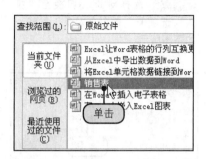

Step 4 显示插入的超链接。返回文档中，此时在光标处插入了选择的Excel文件超链接，将鼠标指向该链接，会显示指向信息，如下图所示。

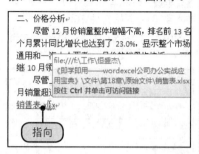

Step 5 单击链接的文件。按住Ctrl键不放，再单击该链接，如下图所示。

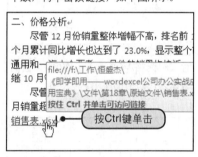

Step 6 打开链接的文件。此时会打开链接的Excel工作簿文件，如下图所示。

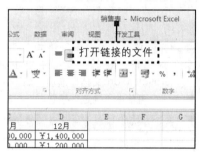

提示 ⑥ 打开超链接的快捷键

为文档设置超链接时，需要打开"插入超链接"对话框来进行设置。打开该对话框，可通过快捷键完成。

选中文档中要设置为超链接的文本后，再按下**Ctrl+K**组合键，即可打开"插入超链接"对话框，在其中对文本进行设置。

18.3 在Excel中嵌入Word文档

如果想在Excel中输入长文本，按照传统的方法只能合并过多的单元格或者使用文本框等，但是都无法对文本进行段落设置、对不同的文本设置文本格式等，功能是非常有局限性的。为此用户可以通过本节所学内容，掌握在Excel中使用Word编辑文本的操作方法。

在Excel中打开"对象"对话框，在"对象类型"列表框中单击"Microsoft Word文档"选项，此时在Excel中显示插入的文档编辑区，即可在其中输入文本内容了

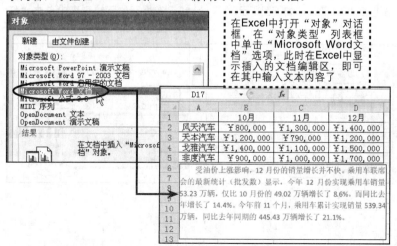

原始文件　实例文件\第18章\原始文件\在Excel中嵌入Word文档.xlsx
最终文件　实例文件\第18章\最终文件\在Excel中嵌入Word文档.xlsx

Step 1 打开工作簿。打开\实例文件\第18章\原始文件\在Excel中嵌入Word文档.xlsx工作簿，选择单元格A7，如下图所示。

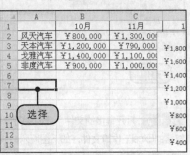

Step 2 选择对象。切换至"插入"选项卡，单击"对象"按钮，如下图所示。

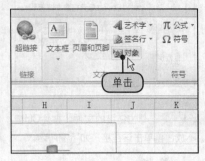

提示 ⑦ 更改超链接文本的颜色

在Office组件中，超链接文本的颜色是根据"主题"颜色进行配置的。默认的是"蓝色"文本，如果要更改超链接文本颜色，就要重新设置"主题"的超链接颜色。下面介绍具体的操作方法。

1 在文档中切换至"页面布局"选项卡，在"主题"组中单击"颜色"按钮，在展开的下拉列表中单击"新建主题颜色"选项，如下图所示。

Step 3 选择对象类型。弹出"对象"对话框，在其文本框中单击"Microsoft Word文档"选项，如下图所示，再单击"确定"按钮。

Step 4 显示插入的Word文档。此时在单元格A7处插入了Word文档的编辑区，如下图所示。

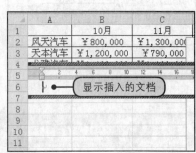

2 弹出"新建主题颜色"对话框，在其列表框中单击"超链接"右侧的下三角按钮，在展开的下拉列表中单击"绿色"图标，如下图所示，设置完毕后单击"保存"按钮。

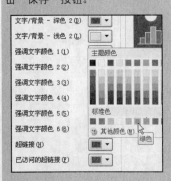

Step 5 调整文本首行缩进。在Word文本编辑区中输入需要的文本内容，再在标尺中拖动"首行缩进"按钮至"2字符"，如下图所示。

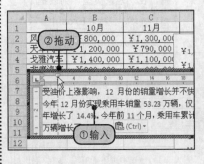

Step 6 设置文本字体颜色。此时所选的文本应用了首行缩进2字符的效果，单击"字体颜色"下三角按钮，在展开的下拉列表中单击"红色"图标，如下图所示。

（续上页）

Step 7 设置字体颜色渐变效果。再单击"字体"下三角按钮，在展开的下拉列表中指向"渐变"选项，在展开的子列表框中单击"中心辐射"图标，如下图所示。

Step 8 确认设置。此时所选的文本应用了红色渐变效果，如下图所示，再单击Excel工作表任意位置。

? 提示 ⑦ **更改超链接文本的颜色**

3 返回文档中，此时创建的超链接文件应用了选择的"绿色"颜色，效果如下图所示。

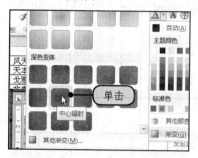

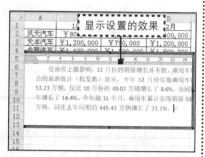

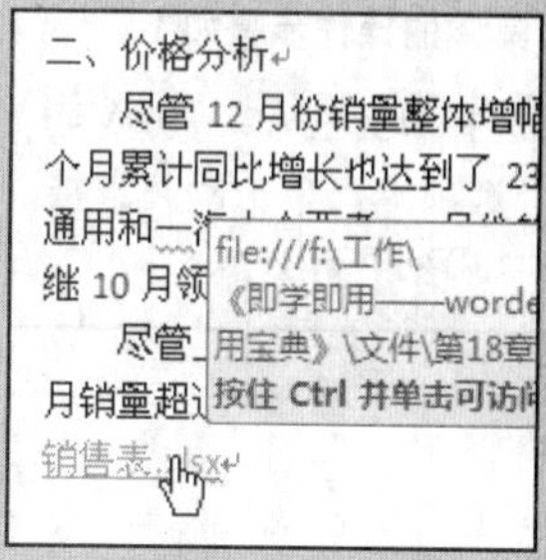

Step 9 显示嵌入文档的最终效果。此时在工作表中显示嵌入Word文档的最终效果，如右图所示。

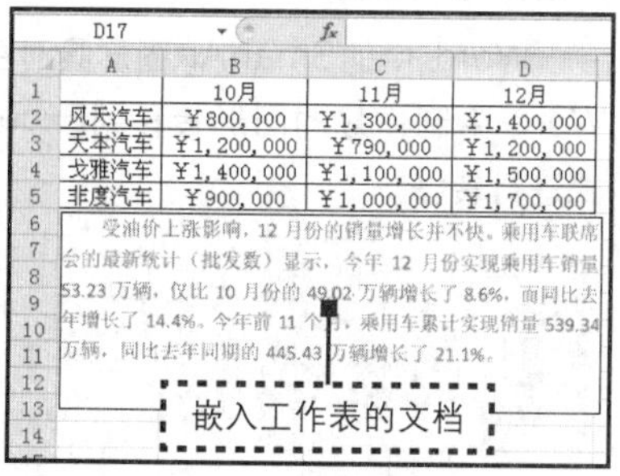

18.4　从Word中导出数据到Excel

除了前面介绍的在Excel中嵌入Word文档，再进行文档编辑操作以外，用户还可以直接在Excel中导入Word文档的内容，这样节省了许多编辑时间。本节将介绍如何将Word中的SmartArt图形复制到Excel中及将Word文档链接到Excel中。

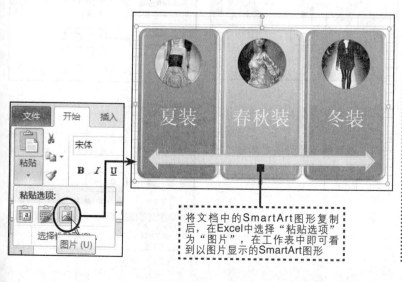

将文档中的SmartArt图形复制后，在Excel中选择"粘贴选项"为"图片"，在工作表中即可看到以图片显示的SmartArt图形

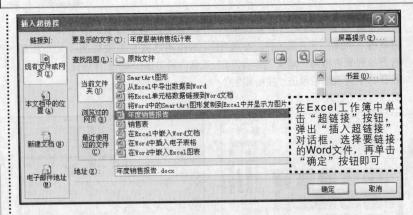

⑧ 链接新建文档

除了能在Excel中链接已有的文档,用户还可以创建链接新建文档,具体的操作步骤如下。

1 选择单元格A1,切换至"插入"选项卡,单击"超链接"按钮,如下图所示。

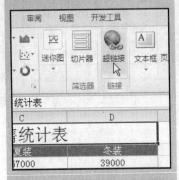

2 弹出"插入超链接"对话框,在"链接到"列表框中单击"新建文档"按钮,再单击"更改"按钮,如下图所示。

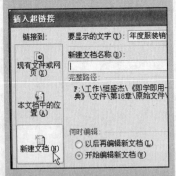

3 弹出"新建文档"对话框,设置文件的保存位置,如下图所示。

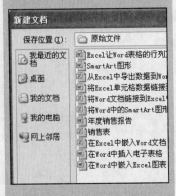

18.4.1 将Word中的SmartArt图形复制到Excel中并显示为图片

Word 中的SmartArt图形具有生动、美观的特点,如果用户需要将Word 中制作好的图形转移到Excel 中,可通过将图形转换为图片的方式进行转移。

原始文件 实例文件\第18章\原始文件\SmartArt图形.docx、将Word中的SmartArt图形复制到Excel中并显示为图片.xlsx

最终文件 实例文件\第18章\最终文件\将Word中的SmartArt图形复制到Excel中并显示为图片.xlsx

Step 1 复制SmartArt图形。打开\实例文件\第18章\原始文件\ SmartArt图形.docx文档,右击SmartArt图形,在弹出的快捷菜单中选择"复制"命令,如下图所示。

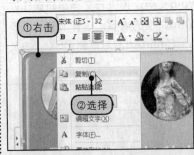

Step 2 在工作表中选择粘贴位置。打开\实例文件\第18章\原始文件\将Word中的SmartArt图形复制到Excel中并显示为图片.xlsx工作簿,选择单元格A8,如下图所示。

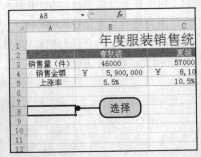

Step 3 粘贴为图片。切换至"开始"选项卡,单击"粘贴"下三角按钮,在展开的下拉列表中单击"图片"选项,如右图所示。

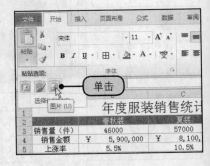

Step 4 显示最终效果。经过上述操作后，在工作表中显示Word文档中的SmartArt图形，并显示为图片，如右图所示。

插入的SmartArt的图片

（续上页）

18.4.2　将Word文档链接到Excel中

虽然前面介绍了在Excel中嵌入Word文档的方法，但如果要进行长篇文档的输入（例如报告、计划书等）内容时，还是会觉得放在Excel中不太合适。此时用户可以将Word文档链接到Excel中，具体的操作方法如下。

| 原始文件 | 实例文件\第18章\原始文件\将Word文档链接到Excel中.xlsx、年度销售报告.docx |
| 最终文件 | 实例文件\第18章\最终文件\将Word文档链接到Excel中.xlsx |

Step 1 选择超链接。打开\实例文件\第18章\原始文件\将Word文档链接到Excel中.xlsx工作簿，选择单元格A1，切换至"开始"选项卡，单击"超链接"按钮，如下图所示。

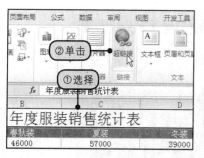

Step 2 选择链接的文件。弹出"插入超链接"对话框，在"链接到"列表框中单击"现有文件或网页"按钮，在右侧单击"当前文件夹"按钮，在其列表框中选择文件所在位置并将其选中，如下图所示。

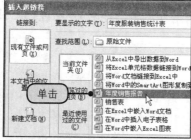

Step 3 显示链接的效果。设置完毕后单击"确定"按钮，返回工作表，此时可以看到单元格A1的数据创建了超链接。将鼠标指针指向该链接会变成手状，如右图所示，单击即可打开链接的文档。

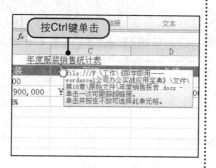

提示 ⑧ 链接新建文档

4 设置"文件名"为"文件""保存类型"为"文档"，如下图所示，再单击"确定"按钮。

5 返回"插入超链接"对话框，确认新建文档名称，如下图所示，再单击"确定"按钮。

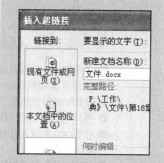

6 经过上述操作后，打开了链接的空白文档，并且所选的单元格A1应用了设置的超链接，如下图所示。

Chapter

合理运用Word/Excel制作调查报告

学习要点

- 使用Word制作调查数据表
- 将表格复制到Excel 2010中
- 在Excel中分析数据
- 将计算结果反馈到Word中
- 在Word中插入分析的图表并显示为图标
- 在Word中创建数据透视表链接

本章结构

使用Word制作调查数据表	将计算结果反馈到Word中
·在Word中插入表格 ·键入表格数据 ·美化表格	在Word中插入分析的图表并显示为图标
将表格复制到Excel 2010中	在Word中创建数据透视表链接
在Excel中分析数据	
·使用公式计算数据 ·在Excel中创建图表分析数据 ·在Excel中创建数据透视表分析数据	

1 使用Word制作调查数据表

编号	姓名	年龄	职业
1	赵柯	27	IT人士
2	洛晨	21	学生
3	欧萌萌	18	学生
4	陈安	15	学生
5	邱恒	30	公务员
6	冯伦	32	公司职员
7	冯伟	25	医务人员
8	王紫	25	公司职员
9	薛碧	24	公司职员

2 在Excel中创建图表分析数据

市场满意度

3 将Excel的结果反馈到Word

	使用人数	百分率
恩欧克	9	31%
西门子	5	17%
斯阿门	6	21%
其他	9	31%

市场满意度分析结果

	好	中	差
恩欧克	7	2	0
西门子	4	1	0
斯阿门	4	2	0
其他	0	5	4

4 在Word中创建数据透视表链接

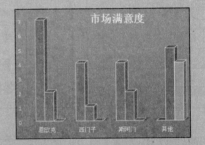

斯阿门	4	2	0
其他	0		4

file:///f:\工作\
《即学即用——wordexcel公司办公实战应
用宝典》\文件\第19章\源始文件\数据透视表.
xlsx
按住 Ctrl 并单击可访问链接

调查结果分析表.
sx

数据透视表分析结果

合理运用Word/Excel制作调查报告

Chapter 19

企业为了能够了解自己的产品在市场中的占有率，通常会在一定时间内做一次市场调查，调查报告便是向上级或领导提交调查结果的书面形式。通常，调查报告是使用**Word**文档进行编辑的，但有些数据信息需要使用**Excel**进行分析和计算。本章将结合**Word**和**Excel**制作一份"手机市场调查报告"。通过本章的学习，用户可以结合实际工作完成其他报告的制作。

19.1　使用Word制作调查数据表

在调查报告中，调查数据表是必不可缺的部分，其中会详细记录整个调查结果。本节将介绍在Word中插入表格、输入表格数据及美化表格的操作。

🔍 19.1.1　在Word中插入表格

要在Word文档中制作表格数据，第一步需要做的是插入表格，下面介绍具体的操作方法。

⊙ 原始文件　实例文件\第19章\原始文件\使用Word制作调查数据表.docx

Step 1　选择表格。打开\实例文件\第19章\原始文件\使用Word制作调查数据表.docx，将光标放置需要的位置，再单击"表格"按钮，如下图所示。

Step 2　选择插入表格。在展开的下拉列表中单击"插入表格"选项，如下图所示。

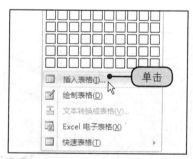

Step 3　设置表格。弹出"插入表格"对话框，设置"列数"为"9""行数"为"10"，再选中"固定列宽"单选按钮，如右图所示，单击"确定"按钮。

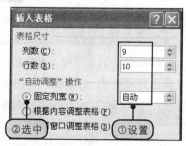

❓ 提示　① "自动调整"操作

在文档中切换至"插入"选项卡，单击"表格"按钮，在展开的下拉列表中单击"插入表格"选项，在弹出的"插入表格"对话框中设置"自动调整"操作，其中包括"固定列宽""根据内容调整表格"及"根据窗口调整表格"选项。

提示 ② 在文档中输入货币格式的数据

如果在Excel中想要输入代表货币或金额的数值，可以直接设置其数据格式。那么如果在Word文档中设置插入表格中的货币格式，就需要使用键盘操作，例如要输入"￥7000"，只需要在键盘中按住Shift键不放，再按键盘区中的"4"即可输入货币符号"￥"。

Step 4 显示插入的表格。经过上述操作后，在光标处插入了一个9列10行的表格，如右图所示。

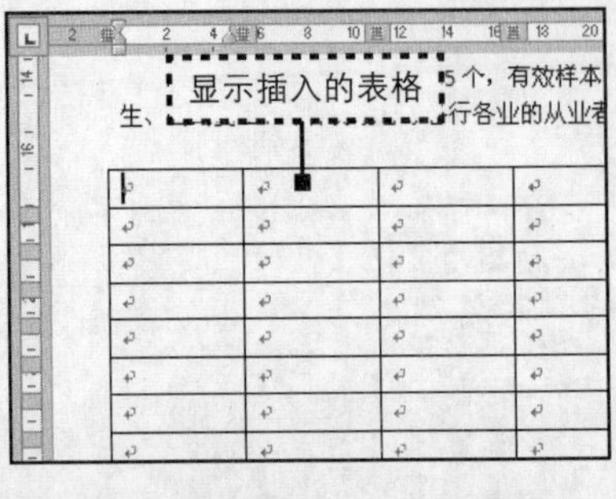

19.1.2 输入表格数据

在本节的调查表中，用户需要输入的信息包括：调查编号、被调查人的姓名、年龄、职业、联系方式、使用的手机品牌、手机价格、满意度及手机更换的频率。

Step 1 输入数据。在表格中输入需要的数据，如下图所示，如果需要的表格不够行数，可以插入整行单元格。

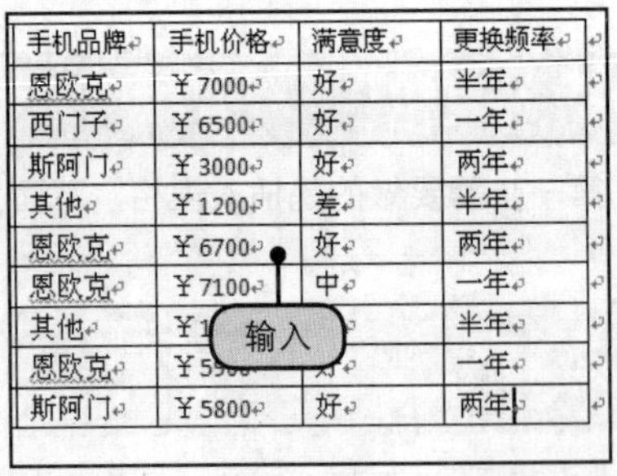

手机品牌	手机价格	满意度	更换频率
恩欧克	￥7000	好	半年
西门子	￥6500	好	一年
斯阿门	￥3000	好	两年
其他	￥1200	差	半年
恩欧克	￥6700	好	两年
恩欧克	￥7100	中	一年
其他	￥1 输入	好	半年
恩欧克	￥5	好	一年
斯阿门	￥5800	好	两年

Step 2 在下方插入行。将表格全部选中，切换至"表格工具-布局"选项卡，单击"在下方插入"按钮，如下图所示。

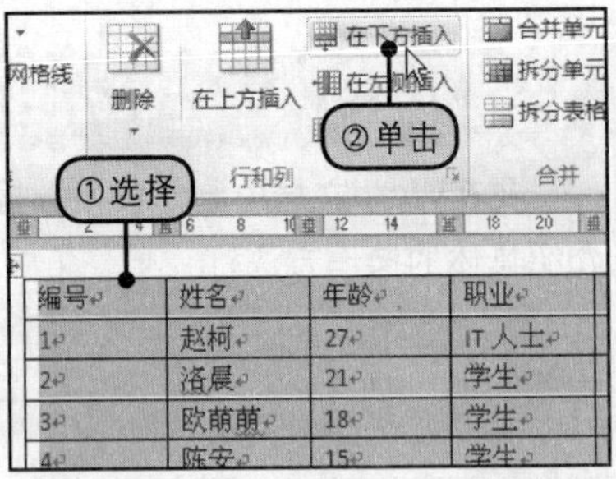

编号	姓名	年龄	职业
1	赵柯	27	IT人士
2	洛晨	21	学生
3	欧萌萌	18	学生
4	陈安	15	学生

Step 3 显示插入的表格。此时在文档中插入了10行单元格，如下图所示。

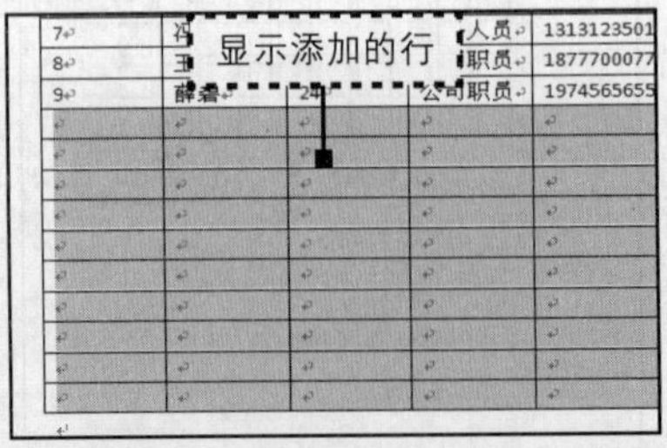

Step 4 输入数据。在新插入的表格中继续输入数据，按照同样的方法插入新行，并输入完整的调查报告，如下图所示。

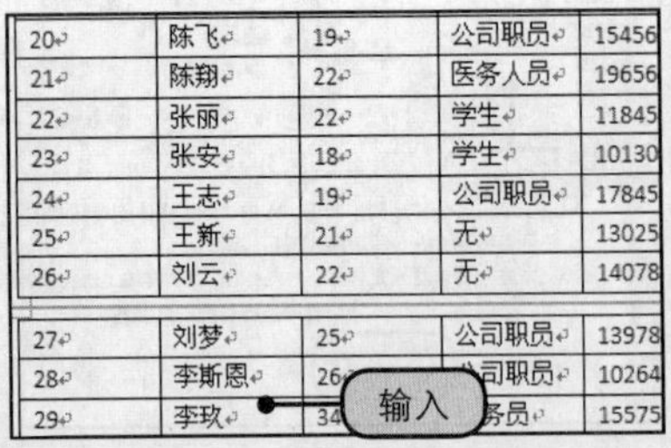

7			人员	1313123501
8	显示添加的行		职员	1877700077
9			公司职员	1974565655

20	陈飞	19	公司职员	15456
21	陈翔	22	医务人员	19656
22	张丽	22	学生	11845
23	张安	18	学生	10130
24	王志	19	公司职员	17845
25	王新	21	无	13025
26	刘云	22	无	14078
27	刘梦	25	公司职员	13978
28	李斯恩	26	公司职员	10264
29	李玖	34	务员	15575

19.1.3 美化表格

对Word中的表格输入数据后，默认情况下是没有设置格式的。为了让文档更加美观，可以在Word中美化表格，具体的操作步骤如下。

最终文件 实例文件\第19章\最终文件\使用Word制作调查数据表.docx

Step 1 设置居中格式。选择整个表格，切换至"表格工具-布局"选项卡，在"对齐方式"组中单击"水平居中"按钮，如下图所示。

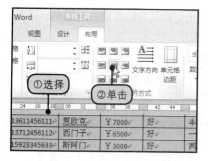

Step 2 设置表格样式。切换至"表格工具-设计"选项卡，单击"表格样式"组中的快翻按钮，如下图所示。

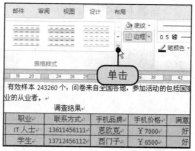

Step 3 选择表格样式。在展开的库中选择"中等深浅底纹1-强调文字颜色2"样式，如下图所示。

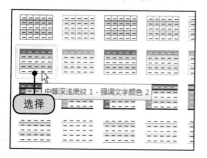

Step 4 显示设置的效果。经过操作后，即为整个表格应用了选择的表格样式，如下图所示。

Step 5 选择边框和底纹。选择整个表格，切换至"开始"选项卡，单击"边框"下三角按钮，在展开的下拉列表中单击"边框和底纹"选项，如下图所示。

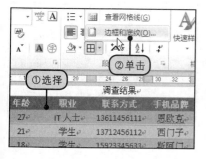

Step 6 应用边框。弹出"边框和底纹"对话框，切换至"边框"选项卡，单击"全部"按钮，如下图所示，再单击"确定"按钮。

Step 7 显示美化调查数据表的效果。经过上述操作后，即为文档中的表格应用了设置的效果，如右图所示。

美化调查数据表的效果

常见问题

什么样的报告才算有说服力

Q 报告的形式千变万化，那么在制作报告时，应注意什么问题才不缺乏报告的说服力呢？

A 要制作出有说服力的报告需要注意以下几点。
（1）观点和材料要统一。
（2）内容和形式要统一。
（3）要准确、鲜明、生动。所谓"准确"，就是报告要能反映客观事物的本质；所谓"鲜明"，即立场、观点要鲜明，赞成什么，反对什么，都要旗帜鲜明；所谓"生动"，即写得具体、形象，尽可能多用一些典型事例来说明问题，要注意学习和运用人们日常生活中生动、丰富的语言，否则，报告写得不生动，难以引人入胜，效果自然不佳。
（4）要力求文字简练。

经验分享:
学习整理专业调查
报告的方法

对调查报告材料的整理,一般分成3个步骤。

1 检查鉴别。首先,检查调查报告材料是否切合研究的需要;其次,要鉴别事实材料的真实性、数据的准确性,以保证材料的真实、可靠,确实反映客观实际。

2 制作图表、数表。以其直观、形象、信息量大的特点帮助读者理解调查报告内容。

3 分类分组。调查报告材料分类的标准,依研究目的而言,可按材料性质分为记录资料、文献资料、问卷资料及统计调查资料等。根据研究的目的,可按年龄、性别分类,或按职业分类等。也可分为背景材料、统计材料、典型(人或事例)材料等。

19.2 将表格复制到Excel 2010中

当制作好调查数据表后,为了便于分析其中的数据,可以将表格复制到Excel 2010中,具体的操作步骤如下。

原始文件 实例文件\第19章\原始文件\将表格复制到 Excel 2010中.docx

最终文件 实例文件\第19章\最终文件\将表格复制到 Excel 2010中.xlsx

Step 1 复制表格。打开\实例文件\第19章\原始文件\将表格复制到 Excel 2010中.docx,选中后右击文档中的表格,在弹出的快捷菜单中选择"复制"命令,如下图所示。

Step 2 在工作表中粘贴表格。切换至Excel 2010,在打开的工作表中选择单元格A1,切换至"开始"选项卡,单击"粘贴"下三角按钮,如下图所示。

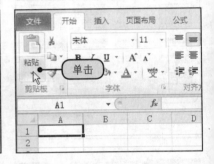

Step 3 保留源格式。在展开的下拉列表中单击"保留源格式"选项,如下图所示。

Step 4 显示粘贴的效果。经过上述操作后,在工作表中显示粘贴的表格,如下图所示。 显示粘贴表格的效果

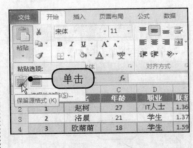

19.3 在Excel中分析数据

将调查数据导入Excel表格中后,便可以对其进行数据分析,例如使用函数计算数据、在Excel中创建图表分析数据和使用数据透视表分析数据等。

19.3.1　使用函数计算数据

在调查报告中，用户可以通过函数分析品牌在市场中的占有率及对各品牌的满意度。

1　使用函数分析品牌占有率

如果要分析品牌占有率，则先要计算各品牌的使用人数，再计算各品牌的占有百分率。

原始文件	实例文件\第19章\原始文件\使用函数分析品牌占有率.xlsx
最终文件	实例文件\第19章\最终文件\使用函数分析品牌占有率.xlsx

Step 1　输入公式。打开\实例文件\第19章\原始文件\使用函数分析品牌占有率.xlsx工作簿，在单元格B34中输入"=COUNTIF(F2"，如下图所示。

	A	B	C	D	
28	27	刘梦	25	公司职员	1
29	28	李斯恩	26	公司职员	1
30	29	李玖	34	公务员	1
31					
32					
33		使用人数	百分率		
34		=COUNTIF(F2			
35	西门子	COUNTIF(range, criteria)			
36	斯阿门				
37	其他	输入			
38					
39					

Step 2　转换绝对引用。按F4键，此时"F2"会变为"$F$2"，即绝对引用，如下图所示。

	A	B	C	D	
28	27	刘梦	25	公司职员	1
29	28	李斯恩	26	公司职员	1
30	29	李玖	34	公务员	1
31					
32					
33		使用人数	百分率		
34		=COUNTIF($F$2			
35	西门子	COUNTIF(range, criteria)			
36	斯阿门				
37	其他	按F4键			
38					
39					

Step 3　完善公式。继续输入公式，最终公式为"=COUNTIF($F$2:$F$30, A34)"，如下图所示。

	A	B	C	D	
28	27	刘梦	25	公司职员	1
29	28	李斯恩	26	公司职员	1
30	29	李玖	34	公务员	1
31					
32					
33		使用人数	百分率		
34	=COUNTIF($F$2:$F$30,A34)				
35	西门子				
36	斯阿门				
37	其他	输入			
38					
39					

Step 4　填充公式。按Enter键，即可在单元格B34中显示品牌"恩欧克"的使用人数为"9"。将鼠标指针指向该单元格右下角，呈"十"字状，再按住左键不放，向下拖至B37，如下图所示。

	A	B	C	D
28	27	刘梦	25	公司职员
29	28	李斯恩	26	公司职员
30	29	李玖	34	公务员
31				
32				
33		使用人数	百分率	
34	恩欧克	9		
35	西门子			
36	斯阿门			
37	其他	拖动		
38				
39				

经验分享：
制作调查报告的关键

调查报告的类型和表达方式多种多样，但是只要掌握其中的关键，制作起来就会简单很多。比较常用的类型主要有以下几种。

（1）介绍典型经验的调查报告。

（2）揭露问题的调查报告。

（3）反映新生事物的调查报告。

（4）社会情况的调查报告。

提示 ③ 其他品牌的百分率公式

在正文中介绍了品牌"恩欧克"的百分率公式为"=9/SUM(B34:B37)"，其含义是9个使用品牌"恩欧克"的占市场31%。另外，其他的品牌占有率公式如下。

（1）西门子。其公式为"=5/SUM(B34:B37)"，其含义是5个使用品牌"西门子"的占市场17%。

（2）斯阿门。其公式为"=6/SUM(B34:B37)"，其含义是6个使用品牌"斯阿门"的占市场21%。

（3）其他。其公式为"=9/SUM(B34:B37)"，其含义是9个使用其他品牌的占市场31%。

Step 5 输入公式。释放鼠标后，即可在单元格区域B34:B37中显示每种品牌的使用人数，在单元格C34中输入公式"=9/SUM(B34:B37)"，如下图所示。

	A	B	C	D
28	27	刘梦	25	公司职员
29	28	李斯恩	26	公司职员
30	29	李玖	34	公务员
31				
32				
33			使用人数	百分率
34	恩欧克		=9/SUM(B34:B37)	
35	西门子	5		
36	斯阿门	6		
37	其他	9		

输入

Step 6 显示计算的结果。按Enter键，即可在单元格C34中显示品牌"恩欧克"占市场的31%，如下图所示。

	f_x	=9/SUM(B34:B37)	
B		C	E
刘梦	25	公司职员	13978999729
李斯恩	26	公司职员	10264133518
李玖	34	公务员	15575447755
使用人数	百分率		
9	31%		按Enter键
5			
6			
9			

Step 7 完成其他品牌的市场占有率计算。按照同样的方法，分别在单元格C35:C37中输入公式，并显示计算的结果。选择任意单元格，例如C36，会在编辑栏中显示对应的公式，如右图所示。

C36		f_x	=6/SUM(B34:B37)	
	A	B	C	D	E
27		刘梦	25	公司职员	139789
28					2641
29					5754

完成其他品牌的市场占有率

	使用人数	百分率
恩欧克	9	31%
西门子	5	17%
斯阿门	6	21%
其他	9	31%

❷ 使用函数分析满意度

如果要分析品牌在市场的满意度，可以使用SUMPRODUCT函数进行计算，具体的操作步骤如下。

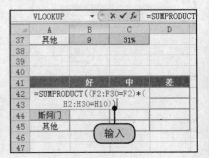

原始文件	实例文件\第19章\原始文件\使用函数分析品牌占有率.xlsx	
最终文件	实例文件\第19章\最终文件\使用函数分析品牌占有率.xlsx	

Step 1 选择单元格。打开\实例文件\第19章\原始文件\使用函数分析品牌占有率.xlsx工作簿，选择单元格B42，如下图所示。

	A	B	C	D
34	恩欧克	9	31%	
35	西门子	5	17%	
36	斯阿门	6	21%	
37	其他	9	31%	
38				
39				
40				
41		好	中	
42	恩欧克			选择
43	西门子			
44	斯阿门			
45	其他			
46				

Step 2 输入公式。输入公式"=SUMPRODUCT((F2:F30=F2)*(H2:H30=H10))"，如下图所示。

VLOOKUP		$\times \checkmark f_x$	=SUMPRODUCT	
	A	B	C	D
37	其他	9	31%	
38				
39				
40				
41		好	中	差
42	=SUMPRODUCT((F2:F30=F2)*(			
43	H2:H30=H10))			
44	斯阿门			
45	其他			
46		输入		
47				

Step 3 显示计算的满意度。按 Enter键，即可在单元格**B42**中显示品牌"恩欧克"满意度为的"好"有"7"个，如下图所示。

Step 4 完成满意度的计算。按照同样的方法，在单元格**B42:D45**中计算各品牌的"好""中""差"满意度数量，如下图所示。

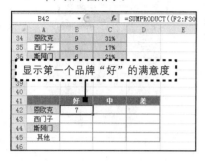

19.3.2 在Excel中创建图表分析数据

根据函数计算的结果，用户可以通过图表对其进行分析，例如使用饼图分析品牌占有率、使用柱形图分析满意度。

① 使用饼图分析品牌占有率

要分析品牌占有率，最好的图表类型便是"饼图"，因为在饼图中可以直接显示品牌市场占有率的百分比。下面介绍具体的操作方法。

原始文件　实例文件\第19章\原始文件\使用饼图分析品牌占有率.xlsx

最终文件　实例文件\第19章\最终文件\使用饼图分析品牌占有率.xlsx

Step 1 选择单元格区域。打开\实例文件\第19章\原始文件\使用饼图分析品牌占有率.xlsx工作簿，选择单元格区域A1:B37，单击"饼图"按钮，在展开的"库"中选择"饼图"样式，如下图所示。

Step 2 展开图表布局。此时在工作表中插入了饼图，切换至"图表工具-设计"选项卡，单击"图表布局"中的"快翻"按钮，如下图所示。

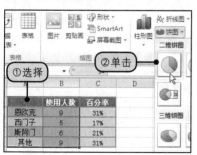

④ 其他品牌的满意度函数

在正文中介绍了品牌"恩欧克"的满意度为"好"的函数，其含义是根据调查表中的满意度，计算出的品牌"恩欧克"得好评的次数。

其整个满意度的计算公式如下

（1）恩欧克"中"评。其公式是"=SUMPRODUCT((F2:F30=F2)*(H2:H30=H7))"。

（2）恩欧克"差"评。其公式是"=SUMPRODUCT((F2:F30=F2)*(H2:H30=H5))"。

（3）西门子"好"评。其公式是"=SUMPRODUCT((F2:F30=F3)*(H2:H30=H10))"。

（4）西门子"中"评。其公式是"=SUMPRODUCT((F2:F30=F3)*(H2:H30=H7))"。

（5）西门子"差"评。其公式是"=SUMPRODUCT((F2:F30=F3)*(H2:H30=H5))"。

（6）斯阿门"好"评。其公式是"=SUMPRODUCT((F2:F30=F4)*(H2:H30=H2))"。

（7）斯阿门"中"评。其公式是"=SUMPRODUCT((F2:F30=F4)*(H2:H30=H7))"。

（8）斯阿门"差"评。其公式是"=SUMPRODUCT((F2:F30=F4)*(H2:H30=H5))"。

（9）其他"好"评。其公式是"=SUMPRODUCT((F2:F30=F5)*(H2:H30=H2))"。

（10）其他"中"评。公式是"=SUMPRODUCT((F2:F30=F5)*(H2:H30=H7))"。

（11）其他"差"评。公式是"=SUMPRODUCT((F2:F30=F5)*(H2:H30=H5))"。

Step 3 选择样式。在展开的"库"中选择"布局1"样式，如下图所示。

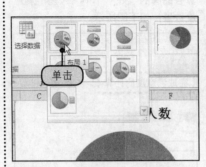

Step 4 显示图表效果。经过上述操作后，在插入的饼图中显示品牌名称及市场占有率的百分比，如下图所示。

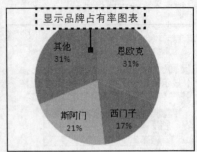

❷ 使用柱形图分析满意度

在调查表中，可以看到满意度分为：好、中、差3个等级；如果要通过图表分析该数据，可以使用"柱形图"。

原始文件　实例文件\第19章\原始文件\使用柱形图分析满意度.xlsx
最终文件　实例文件\第19章\最终文件\使用柱形图分析满意度.xlsx

Step 1 选择单元格区域。打开\实例文件\第19章\原始文件\使用柱形图分析满意度.xlsx工作簿，选择单元格区域A41:D45，如下图所示。

Step 2 选择图表类型。切换至"插入"选项卡，单击"柱形图"按钮，在展开的"库"中选择"三维簇状柱形图"样式，如下图所示。

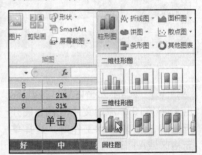

Step 3 居中覆盖标题。切换至"图表工具-布局"选项卡，单击"图表标题>居中覆盖标题"选项，如下图所示。

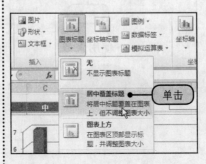

Step 4 输入标题内容。此时在图表中插入了标题文本框，直接输入需要的标题，例如"市场满意度"，如下图所示。

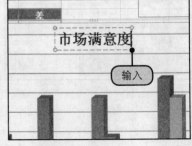

Step 5　删除主要横网格线。在图表中右击"主要横网格线"，在弹出的快捷菜单中选择"删除"命令，如下图所示。

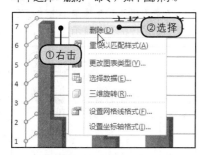

Step 6　选择图表样式。切换至"图表工具-设计"选项卡，在"图表样式"框中选择"样式10"样式，如下图所示。

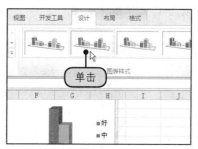

Step 7　应用形状样式。切换至"图表工具-格式"选项卡，在"形状样式"框中选择"中等效果-水绿色，强调颜色5"样式，如下图所示。

Step 8　显示应用的效果。经过上述操作后，在图表中显示应用的形状样式，如下图所示。

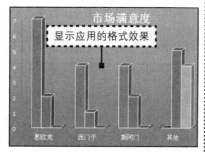

19.3.3　在Excel中创建数据透视表分析数据

在产品调查表中，用户可以使用数据透视表分析各品牌的使用人群、各品牌的平均销售金额，以及根据年龄段分析各品牌的使用情况。

最终文件　实例文件\第19章\最终文件\在Excel中创建数据透视表分析数据.xlsx

Step 1　选择数据透视表。在工作表中选择表格的任意数据，切换至"插入"选项卡，单击"数据透视表"按钮，如下图所示。

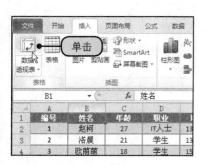

Step 2　设置数据透视表。弹出"创建数据透视表"对话框，设置"表/区域"为"A1:I30"，选中"新工作表"单选按钮，单击"确定"按钮，如下图所示。

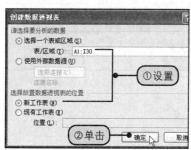

? 常见问题

如何让图表有效地统计数据

Q 图形和表格可以有效地补充正文，使其更清楚。那么如何让图表有效地统计数据呢？

A 所谓"一张图表胜过千言万语"，只要有可能，就应尽量采用图表来帮助阅读者理解报告的内容。统计资料往往以图表的形式来描述，能简洁、系统地说明各种有关的数字资料，并能吸引读者的注意力。

为便于统计调查报告中的数据，我们在制作和设计图表时要注意以下几点。

（1）统计图表的使用目的是把统计资料简洁地表达出来，因此，图表的内容应简明扼要。

（2）图表的主题必须明白易懂，一目了然。

（3）要准确标明图表中有关栏目的名称和单位。

（4）要注明资料的来源，以便查对。

（5）需要时，可用各种颜色来制图。

　　调查报告与销售报告、财务报告是不同的，下面介绍调查报告的几个特点。

　　（1）写实性。调查报告是在占有大量现实和历史资料的基础上，用叙述性的语言，实事求是地反映某一客观事物。充分了解实情和全面掌握真实可靠的素材是写好调查报告的基础。

　　（2）针对性。调查报告一般有比较明确的意向，相关的调查取证都是针对和围绕某一综合性或专题性问题展开的，所以调查报告反映的问题集中而有深度。

　　（3）逻辑性。调查报告离不开确凿的事实，但又不是材料的机械堆砌，而是对核实无误的数据和事实进行严密的逻辑论证，探明事物发展变化的原因，预测事物发展变化的趋势，提示本质性和规律性的东西，得出科学的结论。

Step 3 选择报表字段。此时在工作表右侧显示"数据透视表字段列表"任务窗格，勾选需要的报表字段复选框，如下图所示。

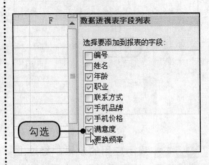

Step 5 折叠整个字段。此时在新的工作表中显示创建数据透视表，选择字段"职业"，切换至"数据透视表工具-选项"选项卡，单击"折叠整个字段"按钮，如下图所示。

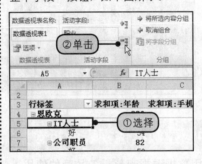

Step 7 选择字段设置。在数据透视表中选择"求和项:手机价格"，切换至"数据透视表工具-选项"选项卡，单击"字段设置"按钮，如下图所示。

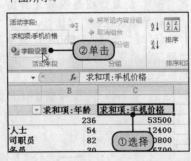

Step 4 调整字段顺序。在"数据透视表字段列表"任务窗格的"行标签"列表框中单击"手机品牌"按钮，在展开的下拉列表中单击"移至开头"选项，如下图所示。

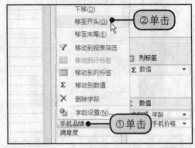

Step 6 显示折叠后的字段。经过上述操作后，"职业"字段的所有数据被折叠起来了，如下图所示。

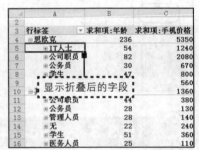

Step 8 选择计算类型。弹出"值字段设置"对话框，切换至"值汇总方式"选项卡中，单击"平均值"选项，如下图所示，再单击"确定"按钮。

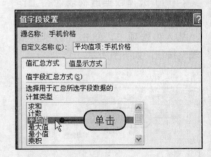

Step 9 设置数字格式。此时汇总方式显示平均值结果，选择字段中的单元格区域，单击"数字格式"下三角按钮，在展开的下拉列表中单击"货币"选项，如下图所示。

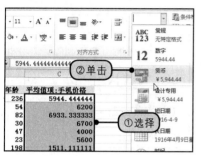

Step 10 减少小数位数。此时所选的单元格区域应用了设置的货币格式，在"数字"组中单击"减少小数位数"按钮，如下图所示。

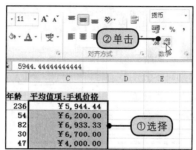

Step 11 显示设置的效果。经过上述操作后，即为所选的单元格区域显示减少小数位数的效果，如下图所示。

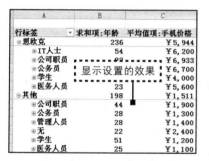

Step 12 移动数值字段标签。在"数据透视表字段列表"任务窗格中单击"数值"列表框中的"求和项:年龄"按钮，在展开的下拉列表中单击"移动到行标签"选项，如下图所示。

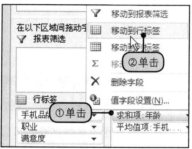

Step 13 移动行标签位置。在"行标签"列表框中单击"年龄"按钮，在展开的下拉列表中单击"移至开头"选项，如下图所示。

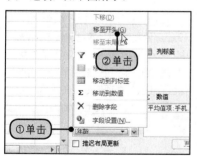

Step 14 创建组。在数据透视表中右击"年龄"字段，在弹出的快捷菜单中选择"创建组"命令，如下图所示。

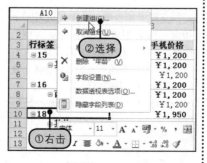

经验分享：调查报告的写作

调查报告一般由标题和正文两部分组成。

（1）标题。标题可以有两种写法：一种是规范化的标题格式；另一种是自由式标题格式，包括陈述式、提问式和正副题结合使用3种。

（2）正文。正文一般分前言、主体和结尾3部分。

● 前言。有几种写法：第一种是写明调查的起因或目的、时间和地点、对象或范围、经过与方法，以及人员组成等调查本身的情况，从中引出中心问题或基本结论来；第二种是写明调查对象的历史背景、大致发展经过、现实状况、主要成绩、突出问题等基本情况，进而提出中心问题或主要观点来；第三种是开门见山，直接概括出调查的结果，如肯定做法、指出问题、提示影响、说明中心内容等。前言起到画龙点睛的作用，要精练概括，直切主题。

● 主体。这是调查报告最主要的部分，这部分详述调查研究的基本情况、做法、经验，以及分析调查研究所得材料中得出的各种具体认识、观点和基本结论。

● 结尾。结尾的写法也比较多，可以提出解决问题的方法、对策或下一步改进工作的建议；或总结全文的主要观点，进一步深化主题；或提出问题，引发人们的进一步思考；或展望前景，发出鼓舞和号召。

Step 15 设置组合。弹出"组合"对话框，设置"起始于"为"15""终止于"为"34""步长"为"5"，再单击"确定"按钮，如下图所示。

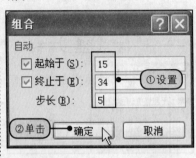

Step 16 折叠整个字段。此时字段"年龄"重新被组合了，在数据透视表中选择任意品牌字段，切换至"数据透视表工具-选项"选项卡，单击"折叠整个字段"按钮，如下图所示。

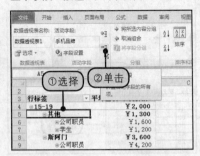

Step 17 显示设置的数据透视表。经过上述操作后，字段"品牌"被折叠好了，可以显示各年龄段使用的品牌，如右图所示。

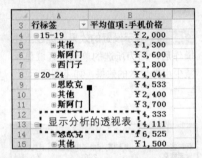

19.4 将计算结果反馈到Word中

在前面介绍了品牌占有率和品牌满意度的相关分析操作，为了能将其分析结果反馈到Word中，用户可以使用下面的方法进行操作。

原始文件 实例文件\第19章\原始文件\调查结果分析表.xlsx、将计算结果反馈到Word中.docx

最终文件 实例文件\第19章\最终文件\将计算结果反馈到Word中.docx

Step 1 复制表格。打开\实例文件\第19章\原始文件\调查结果分析表.xlsx工作簿，选择单元格区域A33:C37，并右击鼠标，在展开的下拉列表中选择"复制"命令，如下图所示。

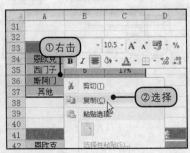

Step 2 粘贴表格。打开\实例文件\第19章\原始文件\将计算结果反馈到Word中.docx文档，单击"粘贴"下三角按钮，在展开的下拉列表中单击"链接与保留源格式"选项，如下图所示。

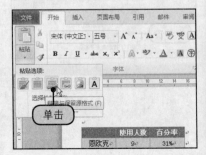

Step 3 显示粘贴的表格。经过上述操作后，在打开的文档中显示粘贴的表格，如下图所示。

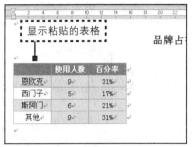

Step 4 完成表格的效果。按照同样的方法，在文档中粘贴“市场满意度表格”，最终效果如下图所示。

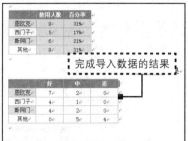

19.5 在Word中插入分析的图表并显示为图标

对于前面的两个表格分别创建了饼图和柱形图，现在用户可以将该工作表嵌入到调查报告中，并将其显示为图标，具体的操作步骤如下。

原始文件　实例文件\第19章\原始文件\在Word中插入分析的图表并显示为图标.docx、调查结果分析表.xlsx

最终文件　实例文件\第19章\最终文件\在Word中插入分析的图表并显示为图标.docx

Step 1 定位光标。打开\实例文件\第19章\原始文件\在Word中插入分析的图表并显示为图标.docx文档，将鼠标指针定位到需要的位置，如下图所示。

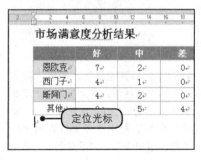

Step 2 选择对象。切换至“插入”选项卡，在“文本”组中单击“对象”按钮，如下图所示。

Step 3 浏览文件。弹出“对象”对话框，切换至“由文件创建”选项卡，单击“浏览”按钮，如右图所示。

经验分享：调查报告的作用

调查报告是对特定对象进行深入考察了解的基础上，经过准确地归纳整理，科学地分析研究，进而揭示事物的本质，得出符合实际的结论，由此形成的汇报性应用文书。它是调查研究成果的传递工具，是其转化为社会效益，发挥社会作用的桥梁，为决策和调整决策提供基本依据。

调查报告具有针对性、真实性、论理性、典型性和时效性，起到了解、剖析事物的本质及其发展趋向，对解决问题具有积极的作用。

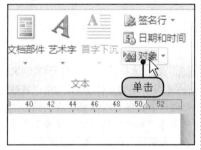

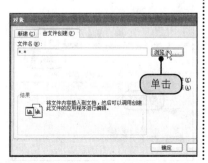

Step 4 选择文件。弹出"浏览"对话框，在"查找范围"下拉列表中设置文件所在路径，并将其选中，如下图所示，再单击"插入"按钮。

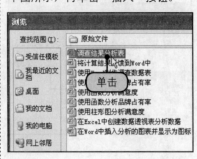

Step 5 显示为图标。返回"对象"对话框，勾选"链接到文件"复选框和"显示为图标"复选框，如下图所示，再单击"确定"按钮。

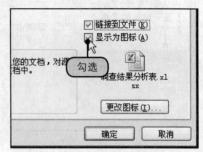

⑤ 删除超链接

在设置文本的超链接后，如果需要将其删除，可以按照下面的方法进行操作。

选择创建超链接的文本，切换至"插入"选项卡，单击"超链接"按钮，在弹出的"插入超链接"对话框中单击"删除链接"按钮即可，如下图所示。

Step 6 显示链接的工作表对象。此时在文档中插入了链接的工作表图标，右击该图标，在弹出的快捷菜单中选择"链接的工作表对象"命令，用户可以选择编辑、打开及转换，如右图所示。

19.6 在Word中创建数据透视表链接

在Excel中用数据透视表分析数据后，可以将该工作表链接到Word文档中，具体的操作步骤如下。

原始文件　实例文件\第19章\原始文件\在Word中创建数据透视表链接.docx、数据透视表.xlsx

最终文件　实例文件\第19章\最终文件\在Word中创建数据透视表链接.docx

Step 1 选择超链接。打开\实例文件\第19章\原始文件\在Word中创建数据透视表链接.docx文档，在文档中选中文本"数据透视表分析结果"，单击"超链接"按钮，如下图所示。

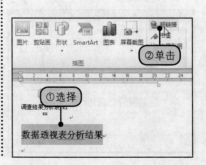

Step 2 创建超链接。弹出"插入超链接"对话框，在左侧单击"现有文件或网页"按钮，在右侧"当前文件夹"列表框中选择要链接的文件"数据透视表"，如下图所示，单击"插入"按钮。

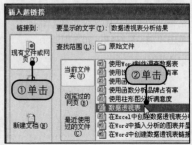

Step 3 单击"超链接"。返回文档中，此时所选的文本创建了超链接。按住Ctrl键，再指向创建的超链接，鼠标指针呈手指状，如下图所示，再单击鼠标左键。

Step 4 打开链接的文件。此时用户打开了链接的工作表"数据透视表"，如下图所示。

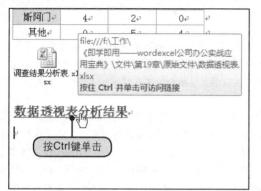

专家点拨：制作调查报告的要点

　　写好调研报告是一个将行为科学、方法论与认识论相结合和相统一的问题，这里有一个从实践到认识，再到分析、判断、推理的逻辑过程。怎样开展调查研究是一项需要费心、费时、费力的复杂工作，也是需要面对实际、面对基层、面对群众的工作，不仅有一个方法论的问题，而且也有一个世界观、工作态度和群众观点的问题。

　　1. 要搞好调查研究工作，必须做到3点：第一，要把握"两头"，根据需要与可能确定调研重点。所谓把握"两头"，即是一要把握"上头"，了解党和国家在一个时期内的大政方针是什么，有什么突出的问题需要我们去探讨和研究；二要把握"下头"，就是了解社会在如何发展，老百姓在想什么、干什么、盼什么，创造了什么新鲜经验，有什么热点、难点问题需要我们去解决，特别是通过制定政策去调节。对这"两头"吃透了，就可以根据需要与可能，确定调研工作的总体方向，立定工作的标杆，选准调研工作的突破口。

　　在确定调研的项目以后，还要做好一个基础的工作，就是要准备好调研提纲，明确所要进行的调研目的、调研范围、调查地点、调查对象和调查的重点。既要有大纲，又要有细目，有的还要有统计的表格。

　　2. 迈开双脚，深入实际，广泛调查，详细地占有第一手资料。调查中，一要"沉"，就是"沉"下去，沉到群众中，用心地听他们讲，切忌走马观花。二要"谦"，就是以谦虚的态度，甘当小学生的精神，请基层群众发表对一些问题的看法，切不可高高在上、好为人师、下车伊始。三要"全"，即全面了解。尽管基层说的、讲的都不一定是我们调查所需要的材料，但是要尽量搜集。如果想寻找一个有用的素材，必须搜集10份甚至更多份素材，占有材料说法要"以十当一"，多多益善。四要注意引导，即引导调查的对象围绕调查的主题发言，围绕所要了解的重点发言，不可泛泛而谈。五要"实"，即坚定地贯彻实事求是原则，要求调查的对象讲实话，反映实际的情况。对有关典型细节和数字要反复核实。六要亲手记录，这不仅可以解决"感觉"问题，而且可以在记录的过程中不断积累理性的认识。总之，在调查工作中，要身到、心到、口到、手到。

　　3. 要对记录的材料及时进行梳理，并不断进行交流。在每次调查座谈之后，调查人员一定要挤出时间对自己的记录做一番梳理，对调查的过程做一"回头望"，看一看被调查的人员是否反映了实际问题，素材是否全面，调查座谈的目的是否达到；哪些素材有用，哪些素材备用，哪些素材还要继续调查。同时，几位调查者还可以经常交流以集思广益，提出看法和见解，从而使调查更深入，获得的真知灼见更多。如何写好调查报告？要写好调查报告，要把握文体的3个特点。

　　（1）针对性强。调查报告一般都是针对某一重要情况、经验或问题进行有目的的系统调查研究后写出来的书面报告。报告要总结经验，找出规律，提出指导性意见。

　　（2）典型性强。调查报告是集中反映典型环境中的典型人物和典型事例。因此，所选取的素材必须有典型意义，能反映事物的本质，能给全局工作提供借鉴。

　　（3）报道性强。所谓"报道性强"，即调查报告所反映的典型事实及见解可见诸于报，有的不能见报也可以作内参考，为领导提供决策依据。

（续上页）

专家点拨：制作调查报告的要点

　　写好调查报告，主要是把好3个环节。

　　（1）详细占有素材后，要认真分析素材，找出其带有规律性的东西。调查以后掌握素材一大堆，需要用"筛选法"斟酌取舍。做到去粗取精、去伪存真，并要通过由此及彼、由表及里地分析进行改造制作，分清现象与本质、主流与支流、成绩与缺点、主要矛盾和次要矛盾等，并从事物的相互关联中发现事物的内在联系和本质特征，找出规律性的东西，提炼出正确的观点。

　　（2）运用好典型，叙议结合，达到观点与素材的统一。运用好典型素材是写好调研报告的一个重要环节。典型事例不仅能证明一个问题在实践中哪些是可行的或者是不可行的，也能证明一个观点是否确立。在写这类文体的时候，要用典型素材说明观点，用反面材料衬托观点，用一组材料反复论证观点，用精确的对比突出观点。这样写，就能达到观点和材料的统一。加之夹叙夹议，叙议结合，就能使人感到感性认识和理性认识的统一、知和行的统一。毛泽东领导制定的我们党《工作方法六十条》中曾对开会提出一个重要的要求："开会的方法，应当是材料和观点的统一，把材料和观点割断，讲材料时没有观点，讲观点时没有材料，材料和观点互不联系，这是很坏的方法。只提出一大堆材料，不提出自己的观点，不说明赞成什么，反对什么，这种方法更坏。"讲的是开会的方法（即汇报时的方法），实质是讲汇报的方法，也就是写好文章的方法。领会这一点，对如何写好调研报告很有指导性。

　　（3）加强语言修养，力求表达准确、生动活泼、通俗易懂。调查报告要达到这样的宣传目的，即引人看，使人看懂并说服人。因此要加强语言文字工作，题目要新，观点要明，语言要打动人且通俗易懂。如果做不到这一点，就是白搭，费力不讨好。总之，要短些、生动些、准确些、鲜明些，也要活泼些。

　　此外，调研人员的自身素质是调研能否成功的关键。一是理论修养，只有理论修养较深的人，才能够在分析问题及解决问题时站得高、看得深，善于抓住本质，击中要害。二是文字功底，提高文字水平主要靠两条：一曰学习，二曰勤笔，即勤学苦练，特别是要勤于动笔。

　　调查报告是对某项工作、某个事件、某个问题，经过深入细致地调查后，将调查中收集到的材料加以系统整理，分析研究，以书面形式向组织和领导汇报调查情况的一种文书。

读书笔记